城市日本的形成

—— 从江户时代到二十一世纪的城市与规划
The Making of Urban Japan
Cities and planning from Edo to the twenty-first century

[加]安德烈·索伦森（André Sorensen） 著

韩昊英 译

中国建筑工业出版社

著作权合同登记图字：01-2021-2035 号

图书在版编目（CIP）数据

城市日本的形成：从江户时代到二十一世纪的城市
与规划 /（加）安德烈·索伦森（André Sorensen）著；
韩昊英译.—北京：中国建筑工业出版社，2022.12
书名原文：The Making of Urban Japan Cities and
planning from Edo to the twenty-first century
ISBN 978-7-112-28040-7

Ⅰ.①城…　Ⅱ.①安…②韩…　Ⅲ.①城市规划—研
究—日本　Ⅳ.① TU984.313

中国版本图书馆 CIP 数据核字（2022）第 181450 号

责任编辑：戚琳琳　董苏华
责任校对：李辰馨

城市日本的形成
——从江户时代到二十一世纪的城市与规划
The Making of Urban Japan
Cities and planning from Edo to the twenty-first century
[加]安德烈·索伦森（André Sorensen）　著
韩昊英　译

*
中国建筑工业出版社出版、发行（北京海淀三里河路9号）
各地新华书店、建筑书店经销
北京雅盈中佳图文设计公司制版
北京中科印刷有限公司印刷
*
开本：787毫米×1092毫米　1/16　印张：26¾　字数：506千字
2023年7月第一版　2023年7月第一次印刷
定价：**99.00**元
ISBN 978-7-112-28040-7
（39883）

城市日本的形成

在20世纪，日本从一个贫穷、农业化的国家一跃成为全世界工业化和城市化程度最高的国家之一。虽然日本政府和规划师们仔细借鉴了很多来自其他国家的理念和方法，但日本的城市规划、治理和形态仍与其他发达国家存在着较大的差异。

日本独特的城市化形态部分，源自其在前现代社会中就已经高度发达的城市制度、城市传统和物质文化，这些因素在太平洋战争之后仍然发挥着重要作用。另一个关键的因素是中央政府对于城市事务的主导以及持续地将经济增长置于公共福利或城市生活品质之上。这种倾向可以见之于偏爱大规模的基础设施项目而非地方的公园或道路，以及不愿意对私人的城市土地开发行为进行控制。安德烈·索伦森审视了日本自19世纪中期以来的城市化轨迹，尤其关注日本公民社会、地方政府以及土地开发与规划管控的薄弱性。随着日本进入21世纪，自然会得出这样一个结论——日本的城市规划极大地促成了"富裕的日本，贫穷的日本人"这一窘境，而此种窘境也正是日本当前社会、经济和人口问题的核心。

本书是第一本全面检视日本城市化和城市规划现象的著作，不仅介绍了日本城市管理中的许多成功经验，也揭示了许多失败的教训。日本的独特性使其成为城市化及城市管理的重要实例，有助于我们全面看待其他发达国家所面临的主要城市及区域规划问题，对处于快速城市化进程中的亚洲各国也可以提供及时的警示。本书包含了其他英文文献未曾涉及的最新及原创资料。

安德烈·索伦森　在本书英文版出版时担任东京大学都市工学系讲师，教授比较城市规划研究以及土地利用规划方向的课程。他曾在伦敦政治经济学院攻读博士，研究东京大都市圈的土地开发和城市蔓延，1998年博士毕业后，安德烈一直在东京居住和生活，得以深入理解日本城市化和城市规划的运行逻辑。现为多伦多大学士嘉堡校区人文地理系教授。

献给

彭懿德（Ito Peng）
劳伦·光（Lauren Hikari）
拉斐尔·心（Raphael Makoto）

目　录

致中国读者

距《城市日本的形成——从江户时代到二十一世纪的城市与规划》(英文版)一书出版已经有 20 年了,世界看起来与 2002 年相比已有很大不同。在这本书中,我试图解析日本现代化和城市工业增长的经验。日本显然是城市工业化的一个重要案例,尽管亚洲大部分的学术热点已经自然地转移到中国这个更大、更引人注目、更快且更特殊的城市工业快速增长案例上了。

日本案例仍然为城市化、城市规划和治理过程提供了重要的见解。站在 2022 年的视角,有三个问题似乎尤为重要:首先,日本的经验表明,城市转型应被视为有限的甚至是相对压缩的过程;其次,城市化、城市增长和土地开发应被理解为发展型国家快速增长模式的核心内容,而不仅仅是经济增长的副产品;再次,了解土地和财产制度在每个地区会产生不同的城市转型路径和成果非常重要。这些问题相互关联,会依次加以讨论。

1. 城市转型是一个有限的过程。

日本案例为城市化进程提供了宝贵的视角,因为日本的城市转型已经完成,城市总人口正在减少。因此,日本成为明确结束大国城市转型和城市增长过程的首批案例之一。这为认知城市化进程的基本特征提供了新的见解。

与人口从农村向城市地区转移以及主要位于城市地区的制造业和服务业增长相关,城市转型涉及一系列社会和经济转变。19 世纪和 20 世纪的城市转型通常伴随着人口转型,其中死亡率的下降导致了总人口的急速增加。人口转型和城市转型的结合促进了城市人口及面积经历了巨大且快速地增长。对于日本来说,这种转变的高峰期发生在 20 世纪 60 年代,不仅人口的自然增长迅速,每年还有超过 100 万人迁往地处核心的东海道地区——这一大都市连绵带从东京沿着太平洋海岸一直延伸到大阪。日本的城市居民总数从 1950 年的 3000 万,增长至 2011 年峰值时的 1.16 亿——在 60 年内增加了 8600 万。在二战后的前 30 年里,城市和经济的增长尤为迅速。至 2010 年,城市人口比例已经超过 90%。然而自 2007 年以来,日本全国总人口一直在加速下降。自 2010 年起，城市总人口也开始持续减少。城市转型至此结束，预计未来总人口数将稳步下降，中值预测的结果为：2015~2060 年间将减少约 3400 万人口，占日本全国人口的 27%。[①] 因此，日本未来基本不会再出现城市增长了。

日本是世界上第一个在其全国范围内出现人口持续加速下降的大型经济体，同时也不准备通过大规模移民来维持人口增长。尽管长期以来一直在讨论鼓励移民，最近政府也已经放松了曾经对外国临时工人和移民的公民身份的严格限制，但每年大约需要 75 万的净移民才能稳定日本的人口，而且目前还远远没有达到这种规模。因此，日本是结束城市增长的一个早期案例，并为城市化进程提供了增长后的视角。城市人口从增长到减少的转变，代表了要关注的基本条件发生了根本的变化。

大多数关于城市化和城市转型的论述都聚焦在如何将城市增长作为一个变革性的社会经济过程加以管理，在这一过程中，人口和生产都从农村地区转移到城市。可以理解，大多数公共政策和城市研究的重点一直是如何管理这些巨大的增长，以及如何建设必要的基础设施、住房和学校等，从而帮助建设宜居、经济充满活力和环境可持续的城市及地区。日本的情况的确如此，极快的城市增长给基础设施系统和住房供应带来了巨大的压力。各种城市建设投资，从供水和下水道，到道路、地铁、办公室和住房，成为日本经济的重要组成部分。如下文所述，城市增长是提升土地价值的主要因素，并有助于支撑起超高的土地和住房价格。

可以理解，快速城市化将人们的注意力集中在增长过程和相关的应对机制上，却很少有人会关注当城市化转型完成、人口增长从放缓到结束以及城市地区开始收缩时会发生什么。尽管有大量关于城市收缩的研究文献，但主要聚焦于特定城市，这些城市由于地方经济和人口的衰退或郊区化的进程已经失去或是正在失去人口。这样的例子有很多，包括日本的北九州、美国俄亥俄州的扬斯敦和联邦德国的德累斯顿等工业城市。[②] 许多这样的"收缩城市"实际上刚刚经历了郊区化，在中心城市衰落的同时，更大的城市地区仍在继续增长，就像底特律一样。当一个国家城市化进程完成、全国人口开始下降而且全国城市人口也开始萎缩时，情况就大不相同了。与单个城市会因为工业区位或郊区化模式的转变而陷入困境不同，全国范围内的人口下降似乎不可逆转，并且不太可能通过要素价格变化等自我纠正方式再次吸引投资。

对于大多数富裕的发达国家来说，结束城市化似乎遥不可及。越来越多的全球

① 参见 National Institute of Population and Social Security Research，Population Projections for Japan 2017。

② 参见 Gilman，2001，'No miracles here'；Palagst，2012，'Urban Shrinkage in Germany and the USA'；Rhodes and Russo，2013，'Shrinking "Smart"?'。

移民寻求逃离出生率高、就业机会少和环境问题日益恶化的国家。但除了日本之外，还有很多国家不太可能在城市转型完成后出现足以促使城市重新增长的净移民规模，其中就包括韩国和中国。

城市化的终结同时带来了机遇和挑战。主要的机遇在于，经历过数十年的快速增长、土地和房价的高涨以及城市空间的巨大压力之后，从理论上讲，城市人口的萎缩应该会带来更便宜的住房、更宽敞的住房空间和更高的质量标准，以及更绿色的城市。这是否会出现在日本还有待观察。一个主要的威胁是，需求下降将导致区位欠佳的房地产市场崩溃、房地产加速空置和废弃、市政收入减少、学校关闭，以及基础设施维护和基本公共服务供应的融资更加困难，就像在很多美国的中心城市里所发生的那样。在撰写本文时，这些过程在日本才刚刚开始，但房屋空置以及因未缴纳财产税而导致财产遗弃等问题已经很普遍了。[①] 从全国范围来看，个别的收缩城市的自我强化式螺旋下降似乎更具挑战。因此，对于日本案例值得密切地加以关注。

至少，对于那些仍在增长但预计未来城市化将终结、人口也会下降的地区，例如中国，城市增长即将结束的预期将会对城市政策产生影响。作为促进低成本住房开发和就业发展的一种权宜之计，在日本允许进行了许多不达标的开发，期望未来的增长和土地开发可以解决由此造成的基础设施短缺。现在看来这是一个错误，因为那些缺少基础设施的欠发达地区里现在正面临着住房空置和废弃的窘境，最不可能通过未来的投资获得拯救。与其不切实际地假设城市增长会无限期地持续下去，预计到增长将要结束的国家应及时调整城市政策，为未来做好准备。

中国尤其可以很好地学习日本的情况，因为虽然中国的总人口增长可能在近10年内结束，但城市转型尚未完成，可能还会继续增长一段时间。中国的规划者仍然可以避免日本所遇到的一些最严重的问题，例如半建成的郊区或是巨大的基础设施赤字和环境破坏，这些都是留给子孙后代的债务。在预计到人口会显著下降的地方，最大限度地适应未来的城市设计将会很有意义。对于每个城市，规划问题和优先事项可能不同，但对于大多数城市来说，牢记增长只是城市化进程中的一个阶段非常重要，因为增长之后可能就伴随着大量的人口流失。

2. 城市发展在发展型国家模型中的重要性。

日本经济快速增长的案例之所以吸引人，主要有以下几个原因。日本是亚洲第

---

① 截至2018年，日本的6240万套住宅中，有850万套（占13.6%）空置，高于2008年的757万套（占当时5758万总套数的13.1%），相当于在10年中出现了近100万套新的空置住宅。请参阅《2022年日本统计年鉴》第21~22章按居住状态划分的住宅。

一个实现快速城市工业化的国家，增长规模巨大，速度惊人，这使得日本仅用了 20 年时间就从二战时的遍地疮痍发展为 1970 年[①]的世界第二大经济体。一些因素支持了出口导向的快速经济增长，包括在朝鲜战争和越南战争期间美国的冷战支持，以及主要从美国公司获取到的技术借用和许可。在引导和促进增长方面，日本国家所发挥的主要作用也很独特。这就包括产业政策和资本管制，试图通过国家资助的卡特尔来限制企业过度竞争，并支持多个部门向高附加值产业进行连续升级。对于这些政策的明确影响长期以来一直存在争议，但影响毫无疑问是存在的，并且成为被普遍称为"发展型国家"一揽子政策的重要组成部分。[②]日本的发展型国家模式之所以重要，部分原因在于它与占主导地位的英美自由放任模式截然不同；但更重要的是，包括韩国在内的其他亚洲国家通过成功地借鉴该模式制定出了自己的快速增长战略。日本被视为"资本主义多样性"的主要代表之一，国家规划、产业政策以及作为资本投资来源的银行贷款所发挥的作用都比英国和美国要大得多。[③]

令人惊讶的是，在有关现代化和发展的分析中，仍然鲜有研究将城市化进程作为一个独立的变量。尽管很重要的是，城市增长是经济过程（包括向制造业和服务业就业的转变过程）的副产品，但城市建设过程也创造了大量的就业机会，并产生了有助于构建未来可能性的持久城市系统。在城市转型过程中的选择非常重要，部分原因在于这些选择最终形成了城市化进程中的总需求，但更重要的是形成了不均衡分布的房地产资产，并产生了决定未来经济潜力和生活质量的持久城市系统。

城市建设还为建筑环境投资和房地产资本收益创造了重大机遇。城市经济的快速扩张给城市房地产资产带来了远超 GDP 增速的巨大增长，这些资产被用于银行贷款的抵押品，使人们产生了极强的富裕感。对于城市土地开发、住房、基础设施、水电供应、工业用地和港口设施等的投资一直是日本经济快速增长体系的重要组成部分。城市化和城市建设在经济快速增长时期的主要作用首先体现在，城市建设和建筑业在总就业人数和政府预算中的比例极高（超过美国的两倍）；其次还特别体现在，经济衰退时期常年利用基础设施支出来刺激经济增长。[④]

---

① 日本的 GDP 在 1968 年首次超过联邦德国，1969 年被反超，1970 年再度超出，之后一直高于联邦德国。——译者注

② 参见 Johnson，1982，'MITI and the Japanese Miracle'；Woo-Cumings，1999，'The Developmental State'。

③ 参见 Hall and Soskice，2001，'Varieties of capitalism'；Streeck and Yamamura，2001，'The origins of nonliberal capitalism'。

④ 参见 McGill，1998，'Paving Japan – The Construction Boondoggle'；Woodall，1996，'Japan Under Construction'。

土地和住房价值的快速增长也对治理过程产生了出乎意料的有害影响。由于公共基础设施投资（例如道路、桥梁和铁路）可以选在某些区位上以促进特定的土地项目增值，因此中央政府基础设施基金成为长期执政的自民党的主要政治资产，进而导致投资模式不正当和腐败丑闻屡见不鲜。这虽然不是日本独有的情况，但高人口密度和崎岖的山地地形明显放大了投资机会和影响。

3. 土地和财产制度与城市空间。

与大多数国家一样，日本的土地和财产制度有着独特的历史。在城市化进程中，政策参与者被迫修改和调整城市政策、规划和基础设施制度以适应快速的变化。根据前城市治理（pre-urban governance）和法律框架的性质、城市化的时机以及可用于商定变革的制度，20 世纪的各个国家里产生出了截然不同的方法。[①] 可以说，这些制度选择的变化是区分不同地区城市化进程和结果的基本要素。[②] 在日本，基本的制度选择是在 19 世纪 70 年代的革命性转变中做出的——从天皇在理论上拥有所有财产且农民与土地捆绑的封建晚期模式，到借鉴西方模式的资本主义房地产市场制度。因此，关键的选择是在 19 世纪 90 年代宪法得以通过以及国民议会被建立之前做出的。第二个主要因素是二战后占领期间的土地改革，它打破了较大的土地所有权，强化了小型农场和分散的农村土地所有权的格局，这种格局一直延续到今天。[③]

日本案例表明，土地和财产制度，特别是规范土地开发、基础设施融资和管理、财产税和市政服务的规则，是形成城市化进程和结果的极其重要的要素。这些不仅对于在哪里建造什么会产生重大影响，而且对于所创建城市系统的可持续性、基础设施系统的效率和适应性，以及场所之间和参与者之间城市转型的成本和收益分配都有重大的影响。

众所周知，日本在 20 世纪的战后时期、50 年代初、60 年代初、70 年代初以及 80 年代中后期的"泡沫经济"期间经历了多次主要的地价上涨，90 年代初的泡沫破裂对房地产市场以及银行和保险业造成了长期的损害。[④] 在经济快速增长时期，土地价值的大幅上涨引发了许多"土地神话"，这些神话在 20 世纪 90 年代之前一

---

① 参见 Ward, 2002, 'Planning the 20th Century City'; Healey and Upton, 2010, 'Crossing Borders'。

② 参见 Sorensen, 2018, 'Global Suburbanization in Planning History'。

③ 日本土地、财产权和规划的历史是本书的一个基本主题，在随后的论文中进行了更详细的研究，例如 Sorensen, 2010, 'Land, property rights and planning in Japan'; 2011, 'Evolving Property Rights in Japan: Patterns and Logics of Change'; Sorensen, 2016, 'Periurbanization as the institutionalization of place'; Sorensen, 2020, 'Urbanization and Developmental Pathways'。

④ 参见 Noguchi, 1990, 'Land Problem in Japan'; Wood, 1992, 'The Bubble Economy'。

直占有统治地位。土地被视为最安全的资产，永远不会贬值。对于土地所有尤其是土地继承的重大税收减免有助于强化这种信念，鼓励将持有土地作为主要的财富积累策略。政府政策还创造了有利于持有未开发土地的不正当激励措施，破坏了城市房地产市场，并在损害土地市场"繁荣——萧条"周期的同时鼓励了城市蔓延。[①] 自20世纪90年代以来，尽管日本政府斥巨资救助金融系统，并通过基础设施投资来启动经济，土地和房地产价格仍在下跌，经济增长也一直有限。日本现在是世界上负债最多的国家，到2022年时，政府债务占GDP的比例已达到266%。

尽管城市化结束后经济增长和建设投资确实会继续，但在几乎所有的情况下，建设在经济中的份额似乎都必然下降。家庭数量的持续下降不仅意味着缺少与增长相关的建设（例如新的郊区），而且意味着每新建一个住房单元都会增加空置房屋的数量。虽然总会有建设来维护和提升城市建成环境质量，但增长的部分已经消失。这对土地价值和土地开发利润会产生重大影响。

特别是，对新城市用地的需求有限从根本上改变了城郊地区未开发土地的市场动态。在城市增长的背景下，每个未开发土地的所有者都希望并预计他们的财产可以得到开发，并且在开发后其价值会急剧增长。即使只需要100公顷的新土地，这种潜在开发的"希望价值"通常会扩展到数千公顷范围的城郊土地。在后增长的背景下，曾经附加于所有城市影子土地的希望价值都不存在了，因为不再需要任何额外的城市土地。这种情况在今天的日本就可以看到，这也是越来越多的土地因未缴纳财产税而被遗弃的主要原因。因农村土地被开发为城市土地而导致的常规的土地价格上涨，曾经使各种风险项目获利，这在日本已经不复存在。在与增长中的城市相距甚远的城郊地区，直接可以带来土地升值的影子价格已被消除。以土地开发的方式获利在当前已经变得更加困难，而且除了最受青睐的地点（如东京市中心）之外，有可能会被建设的开发项目要少得多了。

这意味着后增长时期的城市系统的变化可能会更加缓慢，对房地产开发和再开发的投资将减少。在城市化阶段城市空间所具有的活力、快速变化和适应性将大大降低，已经形成的开发模式将会相对长久地维持下去。这支持了一个观点——在城市化阶段所构建的土地开发的制度和规则将具有极其重要的意义，这既体现在政治和经济方面，也体现在构建长期的空间和社会公平结果方面，其中就包括如何分配几代人之间城市化的成本和收益。

---

① 参见 Haley and Yamamura，1992，'Land Issues in Japan'；Noguchi，1992，'Land Policies and Problems in Japan'。

因此，城市化不应仅仅被理解为从农村向城市（在位置、经济活动和社会系统方面）的人口转移，以及构建城市系统的制度和物质支撑的过程，而且还应该被理解为一个在建成环境中进行投资和资本积累的具有长期影响的过程。用于调节城市化进程的特定背景和制度不仅对城市环境质量产生了重大影响，而且对社会财富的分配以及城市化进程的成本和收益都有重大影响。当城市化结束，一切尘埃落定，这些成本和收益的平衡和分配似乎会变得更加清晰，较大程度地改变全国城市体系的潜力可能会大大降低。这凸显了城市转型期间政治和政策的长期重要性。

中国的治理和经济体系与日本截然不同，因此从日本案例中可以获得的直接经验教训可能有限，但毫无疑问，近几十年来城市增长、基础设施投资和城市建设，一直是中国经济的重要组成部分。似乎可以公平地说，城市转型越快、规模越大，房地产价格面临上涨压力的风险就越大，在增长放缓和城市建设行业收缩时面临挑战的可能性也会越大。或许更重要的是，日本案例表明，如果任由房地产泡沫膨胀，可能会对经济的其他部分造成重大损害。美国的政策制定者也未能从 20 世纪 80 年代末和 90 年代初的日本泡沫经济通胀和崩盘中吸取教训，例如 2007 至 2008 年的美国金融危机，就是由房地产和抵押贷款的泡沫破裂所引发的，这对整个全球经济造成了极大的损害。其启示显而易见，尽可能地防止出现房地产通胀的泡沫非常重要。从更普遍的意义上讲，日本的经验虽然表明，发达经济体可以在城市转型完成、人口下降和老龄化加速后继续繁荣，但城市增长、房地产开发和城市建设灵活性最大的时期可能相对较短，而且正是在这些时期里，建设长期、可持续的城市系统同时又避免积累后代难以偿还的巨额（金融或环境）债务，将具有重要的意义。

由于所有这些原因，对于各地的城市和城市政策感兴趣的人们将会继续关注日本的城市化和规划。

我很高兴经过多年以来的策划和努力，这本书将推出中译本。感谢韩昊英教授在翻译中所做的出色工作，并希望其有助于中国的读者们了解日本城市化和规划的历史。对于比较研究和单一案例的研究来说，了解其他的发展路径非常重要。

安德烈·索伦森

2022 年 1 月于多伦多

参考文献

Gilman，T. J.（2001）. *No Miracles Here：Fighting Urban Decline in Japan and the United States*，Albany，State University of New York Press.

Haley，J. O. and K. Yamamura，Eds.（1992）. *Land Issues in Japan：A Policy Failure?* Seattle，Washington，Society for Japanese Studies.

Hall，P. A. and D. W. Soskice（2001）. *Varieties of Capitalism：The Institutional Foundations of Comparative Advantage*，Oxford，Oxford University Press.

Healey，P. and R. Upton，Eds.（2010）. *Crossing Borders：International Exchange and Planning Practices*，London and New York，Routledge.

Johnson，C. A.（1982）. *MITI and the Japanese Miracle，the Growth of Industrial Policy，1925-1975*，Stanford，Stanford University Press Page.

McGill，P.（1998）. "Paving Japan – The Construction Boondoggle"，*Japan Quarterly* 45（4）：39–48.

Noguchi，Y.（1990）. "Land Problem in Japan"，*Hitotsubashi Journal of Economics* 31：73–86.

Noguchi，Y.（1992）. "Land Problems and Policies in Japan：Structural Aspects" in *Land Issues in Japan：A Policy Failure?* J. O. Haley and K. Yamamura. Seattle，Society for Japanese Studies：11–32.

Palagst，K.（2012）. "Urban Shrinkage in Germany and the USA – A Comparison of Transformation Patterns and Local Strategies"，*International Journal of Urban and Regional Research* 36（2）：261–280.

Rhodes，J. and J. Russo（2013）. "Shrinking 'Smart'？：Urban Redevelopment and Shrinkage in Youngstown，Ohio"，*Urban Geography* 34（3）：305–326.

Sorensen，A.（2010）. "Land，Property Rights and Planning in Japan：Institutional Design and Institutional Change in Land Management"，*Planning Perspectives* 25（3）：279–302.

Sorensen，A.（2011）. "Evolving Property Rights in Japan：Patterns and Logics of Change"，*Urban Studies* 48（3）：471–491.

Sorensen，A.（2016）. "Periurbanization as the Institutionalization of Place：The Case of Japan"，*Cities* 53（Complete）：134–140.

Sorensen，A.（2018）. "Global Suburbanization in Planning History" in *Routledge Handbook of Planning History*，C. Hein. London，New York，Routlege.

Sorensen，A.（2020）. Urbanization and Developmental Pathways：Critical Junctures of Urban Transition. in *International Handbook on Megacities and Megacity-Regions*. D. Labbé and A. Sorensen，Cheltenham，UK，Edward Elgar.

Streeck，W. and K. Yamamura（2001）. *The Origins of Nonliberal Capitalism：Germany and Japan in Comparison*，Ithaca，Cornell University Press.

Ward，S. V.（2002）. *Planning the Twentieth-Century City：The Advanced Capitalist World*，Chichester，Wiley.

Woo-Cumings，M.（1999）. *The Developmental State*，Ithaca，N.Y.，Cornell University Press.

Wood，C.（1992）. *The Bubble Economy*，New York，The Atlantic Monthly Press.

Woodall，B.（1996）. *Japan Under Construction：Corruption，Politics and Public Works*，Berkeley，University of California Press.

中文版序一
观察日本城市与规划的三个视角

即使是一个普通的旅行者，当有机会造访日本具有代表性的城市时也会感受到时空在这里的交错。奈良、京都的千年古刹与东京、大阪的现代化建筑群同处一个时空之中；倘若有机会进一步深入日本中部或是日本海一侧的传统聚落时，农耕时代的传统建筑群依然顽强地挺立着；抑或在某个冬日的下午循着卡斯泰拉（castella）的芬芳步入神户异人馆地区时又一定会感受到传统西式建筑的氛围。东方与西方、古代与现代就这样集于一隅，同处在这个孤悬于大陆的海岛上。这种建筑和城市的时空交错恰恰是日本由传统社会向现代社会转型的空间表征。那么这种转型是如何达成的？城市规划专业人员又是如何看待这种独特转型的呢？

（1）日本学者的视角

日本国内研究城市规划的文献可谓汗牛充栋，但仍可以大致分成三类。一类是针对某一特定时期或者特定事件开展的研究，例如：童门冬二的《江户的城市规划》、藤森照信的《明治的东京规划》、越泽明的《东京的城市规划》以及发表在论文集和期刊上的大量论文；一类是关于城市规划的通史，其中最著名的当属石田赖房的代表作《日本近代城市规划的百年》和《日本近现代城市规划的展开 1868—2003》；还有一类就是日本建筑学会、日本城市规划学会等学术机构组织编写的城市规划编年史，例如《近代日本建筑学发展史（第 6 篇 城市规划）》《近代城市规划与其未来》等。不用说，日本学者对本国城市与规划的研究无论是广度还是深度都是毋庸置疑的。但是由于日本学者在写作时的假定对象是本国人尤其是本国的专业人员，所以，虽然多少会涉及与城市规划事件相关的历史与社会背景状况，但总的来说不会做过多的解释和分析，默认读者有一定的相关知识基础。这同时也反映出日本学者对待本国的城市规划实践多持非普适态度，并不热衷于讨论其在其他国家或地区中的适用性这一类的问题。

（2）西方学者的视角

与日本学者对待本国城市规划成果的态度相反，西方学者更愿意从普适的角度来看待不同国家和地区的现象。西方自大航海时期开始就对日本这个偏远的岛国抱有浓厚的好奇心，近代之后更是经历了从窥探、俯视到错愕，再到形式上的认同。但是西方对日本传统社会及其转型以及经济发展"奇迹"的兴趣远远大于对城市空间的关注。正如本书的作者所描述的那样，"尽管在过去30年中积累了大量关于日本经济发展、商业实践、政治、历史、文学和人类学的文献，但关于日本城市化的研究还很少，关于日本城市规划的研究则更少"。事实上，日本的城市空间一方面是日本传统社会转型与经济飞速发展所形成的结果——城市日本，同时反过来说日本的城市空间也是造就一系列令人瞩目变化的支撑。作者在本书所讨论的日本城市与规划中的"强中央弱地方""弱规划管制"及其所导致的"贫富空间分异"以及"公民社会的缺失"等现象，究竟是一种西方固有视角下的遗憾，还是经济腾飞以及被压缩的城市化所付出的代价？无论如何，这本书的出版说明西方学者的触角已经深入到日本研究的方方面面，包括城市与规划。

（3）中国学者的视角

由于中日之间的地缘关系，从古至今相互影响的程度远远大于西方。西方学者通过观察日本所做出的结论带给我们一些似曾相识的感觉。直白地说，如果将本书作者安德烈·索伦森对日本城市与规划所做出的观察结论套用在中国身上的话，好像也没有什么太大的不妥。日本在由传统农业社会向西方率先实现的现代社会的转型过程中所表露出来的非原创性拿来主义以及传统社会观念的残留，很容易形成一种基于汉字文化圈内观念的东亚普适错觉。但事实并非如此，近代以降虽有摇摆反复，但日本基本上形成了一个传统观念与西方理性架构共存的复合体，表现在城市空间上就形成了一种时空交错的特定范式。这种范式并不具备天然的泛东亚特征。那么，我们应该如何看待日本的城市与规划？除了本书提供的西方学者视角外，窃以为日本由传统向现代转型中与西方的互动（主要是学习与借鉴）以及将舶来的思想、制度与技术嫁接在传统土壤中并形成独特范式的过程，非常值得观察与思考。

自改革开放以来，中国学者持续开展了对日本城市与规划的研究，形成了较为丰硕的成果，但遗憾的是尚未有成体系的通史型研究成果公之于世。韩昊英先生翻译的这本《城市日本的形成——从江户时代到二十一世纪的城市与规划》虽是译著，但也确实弥补了日本城市与规划研究领域中通史型文献的空白，对于了解日本近现代城市与规划的发展历程颇有帮助。此外，目前国内在学术论文及专业著作的翻译方面良莠不齐，学术术语的中文翻译尚未形成统一的标准，普遍存在着由于术语翻译差错所带来的概念含混、内容误解等问题。本书译者在这方面做了大量艰苦细致的工作，利用精通英文、日文的优势，通过比对英文与原始日文的含义，不仅使译文做到准确、传神，也为今后类似的工作打下了坚实的基础。

韩昊英先生著作、译著颇丰，相信本书的出版也与既刊行的著作一样，为我国城市规划研究事业添砖加瓦，贡献才智。

谭纵波[①]

2021 年初冬

---

①　清华大学建筑学院长聘教授、博士生导师，云南大学建筑与规划学院院长，他还担任中国城市规划学会国外城市规划委员会主任委员。——译者注

中文版序二
对于城市日本的形成动力与机制的思考

安德烈·索伦森教授的《城市日本的形成——从江户时代到二十一世纪的城市与规划》原著出版至今正好过去 20 年。20 年在快速发展的国家足以催生出一座新的城市。这一时期，日本的城市发展虽然缓慢，但也经历了内涵式的剧烈转变。2011 年的"3·11"东日本大地震引起的海啸给东北部太平洋沿岸城市与地区带来了巨大的灾难。距离震中 200 余公里的东京都市圈也未能幸免于福岛核电站爆炸的影响。日本人开始深刻反思大城市的可持续性。灾后重建中，东京电力公司把控的电力系统解体，电力消费市场全面自由化，新能源体系和城市韧性建设方兴未艾。正如本书的时间主线所呈现的那样，德川时期 1657 年的明历大火、1923 年的关东大地震，以及 1945 年的战火，每一次灾难给城市带来不幸，但是灾后重建也为城市规划与发展带来新的机遇。"3·11"灾后重建有日本既定的模式，比如设置复兴厅，全程中央主导；也有新的探索，比如软硬件结合，更加重视公众参与等。书中所述的城市日本的形成背后的规划制度的特点以及对社会经济环境变化的适应等，在这 20 年当中得到一定程度的改善与发展。

借着东京奥运 2020 的余热，2021 年本应是宣告灾后重建完成的重要历史时机。突如其来的全球新冠肺炎大流行打破了既定路线。人员流动、商务交流高度密集的城市，尤其是东京、大阪这样的超大都市圈首当其冲，既定的生产生活节奏几近崩坏。幸而得益于信息技术的发展，借助于远程办公等手段，城市才能够勉强维持运转。可曾想，拥挤不堪的通勤电车突然空空荡荡，灯红酒绿的喧嚣夜店转眼间门可罗雀。人们猛然发现，原来每天两点一线、疲惫不堪的通勤生活并非理所当然。曾经引以为傲的"工作在中心城区、居住在市外郊区"的现代化生活模式，可能仅仅是社会环境所强加的观念、长期潜移默化的固定习惯而已。如今远程办公得以推行，人们徘徊于家庭居室，漫步于邻里街巷，更觉居住空间的窄迫、社区环境的恶劣。狭小的居室容不下一家几口同时居家、办公及学习；狭窄的街巷、匮乏的绿地、破碎的邻里，无法舒解抗疫生活的苦闷。城市的商业及服务设施大多集中在铁路车站周边，在远离车站的郊区腹地，离开了家用汽车，购物办事十分不便。为塑造今天的城市奋斗了一生、如今日渐老去的战后婴儿潮一代，不得不放弃曾经梦寐以求的郊区庭院，再次回归市区中心。迄今一个半世纪的现代化与城市化为日本人积累的资产，世所公认的富裕国家、先进城市的高质量生活方式，在疫情的冲击与老龄化不断加剧的过程中面临新的挑战。这些绝非日本的城市独有。安德烈·索伦森教授的这部著作从城市规划理论与社会、政治、经济的高度，为读者呈现了日本城市化的发展历程、日本特色的解决路径、可以学习的经验以及应该吸取的教训。

　　当你漫步东京、大阪等城市的街头，游览文化景点，品尝饕餮美食，也许会叹服于日本的国家性格、日本城市的多样化风貌、城市中四通八达的轨道交通，以及背后井然有序的运作体系。东京都市圈作为太平洋城市绵延带之首，坐拥近 4000 万人口，每年雄踞全球大城市排名前三，从而成为世界，尤其是许多新兴发展中国家的城市化及城市群建设的标杆。作为 19 世纪后半叶才步入工业化的国家，如何能够在短短的百年之间创造这样的奇迹，是追赶路上的许多后发城市急欲探索的奥秘。安德烈·索伦森教授以深厚的欧美城市规划的知识和经验为基础，从江户时代开始，按照重大历史时期区分，为读者精心呈现了一幅宏大的日本城市规划与建设的历史画卷。其中最为里程碑式的节点是城市规划的三部法规：1888 年的《东京市区改正条例》、1919 年的《都市计划法》和 1968 年的《都市计划法》。本书详细梳理了三部法规的形成背景、内容特色、实施手段及效果，读者可以从中体会日本的城市规划由粗到细的演进过程。也可以看到，城市规划虽然并不直接表现在每一届政府的施政纲领里，但着实承载了那些时代的期待，牵涉了许多政治和经济的统筹，最终以空间布局、土地利用、建筑形态等落实于城市各方主体的日常行为之中。强力的中央把控、坐大的财阀企业、弱势的地方政府、毫不妥协的土地私权、隐忍的普通民众一方面推动了日本的经济高速发展，实现了国家的政策目标；另一方面制约了城市规划制度更加有效地展开，造就了今日之东京等大都市富有活力的城市中心、副中心，混乱的城市边缘地带，乏力的地方中小城市，以及衰退的广大农村地区。这些问题也并非日本独有。通读本书，我们或多或少可以感受到：日本的城市化历程在某种程度上映射着中国已经发生、正在发生，或者将要发生的各种城市化事件。这正是本书中文版面世的价值所在。

　　译者韩昊英教授长期研究日本的城市规划，英语、日语功底深厚，全篇语言流畅、叙事清晰，是我们理解日本的城市规划体系难得的文献资料。通过本书，我们可以反思日本的经验教训，探索城市发展的科学规律，思考如何发挥中国特色，更好地厉行人民至上的城市发展理念。

　　书中最后为 21 世纪 20 年代的东京和日本城市提出了变革的希望。今天，东京依然光彩夺目，大流行中延迟的东京奥运 2020 虽然没有达到预期的效果，但依然为这座城市的核心地区留下了宝贵的遗产。百年不遇的疫情也为日本城市规划界反思过去、思考未来提供了新的机遇。以地区计划为主体的城市规划新体系的实践正变得愈发活跃。希望中国读者以本书为契机，持续关注日本的城市建设，推动中日城市规划界的交流。我想这也是安德烈·索伦森教授支持中译本出版的期待所在。

严网林 [1]

2021 年 12 月于东京

---

① 日本庆应义塾大学教授。——译者注

中文版序三
他山之石，城市日本的形成

　　城市是我们每日依赖的活动空间，从出生到死亡每天都生活在这个载体之中，就算我们为了逃离工作或既有的生活，而前往另一个地方旅游放松，也只是从原来居住的城市转换到另一个城市而已。我们总是对异文化的城市充满向往，却很少去了解自己生活的城市是如何形成的。人类为了生存而集体生活产生聚落，聚落是人类聚集和生活的场域，是人类有意识开发利用和改造自然创造出来的生存环境。"聚落"一词古代指村落，如中国的《汉书·沟洫志》的记载："或久无害，稍筑室宅，遂成聚落"。

　　综观世界各地的史前文化，早期人类的聚落一般都选择在地形、气候条件相对优越，自然资源相对丰富的地点。在狩猎时代具备易守难攻的特性，避免野兽的侵袭。例如，中国陕西蓝田猿人的遗址，就在450米高程的灞河阶地上，当时那里的气候温暖湿润，有较多的动物可供捕猎；而在农业时代则选择河流交汇处，考虑的多是冲积平原土壤肥沃。例如安徽合肥市肥东县店埠镇南院村遗址。随着人类利用和改造自然的能力不断提高，人类活动的领域不断扩大，由热带、温带逐渐扩展至寒带，进而创造出各种形式的聚落环境，这种群居活动的过程即称为城市化。聚落的形成也造就了分工制度的产生，由婚姻制度、氏族封建、宗法封建、君主专制到后来的现代化的社会与管理制度的形成。而在城市化过程之初，其原始地缘关系所形成的范围可称之为"自然村"，后经行政程序而划定范围者，则称为"行政村"。城市形成的原因，依制度学派理论（Institutional Theories）的分类，可分为宗教、军事及经济等。若从城市功能角度，城市的形成又依赖交通、政治、文化等诸多因素。因此，许多城市也经常同时兼具有多项特性与功能。城市的发展除了上述的基本动力之外，亦受到自然环境、经济环境、社会环境以及政治环境的影响。

　　安德烈·索伦森，一位在多伦多大学任教的城市地理学家，于1994~2002年间居住在日本。作为一位从小接受西方教育的城市研究者，他选择了以日本城市为主体的研究方向，专注于东京的蔓延问题，从西方城市规划的视角来了解日本城市规划史。根据安德烈·索伦森在本书中提出，从最早的德川幕府时代，到广纳西方科学文明的现代化城市规划的明治维新时代，早期的日本城市发展虽然在明治时代大量地西化，却无法避免日本自古国家治理由上而下的观念，这种观念形成了"强中央弱地方"的决策行为，决策行为的背后是一群以科学、工程为背景的专业技术官僚，通过理性规划程序，贯彻由上而下的规划意识。此种决策思维的确为日本战后带来了快速的经济发展与大量的基础设施建设，但却缺乏公民参与的决策过程，因而在整体国家经济力衰退之际，城市的发展受到严重的影响。

日本的"国家－地方"关系进度缓慢，直至 1993 年起的"地方分权改革"和"市町村合并"，才加速了地方分权化的流程。地方分权的本旨就是"从中央集权到地方分权"、"从官到民"的理念。意即政策由以往的"造国"（国家利益优先）转换为"造町"（尊重民意）。社区营造的造町（地方振兴）目的为通过民众参与，地方居民亲自打造适宜居住的社区。所谓社区系指地方居民日常生活所处的时空，也是人群交流的园地、精神上放松的所在，抑或是酝酿人心之连带感和一体感的场所。换句话说，造町即为"地方居民追求幸福、实践福祉和满足人生的社区营造"，造町的基本和前提是"造人"，身为推手和参与者的主体、主角和负责人即为"地方居民"。自此，日本的城市发展转为由下而上的思考战略。

1895 年（乙未年）甲午战争战败，大清帝国被迫签订《马关条约》，将中国台湾、澎湖割让给日本。当时日本国内的资本主义尚不发达，无力在台湾从事大规模建设活动，因此统治初期是由台湾总督府主导台湾的拓殖规划。由日本政府为日本资本家量身定做各种规则，将台湾作为支持日本本国工业的后盾，同时是日本向南洋发展的基地。因为台北最接近日本本土，加上也是刚起步的新兴城市，容易实施市区计划，因此统治台湾的台湾总督府与清代台湾巡抚相同地选择台北作为台湾的政治经济中心，台北由此有了"岛都"的称号。

1898 年，第四代台湾总督儿玉源太郎任用后藤新平为台湾总督府民政局长，该职位的权力仅次于台湾总督。由于儿玉源太郎除了担任台湾总督之外，还兼任内阁官职，因此后藤新平是实际上的台湾总督，在位 8 年 8 个月。其间后藤新平将其在日本担任内务大臣时进行城市规划与成立都市研究会的经验应用到台湾。

在 1900 年的市区改正计划中，台湾总督府以街地整理与贯通道路为由，开始拆除台北城墙，并扩展台北市的范围。拆城计划让台北市范围从一平方公里范围扩展近数十倍，且借由道路贯通，让大稻埕与艋舺两大区域融合成为一城市。这些交通上的改革，也包含随后的铁路改建、巴洛克式街道开通、对外桥梁等硬件设施，使台湾仿佛成为日本城市发展过程的复制品。日本为了向西方国家展现现代化的实力，将台湾变成日本建筑师的"帝国实验场"。一大批来自东京帝大建筑科的建筑师长野宇平治、森山松之助、辰野金吾、近藤十郎、小野木孝治、井手薫、野村一郎等人，在各类型公共建筑大展拳脚，成为近代台湾城市面貌的塑造者。强中央、弱地方的城市发展思维，也深刻地影响了台湾后续几十年的城市发展。

1999 年台湾"9·21"大地震重创中台湾，震灾所在正是台湾最弱势的区域之一，社区普遍面临人口结构失调、产业转型不易、高失业率、社区环境破败、政治派系分裂、人才不足等问题，让社区重建之工作更显困厄。在如此复杂的重建社会、经济与政治结构中，文建会于 2002 年提出"9·21 震灾重建区社区总体营造执行方案"，希望通过社区总体营造与地方资源及价值的再发现，建立社区的自主性、自发性、自信性，为重建注入活水，真正开始翻转城市发展的思维。

东亚地区的城市形成过程，不论是在历史文化背景还是经济社会制度上，皆有高度的关联性，他山之石，可以攻错，相信了解日本城市的形成历史，必能为自己城市的未来发展，把注新的想法。

译者韩昊英博士留学日本东京大学，获得都市工学博士，对于日本城市与制度的发展了解深入，是翻译此书的不二人选。相信在其专业知识与日本生活经验下，必能使此书的翻译达到"信、达、雅"，让读者更易理解原作的本意。本书的出版，也是为城市规划专业增加了另一个视角的观点。

陈维斌[①]

2021 年于华冈

---

① 中国文化大学国际暨两岸事务处国际长、都市计划与开发管理学系副教授。——译者注

译者序

　　本书的翻译绝非易事。主要原因在于，原作是用英文讲述日本的城市发展与规划历史的，因而同时需要对中、英和日文有很好的把握。尤其是，书中涉及的大量人名、地名、机构、出版物、规划、法律与政策条款，以及历史事件都有对应的汉字，并不适合或者无法直接依照英文原文翻译为中文。所以，在翻译过程中必须进行大量的文献查阅，此过程的艰难程度堪比撰写一本新书，值得欣慰的是，整个翻译过程也是一个有关日本城市发展与规划方面很好的查阅和学习、纠错的过程，令我收获颇丰。

　　笔者在东京大学都市工学专业攻读博士期间，得以结识安德烈·索伦森先生。他当时虽然在多伦多大学士嘉堡校区任教，却时常会来日本交流并授课。我选修了他的日本城市与规划史课程，并经常在学校附近的餐馆和居酒屋里和他一起畅聊日本的城市与规划。索伦森先生当年绝对是留学生心中的学术明星，每次来东京时，留学生们都会向他请教有关日本研究和国际比较研究方面的问题。他从一个外国人的视角对于日本的解读，特别容易被我们这些留学生所理解和认可。不过我最初以为，索伦森先生的很多见解虽然很有新意，但可能仅仅是因为他所生活的环境与日本差异太大——来自国土面积巨大，人烟稀少的加拿大，审视国土面积并不算大，人口密度却极高的日本，这种冲击力无疑是巨大的；至于对日本特别是日本城市的了解，他未必像很多中国人一样充分，见解也未必足够深刻。直到读完其所著的这本《城市日本的形成》，我才从根本上改变了看法。该书从 1600 年终结日本战国时代的关原之战的胜利写起，回顾了德川时代的城市遗产、明治时代所建立的现代传统、大正时代的民主与全国性规划制度的创立，以及贯穿整个昭和时代的经济增长、环境危机、规划制度改革、放松管制与泡沫经济，再到平成初期的地方规划浪潮，共 400 年的城市与规划发展史，将宏大的叙事娓娓道来；同时，索伦森先生将论述的重点放在 1868 年明治维新之后的 100 余年中，着重分析了从《东京市区改正条例》到两次《都市计划法》，再到 20 世纪 90 年代的地方规划制度的创立与实施，使得整个叙事显得极为生动和深入。由此，可以看出作者在规划历史研究方面具有非常深厚的功力。

书中的很多史实我们在之前的各类文献中都可以零零碎碎地读到，而本书将这些内容巧妙地贯穿起来。本书很重要的一个价值在于它绝不仅是史实和文献的堆积，而是通过对大量史实的充分考证和归纳得出了极为鲜明的观点。书中一开始就阐明，日本的城市规划是造成高成本的土地、住房以及恶劣的城市环境的重要推手，并在很大程度上促进了"富裕的日本，贫穷的日本人"这一窘境的形成。全书随后围绕着"日本模式"的五个显著特征分阶段解析日本城市规划发展与演变的细节：国家资源持续集中用于经济发展、规划与公民社会的关系薄弱、中央政府占据主导地位、对公共建筑项目的偏好一直超过对私人开发活动的监管，以及城市邻里有自力更生的悠久传统。此外，本书另一个重要价值还在于它论述了之前文献中鲜有提及的很多内容，如德川时代的日本城市治理传统及其对近现代城市发展的影响、《东京市区改正条例》和《都市计划法》的两次制定与实施细节、地震灾害与战争对城市发展与规划的影响、自民党主导的政治格局对于城市投资及建设方式的影响、日本地方治理中公民社会的发展脉络，以及日本央地之间和部门之间的权利分配对城市发展产生的深远影响。

日本的经验对于中国今天的发展非常重要。两国同在东亚，有着上千年的历史渊源，很多文化习俗都非常接近。在近代以来的发展过程中，由于日本的先发地位，其所经历的很多发展策略都被中国在一定程度上加以借鉴，很多发展问题也在中国类似地再现。无论是"富裕的日本，贫穷的日本人"这一窘境，还是城市规划和发展的"日本模式"所具有的五个显著特征，都已经或多或少地在中国显现——城市发展服从于经济建设、公民社会在规划事务中的作用有限、强中央—弱地方的政府结构、对于大型公共建设和基础设施项目的偏爱，以及邻里设施和服务维持在一个相对较低的标准上。尤其是，日本作为世界上第一个在全国范围内出现人口减少的大型经济体，其整个城市化过程中的经验和教训对于总人口即将减少而城市化仍将持续相当一段时间的中国特别具有启示意义。如何在城市化最后的关键阶段里避免出现日本城市发展中的重大问题，并为后城市化时代的到来构建出一个安全、健康、便利、舒适和可持续的城市环境，值得中国的城市规划者们认真思考，我相信读者们也可以通过本书的阅读找到部分答案。

本书的另一个重要性还体现在其在国际比较研究方面的重要价值。在中国改革开放以后的很长时间里，城市规划领域常见的一个国际比较研究误区是，往往将城市发展以及城市规划制度的优劣与某个国家的发展水平尤其是经济水平直接关联起来。简言之，就是认为发达经济体的城市和规划也必然优秀，因而大量的文献都是讲如何借鉴发达国家的经验，而很少以批判的视角来全面、细致地审视某个国家的城市发展制度。同时，我国城市规划领域的很多文献对于国际比较研究对象的理解也相对较为狭隘，谈起国际经验的比较和借鉴，往往言必称欧美，而"欧"通常也仅指西欧的少数工业化先发国家，"美"则往往只看美国。对于其他国家尤其是我们周边国家的关注相对而言远远不足。因此，本书应可以弥补以上不足，为国际比较研究研究提供一个优秀的参考范本。

　　根据严复先生的翻译理论，一部好的译作应当满足"信、达、雅"三方面的要求，即内容要准确，语法结构要顺畅，语言还应有文采。而同时满足以上三者实际上是非常难的一项任务，因此严复先生称之为"译事三难"。在本书的翻译过程中，我首先力图遵循"信"的原则，尽量做到内容准确，不偏离，不遗漏，不随意增减。需要说明、纠正或补充的地方，都以译者注的形式提供给读者参阅。全书前后共加入了 200 余处注解，并在文末提供了一份完整的"中日英"词汇对照表。按照人名、地名、机构、出版物、政策制度以及其他类型的词汇加以分类，希望能够有助于读者更准确、全面地理解书中的内容。此外，对于专有名词，尽量按照日文汉字直接找到对应的中文。例如，City Planning Law（日文：都市計画法）就译为"都市计划法"而非"城市规划法"，Urbanisation Control Area（日文：市街化調整区域）译为"市街化调整区域"而非"城市化控制地区"，Natural Environment Protection Areas（日文：自然環境保全地域）译为"自然环境保全地域"而非"自然环境保护区"等。我认为这种翻译方式更为准确，既可以让读者品味日文的原意，还可以避免之前很多文献中出现的同一日文名词对应多种中文翻译的窘境。在"达"的方面，我尝试将书中的很多长句和从句分解为若干个短句，同时还为一些被动句式补充了主语，以使行文更加流畅。关于"雅"，由于本书并非纯粹的文学著作，我并没有斗胆做出很多尝试，只是在选词的时候尽可能采用一些韵律优美的词汇进行表达。本书得以按时完成，还要感谢很多前辈的帮助和指导：柴彦威老师为我详细解释了"定住圈"的概念，并支持我将中文确定为"定居圈"，谭纵波老师帮助我选定了城市长者等几个关键的中文译词，严网林老师和秋原雅人老师帮助我确定了图中几处英文地名所对应的日文。此外，中国建筑工业出版社国际合作图书中心戚琳琳主任一直认真地督促和协助我，我也深表感谢。

　　倏忽之间，我从东京大学博士毕业并回国任教已接近 15 年。当年在日本留学时对于日本城市环境和生活的印象仍然历历在目，本书中涉及的很多人物也常常会勾起我对于留学生涯的回忆。例如，我记得曾多次向大方润一郎和小泉秀树教授请教日本的规划制度，并在各种场合的会议上倾听渡边俊一、石川干子等教授讲解国际比较研究和日本的城市发展。所有这些都有助于我更顺畅地读懂和翻译索伦森先生的这本《城市日本的形成——从江户时代到二十一世纪的城市与规划》，并使我对于日本复杂的规划制度和城市发展历史有更为深刻的理解。

如前文所述，由于涉及对于中、英、日三种语言的综合理解和运用，本书的翻译难度极大，并且受本人能力所限，翻译的内容难免有所不足。如您对本书内容有任何指正，可联系出版社或在城市复杂与管理研究室 / 韩昊英研究室的留言区惠赐高见。本人的译著还包括《融入未来：预测、情境、规划和个案》《社会为何如此复杂：用新科学应对 21 世纪的挑战》《大规划的灾难——对于西方经典规划灾难的回顾》以及《规划顺应复杂——公共政策的协作理性简介》，感兴趣的读者也可以将指正意见一并发送给我，我将尽快予以回复。

韩昊英

2022 年初春于杭州

英文版主编序

北美的城市在 2001 年 9 月 11 日遭受了恐怖袭击，随后就发生了阿富汗战争。以美国为中心建立的一个举世瞩目的国际政府联盟正在通过各种手段打击恐怖主义，在撰写本报告时，该联盟正在团结协作。然而，联盟中几个国家的公众舆论则较为矛盾。

因打击恐怖主义而产生出更多恐怖分子的危险是巨大的。但推进反恐运动的努力——必要时轰炸城市——从"捍卫文明世界"来对抗原教旨主义和恐怖黑暗势力的视角来看则是合理的。自"9·11"以来，"文明"的观念已经大量地回到我们的词汇中。但它超越了汤因比（Arnold J. Toynbee）和亨廷顿（Samuel P. Huntington）等作者对于该术语的狭义定义；它被视为至少潜在地拥抱了大部分人类。然而，在实践中，"文明"并不容易与那些无法摆脱极度贫困、狭隘和剥削的数亿人相容。除非以决心和智慧解决这些问题，否则恐怖将被用来对我们眼中的"文明"世界造成可怕的影响，任何人对此都不会感到惊讶。

从所有的重要意义来看，今天的日本都是我们所在的"文明世界"的一部分。日本人民的平均生活水平很高；日本的国内生产总值仅次于美国，高于亚洲所有其他国家的国内生产总值的总和。即使是中国经济，虽然因快速增长备受关注，其规模也比日本小很多倍。冷静地加以审视，就会发现日本的国家利益取决于发达国家的共同利益及其广泛的经济、政治、社会和道德价值观。日本在大多数方面是一个开放的民主社会。自 20 世纪 90 年代初以来，她一直饱受严重的经济和政治管理不善之苦。从最广泛的意义上看，问题在于从一种政治经济形式向另一种政治经济形式的痛苦转变。转变的进程远未结束，管理不善已经使经济付出了高昂的代价。日本还面临更深层的结构性问题，其中就包括人口的迅速老龄化。然而关键的一点在于，日本是一个具有巨大国际影响力的庞大经济体。

作为一个自豪的民族和一个古老文明的继承者，日本人长期以来一直关注在世界中自身的发展道路，这与当今世界显而易见的全球化趋势形成了一定的紧张关系。

然而，日本正在慢慢形成自己的一套折中方案，通过维系基于自身文化经验的架构和实践来调节对全球基本行为准则的吸纳。然而，接下来的一个阶段迫切需要日本的专业知识和承诺，这是一项漫长而痛苦的任务，需要减少并最终消除的不仅仅是那些共同的恐怖主义敌人，还有恐怖主义最深层的根源——全球不平等、地方性贫困，以及肮乱、剥削和排斥。

日产 / 劳特里奇日本研究系列创始于 1986 年，目前内容刚刚超过五十卷。它寻求促进对日本进行广博、平衡却又并非不加批判地理解。本系列的一个目的是展现日本制度、实践和理念的深度与多样性。另一个目的则是通过比较来看可以为其他国家带来哪些正面经验或负面教训。采用时过境迁、孤陋寡闻或耸人听闻的陈词滥调来评论日本的倾向仍然存在，需要与之抗争。

在本书中，安德烈·索伦森以博学和雅致的方式展示了自德川时代的城下町出现以来日本城市的发展模式。许多参观过日本主要城市的人都会震惊于其巨大的面积和看似无穷无尽的城市蔓延。如果想知道为什么日本的建成环境（除了中心城区和近郊）常常令人感到无比沮丧，任何人都会在此找到信服的解答。索伦森恰当地对日本的城市规划（或缺乏城市规划）进行了批判阐述，同时仔细探究了缺少城市和郊区蔓延控制的历史与制度原因。他为日本的规划进程提供了专家指导，并对强大的土地所有权和薄弱的土地开发控制法规的存在背景进行了详细阐释。他认为，日本的规划过于中央集权并且缺少对建筑产业的商业机会主义的控制。

他以较为乐观的语气结束了全书，指出在过去 30 年左右的时间里，公民社会有了明显的成长，这对规划结果产生了一些有益的影响。但他也准确地观察到，竞争性的中央官僚管理以及政客和建筑公司之间的腐败互动这两类因素结合在一起，仍然是迈向更为开明的城市开发方式的几乎无法克服的障碍。我们需要记住的是，大多数日本城市必须在相当小范围的土地上容纳大量人口。然而，被称为"建设国家"的日本正生机勃勃，并极大地改善了过去 10 年中出现的经济困难。

詹姆斯·阿瑟·安斯科·斯托克温（J. A. A. Stockwin）

致　谢

　　任何重大的研究项目都必然催生出各种各样的人情债，但当一个人要写一个不属于自己的国家和文化时，这笔欠债就会更大。有两位导师曾指导我研究日本城市化和规划，我非常幸运地得到了他们的支持和友谊。第一位是迈克尔·赫伯特（Michael Hebbert）教授，1993 年在我考虑就读伦敦经济学院（London School of Economics）的规划专业博士时，他第一次激励我研究日本。他对日本规划的敏锐观察和堪称典范的著作一直为我判断自己的努力水准提供指针。

　　东京大学都市工学系大方润一郎教授的建议、批评和支持则对完成本书更为重要。自从我四年前构思这一写作计划以来，他一直密切参与并慷慨地分享了他的想法、专业知识、研究材料和热情，尤其是在东京大学附近我们的朋友宫本的餐厅里，我们愉快地讨论了很长时间的日本美食和饮品。从最初的草稿开始，经历了章目录和概念方法的大量变化，大方教授几乎评阅了本书的每一页，他对最终成书的影响大到难以计数。他也是我所成功申请到的日本学术振兴会博士后奖学金的担保人，日本学术振兴会从 1998—2000 年为我提供了宝贵的研究资金。大方教授还支持我申请获得在 2000—2002 年担任东京大学土地利用规划方向的讲师。因此，毫不夸张地说，如果没有大方教授的巨大支持，就不会有今天这本书的问世。

　　我还要特别感谢我们研究组的其他成员。小泉秀树副教授在我请求提供晦涩的文件、补充意见和参考资料时，给予了仅次于大方教授的愉快回应；助教真锅陆太郎帮助我解决了计算机故障以及各种难懂的行政职责。我还得到研究组中许多研究生的帮助，其中特别值得提及的是秋田典子、藤井さやか①、村山显人、安谷觉和田中杰。为都市工学系的研究生讲授《日本城市化和规划导论》（*Introduction to Japanese Urbanisation and Planning*）课程的两年时间对本书产生了巨大影响，我要感谢我的所有学生提出的问题和评论，这些问题和评论在很大程度上帮助我澄清了

---

① 名字采用平假名而非汉字，此处不做翻译，事实上也无法准确翻译成中文。——译者注

自己对于本书中所阐述问题的理解。

在那些慷慨地同意阅读本书手稿的人中，迄今为止最有影响力的是日本杰出的规划史学家石田赖房教授，他非常细心地阅读了整个手稿，并给出了数百条详细的评论、更正和询问，这无疑使我避免了许多令人尴尬的失实和解释错误。此外，我还要向手稿全文的其他读者——布鲁诺·皮特斯（Bruno Peeters）、保罗·韦利（Paul Waley）、杰夫·哈内斯（Jeff Hanes）、渡边俊一和尤塔·霍恩（Uta Hohn）表示深深的感谢，感谢他们的评论、建议和鼓励。还有很多人阅读了一章或多章的手稿，包括菲利普·贝劳克（Philippe Baylaucq）、罗伯特·弗里斯通（Robert Freestone）、卡罗琳·芬克（Carolin Funck）、彼得·马克图利奥（Peter Marcotullio）、布莱恩·麦克维（Brian McVeigh）和安迪·桑利（Andy Thornley），谢谢所有人。特别值得一提的是我的父母威尔弗雷德·索伦森（Wilfred Sorensen）和纳塔莉·索伦森（Nathalie Sorensen），他们一直给予我鼓励，阅读了不同完成阶段的大量内容，最后设法教给我一些我尚未掌握的英语语法的精妙之处。我个人则对仍然存在的任何错误或误解负责。

许多人帮助我搜寻本书中所使用的插图，我要使用资料版权的请求很幸运地得到了许多愉快和积极的回复。我非常感谢大阪市都市工学情报中心（大阪市都市工学情报センター）批准我复制山口半六的"1898年大阪扩张规划图"[1]，并作为本书的图2.5出版。我还要感谢北海道大学附属图书馆的图书管理员们允许我在图2.6中使用札幌的早期地图，该地图由他们自己保管，最初由札幌市教育委员会在《札幌历史地图》中出版。池田孝之热心地允许我将他1980年博士论文中的一幅图用作本书图4.2的东京建筑线平面图。日本住宅综合中心（日本住宅総合センター）允许复制展示在图4.6中的同润会住房开发项目方案图，以及展示在图4.8中的日本第一座田园城市的多摩川台部分。大阪市立大学的小玉彻教授帮助我找到了图4.9中千里山住宅区的平面图，持有该图的大阪市史编纂所所长堀田晓生先生热心地允许我复制并拍照。David Tucker在他的博士论文中曾放入图4.10所展示的大同规划图，他帮助我找到了其在1940年1月版的《现代建筑》杂志上所使用的原件。《Ekistics》杂志的编辑们很高兴允许我复制图5.8所展示的土井崇司[2]的1968年东海道大都市连绵带图。大阪府公营企业局宅地办公室[3]友

---

① 图2.5（1899年大阪的山口规划）与此处所提到的"1898年大阪扩张规划图"是同一张图，译文保留了英文原文的表述方式。——译者注

② 英文全名为Doi Takashi。——译者注

③ 英文原文为the Osaka Prefectural Government Bureau of Public Enterprise，Residential Land office，此处未找到对应日文，因此直译为"大阪府公营企业局宅地办公室"。——译者注

好地允许我在图 5.10①中使用他们的千里新城平面图。建设省建筑研究所的胜又济允许我在图 7.4 中使用他绘制的迷你开发平面图。日本横滨国立大学的副教授高见泽实借给我一张东京高风险木屋区的地图，图 9.2 就是修改自这张图。我还感谢 Taylor & Francis 出版社允许在第 3 章中复制最初在《Planning Perspectives》期刊上发表的一篇论文的大部分内容，论文的题目是 "*Urban Planning and Civil Society in Japan：The role of the 'Taisho Democracy' period（1905—1931）Home Ministry in Japanese urban planning development*"。同样，我还要感谢《Town Planning Review》杂志和利物浦大学出版社的编辑们允许我复制我的论文《Building Suburbs in Japan：Continuous unplanned change on the urban fringe》中的一些内容，并作为第 9 章的一部分。

最后，也是最重要的，我要深深地感谢我的妻子彭懿德、我们的孩子劳伦·光和拉斐尔·心，感谢他们在日本迷人而动荡的岁月中为我的生活和工作赋予了重要的意义。平衡两个人繁忙的学术工作与抚养两个远离家乡和家庭的活泼孩子的这些挑战，虽然常常令人压力重重，但由于能和他们生活在一起，过去七年在日本生活和工作的经历就显得无比丰富和充满意义。我们非常感谢在日本逗留期间从各方面给予我们帮助的所有日本朋友、邻居和同事。

---

① 原书此处有误，应为图 5.11。——译者注

前 言

在 20 世纪的进程中，日本从一个以农村人口为主的国家（世纪之初约有 15% 的人口居住在城市中）转变为世界上城市化程度最高的大国（世纪末城市人口密度已接近 80%）。对于日本经济增长和城市发展的评价通常充满了盛赞之辞。在大的发达国家中，日本的城市化速度最快，所形成的城市面积也最大。仅东京地区就拥有近 4000 万人口，占全日本人口的四分之一以上，是目前世界上最大的城市地区之一。日本城市化最不寻常的表现也许是沿着本州主岛太平洋海岸线的巨大城市工业带。从东部的东京延伸到西部的九州北部的这条有时被称为东海道大都市连绵带（Tokaido megalopolis）的地区，拥有绝大多数的日本人口和生产力。这里仅有全日本 23% 的土地，却有约全日本三分之二的人口和约 85% 的国内生产总值，集中了全日本的大部分固定资产、主要的研发实验室、国际通信设施和全球金融中心。

这个地区拥有世界最好、最繁忙的铁路系统，将大都市连绵带各部分连接在一起，允许在该地区内几乎任何两点之间实现快速、安全的通行。即使有这种高效的铁路系统，自 20 世纪 60 年代后期以来，日益增长的汽车使用率导致道路拥堵日益严重，以及蜿蜒穿过大都市地区的庞大的高架高速公路网络的建设。不管还有哪些缺点（其中一些将在第 6 章中讨论），这些高速公路提供了迄今为止体验日本大都市的最佳位置。谁能忘记第一次乘坐成田国际机场巴士到达东京市中心，经过一望无际的郊区，在四五层的高架路上蜿蜒穿梭于闪闪发光、形状各异、大小不一的摩天大楼之间，凝视着 10 层或 12 层上忙碌的上班族们？在这里，大都市地区的城市化达到了一个空前的规模，但这仍然不是顶点。

与其他的发达国家中拥有相似财富和城市化水平的城市相比，日本城市呈现出迷人的相似和不同之处。乍一看，这些城市与西方城市，尤其是美国城市惊人地相似。大型建筑几乎都是钢框架、钢筋混凝土和平板玻璃的新建筑；新型轿车和卡车的不断增加，大量的加油站、连锁便利店、购物中心、品类繁多的仓储式商店、全球知名品牌的快餐店、五颜六色的塑料标识和广告，以及沿主要郊区道路的商业带，似乎会出现在郊区的任何地方。对于初次到日本的西方的旅行者来说，这种城市景观往往有点令人惊讶和失望，他们到目前为止都希望找到一些不那么熟悉、更具异国情调的东西。这种反应或许可以理解，而且有很长的历史。例如，Seidensticker（1991：60）指出，即使在 19 世纪，也有人抱怨东京的美国化。在整个 20 世纪，西方化的进程持续甚至加速。在咖啡桌上的照片册中，日本历史的特色如此突出，但在现代日本城市中却鲜有体现。因此，日本城市的一个显著特征就是明显的西方化，尤其是建筑形式上深受美国的影响。

　　然而，日本城市的观察者们逐渐意识到，在表面相似的背后，日本城市在许多方面确实与其他发达国家的城市大不相同，任何表面的相似之处都只是掩盖了深刻的结构差异。也许其中最重要的是日本城市化的两个相关特征：不同土地用途的强烈混合，以及大量无规划、随意的城市开发。混合土地利用在日本城市如此普遍，以至于很难相信政府于 1919 年在所有的主要城市里实施了城市土地用途分区，而这种分区直到 20 世纪 20 年代开始才在美国流行。如第 3 章和第 6 章所述，日本的分区制度一直有相当大的包容性，大多数分区都允许多种不同用途。许多人将日本城市的持续活力归功于这种分区的宽容特性，因为大量自发的城市变化被允许产生，土地用途的大量混合是常态。各种规模的开发项目通常包括零售、办公和住宅内容，而中心城区的城市集约化鼓励了拥挤、嘈杂而又华丽的城市中心的形成（见图 0.1）。由于缺乏对户外标志的控制，城市的能量被显著地放大，因此建筑物的外部往往布满了各种令人愉悦的闪烁霓虹灯；而密集的架空电线景观则增加了混乱，因为密密麻麻的电缆似乎向各个方向和许多不同的楼层射出。成群结队的衣着讲究的购物者和商人奔波于各主要车站之间，10 层楼高的瘦小建筑中成堆的小餐馆、庞大的商

图 0.1　上野的"繁华街"是日本最经久不衰的市中心娱乐和购物区之一，在德川时代就以其剧院和夜生活而闻名。
安德烈·索伦森拍摄，2001 年。

图 0.2　位于郊区的高速公路零售带，如神户北部三田郊外的这个区域，现在代表了日本的一种主要的城市形态。
安德烈·索伦森拍摄，2001 年。

店和办公室聚集在一起，这些都通过完美的地铁系统和头顶闪闪发光的高架高速路连接在一起，所有这些都肯定了现代日本的城市活力。

高人口密度和市中心邻里不同土地用途的密集混合，再加上稳定、紧密的城市社区，形成了充满活力的城市区域，体现了简·雅各布斯（Jacobs 1961）的健康城市生活理念。显然，雅各布斯有关城市安全的"街道眼"方法在今天日本城市中的应用与40年前在曼哈顿格林尼治村的应用一样有力。即使在日本最大的大都市地区，如东京和大阪，离繁华的主街几步之遥，也可以看到安静的住宅区，狭窄的街道两旁有各种各样的小商店。这些地区的宜人尺度、他们对空间的有效利用、房屋前路边随处可见的盆栽，以及对极窄道路上机动车交通的有效限制，都有助于实现日本城市化的某种最积极的方面：广泛存在的健康迷人的城市邻里，即使在最大的城市也是如此。正如本书所示，正式的城市规划制度在创建和维护这些城市内部地区方面只起到了很小的作用。相反，它们是由前现代街道布局的遗产和现代无规划的城市化形成的，是持久的社会结构和住房偏好的产物。因此，对于日本来说，将规划区域等同于良好的城市区域，将未规划区域等同于城市问题是不够的。事实上，一些最好的城市环境出现于规划干预最少的地区，而一些最差的城市环境则出现在经过全面规划的地区（见图0.2）。

然而，这并不是说日本的无规划城市化本身就没有问题。日本大城市一半以上的面积已被开发成无规划、随意扩张的地区。无规划的开发在城市边缘地区最为显著，在那里，土地开发控制的薄弱以及对中心城市地区城市活力起到积极作用的用地混合，使得日本城市化中这一明显缺乏吸引力的方面[1]出现了更大的问题。制度上的漏洞继续允许无规划、无市政服务地开发。成群的小房子与大大小小的工厂、带有大型停车场的大盒子零售仓库、高层公寓楼、汽车残骸、嘈杂的废金属回收器和工业垃圾焚烧炉混杂在一起，其中点缀着仍在继续种植的稻田、菜田和树木苗圃。

城市边缘地区的无序开发也意味着郊区的地方政府[2]在基础设施建设方面越来越落后，道路、下水道系统、公园和其他社区设施等关键公共基础设施仍未建成。广阔的郊区正在以零星的方式修建，20世纪60年代规划的新道路系统仍然残缺不全，大部分郊区交通挤进了狭窄的道路，并一直处于拥堵状态。更糟糕的是，允许这种沿农村小巷的分散开发意味着土地价格迅速上升到完全的城市水平，使得购买道路和公园用地变得越来越困难，而私人修建的车道和小巷则形成了没有人行道、缺乏整体设计且有许多死胡同的混乱的道路系统。农村地区逐渐被建成，任何利用

----

① 指"无规划地开发"。——译者注
② 日文中通常用"自治体"一词来表示。——译者注

溪流或森林覆盖的山坡等自然特征创造有吸引力的城市环境的机会都将丧失。由于人行道、下水道或小型公园和游乐场几乎都无法建成，在大多数情况下，大规模的城市设施，如相互联系的绿色空间网络、自行车道，甚至像样的道路网都变得遥不可及（Sorensen 2001b）。

正如石田赖房（Ishida 1991a）所指出，日本城市地区长期以来一直表现出规划区和无规划区的双重结构。规划区内是位于主要交通基础设施附近的主要商业中心、大型工业开发、大型公共住房开发和郊区"新城"。无规划区几乎遍布其他地方，包括城市边缘区的大部分杂乱无章的"住宅－商业－工业"混合用地区域。随着边缘地区的无规划增长逐渐融入城市机理，日本城市的特色模式——由大面积新增、无规划的开发包围的有规划的开发——也在重复。这与其他发达国家形成了鲜明的对比。自19世纪末以来，这些国家的规划重点一直是建立可以控制和规划城市边缘新开发的有效制度。在这些国家里，地方政府负责监管城市边缘区的新开发项目，以确保道路和公园获得足够的公共空间；开发商支付自己的基础设施成本，使这些成本不由当地纳税人承担，并防止过度投机和地价上涨。不用说，这些努力并不总是成功的，但至少代表了被广泛认可的智慧。在许多情况下，这种方法可以说是避免了最严重问题的出现。

以上状况的一个后果是，尽管日本很富有，但在将经济成就转化为人民高质量生活方面却遇到了真正的困难，正如我们经常听到的关于"富日本国、穷日本人"的抱怨所提醒的那样。两个重要原因分别是：高昂的土地和住房成本，以及影响日本城市日常生活的恶劣城市环境。城市规划决策对占全日本四分之三以上人口的城市居民的生活质量产生了深远的影响。住房的质量和可支付程度，工作、学校和服务的可达性，以及当地环境的质量，都受到过去和现在规划决策的极大影响。

尽管在过去30年中积累了大量关于日本经济发展、商业实践、政治、历史、文学和人类学的文献，但关于日本城市化的研究还很少，关于日本城市规划的研究则更少。正如本书所示，日本的城市规划无论是积极发挥作用还是无所作为，都对日本社会，特别是对日本城市生活质量产生了深远的影响，但很少有人研究日本城市规划的发展及其对日本城市化的影响。此种研究的缺乏是不幸的，尽管从某种意义上说这或许并不令人惊讶，因为日本是以其经济增长而非城市规划而闻名。

然而，日本提供了一个有趣且重要的快速城市化案例，应该被更好地加以理解。在过去的四分之一世纪里，它一直是世界第二大经济体，也是大的发达国家中城市化程度最高、人口最密集的国家之一。但与此同时，它在土地所有权、历史城市发展和治理方面与其他发达国家有着截然不同的传统。此外，正如在其他领域一样，日本的规划师不断借鉴西方的思想和技术，在实施过程中，这些思想和技术得到了转变，并与其他地方发明相结合，帮助创建了一个在概念和实施上都不同于其他发达国家的规划制度。城市化和城市规划的后果在相当多的方面都呈现出较大差异，这种情况并不少见，而正是这些差异才是最有趣的地方。这种独特性使日本成为城市化及其管理的一个重要研究案例，因为它为我们提供了一个有用的视角，用以了解西方规划方法中隐含的一些假设和价值观，这些假设和价值观具有共同的文化、历史和经济遗产，并与城市规划和城市历史相联系。了解日本的城市化和城市规划有助于深入了解其他发达国家所面临的一些主要城市和区域规划问题。因为在这里，人们尝试用迥异的方法来解决常见的城市问题，并带来了迥异的结果。

同样，日本案例也很有趣，因为它揭示了一个经济和城市快速增长的东亚国家特有的一些规划困境。虽然没有必要暗示日本经验的任何特定方面会在亚洲其他快速发展的国家中出现，但很明显，日本的经验将为亚洲的城市化和城市规划问题提供许多正面经验和负面教训。日本是第一个从快速城市工业增长转变为后工业信息和消费社会的国家，这一事实表明，亚洲国家的决策者至少应该仔细研究这一情况，因为世界大部分城市化现象预计都将在 21 世纪上半叶发生在这些亚洲国家中。

因此，希望本书将有助于将日本的城市化和城市规划经验纳入城市研究、城市规划和规划历史的国际讨论中，迄今为止，这些讨论主要集中在欧洲和北美的经验上，对于发展中国家城市化问题的探讨则较为分散。本书虽然没有试图将日本案例与其他国家进行系统比较，但这种比较已经隐含在文中了。作为一个在伦敦研究城市规划思想的加拿大人，我对于日本的城市化只能是基于先前对北美和欧洲城市和规划问题的研究而提供一个局外人的理解。在城市研究中，局外人的地位带来了优势和劣势。当然，主要的劣势是，城市本身就是复杂的现象，受到众多因素的影响，因此外国研究人员可能会提出无关紧要的问题，缺乏信息或做出错误的解释。主要的优势则在于，在研究一种不同于自己所熟悉的城市化风格时，外来和新奇的体验会激发出一系列不同的问题，并且可能会产生与本土研究者的常态化认知所不同的解释。我希望我的工作能更多地利用优势的一面。

同样值得注意的一点是，日本现代城市工业发展和城市规划的经验本身一直具有可比性。自 1868 年明治维新后发起赶超西方的现代化运动以来，日本的城市规划者、政府官员，甚至日本民众自己，都已经积累了与西方模式相关的经验，并且以明确或隐晦的方式模仿了西方的模式，特别是英国、德国、法国和美国等主要工业国的模式。与公营和私营企业的其他领域一样，日本的城市规划工作在很大程度上借鉴了外国模式，结果却往往有很大不同。在研究日本城市规划时，需要了解原始模式和借鉴者的意图。因此，在适当的情况下，需要对西方规划政策及其日本版本加以比较。

在历史研究中，总有一种倾向，就是要把所有的事实排列成一个有序的进程通向现在，在城市规划中可能尤其如此。20 世纪初，城市规划肩负着一项强大的规范性使命：纠正肮脏的工业大都市的错误，逐步发展一种不仅可以防止城市文明进一步衰落，而且还可以建设健康、美丽的城市，以及人人拥有良好住房的公平城市。直到 20 世纪 60 年代中期，规划专业的一个主要目标就是逐步改进技术和方法，以实现合理的开发控制和合理的城市规划。今天很少有人会说这样的未来是可能或想要实现的。虽然健康、高生产力和公平的城市的基本目标会仍然存在，但有关逐步和稳定地实现这些目标的技术和方法的想法似乎不再可行。目前的做法具有多样性、多元化和实用主义的特点。最重要的是，人们认识到规划必然是一项高度政治性的活动，永远不可能以技术程序的方式加以完善，而必须始终经过谈判，并将一直受到各种利益的挑战。因此，清晰地描述出直至今日的有序进展是毫无意义的。

相反，有关为什么城市规划和城市地区在这里以某种方式发展，而在其他地方则以另外的方式发展，提出以下这些问题似乎是有益的。为什么日本城市会以这样的方式发展？既然日本是世界上最富有的国家之一，为什么城市地区的生活质量和环境仍然如此之差？为什么住房仍然那么小、那么贵？为什么在世纪之交，35% 以上的家庭仍然没有连接下水道管网？为什么在过去 30 年里规划制度的主要目标是进行开发控制的情况下，仍然出现了如此多杂乱无章且缺少市政服务的开发？在一个自 19 世纪末以来就以民主方式选举地方政府的国家，为什么地方选民没有要求更好的地方政府服务？为什么地方政府对更好的城市规划和更有效的城市管理的支持或呼吁如此欠缺？为什么日本的城市政策如此发展？影响城市变化的关键决策在哪里做出？

人们提出了各种各样的方式来解释战后日本的城市问题。最常见的是，二战的破坏、快速经济增长和向大都市地区的移民造成了严重的住房短缺和城市规划问题。毫无疑问，战争是阻碍日本城市规划发展的主要因素。战后重建任务艰巨，住房短缺达数百万套。后来，快速经济增长和城市化使可用资源极为紧张，政府因而难以提供充足的城市基础设施。然而，单凭这些不足以解释日本城市随后的发展。正如卡尔德（Calder 1988：390-3）所指出的，联邦德国在战争结束时也处于类似的状态，几乎所有的主要城市都成了废墟，经济支离破碎，大量难民从东部涌入。联邦德国的人口密度与日本相似，并在西北部形成了 7 个主要的城市工业集聚区。在经历快速经济增长的同时，尽管没有日本那么快，德国的城市得到了精心重建，并达到普遍的高标准。如果我们要充分解释战后日本严重的城市问题，就必须找到战后破坏和快速经济增长以外的其他因素。

　　作者在研究和撰写本书的过程中发现，影响日本城市规划发展的一个最显著的因素是，在形成城市规划的政策和实践，或创造良好城市形象和城市生活形象的进程中，公民社会实际上是缺失的。公民社会可以定义为介于国家、商业世界和家庭之间的一系列机构、组织和行为，包括志愿和非营利组织、慈善机构、专业组织、社会和政治运动以及公共领域（Hall 1995；Keane 1998；Salamon 和 Anheier 1997）。虽然公民社会的概念最近在社会理论家中流行起来，但这并不是一个新的现象。19 世纪末和 20 世纪前几十年发展起来的具有巨大影响力的国际城市规划运动，就是公民社会行动者和机构制定全新政策议程的一个主要例子。公共卫生活动家、建筑师、测量师和工程师专业协会、非营利住房倡导者、定居点工人、反贫民窟活动家、友好的协会、劳工和合作社运动以及一系列其他倡议者形成了一股强大的力量，支持许多旨在加强对相对不受管制的城市开发进程进行政府干预和管制的运动（Gorsky 1998；Rodgers 1998；Sutcliffe 1981）。由于本书中所提到的一些原因，日本的公民社会仍然非常脆弱，以至于最近有人认为日本只是在 20 世纪 90 年代才看到公民社会的诞生或重生（Iokibe 1999；Kawashima 2001；Vosse 1999；Yamamoto 1999b）。而其他因素，包括德川时代日本的城市遗产、特别成功的传统城市模式，以及决策者始终将赶超西方工业强国的优先性置于改善日本人民生活质量之上，也起到了重要作用。可以公平地说，与其他发达国家相比，日本城市化和城市规划最显著的特点之一是公民社会在城市规划政策演变中极其微弱的作用。

　　近几年来，这种情况似乎发生了快速变化。重要的是，当地公民发起的环境改善在近期日本公民社会的重生中发挥了核心作用（Amenomori 1997；Iokibe 1999；Yoshida 1999 年）。在过去的 5~10 年中，城市环境问题开始在日本社会中发挥更大的作用，并且出现了一系列基层运动，以致力于开展更好的城市规划和地方环境改善，如第 8 章和第 9 章所示。随着日本人口下降和社会老龄化，城市宜居性和生活质量的问题似乎具有了前所未有的重要性。日本城市地区也正在发生重大变化，规划制度正在进行改革和重新设计，以适应新的需求和愿望。城市规划比以往任何时候都更接近一系列重要社会和政治变革的中心。了解城市规划制度和发展，以及其对城市增长和城市生活的影响，对于了解日本社会及其当前与未来的挑战至关重要。

　　为了回答上述问题，本书追溯了从 19 世纪中叶到 20 世纪末的日本城市增长模式，描述了这一时期城市规划的发展，并试图解释为什么规划制度会如此发展，以及它是如何影响城市增长模式的。这一历史方法被认为是必不可少的，因为尽管日本规划制度的许多正式要素与西方模式相似，甚至是照搬西方模式，但其在实践中的作用往往大不相同。即使为了准确描述目前的规划制度，其发展的历史背景也是有用的。要理解日本的规划制度为何会这样发展，了解历史必不可少。

本书的写作基本上是按时间顺序，从现代早期城市遗产的概述开始。在德川时代，即从 1600 年到德川政权被推翻的 1868 年，城市人口有了很大增长，复杂的国家城市制度和宏观经济都得到发展。许多大城市成长起来，包括江户（后来的东京），它在 18 世纪可能是世界上最大的城市，拥有 100 多万居民。大阪和京都也有近 50 万人口，还有几个人口约 10 万的中型城市。随着日本在 19 世纪下半叶的迅速现代化，其最初的城市规划工作主要是如何使前一个时代遗留下来的超大城市地区现代化。第 1 章回顾了导致日本复杂的封建城市制度发展的力量、城下町的典型城市形态以及封建时期的主要城市遗产。

接下来是关于二战前这一时期的三章。第 2 章描述了 1868 年至 1912 年明治时代的主要变化。在此期间，日本建立了现代中央集权的国家政府、现代工业、铁路和制度。在包括城市规划在内令人惊讶的一系列不同政策领域，明治时代的选择对日本后来的发展产生了持久的影响。这里概述了其中的几个选择。明治末年到二战结束这段时间有两个重叠的章节。第 3 章介绍了 20 世纪前几十年城市工业的快速发展，以及导致 1919 年日本第一部现代规划法通过的日益严重的城市和社会问题。第 4 章详细介绍了新的规划制度，并追溯其在战争结束前的实施情况。

第 5 章的主题是二战后的占领和重建时期以及 20 世纪 50 年代和 60 年代的经济和城市快速增长时期。这里的重点是东京和大阪之间都市带的人口集聚，以及在这一有时被称为东海道大都市连绵带上随之出现的大城市工业扩张。这种巨大的线型城市化地带是战后日本城市化的核心现象，几乎所有后续规划工作都是为了应对大都市连绵带所带来的城市挑战。第 6 章追溯了由于快速而不受限制的经济增长和不受管制的城市扩张所导致的环境危机、对政府"不惜一切代价增长"政策的激烈反抗、1968 年新《都市计划法》的制定和通过，以及 1970 年《建筑基准法》的修订。

接下来的论述以 10 年为分段。第 7 章讨论了 20 世纪 70 年代新城市规划制度的实施情况。第 8 章叙述了从 1980 年到 1990 年初泡沫经济崩溃的保守主义复兴和管制放松时期，第 9 章考察了随着 1992 年总体规划制度的建立、社区营造实践的开展，以及历史保护成为日本城市规划的重要组成部分，在 20 世纪 90 年代出现的改进城市规划的新能量。第 10 章试图总结日本城市化和城市规划的主要特征，探讨可以从日本独特的城市化和城市规划实践中吸取哪些经验教训，并推测日本城市未来将会面临的一些主要问题。

第1章 德川时代的遗产

请读者想象一个数英里见方的空间，其中布满了宅地（屋敷）。在城堡内的街道穿行是一项单调而令人沮丧的任务。除了不时出现的某个佩剑武士或队伍外，没有什么能打破黑色瓦片和白色窗户的暗淡统一。偶然的变化是通过在一块非常大的宅地周围竖起一堵墙，并在里面建造房屋得以实现的……在他们的土地上有树林、神社、种植园、鱼塘、小丘以及具有独特而卓越美感的人造景观。宅邸的主人住在一幢中央建筑内，从大门经过一条宽阔的石板路和宏伟的榉木门廊可以到达。又长又宽的走廊上铺着柔软的垫子，通向主人的会客室。除了某些部分外，所有的木制品都像淋过水的丝绸一样呈现原始纹理，不时还会透出黑色漆状珐琅的坚硬微光。

—— Griffis（1883：397-398）

尽管从明治时代（1868—1912年）开始，现代日本的城市化和城市规划是本书的主要重点，但日本在此之前有着悠久的城市历史，而且城市化和城市治理的前现代模式对日本的城市化和规划产生了持久的影响。本章简要回顾了德川时代（1600—1868年）的国家城市体系、城市形态和行政结构的发展。德川幕府统治时期很长，出现了高度集成的城市制度和完善的官僚政府体系，控制社会变革、城市发展和经济活动。这一时期见证了城市人口和城市地区的巨大增长，以及国家领土上稳定的经济整合。与此同时，以商人平民阶级为基础的充满活力的城市文化得以发展。关于城市的理念以及城市居民对其环境和领导者的期望也相应地不断得到发展，关于这一时期城市应该如何发展以及可能如何发展的许多假设对日本的城市化产生了长期影响，对于理解20世纪日本的城市发展也非常重要。

同许多在工业化初期就已经有大城市的欧洲国家一样，日本城市规划的首要任务之一是使这些现有的城市区域适应新的需求。然而从19世纪下半叶还较为封闭的封建社会到一个迅速引入了西方的技术、工业和组织形式的工业化和现代化国家，这一突然转变加剧了日本所面临的问题。使事情更加复杂的是，日本在开始进行现代化时已经是世界上城市化程度最高的国家之一，东京长期以来一直是世界上最大的城市中的一员。德川时代的城市遗产非常丰富，对它的理解有助于厘清后来发展的很多问题。因此，本章的目的是简要介绍德川时代的日本城市化及其发展动力。第一部分讨论了封建时代城市体系的形成以及德川时代社会政治结构的基本特征。第二部分概述了城市管理和土地利用控制的基本结构，并描述了已开发的城市地区。第三部分探讨前现代时期最重要的城市遗产，以及明治时代的现代化改革者们面对这些城市遗产时需要解决的主要问题。

德川时代的城市化

德川时代始于 1600 年，在经历了长时间的血腥内战之后，统一日本的三位著名将军 [①] 中的最后一位在关原赢得了决定性的战役，并开创了持续两个世纪的"德川和平"。作为一个长期毁灭性战争之后的内部和平期，德川时代见证了整个日本的经济复苏和物质条件的改善。特别是在 17 世纪，农业产量、人口和经济活动都迅速增长，而快速的城市化造就了可能是除欧洲以外城市化程度最高的大型前现代社会（Rozman 1973：6）。从 16 世纪后期到 17 世纪末，日本的人口从大约 1800 万增长到超过 3000 万（Rozman 1973：77）。同时，城市人口从德川时代初期的约 140 万人（总人口的 7% 或 8%）增长到该世纪末的约 500 万人（总人口的 16%）（Hall 1968；Kornhauser 1982：70；Rozman 1973：272）。在此期间的人口计数是不精确的，因为尽管平民人口的信息被定期仔细地加以记录，武士阶级的人口数却被视为军事机密而不做记录。在现代，对当时武士人口数的估计是通过以大米量为计数单位的工资记录推断出来的。

城市体系主要由江户（在明治时代初期的 1868 年被更名为"东京"）这一政治和行政中心所支配。在 18 世纪，江户可能是世界上最大的城市，人口超过 100 万。当时的大阪是主要的商业和金融中心，京都是帝国古都和传统手工业中心，这两个城市各有数十万人口。这三个主要城市通常被称为"三都"，是整个城市系统的三个主要支柱。在聚集的人口中，最重要的是大约 200 个城下町，分布在整个日本列岛，人口从一两千到 10 万以上不等(Hall 1968；Rozman 1986)。还有各种各样的城市聚落，其中大多数都比城下町小，例如主要区域道路旁的宿驿（宿場町）、港口镇（港）、集镇（市場町）和宗教中心（門前町）。因此，在近代初期，日本在城市聚落和行政方面有着悠久的传统。在 19 世纪后期开始工业化之前，日本就已经被迫应对大城市特有的问题。封建时代建立的城市地区及其所代表的城市传统，对日本迄今为止的城市发展持续产生了重要影响。

日本最早建造大型城镇的实例是古代的两个帝国首都，即平成京（奈良）和平安京（京都），二者都仿自中国唐朝的都城长安，建造过程都受到中国文化的巨大影响。建于 710 年的平成京很快就被建于 794 年的平安京所取代，直至明治天皇在 1868 年"明治维新"之后移居东京，后者一直作为日本的帝国首都和宫廷生活的中心（尽管它并不总是政治或军事中心）。这两个城市是日本历史上仅有的两个遵循中国古代都城的对称规划网格形态的城市，对日本的城市化模式并没有产生持久的影响。日本的城市化后来回归到一种更具本土风格的不对称和不规则增长的模式。日本近代以前城市发展的典型形态是城下町。这些城下町在德川时代达到了最高发展水平，其中包括江户、大阪和名古屋在内的大多数大型定居点。城下町可以通过产生它的封建制度背景得到最佳的了解。

德川统治建立在以理想儒家模型为基础的严格阶级制度之上。有四个主要的世袭社会阶级：武士、农民、工匠和商人。此外，还有许多不属于这些阶级的团体，包括僧侣以及像秽多和非人这样的贱民。在德川家康（1542—1616 年）于 1600 年建立德川政权之前的一个世纪中，一些最重要的封建领主或大名逐渐加强领地内的政治和经济控制，强迫地主乡绅移居到城下町中并转变为武士。这促使这些城镇发展成为行政和军事中心。作为土地实际耕种者，曾经附属于地主的农奴变成了农民，对某些土地拥有注册耕种权，并有义务向其所在地区的领主缴纳大米税。农民不允许离开土地，如果他们试图离开，则会被强行带回。他们也不允许出售自己所耕种的土地，因为这些地原则上归天皇所有（Francks 1992：102；Sato 1990）。尽管农民是最贫穷的阶级，他们在道德上却优于商人和工匠，因为他们照料土地并生产大米。工匠主要在城下町中为武士们生产商品，尤其是在首都江户。商人被认为是最低阶级，因为他们什么都没生产，尽管他们在这一时期逐渐成为最富有的群体，而且给长期负债累累的大名们的贷款使他们在封建政治经济中发挥了一定作用。商人还履行了基本的经济职能，即购买农村地区生产的农产品和手工艺品并在城镇出售，从而在农村生产者和城市市场之间建立起了至关重要的联系（Hall 1968：178-180）。当农民被绑在土地上并住在村庄时，大多数武士，工匠和商人来到城市地区，尤其是在城下町。应指出的是，这种阶级制度在德川时代之初并未完全成熟，而是 16 世纪和 17 世纪逐渐发展起来的。到这一时代结束时，尽管这种理想的阶级分离已经被大大削弱，最初的方案仍然很大程度上得以保留（Rozman 1986）。

军事和行政管理是城下町的经济基础。控制土地和耕种这些土地的农民是政治权力的基础，因为政府收入的主要来源是以大米支付的土地税。随着武士精英从基本的军事阶级转变为居住在城下町的行政官僚，控制变得规范化起来。他们的政治和官僚权力从这些基地辐射到各个领地（Hall 1968：179）。在此期间，这种权力越来越多地体现在完善复杂的记录保存技术以加强这种控制的过程中：显示了地块边界和土地所有权详细记录的地图、城市和领地的行政和商业图、人口登记簿和户口簿，以及税收和收入的记录（Sato 1990：38–41）。

武士们在16世纪迁移到城下町对17和18世纪的城市发展产生了深远的影响。在基本上能够靠自己的财产自给自足之前，他们在城市里被迫出售一部分大米津贴，以筹集资金来购买其他必需品。这一变化促进了城市中商人和工匠数量的增长，满足了他们的需求。许多商人和工匠从较老的港口、市场和宗教中心迁出，以供应城下町不断增长的人口。而这些举动在许多情况下受到了大名的积极鼓励，大名需要商人和工匠来提供基本的军事及其他的商品和服务。由于在17世纪城堡大建设的时期里，大名之间存在着巨大的竞争，因此出现各种激励措施，如来自各个领地的免费土地、免税和的订单承诺。以这种方式招募的人成为平民中的特权阶级，其中包括能够提供武器和火药的商人，以及熟练的木匠和剑匠等工匠（McClain 1982：29）。大量平民也自发地从农村迁来，为众多的建筑项目提供有偿劳务，或在不断扩大的商人和工匠部门中成为仆人和学徒，这在大名积极鼓励建设新兴城下町的17世纪尤为明显。因此，17世纪的城市增长主要是由于武士从他们的土地上迁移到城下町，在那里他们逐渐转变为以大米支付工资的受薪行政阶级。这促进了平民人口的二次增长，随后产生了平民自己的消费需求和经济激励。随着城下町在17世纪末的全面发展，其中大约一半的人口通常为武士/行政阶级，另一半由商人、工匠、劳工和仆人组成（Hall 1968：179–180）。那一时期里大部分人仍然居住在农村。据估计，武士人口在总人口的10%至20%之间波动。

德川时代的城下町在很大程度上是17世纪密集城市化的产物，因为到了18世纪人口就趋于稳定了。这一时期出现的城下町中，只有一些是在德川幕府建立之前的城堡基础上修建的。由于这些早期城堡大多建在人迹罕至的地方以便于防御，因此它们主要是军事要塞，几乎没有商业功能或平民人口（见图1.1）。德川时代早期，德川家康为新统一的国家建立了一套新的社会和政治控制制度，其中最重要的措施之一是规定了"一国一城"的元和令。该法令要求每个领地将其所有军事和行政职能集中于一个城下町，并放弃早期众多分散的城堡。许多领地选择了全新的地点，通常集中于作为其经济基地的农业平原上，并沿河流和公路等交通线分布（Fujioka 1980）。河流不仅是重要的运输线，也是重要的灌溉水源，这些位置增加了城下町对

图1.1　位于大阪以西、瀬户内海边的姬路城堡，是日本现存的12座封建时期城堡中最壮观的一座。安德烈·索伦森拍摄，2001 年。

其腹地的战略控制（Hatano 1994：242-243）。它们还为后来的发展提供了充足的空间，由于经过多山的日本的自然路线很少，后来的铁路经常沿袭旧的公路线，因而带来了日后积极的经济效益。Kornhauser（1982：76）极具说服力地指出，17 世纪早期建立的许多城下町直至今日的持续增长和经济成功强有力地证明了这些新定居点的选址是经过精心考虑的。因此，城下町形成了封建领地的行政和军事中心，封建领地在 17 世纪末的数量约为 260 个。该世纪的快速经济增长主要集中在这些有限的地方，因为商业和手工业活动的增长支持了城下町的武士人口，这些城镇成为巨大的商业中心，并发展了自己独特的城市文化（McClain 1982；Nishiyama 1997）。因此，17 世纪的日本是世界上规划新城发展的最伟大的时期之一。由于每个领地控制着相对较小的领土，数百个新市镇形成了一个均匀分布于全国各地的城市网络。

　　已经成为主要城市中心的城下町及其内部社会阶层的规划空间分布，是德川时代社会和政治秩序的重要组成部分。那一时代形成的全国居住制度是对领地政治、经济和军事权力加以控制的直接结果，而僵化的阶级制度则是为了阻止可能削弱武士权力的社会变革。日本被划分为三个主要地区：幕府政府直接控制的地区、由关系较近的谱代大名控制的地区和关系较远的外样大名控制的地区。幕府管理的地区包括江户周围的大部分关东地区、重要的商业城市大阪、首都京都和只允许与荷兰商人（与西方的唯一接触）通商的长崎港，以及其他几个战略中心，总面积约为日本的三分之一。每个大名的地位取决于分配给他的领地的大小和位置，而这又主要取决于大名与幕府的关系，尤其是在确立了德川家族对整个日本霸权的1600年关原决战中该大名是否曾与德川家康共同作战。最亲密的盟友被授予江户、大阪和京都之间距离日本核心地区最近的领地。对于外样大名，由于其祖先不是德川家康的盟友，他们则被分配到离核心地区最远的领地。幕府保有并时而行使权力，将大名从他们的领地中移走或对其领地重新分配，作为对其的惩罚或奖励（Oishi 1990：24）。由于每个城下町的城市人口主要由其所在区域的大米生产能力决定，而这反过来又反映了封建等级，因此封建城市的规模排名与封建政治秩序密切相关（Kornhauser 1982：67）。

德川家康选择了东京湾旁的一个相当不起眼的地点作为自己的城堡和幕府总部，那里只有一小块平坦的土地，位于武藏野平原的低山丘陵和海湾的沼泽海岸之间。虽然江户所在的关东地区位于经济更为发达、人口更为稠密的大阪和京都地区之外，但它是日本最大的冲积平原，具有巨大的增长潜力。在德川幕府统治的两个半世纪中，这里成为事实上的日本首都和主要城市的所在地，因为即使帝国首都仍在京都，天皇却基本上没有什么权力，主要因其象征价值而得到幕府的支持（Naitoh 1966）。江户在新城堡周围迅速发展，到18世纪初已经成为或许世界上最大的城市，人口超过100万。德川时代早期实行的另一项改革，即参勤交代制度，极大地刺激了首都的发展。根据这一制度，大名每两年或三年（取决于其身份）必须在江户居住一次，并将其家人作为人质永久留在那里。除了这些人质用于政治控制的直接价值外，该制度还迫使大名定期前往和离开江户，并在首都和领地内同时保留住所，从而使其陷入贫困。据McClain（1982：70）估计，到17世纪末时，前田大名（Maeda Daimio）在前往江户和维持三千多名居住在江户宅邸的人员的旅程中所花费的费用占其所有领地支出费用的1/3到1/2（Yazaki 1968：210）。对于离江户最远的地区来说，旅行费用尤其沉重，因为旅程很长，大名有大量随从陪同。对于重要一点的大名，随从可达数千人，他们每晚都必须住在沿途的一个宿驿。较大的大名的定期旅行也促进了宿驿的发展，特别是五条主要国道上的宿驿。这些国道中最有名、交通最繁忙的就是从江户到大阪的东海道（Moriya 1990）。

参勤交代制度刺激了江户的快速发展，产生了来自全国各地的大量武士。正如Hall（1968：177）所指出的，从这个意义上讲，江户只是大名强迫其武士臣属居住在城下町制度的一个更为夸张的扩大版本。在江户，臣属包括带着自己的随从的大名和来自德川家族自己领地的武士，他们中的大多数人被要求住在江户。18 世纪和 19 世纪初，江户总共有 35 万～40 万名武士居民（Rozman 1973：296）。与较小的城下町一样，大量武士的存在导致平民人口的增加，共有 50 万商人、工匠、仆人和劳工为他们服务，使江户人口接近百万（Rozman 1973：296）。城市的增长，以及伴随着大阪、京都，特别是江户等特大城市的出现而产生的对其他地方生产的商品的大量消费，促进了在综合供应网络下全国商业和经济一体化的发展，以及经济的日益货币化。经营规划较大的商人和金融家的出现以及相当复杂的金融体系的发展促进了这一点，并使其成为可能（Hayashi 1994；Sakudo 1990）。

具有讽刺意味的是，尽管德川幕府的思想是儒家和农耕主义的，颂扬农民耕种土地的美德和它所代表的社会稳定，但德川居住制度的集权化和理性化政策却自然而然地导致了城市化进程的加快。这些相互矛盾的趋势有助于培养德川时代城市思维的一个持久面：害怕城市破坏道德秩序，怀疑城镇中潜在的破坏性平民（町人）（Smith 1978：50）。城市的发展，特别是德川时代那种规模的城市，创造了一个庞大的城市商人和工匠阶级，不可避免地对维持一个稳定不变秩序的愿景构成了威胁。这一秩序的基础是农村的农民耕种其稻田，而由一个小的精英武士阶级来统治。在 17 世纪的快速发展和城镇建设之后，德川幕府统治下城市的大部分历史，都或多或少地包含了通过禁止农民离开土地来限制城市发展、同时拒绝允许现有城市公共区域扩张的失败尝试。在德川幕府统治的两个半世纪中，这些因素演化成一个高度发达的城市系统，具有综合性的空间、社会和政治控制。这体现在下文中的城市行政结构和城下町的空间形态中。如上所述，德川幕府的治理制度在这一时代的开始时并没有得到充分发展，而是经过很长时间才发展到比较完备的程度；然后，随着经济增长、城市扩张、文化发展以及不断富裕，它在 18 世纪和 19 世纪开始进一步偏离理想。该制度也不是单一的，其特点是不同领地之间、领地和幕府直接管理的地区之间以及幕府自己的领土之内的多样性。例如，大阪与江户大不相同，江户又与京都或名古屋大不相同，这里只能提及其中的一部分多样性。

城市管理

德川幕府统治下的社会最显著的特征之一是对封建阶级的严格定义。幕府为防止阶级之间的流动做出了巨大努力，这些努力在很大程度上是成功的，因为只有在极少数例外情况下才允许阶级间的移动。毫不奇怪，这种高度分化的社会结构也反映在治理制度中。城市武士所面对的法律和行政制度与城市平民完全不同，而城市平民的法律和行政制度又与农村地区的农民截然不同。就江户而言，每一类都是单独管理的，一名城市治安官（町奉行）负责维持平民区（町地）的秩序，另一名寺庙治安官（寺社奉行）负责管理寺庙区（寺社地）的居民。幕府直接控制的其他城市，包括大阪和奈良，也建立了类似的地方治安官管理制度，其他城下町通常由不同大名的地方行政官直接管理，通常也设置了城市治安官。然而，城市政府的治安官制度仅适用于平民和寺庙人口，因为国家和地区行政当局直接控制武士区（武家地）。大名在江户的宽敞宅地在法律上被视为其领地的一部分，并由他们以自己的法律和行政来管理，就像今天的外国大使馆一样。幕府的高级官员（旗本）和低级武士作为国家行政人员的一部分由幕府直接管理，基本上是按照等级军事序列来加以组织。

在江户的平民区，有两名由幕府任命的城市治安官，负责法律和秩序，听取上诉和请愿，并裁决平民之间的争端。他们轮流工作，每次值班一个月，并利用第二个月对请愿书进行跟进，解决在值班月份向他们提出的问题。幕府给予城市治安官一笔小额预算，以维持一支由 50 名警员和大约 200 名巡逻员组成的小部队。Kato（1994：51）认为，正是由于为江户的 50 万平民所服务的警察和行政人员太少，管理城市的主要策略是将大部分事务的责任委托给商人和工匠自己，鼓励人们自愿地遵守行政命令。这导致演变出了精心设计的责任等级，将幕府高层官员与底层单个家庭联系起来。

江户最高级别的平民是三个家族的族长所担任的世袭城市长者（町年寄），他们被委派执行地方政府具体的标准化职责，包括确保所有法律、公告、命令和条例都被告知和遵守，维持人口普查登记，征税并上交给上级机构，以及规划新的平民区（Kato 1994：54）。他们没有被给予执行这些职责的预算或税收权力，但得到了一些象征性和物质性的奖励。长者们被允许拥有两项武士级别的特权：佩剑和使用姓氏。每位长者还获得了靠近江户城堡正门的本町的一大片土地，他们可以将其出租以筹集资金。他们还偶尔收到幕府的特别补助金。尽管他们作为幕府与商人和工匠之间的中间人的地位无疑是有利可图的，但维持官僚行政的收入不足意味着这些城市长者必须依靠相互监视的技术维持秩序，共同承担纳税责任，以及自行提供大部分公共产品。

在城市长者的监督下工作的是被称为"名主"的邻里首领。他们通常也是世袭的，直接负责管理各个邻里。根据 Kato（1994：55）的说法，到 18 世纪初该制度全面得以发展时，大约有 250–260 个家庭在 1000 多个平民邻里（町）担任名主，这些邻里的平均人口为 300 人。这意味着，尽管一些名主只负责一个邻里，许多名主则负责管理十几个或更多的邻里。他们的职责是确保其管辖范围内的所有商人和工匠家庭了解并遵守城市长者宣布的所有法律、条例和命令，维护其管辖区内的人口普查登记，调查火灾原因并监督消防队，监督、见证和记录财产的出售，以及为警卫室和门房筹集并管理邻里资金。

　　每个邻里日常活动的实际管理都是由被称为町人（chônin）的当地人自己承担。邻里负责筹集资金，用于支付消防设备和服务、邻里节日以及道路、消防塔、警卫室、大门和门卫室、运河和沟渠以及居民区供水等基本基础设施的维护。每个邻里被细分为由五个家庭构成的五人组，这些五人组向名主负责，由房东（landload）和房主（householder）以及管理其出租物业的房东代理人（守宫）组成。承租人（借家人或店借り）不是真正的町人，也不是五人组的成员，而是作为五人组中的房东的代理人，必须保证遵守从上面传下来的指令（Yazaki 1968：218）。这主要是通过集团内部的所有人对彼此行为相互负责来确保的。因此，如果一个家庭未能缴纳应缴税款，其他家庭必须弥补其差额；如果一个家庭成员犯罪，所有家庭都有责任举报他，或分担其惩罚。可以想象，这是一个极为有效的制度，以最低成本的地方政府投资来确保人民遵守规则。其基本特征类似于在农村地区建立的社会控制制度，通过村里所有人共同负责支付大米税、监督彼此的日常行为，以及在较大土地所有者的家长式监督下维护地方基础设施的制度，来实现村庄的自我管理（Sato 1990）。

　　在平民人口中存在着显著的阶级差异，尤其是在这一时代的末期。最有特权的是那些早期被邀请在城下町开拓的商人，他们通常被授予土地和/或垄断特权。位于其下的是主要的商人和最熟练的工匠，他们在沿主要街道的自己的土地上拥有各种设施。随后是那些富有的地主，他们可以为公共项目提供劳动力和资金。再往下是拥有自己房屋但租用了房屋所在土地的被称为"地借"的租户，其下是能够租用临街商店和房屋的被称为"表店借"的租户，最底层的是只能支付后巷住宿的被称为"里店借"的租户（Yazaki 1968：216–217）。大多数平民人口由无土地的租户或住在主人的房子里的仆人和学徒组成。随着 17 世纪的快速城市化，大量贫困的移民迁往仍在成长的城市里，特别是从 16 世纪 30 年代中期开始，雇佣劳动力逐渐取代城下町建设项目中的服徭役者（Leupp 1992：17）。城市建设工程规模巨大，特别是在大型的城下町里。据 McClain 估计，在 16 世纪 20 年代，仅用于大阪城重建的资金就足以供养 20 多万人（McClain 1999：52）。随着这一时代的发展，平民人口出现了较大的分化：少数人拥有土地和财产，并在其拥有的部分土地上建造廉价出租房；而大多数人没有财产，被迫租住前者建造的出租房。Leupp 认为，在最大的城市中，"诸如日工、家政工人、搬运工、轿夫、装卸工、制造工人、小贩、乞丐和贱民等社会边缘群体，构成了一个庞大的流动人口群体"，据估计，到这一时代末期，其数量占整个平民人口的约 60%（Leupp 1992：4）。正是这一大群人居住在城市街区内部土地（裏地）上的出租房中，而富有的土地所有者和商人则居住在面向街道土地（表地）上的漂亮店屋中，如下文所述。

虽然城市管理制度逐渐发展，但似乎到了德川时代末期，大多数城下町都以类似于江户的方式进行管理，领地管理机构直接通过军事等级制度管理武士阶级，而平民则是通过两名城市治安官间接进行管理，这些治安官将权力下放给一个从城市长者一直延伸至各个家庭的等级链，并要求平民们遵守。大阪可能是这一模式的最大例外，其在 20 世纪末成为德川日本的伟大的"商人之都"，这是 17 世纪德川时代的遗产。17 世纪上半叶，早期的幕府将军迫使日本西部的大名花费巨资重建大阪城，作为他们在日本西部的主要军事据点。城堡的坚不可摧和德川统治的日益安全意味着他们最终只需要在那里维持相对较少的驻军。总的来说，驻扎在大阪的所有武士人数略多于 1000 人，由一名城堡看守（城代）指挥（McClain 1999：50）。这座城市在 18 世纪的大部分时间里总人口超过 40 万。虽然在大多数城下町中，武士占人口的一半，并占据了超过三分之二的土地，但武士在大阪只占人口的一小部分，主要位于城堡内。这种不寻常的人口分布的部分原因是大阪不是一个领地的城下町，没有居住大名以及他的武士随从和家人。相反，幕府保留了对大阪的直接控制，作为他们在西部的主要堡垒，而不是将其分配给大名。这同时也由于该市在商业和手工业方面非常成功，其平民人口几乎与江户人口一样多，却没有依赖于城内武士的巨大消费和支出来推动当地经济。

在许多方面，大阪的治理与德川时代的其他城市相似，由幕府任命两名城市治安官来管理日常事务。他们的职责也与其他地区的治安官相似，包括颁布法律法规、伸张正义、征税、规划新城区、维护道路和执行商业法规。他们的下属包括数十名警员和巡警，以及平民区的城市长者和邻里长者（McClain 1999：53）。然而，正如协田修所言，大阪的商人领袖享有比其他城市更大的自治自由。他举了一个例子，与其他地方不同的是，大阪的邻里长者被赋予了维护财产登记和核实财产转让的责任，因此获得了对在其管辖范围内购买财产的否决权（Wakita 1999：267）。同样，村田路人认为，大阪商人对地方治安官以及其他幕府和大名领地官员起着重要的支持作用，例如作为税务承包商和"商人代表"，在大阪周边广大的村庄中管理幕府和大名领地事务（Murata 1999：257）。当然，平民在大阪人口中占主导地位，以及将责任下放给大多数城市管理的普遍做法，如人口普查、疏浚运河和水道，以及修复道路、桥梁，供水和排水系统表明，在城市管理方面，商人阶级的组织水平相对较高（Wakita 1999：268）。毕竟，大阪是一个巨大而成功的商业和原始工业化城市，拥有完善的港口和运输系统，并拥有大量的加工产品，可运往日本其他地区，特别是江户（McClain 1999：61–63）。然而，正如协田修所提醒的那样，即使在大阪——在许多方面都是例外——自我管理也不应与自治混淆，幕府必须谨慎地确保其对城市中心的权威和控制不受挑战（Wakita 1999：267）。

　　总之，平民的城市区域由幕府或大名的代表——城市治安官管理，他们将很大一部分管理城市区域的责任委托给了世袭的城市长者。为了确保遵守官方规则和条例，平民被细分在许多独立的自治邻里——町之内，这些町在执行征税、提供公共物品和惩治行为不端的集体责任的基础上拥有一定的自治权。正如 Hall（1968：181）所指出的，这种自治是一种非常有限的形式，只不过是管理他们自己的一些私人事务的特权。不论在乡村或是城镇中，即使是这种小小的独立性也意味着他们有义务负责自己的几乎所有集体需求，如垃圾清除、道路维护、当地警卫室和大门的人员配备、当地穷人救济以及当地节日的管理。公共领域被武士统治阶级垄断，人民则被允许追求私人利益和个人福利，前提是他们纳税并且不干涉公共事务。如果任何个人试图越界干预公共事务，就被视为一种反抗，会被毫不犹豫地予以镇压（Iokibe 1999）。德川时代此种方式的长期统治极大地强化了"官尊民卑"的传统，这是一种持久有效的治理方法。

　　在西欧大部分地区，独立的自治城市在封建末期和文艺复兴初期领导了经济和文化转型，并形成了通常由当地资产阶级主导的具有合法法人地位的市政政府的传统。然而在 19 世纪的明治时代，日本向工业化和现代化的过渡过程中却没有这样的城市自治传统。认为城市可以或应该拥有自治权的想法，以及将地方政府创立为可以拥有财产、经营业务和进行记账的法人团体的法律框架在德川时代并不存在，进入现代的发展也较为缓慢。德川时代城市中商人和工匠阶级的有限自治对日本城市治理和规划的发展产生了长期而深远的影响。

城下町的空间结构

　　在德川统治的两个半世纪中，日本城市有了巨大的成长和变化，城市结构也随着城市规模的增加而变化。这些变化的部分原因是出于防御性的军事考虑，部分原因是城下町内武士和平民在空间上的隔离观念不断演变，部分原因是巨大的人口增长和空间扩张的压力。在新的城下町开始布局的初期，军事考虑是第一位的，因为这个国家刚刚摆脱了一个多世纪几乎持续不断的战争，没有人知道和平会持续多久。然而，随着时间的推移，德川政权变得更加根深蒂固，其他担忧也浮出水面。正如 McClain 在谈到金泽时所说，"1635 年后，城市空间的使用越来越与政府将社会划分为不同地位群体的企图交织在一起。到了 17 世纪中叶，一个新的理想出现了：武士住宅与城堡的距离应与他的地位成正比，这是德川时代在武士阶级中留下的遗产。大名成为城堡的唯一居民，这象征着他独一无二的地位。许多重要武士的家都聚集在城堡的东侧和北侧，较低级别的武士居住在这一核心圈之外，级别最低的武士居住在离城堡最远的地方"（McClain 1982：77-78）。通过尝试将地位关系记录在城市结构之中，城下町结构的许多特征得以形成，下文会加以详述。尽管大名和幕府一直试图将城下町的成长塑造成理想的模式，但 17 世纪的快速城市发展，特别是平民人口涌入城下町，导致了出现了大量无规划、有机增长的地区。城下町设计的理想在实践中有所妥协，尤其是在这一时代的末期，社会阶级空间分离的概念已经变得相当模糊。

考虑到这一条件，城下町设计中的两个主要理念是封建阶级的空间分离，以及防御和控制优先。城堡的设计是为了抵御外来侵略者和暴徒，在江户这一特例，也是为了抵御潜在的反叛大名（Smith 1979：64）。这些安全问题是每个城下町规划的基础，城主的城堡位于中心，其武士家臣占据了周围宽敞的庄园，普通民众——包括工匠、商人和穷人——挤进了他们自己的区域，以及另一个靠近城市边缘的寺庙集中区（Fujioka 1980）。与包围大型住宅区的欧洲防御工事不同，在日本的城下町中，只有中央要塞得到了加强，并没有试图用城墙来包围定居点，外围防御工事由较低的武士住宅和寺庙建筑构成。外部平民区、寺庙和武士区被视为城堡防御的一部分，而不是被防御的部分。

典型城下町的基本结构如图 1.2 所示。大名的城堡是最重要的要素，通常由护城河环绕，具有很好的防御。城堡周围的区域被用作宽敞的居住区，居住着大名最高级别的家臣或上等武士。每个家臣或上等武士的院子周围都有长长的供随从居住的营房，从而形成了一道外墙。商人和工匠居住的较为普通的区域——町，通常位于城堡的大门前以及通往其他地区的主要道路沿线。几乎所有城下町的町区都参照了奈良和京都首次使用的土地划分系统，以规则的方形网格进行布局。町经常被下等武士的低密度住宅区包围，这起到了保护平民区和控制平民区的双重作用。出于防御目的，就业区同样被安置在城镇的外围。

这些不同区域在支持防御和控制方面的有效性来自这样一个事实，即每个区通常都被围墙包围，在出入口都有警卫室和大门。以江户为例，大的寺庙和神社、幕府的直接家臣（旗本）所在地区和大名庄园都有自己雄伟的城墙和大门。在平民区内，将各个居民区分隔开来的大门和警卫室在夜间关闭，由居民轮流看守（Kato

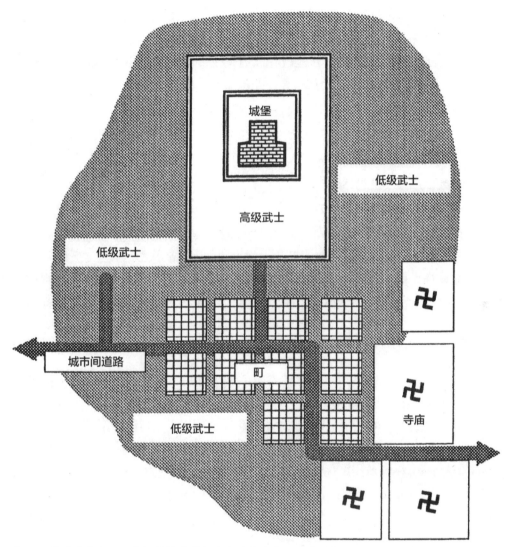

图1.2 德川时代城下町空间结构的基本要素（高度简化示意图）。

1994：47）。除了无处不在的内墙，许多护城河和河流被用来分隔城下町内的不同
区域。城下町的道路狭窄，几乎没有直路，且有许多 T 形交叉口，护城河和河流上
的桥梁建造得很狭窄，以便能更好地控制交通（Fujioka 1980：149）。

城下町的土地会根据武士的等级分配给武士，还有一些土地分配给商人，以鼓
励他们在城下町内定居。必要时，土地可以从一种用途被重划为另一种用途，特
别是火灾后。McClain 举例说，金泽城附近的几个平民区被强行拆除，以便为从城
堡内迁出的高级武士腾出空间。尽管他注意到该案例在规模上是不同寻常的，并

且有其他同等质量和价值的土地被替代[②]，但它确实说明了大名潜在地拥有对其城下町土地利用进行处置的巨大权力（McClain 1982：78）。同样，在城市边缘区扩张时，幕府或大名将村庄迁移到其他地方以提供更多的城市用地的案例也并非罕见（Wakita 1999：266）。因此，在某些方面，德川时代城市的空间控制程度远远高于当代欧洲的城市或今天的日本。特别是随着用地扩展而表现出的等级阶层空间隔离表明，公共权力对土地利用具有明确而有效的控制。尽管这一解释在某种程度上是准确的，单一权力的形象却会被夸大，因为幕府权力有着重要局限。首先，虽然不同阶级的整体隔离制度仍然完好无损，但在这一期间，渐进式的变化导致了细部的模糊。在该时代规模急剧扩大的江户尤其如此，以至于土地利用的实际模式比理想方案更为复杂，如图 1.3 所示。

此外，德川政权的行政控制主要局限于土地和人口，从来没有有效控制过建筑物和基础设施。同一时期的欧洲城市通过简单的权宜之计，要求使用防火材料，有效地消除了火灾的危害；与此形成鲜明对比的是，德川政权从未能够执行这样的建筑规范，这会在下文中详述。对特定空间和土地的实际控制从来都不是绝对的：它通常是通过谈判过程进行的，并且经常会出现渐进性的滑移。

McClain（1994）在其对江户桥防火带被逐渐侵蚀的描述中提供了一个空间控制在实践中如何发挥作用的极好例子。该实例是位于江户中心的日本桥以东的江户桥附近的一块区域，1657 年明历[③]大火后，幕府征用了该区域，以便在桥的南面提供防火带和紧急避难所。事实上，幕府没收了原有的土地，并提供给原有的土地所有者以其他替代土地。尽管在随后的几十年中，幕府坚定地维护其所有权主张，所有相关人员也都坚持认为该地区仍然是防火带，但在大约一个世纪的时间里，该地区已完全建成商住楼、商业摊位、仓库、马厩、射箭摊位和茶馆（Jinnai 1990：130）。这是一个有趣的故事，对认识江户的空间控制状况具有启发意义。由于空间需求的压力如此之大，以至于即使是在幕府的土地上，并拥有完全的所有权和消防安全的崇高目标，开放空间也很难得到保护。幕府对空间的控制很普遍但并非绝对，一直是通过谈判和某种让步来实现。

平民区的形态

江户的主要空间分区是平民区和武士区（Jinnai 1990；Seidensticker 1991）。第三个重要区域是寺庙区。在江户，这些区域之间有相当多的混合。然而，这三个地区各有其独特的空间特征，应分别加以研究。

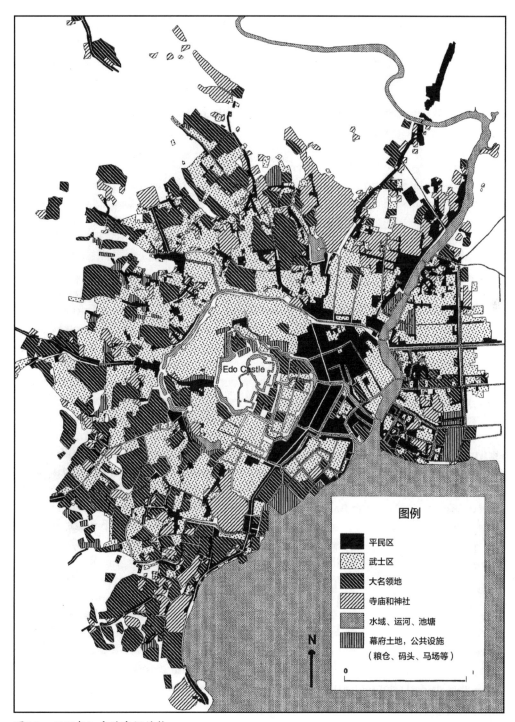

图1.3 1859年江户的空间结构。

资料来源：作者根据大方润一郎 1981 年绘制的原始地图修订，参照了安政 6 年（1859 年）须原屋茂兵卫出版的《分间江户大绘图》④。

平民区域通常按照京都所采用的中国古代模式，以规则的方形网格进行布局。每当幕府向平民区分配新土地时，城市长者就有责任为平民区规划新的居住区。江户平民区的一个重要特点是人口密度极高。18 世纪末，江户的平民居住区面积约13 平方公里，被分成约 1700 个邻里（町），总人口接近 50 万人，人口密度最高的地区达到 58000 人 / 平方公里（Rozman 1973：296）。如果考虑到大多数住宅只有 1层，少数住宅有 2 层，除了在平民区最核心地段的街角有 3 层高的商店外几乎从未有过 3 层住宅，那么这是一个非常高的密度了。平民区的平均密度约为武士区的四倍，接近寺庙区的 10 倍。到江户时代末，平民区已经跨越隅田川向东扩展，包括本所和深川在内的一些新的平民区在 18 世纪已经沿着几条通往城市的主要道路分布在那里，如图 1.3 所示。平民区也扩展到位于山手线西部和城堡南部的小山之间的几处低地区域，这些低地地区以前是位于小山上武士区之间的村庄。由于这些蜿蜒的山谷间的空间通常很受限制，它们一般不遵循位于下町的平坦低地上平民区典型的规则网格模式（Jinnai 1990：146）。

然而，到目前为止，下町平民区（见图 1.4）的主要格局是规则的方格，每个方格的尺寸为 60 间乘以 60 间，如图 1.5 所示。一间长约为 1.8 米，这就形成了一

图1.4   日本中部奈良附近的今井町是一个自德川时代早期开始就几乎完好保存的城镇。
安德烈·索伦森拍摄，2000 年。

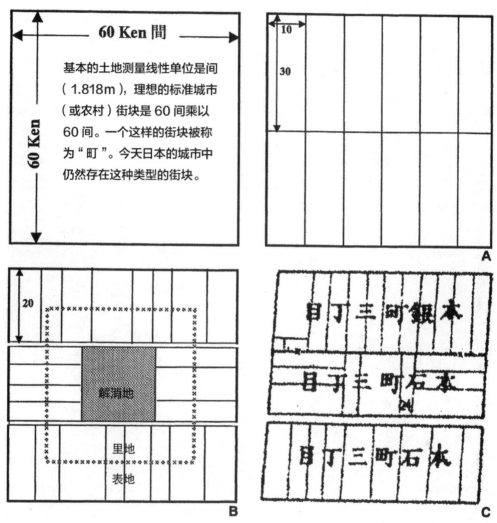

图1.5　传统的日本土地测量系统。传统系统创建了一个约109米×109米的街块所构成的格网。在农村地区和江户的旗本地区，每个街块通常分为12反，每一反的尺寸为10间乘以30间，如街块A所示。街块B显示了江户平民区最常见的细分方法，正常地块的深度为20间，因此将标准街块划分为三小块。街块C显示了江户中心日本桥地区的一个实例，详细信息也可见图1.6。

个尺寸约为 109 米乘以 109 米的街块。每一个这样的街块都被称为"町"，有约 1.2 公顷大。这些街块基于 8 世纪建造奈良和京都时从中国借用的标准土地计量单位。在农村以及下文所述的旗本地区，这些街块进一步被细分为 12 反[5]，每一反的尺寸为 10 间乘以 30 间（992 平方米），如图 1.5 的街块 A 所示。"反"仍然是当今农村地区常见的稻田尺寸。然而，在江户的平民区，实际上采用了更小一些的基本地块面积，而且每个街块的中心都留作休憩用地（解消地），如图 1.5 的街块 B 所示。这使得一些地块面向道路交叉口，街块中心的休憩用地上最初布置了一些公厕、一个服务于该街块的水井、一个垃圾收集区和一个邻里神社。18世纪，江户核心地区由于不断面临开发的压力而人满为患，人们修建了狭窄的小路以进入街块内部，几乎所有这些开放空间最终都建成了。

　　该土地测量系统在实际市区中的应用如图1.6所示，展示了日本桥以北的下町中心部分。该区域既反映了60间乘以60间的街块基本方案的规律性，也反映了根据运河等不规则特征进行调整的规律。在下町，网格图案的主要不规则形状是由四通八达的运河所形成。正如阵内秀信（1990：128）所述，水路运输主导了城市的货物交通，几乎所有的运河两侧都有码头和仓库。同样明显的是，尽管这些街块的尺寸通常是规则的，道路宽度却差别很大，在日本桥地区就从5.4~20米不等。

　　图1.6还显示了日本桥地区的不同居住邻里（町）。重要的是在这里要区分"町"一词的三种用法。它可以指上述的方形街块，可以指街块一侧的长度（60间=1町），

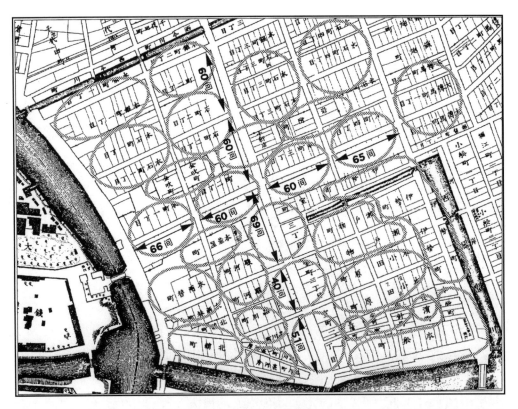

图1.6　位于日本桥的下町网格系统和町区。根据1888年完成的一项调查所绘制的地图展示了江户城堡一扇大门以东的日本桥地区。日本桥位于地图的中下方。东西走向的街道正好有利于在城堡中沿着道路向西远眺富士山。60间乘以60间的方形街块清晰可见。灰色圆圈还显示了平民邻里，在可能的情况下通常会包含贯穿某一街块的长街两侧地区。

资料来源：东京1/5000原始测量图细部，1888年内务省制作。

还可以指构成城市管理基本单位的居住邻里。邻里单元最初是一个完整的方形街块，经过不同阶段逐渐演变为后期模式，即贯穿整个街块的长街的两侧区域，且在街道两端的主要交叉口处设有关卡（Jinnai 1990：126-139；Mimura, et al. 1998：45-47；Smith 1979：78-79）。这样，它就从一个独立的街块变成了街道两侧都有房子的可扩展长条形区域。然而，如图 1.6 所示，这种模式的变形是很常见的，一些邻里会比其他邻里大。町的平均人口约为 300 人，几乎一直是由平民社会中不同层级的人口构成，从拥有临街漂亮店屋的富有地主和店主，到后巷长屋里的租户，后者通常是商人的雇员和仆人或贫穷的工匠（Rozman 1973：296）。土地利用也通常极为混杂，主要街道两旁排列着 2 层店屋，临街和内部的房屋中有各式的小型手工业，到处都是高密度的住宅。由于各区往往专门从事某些行业，每个町内的居民通常都有相同的职业。从图 1.6 中也可以清楚地看出，在平民区，几乎所有的地块的深度都大于宽度。这在一定程度上是由于街块深度很大，以及一些地块被纵向地分为两半的趋势。然而，年税——最初由劳力支付，但后来转换为现金——是根据个人地产的临街面宽计算的，这也鼓励了长进深窄面宽的地块的形成（Kato 1994：49）。这是一种常见的征税方式，类似的税收对阿姆斯特丹的发展和城市形态产生了深远的影响。

如图 1.3 所示，平民区约占江户面积的 30%，集中在日本桥地区。这里几乎全部被划分成方格，运河和河流纵横交错。它也被武士区紧紧地包围着，除了隅田川对面的沼泽地区，以及沿着公路进入城市的北部、西部和南部之外，几乎没有可以扩张的空间。

寺庙区

第二个主要地区是寺庙区。寺庙被赐予了江户大片土地，在德川时代结束时，寺庙区约占江户总面积的 15%（Naitoh 1966）。在 18 世纪，江户有一千多座寺庙，大小不一，尤其是集中在北部的浅草和上野，以及南部的现在东京塔旁的芝附近。虽然寺庙区最初由地方治安官作为城市的一个区进行管理，但它们有些分散，并没有形成一个连续的区域。

寺庙发挥着一系列的作用。当然，其最初的作用是宗教方面的。作为其职责的一部分来照顾死者，这在任何大城市中都是一项基本职能。日本各地的寺庙和神社也长期为定期举行的市场和集市提供场地，这种功能一直延续到江户时代。随着时间的推移，许多寺庙区发展成为受欢迎的娱乐区，因为寺庙控制着德川时代城市中少数可供公众进入的开放空间中的一部分，允许大量人群聚集。由于庙会和仪式吸引了大量人群，庙门外的区域往往发展成为繁荣的娱乐区，有剧院、茶馆、小吃摊和射箭场，其中的服务员都是还能提供更贴心服务的迷人的年轻女性，商人和演艺人员很快就可以从中获利。此外，在寺庙内场地和大门外还有各种表演。阵内秀信（1990：132-133）认为，这是因为寺庙治安官的管理比城市治安官对普通平民区的管理更宽松。无论如何，寺庙附近地区经常发展成繁华街（盛り場，sakariba），这是江户时代平民大众文化的主要中心。Seidensticker 的《Low City, High City 》（1991）一书就是对该地区的衰落及在 20 世纪上半叶所代表的生活方式的长叹。

寺庙前的地区通常形成了一种独特的城市形式，今天东京的浅草寺、护国寺，或中野的善光寺就是其中的代表。只要有可能，寺庙和神社都会有一条长长的直道，穿过建筑群的正门，通向主要的寺庙建筑，这往往会为后来的发展提供一个基本架构，如图 1.7 所示。随着朝圣者、节日游客和观光者人数的增加，为游客的来往提供服务的商店群也是如此。这些商店群通常形成商业设施沿中轴路的长条状发展（见图 1.8 ）。即使在正门内原有的寺庙院落内，出售烧烤食品、捣碎的米糖和幸运符的临时摊位也明显倾向于将自己变成更永久的围栏，随着时间的推移，获得了对于某些景点类似所有权形式的惯有权利（Yoon 1997 ）。大多数受欢迎的大型寺庙都以这种方式被各种商业设施所包围，曾经的大型寺庙区逐渐变小。

这里必须提到的寺庙的最后一个方面是它们在日本城市中的公共空间作用。西方对于城市公园的定义是一个公共、绿色、开放的空间，提供了一个散步的地方，让人在城市中感受到国家的味道。在 19 世纪日本向西方开放之前，这一概念是未知的。作为向平民开放的大型绿色城市空间，寺庙和神社发挥了西方城市公园的许多功能。它们为普通人提供了进入充满绿色植物和高大树木的大型公共空间的机会，并为大量人群聚集、节日和表演提供了场所，在前现代的城市中发挥了极其重要的作用。然而，其与西方公园有着重要的区别。在日本，寺庙和神殿周围有大树的绿色区域是山中圣地的象征，因此主要具有宗教意义。西方公园完全是世俗的，象征着田园式的人造景观（Smith 1979 年）。同时由于西方的公园由地方政府负责建设和维护，随着城镇的扩大，早期的规划者会采取措施确保公园空间。在日本，尽管寺庙和神社作为城市开放空间发挥着重要作用，但它们基本上是私人和宗教空间，在城市地区以公共方式提供和维护开放公园空间的传统是缺乏的。正如下一章中所讨论的，一些寺庙和大名庄园在明治时代被改造成了公园，但城市公园的概念在日本发展缓慢。在 20 世纪城市快速发展的时期，几乎没有为公园留出空间。即使寺庙和神社保留了许多以前作为公共空间的角色，它们的增长速度仍然跟不上其所服务的城市地区的扩张速度。随着 20 世纪城市的发展，公共开放空间的短缺日益严重。

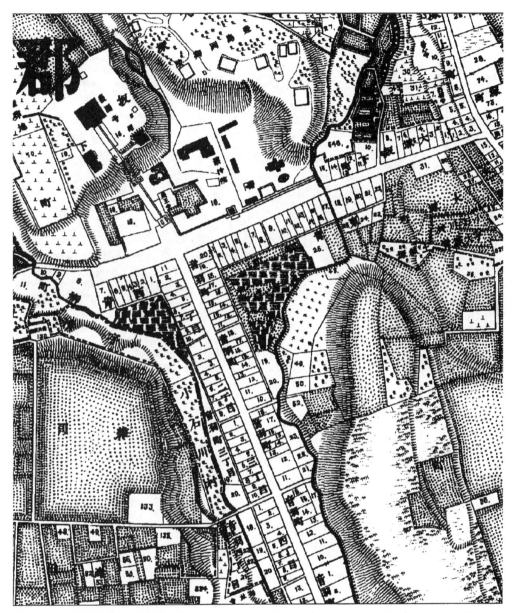

图1.7　东京的护国寺和门前町。这张1888年地图上的护国寺及其入口展示了寺庙及其门前町的典型城市形态，即"门前的一角"。

资料来源：东京 1/5000 原始测量图细部，1888 年内务省制作。

武士区（武家地）

在大多数城下町中，武士都占据了最大部分的面积。武士区约占江户总面积的三分之二，人口密度约为平民区的四分之一（Rozman 1986：294-296）。地块的大小、

图1.8　位于东京市中心的浅草寺。许多寺庙城镇和寺庙区的一个典型特征是沿着主入口轴线平行排列的商店，例如东京上野附近的浅草寺。
安德烈·索伦森拍摄，2001年。

土地利用类型和总体形态与平民区大不相同。在武士区，土地几乎完全是居住用途。也就是说，那里既没有商业活动，也没有手工业活动。但要记住的是，国家的治理是由武士阶级进行的，大部分实际行政工作在大名和高级官员的宅院内进行。

　　主要的武士区从江户城堡向南、向西和向北延伸约5公里，形成一条宽阔的弧形。另一个重要区域位于隅田川及其运河的东部。虽然早期主要的顶级家臣和大名的住宅区紧邻城堡的东部和南部，位于现在的丸之内和霞关地区，到18世纪江户完全开发时，大多数大名已经在离中心更远的地方建造了第二和第三住宅。这些住宅通常比城堡附近的住宅更大，且能享受更多的绿色。这些大块土地散布在城市各处，其间点缀着幕府高级官员的住宅区和低级武士区。

　　位于城堡西部和南部丘陵地区的武士区的总体发展模式是由三个主要因素构成：地形、基本道路网和大型的大名庄园。地形显然是第一位的，因为该地区是丘陵地带，被许多山谷所切割。丘陵地形决定了早期的道路系统。主要道路要么沿着主山脊修建，要么向中心的城堡汇聚。次要道路沿着谷底延伸，较小的山脊道路将这两个系统连接起来。正如阵内秀信（1994：139–146）指出的那样，今天仍然突出的山脊和山谷道路是该地区整体发展模式的最重要决定因素。主要道路包括了沿山脊顶部蜿蜒的中山道、甲州街道和厚木街道等城际公路。最重要的大名庄园要么面向这些道路，要么面向与主要道路成直角的较小的次要山脊道路。由于大名拥有迄今为止最丰富的资源，当他们建造第二和第三住宅时，他们选择了距离江户城堡约 5 公里半径范围内的大多数最佳地点。此外，由于它们是在现有建成区之外建造的，因此庄园可以很广阔，并且可以最大限度地利用场地地形。一般来说，大名的住宅是面向山脊道路建造的，因此地面向后方倾斜，在那里可以布置充足的花园。只要有可能，会沿着山脊道路的南侧选择场地，以便该地产位于朝南的斜坡上（Jinnai 1994：142）。通常有相当数量的家庭成员、家臣和仆人居住在大名的建筑群中。这些建筑群一般包含了各式各样的建筑，包括正式的会议场所和住宅。

作为幕府高级直属家臣，负责管理德川政权土地的旗本，其土地往往遵循不同的模式，主要是因为分配给他们的土地要小得多，平均约为 2000 平方米。城堡以西的番町的主要区域是在江户建立后不久规划的，并遵循类似于图 1.5A 所示的修订的网格模式，是规划过的城市区域的一个主要示例。旗本住宅的特色在于有大门的入口和有围墙的院落，漂亮的住宅位于花园中。图 1.9 展示了江户城堡以西的旗本住宅所在的主要地区。

分配给低级武士的区域也遵循类似的模式，但所分到的土地面积要小于旗本。低级武士的住宅区数量最多，总面积约占武士区的 70%。理想的模式是在 40 间见方的街块网格中的若干进深为 20 间的地块，平均面积为 300–600 平方米。最底层的武士并没有被分配到单独的住所，而是一起生活在一个更大版本的贫民长屋——组屋敷。由于低级武士区分布在大名庄园之间，并且受到丘陵地形的限制，因而平民区的那种大面积系统化的网格在这里并不常见。取而代之的是，网格的片段尽可能地散布于各处，如图 1.9 的左半边所示。如阵内秀信（1990：145）所述，“结果是出现了相互有机关联的马赛克图案。显然，地块的构成是由城下町特有的规划与更灵活的地形顺应性之间的平衡决定的。”

除了城堡西面番町的旗本区及其周围的低级武士区，武士区由大名早期作为乡村休养地而建立的大型庄园构成，中间尽可能地挤满了低级武士们小得多的住宅。到了这一时代的末期，空间变得越来越紧张，低级武士和平民的住宅被挤进每一个可能的剩余空间和通往城堡外的公路沿线空间，因而出现了相当多的无序发展。江户周围这种无规划开发的普遍性，在德川时代的后半期显得尤为突出，这也表明德川时代前半期首都基本结构布局时的严密的空间控制已经有所削弱。因此，武士区（在某种程度上可以说是整个江户）展现了日本城市至今仍然拥有的一种基本模式：

图1.9　江户的旗本和低级武士区的城市结构。根据1888年完成的一项调查所绘制的地图，其细节展示了江户城堡以西的一个区域。当时的城市结构与江户时代差异不大。图中护城河内的右侧是旗本区，护城河左侧是低级武士区和平民区。

资料来源：东京 1/5000 原始测量图细部，1888 年内务省制作。

规划的城市开发斑块——通常以网格或修正后的网格来布局——散布在更大的区域中，这些区域仅通过一个主要道路系统来组织，遵循自然地形和早期农业开发模式。各个规划区域之间的空隙通常充满无组织、无规划的增长。由于各种原因，这种模式在 20 世纪随着城市的成长而反复被再造出来，这将在后面的章节中加以展示。

德川时代的城市遗产

虽然德川时代的遗产是多样的，但可以将这一时代城市主义的主要影响分为两个方面。第一个方面涉及城市传统。广义上讲，这包括城市理念、对城市化的理解以及对城市管理、城市生活和城市社会的传统的理解。在这里，我们主要关注邻里自治的传统、日本郊区理想的起源，以及传统上"规划的"城市环境所代表的低价值。第二个方面是现有城市在现代初期的建筑形态，它提供了早期规划工作的背景，并确定了现代化推进者们所必须面对的关键问题。接下来的内容会依次讨论这些遗产。

城市传统

定义日本特有的城市主义传统比确定城市形态的特征要难得多，对这种传统的任何透彻分析都超出了本书的范畴（McClain, et al. 1994; McClain and Wakita 1999; Nishiyama 1997; Smith 1978, 1979; Umesao, et al. 1986）。然而，与理解与日本现代城市化进程相关的前现代的城市生活体验中，一些独有的特征确实也很突出。也许最重要的是地方行政的独特传统、地方建筑和城镇建设的强烈传统，以及将不同阶级隔离开来的模式——平民们生活在经过规划且人口密集的网格状街块内，而武士则生活在绿树成荫且基本为居住功能的地区内。

江户时代的城市治理极为薄弱，主要关注执法。中央政府保留了对江户、大阪和京都等主要城市的直接控制权，还保留了对日本中部核心地区所有其他定居点的直接控制权，这些地区约占日本国土面积的三分之一。自治体政府⑥并不存在，中央幕府政府或领地政府通过治安官制度来进行直接控制，最重要的城市行政和维护职能则下放给必须要自食其力的小型地方邻里。幕府在江户城市设施上花费的资金非常少，主要桥梁的维护和运河的疏浚（这两个都是防御系统的重要组成部分）是唯一重要的支出。所有其他要求都由当地社区自己解决，通常是在邻里一级。领地中的情况也类似，领地政府所在地一般位于城下町内，但其管理更关心整个领地而非仅仅城市地区，通常只有大约 10% 的领地人口居住在城下町。

德川时代破碎的城市空间、社会和行政结构有着深刻的影响。它首先是一种极为有效的社会控制手段，因为它将平民人口划分到可管理的街块，每个街块都以家庭单元的形象运作，作为该制度基础的农村也是如此。地主及其代理人（大家 / 大屋）对居住在其后巷出租房里的租户（店子）承担了农村地主阶级的一些职能（Kato 1994：49；Smith 1978：51-52）。这种结构有效地维护了秩序，也导致了城市作为一个政治实体的公民意识发展薄弱，这与欧洲和北美的情况不同。由治安官所代表的幕府或领地政府与地方自我管理的邻里之间几乎没有政治空间，而整个城市作为政治领域的概念是可以在邻里中得以发展的。尽管在很大程度上，每个邻里都负责其所在地区的大部分城市功能，Smith（1978：50）却强调，町单元的自治权是在得到容忍的情况下授予的，并认为这是一种委托义务，而不是一种权利。他指出，平民城市仅仅是独立邻里的集合，没有自己的法人身份，其治理与农村非常相似。一个重要的结果是，日本城市从未被视为一个独立的实体，也从未像 Eisenstadt（1996：181）所指出的那样发展出独特的公民意识。在欧洲，从中世纪末到文艺复兴时期，独立的自治城市已经能够在 18 世纪和 19 世纪工业化到来之前发展出自己的资产阶级政府和文化传统。而日本则跳过了这一干预阶段，城市直接从封建制度过渡到现代和工业化之中。这与 Max Weber（1958：81–83）最早提出的一个观点密切相关，即尽管中国和日本都有悠久的城市传统，但都没有出现资产阶级或拥有土地的城市阶级，而正是他们将经济利益与城市的商业成功联系在一起。虽然存在某种程度的自组织，但没有城市"公民"的概念，没有个人可以归属的更大的城市社区，城市作为法人实体的概念也不存在。

　　Eisenstadt（1996：182–183）认为，与西方城市相比，日本城市在商业和文化领域发展出相当程度的自由，而与之平行的城市政治领域却缺少这样的自由。德川时代和明治初期的大部分税收来自农村土地税，这意味着城市商业、手工业和文化活动可以相对自由地进行。与此同时，政治活动却受到严格控制，政治权力可替代的基础也被系统地消除，例如在 17 世纪早期对佛教徒的迫害和对基督教徒的实际消灭。两者⑦都代表了超越现有政治结构的权力和权威的替代位置（Eisenstadt 1996：187）。这导致了商业和文化领域的密集发展与政治自治或地方自决空间极为有限之间看似矛盾的结合。从西方的视角来看，很难想象有其中一个而缺少另一个，因为这两个方面是前工业化欧洲城市发展中不可或缺的部分。这也有助于提醒人们，以西方对于"城市"的假设解读日本的城市化会存在潜在的陷阱。

　　这些因素将对明治时代和后来的城市治理产生重要影响，因为几乎没有政治空间允许发展资产阶级或基层公民运动、形成公民权利和义务的意识，或者发展独立的政治权力基础，而这些是公民社会产生的必要条件。自 1868 年德川时代结束以来，日本城市就必须创造一个对地方需求进行地方性动员的空间，有人认为它仍在被创造的过程中。如后面几章所示，公民社会发展乏力是日本城市化的一个显著且重要的特征，这对日本城市治理和城市规划的发展产生了重大影响。

　　社区自行提供基本基础设施与自行承担日常维护责任的持久传统密切相关，并产生了更积极的影响。幕府和地方政府都将在提供基本公共物品的大部分责任移交给了平民自身，在邻里层级开展。这是古代鼓励村庄自给自足的做法在城市环境中的延伸。幕府还要求村庄和城市邻里提供各式的徭役，其形式为每年维修和维护某些路段的公路、灌渠和河堤等。尽管徭役在 1872 年随着税收制度的修订而被废除，社区对地方道路和公共物品负责的传统仍然存在。如后面几章所示，直到现在日本历届政府都在反复尝试，鼓励继续保持社区自己负责地方公共产品和福利服务的传统，以此来减少国家责任。这一制度的一个持久结果是，城市居民对地方政府的期望一直很低。在其他发达国家，提供人行道、街道照明、图书馆和公园等公共物品被视为地方政府的正常职责。而在日本，这些公共物品的提供一直保持在最低水平，邻里组织仍承担了重大责任，这在后面章节中会进行更详细的讨论。

江户时代城市化的第二个重要遗产来自城市中平民区和武士区之间的制度性隔离。这两个城市世界比肩共存了 200 多年，但在几乎所有方面都有着巨大的不同。平民的城市繁忙、喧闹、拥挤、尘土飞扬；武士的城市宽敞、绿叶繁茂、宁静而葱郁。平民的城市被规划成规则的网格，平坦的地面上有笔直的街道；武士的城市很少有规划，蜿蜒的道路有机地接入山丘和山谷中。平民的城市在商业和文化上都充满活力，在政治上却没有权力；武士的城市在经济上毫无生气，遵循一种朴素而有纪律的审美，同时却掌握着绝对的政治权力。人们很容易夸大这些分歧的长期影响，但很难相信根本没有这种分歧。

也许最明显的影响是人们普遍持有的独栋住宅的理想：住宅坐落在花园里，有围墙和象征性的大门。这常常被归因于渴望效仿武士在"上町"（high city）的宽敞住宅区所代表的现今已经失落的城市生活理想（Jinnai 1994：144；Smith 1979：92-96）。其绿树成荫的山坡和安静的邻里为理想的城市居住环境提供了一个强有力的愿景。与平民区形成鲜明对比的是，武士区内独立的房屋有自己私密的花园，周边有带门的围墙，房屋坐落在一片翠绿的海洋中。在一战后，规模得以显著扩大的新兴中产阶级的住房理想就是模仿武士精英们宽敞的独立式住宅，带花园的独立式住宅成为所有有购买能力者的目标。因此，自明治时代以来，日本中产阶级长期以来的居住偏好一直是花园中的独立住宅。这种偏好主要来自日本国内，而并非盎格鲁－撒克逊国家，尽管西方郊区住房的理想无疑为其提供了强有力的支持。这种偏好对日本城市的发展产生了深远的影响，特别是对自 20 世纪 20 年代郊区化开始以来的发展。到目前为止，业主自用住房的主要形式是英国和北美的独栋住宅，而不是欧洲大陆的公寓楼。在 19 世纪欧洲各大城市普遍流行并被建造来容纳各阶级人群的联排公寓，在 20 世纪 50 年代之前还几乎不为人知。直到 20 世纪 70 年代，公寓楼主要是作为郊区的公共住房，或是以市中心穷人居住的小型木制公寓形式出现。

江户时代的分裂的城市提供了另一个持久的对照：平民区有规划的网格式布局和武士区无规划的有机增长。在日本，有规划的城市开发很少与高质量的城市环境相联系。相反，规划的环境更容易与町（市中心的商业区）以及战后为穷人提供的大量单调的公共住房开发相联系。日本郊区开发的一个显著特点是，规划、专有而优质的居住区非常稀少。日本城市中较好的居住区往往来自向城市周边小农场的随意扩张。在日本，得到全面规划的郊区住宅开发从未像英美城市那样成为主导形式。

城市建成区的遗产

明治时代的改革者们更关心封建时代的城市物质遗产，不管是正面还是负面的，而不是德川时代的城市化传统。明治时代初期的日本是当时世界上城市化程度最高的国家之一，东京是世界上最大的城市之一。这一时代的大部分时间里，城市规划工作主要针对现有的城市地区，城市建成区的遗产极大地影响了这些工作。在积极的遗产中，最重要的可能是 Hanley（1997）所描述的德川时代发展的高水平物质文化和高物质生活质量；成问题的则是城市的极度易燃以及普遍较差的道路系统。

在德川时代，日本发展出非常高水平的物质文化，城市形态和建筑简单优雅，很好地适应了当时的气候以及经济和交通系统，并受到许多日本来访者的广泛赞赏（Morse [1886] 1961；Taut [1937] 1958）。这种强烈的乡土建筑传统不仅仅是德川时代的产物，因为武士和统治阶级住房的传统可以追溯到更远。然而，正如 Hanley 指出的那样，这些传统在整个日本普通民众和武士中的传播是德川时代长期和平与繁荣的结果（Hanley 1997：48）。农民和平民住宅从早期的一两间简陋的土楼发展到木匠用锯材建造的相当复杂的房屋，几乎普遍使用了木地板和榻榻米、用以放置床上用品的柜子以及滑动门窗。Hanley 认为，这些改进首先源自富人，但随着时间的推移开始在大众中传播开来，产生了日本物质文化的"武士化"（samuraisation），因此，在这一时期结束时，只有非常贫穷的人仍然使用土制地板。使用榻榻米地板已经成为一种基本规则而非例外。我们不应低估这种成功的乡土建筑传统的重要性，因为在现代建筑控制和城市规划措施出现之前，城市住房和建筑的复杂传统已经形成。这种相对较高的住房水平，不仅被一小部分富有的精英，而且被所有级别的武士和除穷人之外的相当大一部分平民阶级所享有。在现代化使日本文化的其他方面（如服装）发生巨大变化之后很久，乡土传统仍然继续在提供理想的城市住宅形象。

Hanley 还认为，其他一些重要因素也为德川时代城市居民的身体健康做出了贡献，包括高标准的个人卫生、良好的供水，以及简单而有效的粪便处理措施。在德川时代结束时，所有阶层的人普遍每天洗澡，城市地区公共浴室非常普及，这与欧洲的情况相比具有巨大的优势。在欧洲，即使到了 19 世纪中叶，大多数人仍然怀疑或认为洗澡是绝对危险的（Hanley 1997：179）。

供水问题则较不确定。Hanley 认为，德川时代日本的城市供水非常好，特别是与欧洲相比（Hanley 1997：104–110）。作为证据，她引用了 R. W. Atkinson 于 1877 年在东京提出的一项研究，其结论认为，东京的水源非常纯净，尽管距离水源越远处的样本污染程度越高，总体上仍然可能比当时的伦敦用水更干净（Hanley 1997：104–105）。考虑到江户的规模，令人惊讶的是，它并没有出现更严重的问题，尤其是当我们考虑到欧洲和美国规模小得多的城市所面临的非常严重的当代问题时，在那些地方，被污染的供水以及污水、垃圾处理不足导致城市很脏，霍乱、伤寒和其他细菌病定期流行。Hanley 认为该问题必须与其他同时代的城市进行比较无疑是正确的，但也不应该认为供水就不存在问题。早在德川时代，当江户迅速发展时，就建有一个精心设计的供水系统，该系统利用了西部腹地的河流和池塘。它首先流向位于高地上的武士区和城堡，然后流向下町的平民区。这些水通过地上的复杂渠道和沟渠系统进行分配，然后通过石制的主管道和内有竹管的木板铺设的次级管道进入地下，这些管道通向人们可以用水桶取水的各个浅井（Hatano 1994：245）。供水系统最初由幕府自费修建，后来维护该系统的成本几乎全部转移到使用该系统的商人和工匠身上。到了 17 世纪末，由于水质较差，幕府和许多大名和武士区里都建造了自己的水井，并与平民区的供水系统切断了连接（Hatano 1994：247）。

然而在 19 世纪，供水成为一个严重的公共卫生问题。对于近代日本早期主要传染病的流行情况的认知尚存在一些分歧。例如，Janetta（1987）指出，在 19 世纪中叶之前，鼠疫等主要传染病在日本是较为罕见的，主要是因为其与世隔绝。另外速水融则称伤寒和霍乱流行是德川时代的严重问题（Hayami 1986）。两人都认为，19 世纪的疫情更为严重。19 世纪 60 年代爆发了严重的霍乱，1879 年和 1886 年还爆发了两次重大传染病，每一次都造成 10 多万人死亡。石田赖房和石塚裕道指出，到 19 世纪末和 20 世纪初，城市和工业的扩张导致东京贫民窟的压力越来越大，这又被供水系统的糟糕状况所加剧。挤在后巷不卫生的木屋中的穷人尤其受到霍乱和肺结核等流行病的威胁（Ishizuka and Ishida 1988c：14）。

使日本的城市供水问题得到极大缓解的是一种高效的收集粪便的传统系统，以供城市以外的农民使用。由于农民为这种肥料支付了高额的费用，而且房东的代理有权出售其租客的粪便，因此，对贫民窟的房东来说，粪便的管理是一种有利可图的副业，因而几乎没有动力安装昂贵的城市下水道系统。20 世纪初，随着下水道系统的建设，东京市中心的粪便收集系统逐渐衰落。郊区和其他大城市的粪便收集系统则一直存在到 20 世纪 60 年代，直到二战后才修建了下水道（Hanley 1997；Ishida 1994）。从 20 世纪 60 年代开始，成本的下降和化肥的普及破坏了城市粪便市场。无论如何，正是部分地由于传统系统相对有效，日本大多数城市在 20 世纪 70 年代之前很少优先考虑下水道建设。

当然，德川时代遗留的最严重的城市问题是毁灭性火灾的盛行。易燃的木构建筑与高密度的住宅相结合，造成了很高的火灾风险。事实上，在整个江户历史上，尤其是在德川时代，城市中或大或小的火灾已成为生活中的常见现象。在江户，平均每六年发生一次大火灾，每年都要发生许多小火灾（Kelly 1994：313）。火灾被称为"江户之花"的一种，考虑到火灾的频率和破坏性，人们对火灾的无动于衷的处理方式令人惊讶。在德川时代，人们断断续续地努力引入建筑防火规范。尽管商人和工匠们在防火方面有着明显的自身利益，但由于瓦片屋顶、砖墙或泥墙的成本较高，导致商人和工匠对其顽固抵制，这些规范无法得到执行。厚重的瓦片屋顶在发生地震时也会带来更高的风险，在灾难性火灾后实施的新法规一直无法阻止传统的木制城镇形式的重新出现。Kelly（1994）追溯了江户火灾的历史和改进防火的措施，包括防火带、建筑控制措施和轻质屋顶瓦片的开发。

正如上文讨论的江户桥防火带被逐渐侵蚀一样，无法执行降低火灾风险的建筑规范表明，幕府当局在面对平民抵抗时相对软弱。Smith（1978：50）指出，这种忽视[⑧]也可能与以下事实有关：最严重的火灾问题发生在城市平民区，而幕府和大名所在地区相对安全，因为它们在护城河的另一侧，布局也比拥挤的平民区更为宽敞。当然，幕府采取的任何措施都主要是为了防止火势蔓延到城堡以及谷仓和仓库等将军的财产上，而在试图防止平民区发生火灾方面花费的精力较少（Kelly 1994：323）。幕府官员花费大量精力的一个领域是组建和重组消防队，并迫使平民区承担其人员配备和资金负担。正是这些努力导致了 18 世纪的平民消防队拥有突出地位，并使江户平民越来越将神气十足的消防队视为 19 世纪早期平民城市的象征（Kelly 1994：327–330）。

无论如何，建造（和重建）木制建筑的传统仍然很牢固。在 1879 年的东京，97% 的建筑都是木制的；57% 的是易燃房屋（yakeya，字面意义是可燃的房屋，或易失火的建筑），有茅草屋顶或木板屋顶，很容易因火花而失火（Ishida 1987：27）。占平民出租房主要部分的易燃房屋的平均使用周期很短，所以房东不愿意投资建造更昂贵的建筑，除非其他人也被迫这样做。因此，负责日本城市现代化的明治时代的官员面临的一个首要任务就是降低火灾风险。

另一个严重问题是道路状况。封建时代城下町的街道方案仅为行人设计，且有一些战略考虑。城堡周围城区的街道故意保持狭窄，护城河上的桥梁也建得很狭窄，很少有笔直通达的街道，这有利于进行防御（Fujioka 1980）。因此，欧洲流行的巴洛克式轴线大道在日本几乎无人知晓。在町区以外，道路往往既狭窄又蜿蜒。甚至在最初铺设相对较宽道路的町区内，建筑逐渐侵蚀道路空间的问题也很普遍。一个会反复出现的模式是，商铺通常会将其屋顶屋檐（庇）延伸到街道上方，以提供一条狭窄的有顶棚的走道，并保护建筑物的墙壁和商店外放置的货物免受雨淋。在许多情况下，屋檐下的空间成为一个半永久性的储存场所，然后被围起来纳入建筑内。显然，在明治初期，包括大阪（1871 年）、京都（1872 年）和东京（1874 年）在内的几个地方政府都颁布了条例，规范屋檐下空间并收回街道空间，但这些措施只有在大阪才有效（Ishida and Ikeda 1981）。19 世纪 80 年代初，东京和京都都废除了其条例。大阪则仔细地绘制了伸入原始街道的非法屋檐和建筑物地图，在 1917 年后开始了收回街道的强制拆迁计划，并在 1940 年完工。

　　还有一个问题是，几乎所有的道路都没有铺设路面。即使在江户时代，城市道路的状况也是一个烦扰的根源。因为在雨季，道路都变成了泥潭；而在旱季，风会吹起令人窒息的尘土。因此，铺设街道是明治时代城市当局主要的一个优先工作事项。同样重要的是，除了对作为保护城堡重要因素的国家公路上的主要桥梁以及运河和护城河的疏浚之外，幕府政府对城市基础设施的维护几乎不承担任何财政责任。责任被下放给了商人和工匠区的领袖，不难理解，这些领袖只会最低限度地将自己的资源用于公共品（Kato 1994）。当主要交通工具是步行、骑马或乘船时，这样的街道系统还可以运行。但它严重阻碍了伴随现代化和工业化而来的轮式交通的增长。因此，留给明治时代城市管理部门的第二个主要遗产是对街道和桥梁加以拓宽、矫直和铺设的必要性。

　　现代化推进者们所关注的一个相关问题是公园等公共空间的短缺。在德川时代，有关西方那种将城市公园作为城市中的乡村绿洲的概念并不为人所知。相反，城市居民更频繁地使用街道进行各种户外活动（Ishizuka 1988）。街头表演尤其达到了非常高的水准，杂耍者、说书人、杂技演员、舞者和模仿者都直接在街上表演，或是于节日和集市期间在公共开放空间的临时摊位上表演，如京都的四条、大阪的道顿堀，以及江户的两国广小路和上野山下（Nishiyama 1997：230）。有树木、池塘和花园的寺庙和神社区也提供了绿色的开放公共空间。尽管 19 世纪西方市政改良者对公园的普遍热情影响了早期的日本规划者，并且公园也被纳入一些最早的城市改良计划，但直到二战后，随城市的成长来建设公园才成为普遍做法。在大多数情况下，邻里将当地神社和寺庙作为公共开放空间的传统模式仍在继续。这在后来造成了严重的问题，因为巨大的城市地区在 20 世纪上半叶被开发，但却几乎没有公共开放空间。

因此，德川时代的城市遗产是多种多样的，从城市地区的空间模式到城市管理的传统、乡土建筑以及对城市的社会和文化层面的理解，后者已经证明比空间结构本身更持久。具有讽刺意味的是，日本相当有效的传统城市技术和形式意味着战前许多城市几乎没有建立有效的现代城市规划制度的压力。相反，改善供水、控制有巨大破坏性的城市火灾和拓宽街道等几个关键领域成为其目标，而控制私人开发和建设等更广泛的问题则发展缓慢。即使在最大的城市，似乎城市规划也主要集中在中心地区。对于郊区的住宅区，传统的城市技术和管理方法一直流行到二战后。Hanley 认为，正是德川时代丰富的物质文化、良好的住房条件，以及高水平的身体健康状况等遗产，让日本现代主义者专注于工业追赶和军事扩张，而忽视了对社会基础设施的投资，因为传统制度非常有效（Hanley 1997：192）。如下文所示，这导致了战后一些最严重的城市问题，因为即使在日本成为一个富裕的城市国家之后，社会基础设施投资仍然落后于生产者基础设施投资。因此，德川时代的城市化遗产对明治时代及以后的日本城市化和城市规划产生了深远的影响，下文将对此进行讨论。

译者注：

① 即日本的战国三英杰——织田信长、丰臣秀吉和德川家康。
② 指为被拆迁的平民区提供了置换用地。
③ 明历是日本的年号之一，指 1655—1658 年期间。
④ 原书中图名为 Bungan Edo Oezu，有误，实际应为 Bunken Edo Ôezu，对应日文《分间江户大绘图》。
⑤ 反是日本尺贯法的面积单位，作为土地面积单位时原本写作"段"。
⑥ 英文原文为 municipal governments，在欧美很多国家指自治市镇的政府；在日本一般指基础自治体的政府，包括市町村以及特别区的政府。
⑦ 指佛教和基督教。
⑧ 指幕府对于实施防火规范的忽视。

第2章 建立现代传统的明治时代

在整个东京，市区是人口最稠密的地区，而且也非常有趣，因为它完全是日本式的，几乎看不到受外国影响的痕迹。日本桥是帝国的地理中心，所有的距离都是以此为原点开始测算的；主街和无数的运河贯穿其间，到处都是商店、库房、防火仓库和批发商店，它们深长而厚重的瓦片屋顶使其不会显得微不足道。运河里挤满了顶部整齐的船只，上面堆满了农产品；而在公路上，满载的驮马、苦力和喊叫并挣扎着的人力推车队伍，几乎没有给观光者留下任何空间。利物浦或纽约的任何街道都不会有如此多的商业活动……装载和卸载，装包和拆包，还有入库活动，都在阳光下进行，速度快且噪声大。人们会认为，日本所有的大米都堆积在运河沿线的仓库里，这里当然也聚集了帝国的活力、喧嚣和买卖。

—— Bird（1880，2：177）

明治时代（1868—1912 年）是日本发生巨大变化的时代，日本从封闭的晚期封建社会转变为日益融入世界经济和政治体系的现代化国家。虽然城市规划显然不像建立新的国家行政、军事和经济制度那样属于政府的首要任务，政府的一个重要的核心任务仍然是重新设计日本城市，特别是首都东京。因此，日本现代城市规划发展的故事始于明治时代，国家对城市发展过程的干预是由两大因素所推动：一是经济领域的现代化和工业化对城市地区持续变化的需求；二是政府希望向外界展示现代和文明的一面，以使西方列强相信日本是一个值得尊重的国家。

由于日本在明治初期已经有了发达的城市体系和几个非常大的城市，因此，城市规划在很大程度上着眼于解决前一时代遗留的城市问题，以使日本城市适应新的经济状况。这一问题与许多在工业化初期就已经有大城市的欧洲国家情况类似，在日本则被放大，因为日本在一代人的时间里，就从封闭的封建社会突然转变为一个迅速融合了西方技术、产业和组织形式的工业化和现代化国家。政府的改革涉及面很广，公共管理中一个反复受到关注的领域就是城市规划。

　　明治时代的领导人在 19 世纪末对国外的城市发展有了越来越多的认知，并急切地通过向西方派遣考察团、聘请外国专家来日本工作和培训日本从业者等方式引进许多新兴的规划技术。然而，与造船、铁路或军备制造等其他很多日本可以迅速追赶西方的领域不同，当时还没有现成可用的城市规划知识。即使是在最先进的欧洲国家，城市规划的概念也只是在 19 世纪下半叶才被定义，尽管国家早就干预了城市的形成。新方法的特点是采取措施，对私人土地所有者施加规划限制并提供建筑标准；关注规划和调控城市增长，以防止城市外围随意蔓延；开发允许对不同城市地区进行差异化管理和土地利用控制的技术；努力确保改善穷人的住房条件；并最终尝试将整个城市和城市区域纳入规划框架。Sutcliffe（1981）指出，尽管现代城市规划项目的每一个基本要素都是在一战爆发前的某处建立，但还没有一个国家用一套有效的制度来实现这些要素。19 世纪后半叶还出现了一场国际规划运动，这场运动有助于通过国际大会和国际组织迅速传播这些新的规划思想。

　　尽管日本肯定是一个发展较晚的国家，但从 19 世纪末到第一次世界大战结束，日本的快速工业化意味着它实际上并没有远远落后于德国、法国和意大利等其他发展较晚的国家。日本的城市专家们敏锐地意识到了国际发展，参加了许多国际会议，带回并宣传了最新的理念。日本的规划师们很快就在规划制定方面达到了高超的技术水平，尽管实际要实施他们的新想法会更加困难。因为在日本以及其他国家，城市规划的发展是一个政治过程，是一项需要政治和财政支持才能实施的技术进步。与在西方一样，新的规划框架常常遭到政治领导人的反对，他们会关注其他优先的事项；同时还遭到既有的房地产利益集团的反对，他们只看到了成本的增加而没有看到补偿收益。

　　了解明治时代的变化非常重要，因为当时发展起来的规划制度的许多基本特征都被证明是持久的。这在很大程度上是由于日本城市改革者和规划者在 19 世纪末所处理的城市问题与规划者今天所处理的问题惊人地相同。这些问题包括：使早期开发的大型密集城市地区适应当前的需要，用于城市规划和城市改进的财政资源的不足，土地所有者和当地社区对可能损害其利益的变革的抵制，以及地方政府相对于强大的中央政府规划、财政和立法权力的弱势地位。如后面章节所示，在明治时代形成的对于主要城市问题的观念和处理方法在整个 20 世纪都持续影响着日本的城市规划。

　　本章首先描述了这一时期政治和经济变化的基本特征，并简要介绍了日本的现代化进程和对其他发达国家经验的借鉴。在"现代城市规划的开端"章节考察了明治时代的主要城市规划进展。"明治时代规划的特点"的章节里总结了明治时代城市规划最重要的几个特征。

明治维新

明治时代的开始标志着从德川时代的幕府政府到天皇统治，以及从封建晚期到现代，或者像日本历史学家们所说的从近世到近代的转变。德川权力的大厦虽然最初建造得很坚固，但现在已经老旧且不稳了——继续用比喻可以说，干腐已经严重削弱了它的主要支柱。多年的和平软化了武士阶级，他们不再是建立政权时的战士，而是官僚和行政人员。许多武士严重贫困，农民被课以重税，商人财富在不断增加。日本的自我隔绝和技术停滞都产生了内部压力，当遭受 1853 年和 1854 年佩里准将指挥的美国"黑船来航"使日本与西方重新接触这一外部冲击时，这些压力在破坏整个结构中发挥了作用。明治维新的直接原因是叛乱的西南诸藩—萨摩、长州和土佐战胜了幕府势力，德川政权社会、政治和经济结构的崩溃应该从更大的力量发挥作用的背景来理解，正如日本的熟语 ① "内忧外患"所概括的那样（Beasley 1995：21-30；Jansen and Rozman 1986a）。

明治维新给日本社会的各个方面带来了根本性的变化，迅速消除了存在近三个世纪的德川社会和政治秩序。新政府废除旧的阶级制度，保障居住、就业和宗教自由。旧的封建领地被废除，在其上建立了现代高度集中的国家行政机构。行政的集中有三种主要形式：以天皇作为中心进行统治，通过统一的中央官僚机构进行直接管理，以及通过普遍征兵、废除旧阶级制度和规定统一的权利来实现人民平等（Jansen and Rozman 1986b：17）。新的中央和地方机构、小学、国家陆军和海军、邮政系统和电报局、警察和法院、银行、工厂、报纸、铁路和股份制公司都是在这一快速变革时期建立的（Westney 1987），见图 2.1。明治时代，特别是其最初几十年，是一个巨大动荡的时代。

改革者热情的唯一也是最重要的动机是国家的自我保护。这一时期的领导人害怕向西方国家失去主权。这在一定程度上是对于该地区日益增强的欧洲势力的反应：英国人、德国人和美国人活跃在中国，荷兰人在东印度群岛，英国人在印度，法国人在印度支那，北方的俄罗斯人正在侵占中国北部。对国家主权的担忧也因西方列强在 19 世纪 50 年代强加的"不平等条约"而加剧，这些条约通过给予外国人治外法权、开放港口和控制日本进口关税而侵害了日本主权，并帮助推翻了德川政府。面对西方军事力量、工业技术和国际统治，明治时代的精英很快就认识到西方科学和知识的优势以及向西方学习的必要性。明治政权的领导人认为，只有通

图2.1 建于19世纪90年代的日本银行主楼，从日本桥河的远侧可以看到，无家可归者在城市的高架高速公路下的一座废弃桥梁上搭建了避难所。
安德烈·索伦森拍摄，2000年。

过构建日本的军事和工业实力，才能抵御西方殖民。明治政府的主要优先事项可以概括在"富国强兵""文明开化"和"条约改正"这几个流行口号中。明治时代的特点是，形成了在一个竞争和掠夺性的外部世界中创建国家实力的民族共识。正如Jansen 所描述的过渡，"在几乎没有大规模暴力或阶级斗争的情况下，就中央集权的必要性以及实现中央集权所需牺牲的群体利益达成了共识。国家繁荣富强的目标很快被大众认知接受。在最初构想形成后很短的时间内，建立新社会秩序的重大改革就得以通过和实施。这些是日本从德川到明治时代快速转型中的突出特征"（Jansen and Rozman 1986b：14）。随着日本在短短几十年内跻身世界强国之列，人们对其成功的现代化进行了大量研究（Beasley 1995；Eisenstadt 1996；Gluck 1987；Jansen and Rozman 1986a；Westney 1987）。

向西方学习

明治政府现代化计划的一个核心特征是，为了建立一个能够与大国平等竞争的国家而对西方开放和向国外学习的过程。尽管首要任务无疑是发展军事和工业实力，但西方的影响在其他很多领域也很大。Sukehiro（1998：65）指出，日本领导人"意识到西方的实力不仅依靠武器，在某种程度上还基于经历了工业革命经济和社会变革的公民社会，因而追求更大实力的日本还需要建立以西方模式为基础的政治和社会制度。"由于许多日本领导人认为西方形式的工业增长、社会政治组织和城市化密切相关，而且积极借鉴西方城市理论和规划思想在日本城市规划史上具有非常重要的作用，因此值得研究这些文化和技术借鉴的方法。

派遣岩仓使节团出访西方无疑是这类举措中最伟大的一项。该使节团由岩仓具视领导，包括木户孝允、伊藤博文和大久保利通（因此代表了控制明治政府的精英团体的近一半），由近 50 名官员和 59 名将要留在世界各个学校和大学的学生陪同。代表团于 1871 年 12 月，也就是德川政权被推翻三年之后出发，在美国停留了七个月，在英国停留了四个月，然后短暂访问了法国、比利时、荷兰和德国，最后于 1873 年返回日本。他们视察了议会、政府部门、军事设施、工厂、博物馆、学校和各类机构，并会晤了各国元首和高级部长（Nish 1998）。虽然此行的主要目的之一是就修订不平等条约进行谈判，但这一目标并未实现，此行的主要影响是参与者们对西方的态度。西方巨大的技术优势得到了认可，参与者们带着改变日本的使命感返回。正如 Beasley（1995：87）所说，"木户孝允回来时是一位宪法改革者；大久保利通在其余生中都成为一位工业化的倡导者；岩仓具视虽然在大多数方面仍然是保守派，但从那时起就接受了日本未来的前进道路必须按照西方模式进行的这一观点。"最重要的是，这次访问在以上三位领导人中达成了共识，即日本的首要任务是按照西方模式进行国内改革和工业化。在返回日本后，他们取消了在他们缺席时决定的入侵朝鲜的计划（Sukehiro 1998：64）。岩仓使节团的这次出行，尤其是它对明治最高领导人的影响，有助于开启"文明开化"时期。在这一时期里，对西方一切事物的迷恋和开放达到了顶峰。

代表团的这次出访也使其成员认识到日本城市的不足。尤其是有着宏伟林荫大道和公共建筑的巴黎，刚刚由拿破仑三世和奥斯曼男爵改造过，给日本人留下了深刻的印象。此后，巴黎一直代表着许多日本规划者的城市理想。但在更一般的意义上，这次访问表明，即使在道路的铺设和拓宽等基础的内容上，日本城市甚至也远远落后于西方的省会城市，因此必须付出巨大的努力才能迎头赶上（Ishida 1991a：6）。

"西方知识"的获取主要有两种形式：日本学者、官僚和学生出国旅行，以及在日本雇用外国顾问。19 世纪 70 年代初，数百名日本学生出国留学，大部分去了美国、英国、法国和德国，主要学习技术、采矿、工程、法律和医学。政府给予这些学生的资助费用很高，约占教育总预算的 10%。随着日本自身教育系统的扩大，受资助的留学生人数在 19 世纪 70 年代末开始下降（Beasley 1995：89）。大量外国人被聘来帮助修建铁路、运营条约要求的新灯塔服务、组建工厂和在学校里教书。他们的工资比日本人高得多，数量之多足以成为一个主要的预算项目，因此他们通常是以有限的合同受雇，日本政府期望他们能够训练出可以取而代之的日本人。正如人们经常注意到的那样，日本人在进行借鉴时并非不加选择，而是变得越来越老练，有意识地为每一种需求选择最佳和最恰当的模式。例如，他们在工业、铁路和海军发展方面模仿英国；在军事组织方面模仿普鲁士；在警察、法律和教育系统方面模仿法国，并在北海道的新定居点中使用美国在边疆农业开发方面的专业知识（Sukehiro 1998：64）。在城市规划领域，借鉴了英国、法国，尤其是德国的理念，下文将对此进行更详细的讨论。

　　毫无疑问，日本在采用西方的技术和方法追求工业化和军事实力方面非常成功。然而，这一进程并非没有问题。特别是，迅速的社会和经济变化给日本社会带来了压力，城市中先进的西化精英与大多数人口，尤其是与那些生活没有什么变化的农村地区的人口之间的差距越来越大。明治初期，日本急于采用西方制度和技术，这让许多保守派日本人认为，日本错误地完全放弃了自己的文化和传统，而只是简单地复制现代西方国家。他们拒绝接受日本应该不加批判地采纳西方思想和技术的观点，并试图重申日本自身传统的重要性，反对从西方引进的东西。Pyle（1998）有力地指出，正是 19 世纪 70 年代和 80 年代巨大的文化和制度变革以及看似不加甄别地向西方借鉴，导致在日本出现了强大的保守主义运动，其在 19 世纪 80 年代后直至整个 20 世纪仍然是一股主导力量。Pyle 认为，主要是西方思想中那些与日本现有价值观非常契合的方面成功地在日本生根发芽，而其他方面则没有在移植中幸存下来："那些强调雄心壮志、勤奋工作、教育价值和科学实用性的价值观背后显然有历史的力量。然而，从西方自由主义传统中汲取并强调人类的自然权利、个人自由以及妇女权利等其他的价值观，在日本的经验中几乎没有基础，社会支持也相对较少"（Pyle 1998：105）。1890 年颁布的《教育敕语》标志着"文明开化"时期的结束，该法令重申了日本传统的道德价值观，即忠诚、义务、团结以及对上级负责。19 世纪八九十年代，对日本"启蒙运动"所承载的理想的批评越来越多。向西方学习和借鉴西方技术以及社会和政治形式的计划变得高度政治化，并被重申日本传统价值观的民族主义和保守主义运动所压制。

明治新宪法与国家政治结构

　　19 世纪 70 年代是巩固新政府政权的时期，而 19 世纪 80 年代则是开始建立新的国家政治结构的时期。1881 年的一场政治危机——由主张建立宪政和民选议会的自由民权运动引发，并因之前一直以军政府形式进行有效统治的执政集团内部出现了分歧而加剧——导致执政集团承诺在 1890 年成立议会。1885 年成立了内阁，1888 年成立了枢密院，就重要问题提供咨询意见，包括要起草一部新宪法。《大日本帝国宪法》于 1889 年颁布，并于 1890 年生效。该宪法据称由明治天皇赐予，其特点是，统治精英将其视为天皇送给人民的礼物，而不是像在其他立宪国家所常见的那样由人民通过政治程序赢得。天皇成为国家合法化的中心人物，理论上掌握着有效的权力工具。但实际上，他位于政治之外，真正的权力掌握在寡头和官僚手中，他们负责向天皇提供建议并传达他的意愿。

议会建立了两院制，上院议员通过任命决定，下院由选民通过选举产生，选民限于 25 岁以上、每年至少缴纳 15 日元直接税的男性。这导致在 1890 年的第一次全国性选举中，选民人数极为有限，仅占总人口的 1.1%。这还意味着农村土地所有者的代表人数过多，而各个阶级的城市居民的代表人数则不足（Gluck 1987：67-68）。内阁是主要的执行机构，但其成员不一定来自国会多数党，也不一定对主要拥有拒绝增税权力的国会下议院负责。枢密院被赋予向天皇提供咨询的重要权力，军事指挥官也有独立觐见天皇的权力。相当不明确的决策系统导致实际权力主要掌握在执政精英——参与实施 19 世纪 60 年代革新的元老或资深政治家手中。在 19 世纪 90 年代初国会和统治精英之间最初的激烈冲突之后，各部官僚机构、内阁、枢密院、国会和军方的主要权力核心最终发现，他们必须在一定程度上相互合作才能办成事情。然而，决策结构的不明确，特别是天皇的模糊角色，被普遍认为使官僚机构和军队得以在政治进程中发挥了核心作用（Eisenstatt 1996：32）。

Gluck 认为，实际上寡头们对于将议会民主引入日本的问题一直非常矛盾。在一定程度上被目睹旧政权在西方势力面前崩溃所带来的长期危机感所驱动，寡头们在面临挑战时会专注于巩固国家。正如她所说，"寡头们在 1881 年承诺制定宪法和建立国民议会。随后，他们在接下来的九年中花了大部分时间制定必要的法律和政治规定，以确保成立议会制政府并不会结束他们的官僚统治"（Gluck 1987：21）。在她看来，大部分准备工作都与创建适当的民族神话有关，这些神话将有助于统一位于国家背后的人民力量。议会更多地是作为统合人民的手段，而非要将真正的执政权力下放给代议民主制。19 世纪 90 年代出现的新民族主义主要集中在统一政府背后的国家，并鼓励民众承受增加军费开支所带来的困难以及 1894—1895 年甲午战争的负担。Gluck（1987：36-37）认为，日本民族主义意识形态的主要特征是在明治维新时代的下半期（1890—1915 年）得以解决的，并围绕着既是立宪君主又是神明的天皇，以及日本独特的民族精神或国体的概念而展开。这一意识形态并不是作为一个整体形成的，而是作为 19 世纪 90 年代民族主义反应的一种表现而逐渐出现。Gluck 认为，它既没有立即也没有完全被所有阶级的人所接受。但在明治末年，它显然已经成为主流意识形态，特别是在两次世界大战之间产生了深远的影响，下一章将对此进行讨论。

中央集权

明治维新是少数来自现有武士统治阶级和贵族阶级的人发动的一场自上而下的革命，他们的行动主要是为了推进他们所认为的国家实力的利益。这绝非一场人民寻求更大份额政治权力或更多公民利益的革命。这对地方政府产生了相应的影响。正如 Steiner 所分析的那样，自下而上发展起来的地方政府制度可能会强调这样一种理念，即该制度的存在是为了让公民能够在自己的社区内为自己的利益服务，中央政府干预这些地方事务的权力也应受到一些限制；而由一个强大的中央以自上而下的方式强加的地方政府制度，则更可能主要作为一种促进中央控制的手段，强调公民的义务而非权利（Steiner 1965：35）。日本的情况当然属于后者。

明治时代发生的最深刻的变化之一是政府的日益中央集权化。这是对江户时代相当分散的政府形式的一种调整。尽管幕府在江户时代或多或少地控制了大名，但各个领地在其地方行政管理中有着广泛的独立性，主要的官僚控制中心位于地方一级。为了增强国家实力，明治政府的改革几乎都是朝着加强中央控制和削弱地方政府独立性的方向进行的。明治时代建立的地方政府主要是将中央政府权力下放到地方的一种手段，而不是试图在地方一级建立独立的政府。都道府县一级政府尤其受到内务省的严格控制，这一级的地方政府长官（知事）由中央政府任命，通常从内务省官僚机构中抽调。正如矢崎武夫所说，"这一时期的区域和地方的自治不是由国家政治制度保证的真正的民主自治。相反，它实际上是一个旨在强化中央权力的制度，并最终得到皇室权威的支持。公共行政的日常工作被分配给区域和地方机构，却没有相应地分配政府决策过程的有效权力"（Yazaki 1968：298）。因此，地方政府主要被视为个人和社区通过执行政府分配给他们的任务来履行其对国家义务的工具。

明治时代制度的一项核心内容是，地方政府负责为当地市民提供一定范围的服务，但无权对其行使政府权力。征收税、费、租以及修建道路、运河和桥梁等活动都被视为地方政府活动的合法领域，而警务、工业或土地利用活动控制以及教育等职能都是中央政府的专属特权。这严重限制了地方政府的活动范围。正如 Steiner

所说，"不可能有地方警察，不可能有地方对妨害的控制，不可能有强制分区，甚至不可能有地方捕狗人，除非国家法律或法令将各自的职能分配给特定类型的当地实体"（Steiner 1965：50）。

许多这类活动，特别是警务和教育，实际上是由中央政府委托给地方政府。这一做法现在被称为"机关委任事务"，一直延续到今天，涵盖了广泛的地方政府职能，包括教育、医疗服务和城市规划。就城市规划而言，中央政府通过"机关委任事务"制度直接控制城市规划权的情况一直持续到了 1999 年，才通过一项新的法律得以改变，从而影响了整个 20 世纪城市规划制度的运行（Ishida 2000）。机关委任事务的执行责任通常分配给都道府县的知事或城市的市长。就执行机关委任事务而言，该官员在法律上被视为中央政府的代理人，对中央政府负责，而不是对选民、都道府县或市町议会负责。由于这种授权职能的范围逐渐扩大，且可由任何国家部委授权，地方政府的独立活动领域一直很小。中央政府各部委不断地对地方政府进行殖民式统治，这些部委在授权了一项职能后，可以利用全国各地的地方政府作为代理人来扩大其影响力。因此，地方政府主要是国家行政的延伸，地方自治几乎不存在。

公民社会发展乏力

日本向现代中央集权国家的转变是由一种民族危机感所推动的，这种危机感由主权丧失于西方列强的恐惧所引发，因而日本在这一转变中明确地模仿了西方模式。然而，政策本身的自觉性和变化的快速性导致了不同于原有模式的一些关键差异。正如 Eisenstadt（1996：24）所言：

> 这些中央集权、经济发展、社会动员和以代议制为核心的新政治制度的构建过程，在其基本轮廓上类似于欧洲民族国家的国家建设过程——并且在许多方面都以它们为模板。然而，日本现代政治、经济和社会制度的一些鲜明特征很快就形成了。其中，最重要的是国家在发动变革和引导社会转型方面的作用。这种引导受到西方的巨大影响，以期迎头赶上；这导致了为达到某种发展水平而高度集权，并将国家建设、机构配置和生活方式的变化压缩到一个相对较短的时期内。

在日本现代化进程中，用国家这只强有力的手来作为引导的最重要后果之一，是存在于国家之外的任何自治公共空间和公民社会都难以发展。

赶超西方的迫切需要意味着，明治政府为了增强国家实力，对社会几乎所有方面都实行严格的中央控制，对异见几乎没有宽容，并积极镇压反对派运动。政府的作用是强国，人民的作用是为天皇服务；政府官员应得到尊重和服从，以继续德川时代"官尊民卑"的传统。几乎没有政治空间用于形成独立的公共物品概念，或用于可能支持公共物品的活动。再次引用 Eisenstadt 的话，尽管"经济发展、城市化和教育的过程必然产生了新的现代公民社会的内核——各种协会、学术机构、新闻活动等，但不会允许这些内核发展成为一个完全成熟的公民社会，以至于拥有广泛的自主公共空间和进入政治中心的自主通道。公共空间和话语被政府和官僚机构垄断，作为天皇所认可的国民共同体的象征"（Eisenstadt 1996：35）。在这种方式下，城市中产阶级的政治地位一直处于弱势，城市政治领域的异常缺乏——被视为德川时代的特征——在明治时代得到了复制和加强。这将对日本城市规划的发展产生重要影响，下一章将对此进行更详细的讨论。它还对明治政府建立的地方政府制度产生了重大影响。

地方政府改革

19 世纪 70 年代，一个新的地方政府制度逐渐建立起来，以取代早期的幕府和领地的官僚统治制度。最初的措施之一是在 1871 年废除封建时代的旧领地，这些领地曾由世袭大名相对独立地统治。1870 年的 274 个独立领地（藩）、6 个主要城市（府）和一些幕府直接控制的地区，总计 300 多个行政单位，分阶段被合并为 1872 年底的总计 72 个普通县和 3 个特别府（即东京府[②]、大阪府和京都府）。尽管只有废除封建领地制度才能开创新的地方管理形式，在旧领地内却存在着一个强大的自治官僚结构，在从 1854 年旧制度开始崩溃到 1871 年新制度建立的动荡过程中相对毫发无损。这一结构在整个过渡时期都保持不变，继续征收税款，管理地方警察，维护公共秩序和维持地方政府职能（Craig 1986：63；Fraser 1986）。地方政府今天日常履行的许多职能仍然由各个村庄和城市邻里负担，这一状况无疑也有助于顺利过渡。

1875 年，制定了定义新制度的法规，中央政府任命的知事成为每个府和县的首脑。他们负责管理警察，维护学校、其他公共建筑、道路和桥梁，以及地方救灾、河流和港口基础设施、人口普查报告和土地登记等事务。1878 年，每个府县都成立了民选议会，监督地方开支，并向知事提供咨询意见。然而，知事们没有义务采纳所提供的建议，并拥有对议会提案的否决权（Beasley 1995：74-75；Yazaki 1968：295-299）。选民仅包括 25 岁以上且缴纳一定数额国税的男性，因此投票权仅限于一小部分拥有财产的男性。同样在 1878 年，所有的府县都被划分为更小的地方行政区：在三个城市府中被称为"区"，在县中被称为"郡"。每个行政区都会任命一名官员，并对知事负责。

实际上，地方当局所拥有的地方自治权极为有限，因为几乎所有的决策权都在府县一级，而府和县被中央政府任命的知事牢牢控制，并作为中央政府的下属由在1873年成立的内务省管理。Steiner 指出，在这一时期，内务省"成为一个高效的官僚机构，以嫉妒般的热情完成其任务，禁止下放甚至最小细节的决策权。有人公正地说，内务省的成立有助于解释日本政府的特殊中央集权本质，如果不参考这种官僚体制，就无法理解日本的地方政府"（Steiner 1965：26）。这种中央政府政治和行政权力的集中因而成为明治维新的基本特征。与相对独立的领地官僚机构相比，新的府县直接受中央政府控制，其官僚机构依赖于国家而非地方关系（Beasley 1995：66；Craig 1986：57）。因此，中央政府主导地方政府的长久模式最初是在明治时代初期建立的。中央通常将国家责任下放给地方，"从选举议会和征税，到提供警察和教师，以及修建学校。由于政府只是颁布法令，但很少支付给府县以相应的实施经费，70% 至 80% 的地方预算都被用于在地方来执行国家任务"（Gluck 1987：37–38）。然而，正如 Gluck 进一步指出的那样，地方精英很快在政治上变得更加老练，他们要求实现财政平衡，并在国家政治舞台上为地方利益讨价还价。中央集权确实在急剧增强，国家一体化的进程因此有些不平衡，特殊主义和对中央政治利益的依赖成为这一时代的显著特点，这种情况一直持续到现在。

公路开支就是一个承担中央政府负担的例子。改善陆路交通系统是明治时代的一个主要的优先事项，因为德川时代的制度主要用于限制迁移，而主要适合步行的道路系统不足以满足现代工业和经济发展的需要。由于战略原因，在主要河流上修建桥梁是被禁止的，几乎所有的道路维护都由附近村庄以提供固定徭役的方式完成。虽然改善国道和修建桥梁的道桥费用在明治时代一直是主要的预算项目，其中却只有一小部分由国库支付，80% 以上的负担由地方政府纳税人承担（Yamamoto 1993：29）。

在 19 世纪 80 年代，日本经济和城市开始发生重大变化。特别是在 19 世纪 80年代中期的铁路建设之后，工厂产量的增加以及在这 10 年结束时地方自治的增强都加快了城市化进程（Rozman 1986：320）。19 世纪 70 年代早期实施的改革解放了货物和人员流动，对于现代工业的鼓励政策也自然地刺激了城市地区的发展。1885年后，尤其是 19 世纪 90 年代第一条日本国家铁路线建成之后，太平洋沿岸的新兴铁路运输网络的位置对城市发展变得至关重要。此外，以前的城下町中，被选定为府县首府而保留了行政和军事职能的那些城镇走向了繁荣，而占大多数的失去这些职能的城镇则逐渐凋敝。由于行政合理化的进程使府县的数量急剧减少，从 1871 年中期的 302 个加上东京、大阪和京都，减少到 1871 年年底的 75 个，并最终于 1890 年减少到 46 个，因而大部分城市增长集中在约 20% 的前城下町中。

1888 年，地方政府再次重组，颁布了一套新的、更加详细的市町村条例，并于 1889 年 4 月 1 日生效。共有 39 个城市成立，每个城市都有自己的市长（任命自三位选举产生的候选人中的一人）和一个民选的市议会，同样对特许经营权进行税收限制。地方政府有权颁布在其管辖范围内适用的细则，但仅限于中央政府法律授权范围，并且内务省仍然拥有大量的行政控制权。然而，东京、大阪和京都这三个主要城市被认为太重要了，即使是名义上的独立也不被允许。它们不能拥有自己的市长，而是由各自的知事直接管理。这种情况一直持续到 1898 年，对这种不平等待遇的普遍不满导致了一次修订，即在三个城市的府的行政当局内设立市长办公室。

明治维新对地方政府的一个重要影响，尤其是在 19 世纪 90 年代新的普及教育计划实施时，是教育、警务和救灾成本的增加，其中大部分负担由地方政府承担（Fraser 1986：125）。由于在整个 19 世纪 90 年代的军事建设，中央政府自身资金短缺。到 1898 年，军费占国家预算的 51.79%（Yazaki 1968：379）。地方政府负担沉重，责任增加，而中央提供的资源往往较少，这意味着地方政府几乎没有意愿或能力扩大市政基础设施的供应。相反，它们继续在很大程度上依赖于封建时代旧的社区自我责任制，而这一制度本身是建立在对此类基础设施所包含的内容极为有限的认知之上的。水一般是从水井中抽取的，废物要么作为农业肥料回收，要么由贫穷的捡破烂者收集，废水通过明沟排入最近的下水道，主要的维护义务是全部为土质路面的地方道路。因此，地方政府的主要职能和最大的支出是教育和警察。

土地改革

明治时代最重要的政策之一是土地改革。1871 年取消了对农作物种植的限制，1872 年颁发了土地证，废除了封建的土地买卖禁令。土地证很快发展成为土地登记制度，被用作新税制的基础。1873 年通过了《地租改正法》，取消了旧的大米税，代之以土地评估价的 3% 征税，由土地证持有人支付。新的收入被上交国家，而不是并不从事耕种的封建阶级。这实际上废除了武士和大名阶级的征税权，他们被授予政府债券来抵换其津贴。作为其税收改革的一部分，新政府对所有农业用地进行了全面重测，以确定土地的面积、价值和所有权，并制定了新的地籍登记册，标明财产界限和所有权。这项重新调查用了九年时间（1873—1881 年）完成，花费了几乎一整年的政府收入（Vlastos 1989；Yamamura 1986）。

在很大程度上，土地改革将土地所有权授予了纳税人，从而产生了一个小规模的业主农民阶级，并导致地主阶级的制度化，因为大地主在与为实施改革而设立的委员会进行谈判时往往占据上风。新的财产所有权制度确认了过去由个别家庭在其村庄周围分散耕种一些小块土地的模式，并采用新的土地登记册来记录每户的土地权利。土地现在成了可供买卖的商品，农民不再被迫留在土地上——他们可以卖掉土地，自由离开。

然而在实践中，尽管城市和工业的就业开始出现，但几乎不足以对依赖农业的家庭数量产生重大影响。因此，大多数人留在土地上，城市人口的增长主要由农业剩余人口提供。1873 年，在 3500 万左右的总人口中，有 1400 多万人从事农业和林业工作。1925 年，总人口增加到近 6000 万，但林业和农业人口仍保持在 1400 万左右（Beasley 1995：121）。重要的是，这一重要的土地所有权改革并没有随之导致农村人口减少或土地保有量增加。大多数农场仍然很小，由许多分散的地块组成，生产力的提高是耕作技术改进而非耕作单位面积变化的结果。英国的圈地运动创造了庞大的地产，并将无地农民推向城市。在日本，则没有出现类似的情况。

明治早期的土地改革创造了一个小规模的业主农民阶级，并确保了新政府的稳定收入源。这也导致了市场经济的显著扩大，因为农民不再以大米而是货币纳税，因此被迫将作物推向市场以增加必要的收入。将旧制度下的缴纳一部分作物改为固定的货币税收也带来了更高的风险，特别是对土地最少的农民们。明治初期，农业产量和价格的上涨对农业部门有利。但在 19 世纪 90 年代，政府的财政紧缩、衰退和通货紧缩给农村地区带来了广泛的压力。虽然生产规模较大的农民和土地所有者能够度过困难时期，但大量生产规模较小的农民却越来越深陷债务之中，被迫将土地一点点卖给规模较大、更富裕的土地所有者。由于当代农业技术有利于小面积的劳动密集型生产，而非雇佣劳动力的大规模耕作，随着土地所有权变得更加集中，较大的土地所有者通常将土地出租——通常是出租给之前的土地所有者们——而不是自己经营（Franks 1984）。明治维新的后半期，佃农和具有部分佃农性质的小农户数量显著增加，为 20 世纪 10 和 20 年代的农村贫困和佃农流动奠定了基础（Waswo 1977，1988）。

明治时代的土地改革废除了封建统治，建立了私有财产制度，这对日本建立资本主义经济非常重要，也对城市发展模式产生了重大影响。正如 Sutcliffe（1981：14）所指出的那样，早期废除封建控制和发展土地自由市场是英国工业化和城市化的一个重要因素，而 19 世纪初德国土地改革的拖延被证明是该国城市扩张的一个重大障碍。然而，在德国和日本，土地改革导致的土地所有权碎片化和财产分割的不规则模式对有序、有计划的城市增长形成了重大障碍，并且在这两个国家都促成了土地区划整理（Land Readjustment，或简称为"LR"）或换地，如下一章所述。

　　土地改革在城市地区同样重要，因为它在很大程度上确认了城市土地的所有权在现在的所有者手中。拥有城市大部分平民区的大商人被确认为中央商务区的所有者。虽然有关明治时代城市地区土地所有权的数据很少，但土地所有权似乎高度集中在相对较小的商人群体中（Okamoto 2000）。大多数城市居民继续在长屋的贫民窟出租房或员工宿舍内居住，19世纪90年代后开始大量涌入城市的绝大多数移民也是如此。武士阶级之间也有着同样巨大的差异。虽然城市武士区大部分土地的所有权由居住在那里的武士家庭确认，通常作为主要的家庭资产，但并非所有家庭都以这种方式受益。江户时代的大多数高级官员都雇佣过许多武士随从，他们住在官员们的住宅区内。随着津贴的停发，这些前官员再也负担不起这么多的工作人员，他们的大多数前雇员不得不寻找新的生活来源和新住所。主要的例外是大名，他们的大部分土地被中央政府没收。他们在城下町里的城堡和土地被征用，后来成为府县或地方政府的办公室、军营和其他公共设施的所在地。在东京，政府直接收回了当初由幕府分配给他们的主要住所的所有权，这样一来，东京市中心的大部分地区就落入了公众手中。这笔意外之财有多种用途。部分房产被出售，最突出的例子是城堡正前方最初用作阅兵场的丸之内地区，被出售给三菱公司，该公司至今仍拥有这一地区。大片地区被用作政府办公室和军事基地，而一些地区则变成了公园。然而，大名保留了其第二和第三住宅的大部分面积的所有权，从而保持了其作为上町大部分住宅区的所有者的地位。这些以前的地产最初被用作农田，并逐渐被细分和开发，此过程一直持续到战后（Hatano 2000；Kato 1997）。

铁路发展

　　明治发展政策的最后一个特点是，政府高度重视铁路的发展。德川时代早期的交通系统几乎完全依靠徒步进行陆路通行，大部分货物由小船和驳船来运输，被认为不适合现代工业和军事发展。从明治时代早期开始，发展新的国家交通系统就被视为必不可缺。因此，铁路被作为新交通系统的支柱并不奇怪。到1868年明治维新时，铁路发展的伟大时代已经在世界全面展开。在欧洲和美洲运行着广阔的铁路系统，殖民列强还在其各个殖民地积极修建铁路。德川政权倒台前曾在西方访问和学习过的日本人，包括一些明治政府领导人，都非常清楚铁路发展的革命性潜力。这一点被曾在美国和欧洲乘火车旅行的岩仓使节团的经验有力加以证明。明治新政府的首要举措之一就是开始铁路建设。

　　第一条运营的铁路线是从横滨港到东京，作为规划从东京延伸到大阪的第一段国有铁路线，建成于 1872 年。从大阪到神户的第二段铁路线于 1874 年完工，并于 1877 年延伸至京都。该段线路采用英国技术建造，由伦敦股票市场发行的债券支付，线路价格比最初的预计要昂贵得多，主要原因是从铁路、桥梁到发动机和工程师等一切内容都必须从国外引进。由于对财政的多方面需求，政府根本没有资金完成从大阪到东京的沿太平洋海岸线路（Ericson 1996；Harada 1993：19）。

事实证明，资金短缺是日本铁路系统建设的主要制约因素。无论是政府还是私人，都没有足够的资金来支付投资所需的巨额资本，因此铁路建设最初相当缓慢。政府一开始出于战略原因热衷于控制铁路发展，所以无助于改进铁路建设的状况。直到 19 世纪 80 年代，当人们清楚地认识到有必要加快发展时，政府才更愿意接受私营部门的铁路投资。从 19 世纪 80 年代开始，私营部门的铁路投资呈现出繁荣，这受到政府国家铁路网规划的鼓励和指导，该规划规定了应首先修建哪些线路以及应达到何种标准。到 1902 年，私营铁路公司铺设了大约 4843 公里的铁路，而政府修建的铁路只有 2071 公里。1906 年，经过多年的考虑，政府将除地方线路外的所有线路国有化，只留下 717 公里的私人线路（Ericson 1996：9；Harada 1993：57）。在那一次国有化之后，政府再次允许私有铁路的开发，但主要是针对在大都市地区对城市增长模式产生巨大影响的当地郊区通勤线路，如下文所述。日本在接下来的几年中继续强化了其铁路系统。明治政权的领导层为了发展军事和经济，将铁路发展置于高度优先的地位，这产生了持久的影响。

现代城市规划的开端

明治时代早期显然是一个有着巨大的动荡和快速的组织变革的时期。可以理解，城市规划并不是政府的首要任务，政府主要关注的是构建自身的合法性、财政系统和控制权，以及实现国家经济增长。尽管如此，明治政府还是在城市规划方面做出了重大努力，日本城市规划的一些持久特征得以在这一时期的举措中首次显现。

明治初期的主要城市规划干预措施与城市地区的条件以及地方和中央行政机构的体制框架密切相关。如前一章所述，明治初期的日本城市建筑密集，人口稠密，几乎全部为木造，街道狭窄，没有铺装，供水和排水不足。虽然这些城市模式——除了火灾发生率高之外——非常适合早期的生活，但促进工业增长的愿望、不断变化的交通技术和正在增大的传染病死亡率都需要新的解决方案。城市管理的主要优先事项是减少火灾风险，建造宽阔、笔直和铺装良好的街道，并改善供水。

中央和地方政府的制度框架对处理这些优先事项的方式产生了深远的影响。如前文所述，明治时代的主导趋势是政府的日益中央集权化。因此，大多数新的制度和城市规划措施都按照高度中央控制的方式加以设计。与大多数西方国家的城市规划发展形成对比的是，在城市扩展方案的设计、基础设施的改造和工人住房的建设方面，西方的地方政府经常起主导作用；而在日本，权力和金融的集中给地方自主权留下的空间很少。地方政府和其他地方行动者在形成早期规划举措方面的作用很小，这意味着任何此类尝试都倾向于反映中央政府的优先事项。

明治政府采取的主要城市规划举措都位于新首都东京。在某种程度上，日本19世纪的城市规划与首都规划是同义词，大多数主要的新思想最初都是在东京试验，后来才推广到其他城市的。这种对首都的重视，直接源自希望用日本的现代化和文明给外国人留下深刻印象，并修订不平等条约。早期的城市规划倡议，如银座砖城、霞关政府区和《东京市区改正条例》，都是在明确考虑到这些动机的情况下设计的。幸运的是，对一个令人印象深刻的帝国首都的要求在很大程度上与防火、改善交通干线和供水等其他明显的优先事项相吻合。这种以东京为中心的策略的主要问题是，其他城市基本上都由其自己来负责。

1872年2月26日，明治维新仅仅四年后，当新政府还在巩固其国家控制时，一场大火就促成了新政府实施第一个重大规划项目。大火摧毁了东京银座地区95公顷范围内住有50000人的约3000栋建筑。这是一处重要地区，北面与东京的商业中心日本桥接壤，西面与后来成为东京主要商业中心的丸之内地区接壤，东面是筑地这一外国人居留地，南面则是刚刚建成的新桥火车站——从横滨港出发的新铁路的东京终点站。因此，对于从横滨抵达新桥站的外国游客来说，银座的知名度很高。他们必须穿越该地区，在政府部门谈判条约，或前往筑地的外国人居留点和酒店。政府没有让该地区按照以往的通常模式重建，而是抓住那次机会将部分东京重建为与帝国首都地位相称的、令人印象深刻的防火地区。大隈重信和井上馨等大藏省③的主要人物亲自负责该项目，并迅速制定了对烧毁区域进行改造的规划。在火灾发生后的六天内，一项新的规划公布了，该规划显著地拓宽了街道，并要求所有建筑物都要使用耐火砖或石头建造（Fujimori 1982年）。

决策速度之快可以归功于明治政府还很年轻，国家政府的结构也在不断变化。它实际上正在一小群推翻幕府政权的军事领导人的领导下高效运行。没有都市规划法，也没有正式负责城市规划的部门。因此，大藏省的领导人能够在不需要协商或遵循任何既定程序的情况下做出必要的决定。尽管当地居民和业主强烈反对该规划，政府还是迅速实施了项目（Noguchi 1988：79）。他们选择了Thomas Waters，一位自19世纪50年代以来一直活跃在日本的英国工程师来负责建筑方案。

首要任务是拓宽道路、防火和建设西方风格的"文明"外观。道路被拓宽至 27 米、18 米、14.4 米和 5.4 米四种宽度，用砖铺砌，且人车分流，这是日本历史上首次建设的人行道（Ishida 1987：39）。Waters 规划或批准的建筑大多是联排住宅，根据其前面的道路宽度加以规划。例如，在 27 米和 18 米的道路上的建筑有一个 2 米深的拱廊，前面是 6 米宽的人行道，后面是 8 米深的建筑物（Fujimori 1982：第一章）。土地所有者被要求用砖或石头建造房屋，而最终几乎所有的建筑物都用砖建造，因此人们称之为银座砖城。在银座安装了首都的第一个燃气灯，并种植了行道树，形成了预期的欧洲风味，并有望借此来推动不平等条约的修订（Noguchi 1988：76）。银座项目始于 1872 年，结束于 1877 年，最初规划的 993 座建筑中只有约三分之一实际完工。资金短缺、成本高于预期，以及过于潮湿的新砖房在东京潮湿的夏季并不受欢迎，都是导致项目提前终止的原因。

对于银座转城的成功存在一些分歧。石冢裕道和石田赖房（Ishizuka and Ishida 1988b：8）批评了政府的高压手段，认为政府不顾当地土地所有者的反对实施了该项目，并故意让该地区的大多数居民流离失所。这些居民是居住在后巷长屋里的贫苦居民，他们无法负担新建成的昂贵住房。Noguchi（1988：79）从重建成功性的角度对该项目进行了考察，他指出，许多房产都空置了相当长的时间。从项目开始到结束，房产所有者的变动率很高，这表明，即使是许多房产所有者也买不起这种新型建筑。新的西式开发也让一些来到东京的外国游客感到震惊，他们期待着更具异国情调的东西。例如，Seidensticker（1991：60）指出，"在 19 世纪 70 年代，已经有人抱怨东京这一城市的美国化。Isabella Bird 于 1878 年来访，并于 1880 年将东京描述为更像芝加哥或墨尔本的郊区，而不像是一座东方城市。"Noguchi（1988：77）同样报道了著名法国人 Georges Bousquet 和 Pierre Loti 的失望，他们分别于 1877 年和 1885 年访问了日本首都，下火车后发现这座城市看上去与美国城市一样丑陋。

另一种声音，渡边俊一（Watanabe 1984：409）对该项目十分肯定，声称它促使银座成为经营进口商品的现代商店聚集地，并最终成为东京（和日本）的主要商业中心。公认的明治时代城市规划研究专家藤森照信（1982）提供了银座发展的最完整描述，他也认为银座的发展相当成功，他所介绍的该项目对东京市中心土地价值持久模式的影响尤其令人信服。1878 年，东京土地价值的峰值在日本桥；而到了 1933 年，峰值区域已沿新的银座大道从日本桥延伸到银座四丁目，达 2 公里长（Fujimori 1982：302–303，图 18 和图 19）。藤森照信还表示，自 19 世纪 70 年代以来，银座地区一直主导着日本高端零售市场，长期以来一直是零售租金最高的地区。冈本哲志（2000）在其最新研究中，对自该项目以来一个世纪里银座地区重建的后续项目、土地所有权和土地利用变化进行了详细考查，他也倾向于支持这一观点，即早期明治时代的重建项目为该地区的长期商业成功奠定了坚实的基础。

当然，这些评价并不是相互矛盾的，因为批判性的观点侧重于项目对流离失所人口的影响，强调规划的社会影响；而积极的评价则侧重于其经济效益。由于城市规划项目往往有各种影响，这种判断在很大程度上取决于评价者的价值观。

东京市区改正条例

银座砖城是以西式风格重建中心城市重要地段的重大项目，为采用现代基础设施和道路布局的重建提供了有益的经验，但由于项目面积相对较小，因而影响有限。很明显，考虑到这些昂贵建筑的成本和有限的市场，将这种方式应用到整个城市是不可能的。"整个"城市地区有更大的问题需要解决。在银座项目完成之前，更加全面的城市结构调整工作就已经开始准备了。这些努力最终导致在 1888 年通过《东京市区改正条例》，它通常被视为日本第一部城市规划法，并构成了 1919 年《都市计划法》的基础。因为它是随后 30 年的主要规划法，并确立了未来规划法的基本工作方法，因而值得仔细研究。

如前所述，明治时代以及后来的主要城市规划问题，都与使现有城市地区适应现代化和工业化国家不断变化的需求和条件的需要有关。以东京为例，再规划的问题尤为重要，因为它在德川时代已经是一个巨大的城市，然而随着参勤交代制度的终结和大名的离开，它丧失了大量人口和大部分经济基础。直到 1890 年左右，它的人口才恢复到 19 世纪 50 年代的水平，并且在接下来的 15 年里，也没有超过江户时代的峰值（Watanabe 1984：411）。因此，在明治时代，并不存在对东京的城市扩展进行规划的问题。这反映在《东京市区改正条例》中，该条例仅关注现有建成区的改造，而不是对城市增长的规划（Ishida 1987：51）。同样重要的是，第一个城市规划措施仅应用于东京。这就建立了一个经常重复的模式，即首先处理东京的问题，然后将那里制定的规划方法扩展到其他地区。

1876 年，内务省开始了改造首都的新计划。该计划由第六任东京府知事楠本正隆领导，成立了一个委员会来研究东京的城市规划问题。值得注意的是，在 1873 年内务省成立仅仅三年之后、银座项目完成之前，规划就已经开始了。1880 年，第七任东京府知事松田道之向内阁提交了工作成果，并在题为《东京中央市区划定之问题》的东京中心市区提案中公开了这些成果。这些成果的内容在当时的报纸上引起了广泛的争论。

该提案由市区改正委员会制定，其中包括经济学家田口卯吉和著名企业家涩泽荣一。田口卯吉（1855—1905 年）在 1875—1878 年间任职于大藏省，是城市现代化最有影响力的早期倡导者之一。1879 年，作为一名受过专业训练的经济学家，他创办了《东京经济杂志》，该杂志以英国的《Economist》杂志为原型，宣扬自由市场资本主义的思想。田口卯吉也是文明和启蒙运动的重要贡献者，他在 1877 年至 1882 年间出版了《日本开化小史》，并因其表达的思想获得广泛声誉。田口卯吉还积极参与东京府和市议会的政治活动，并从 1894 年起在众议院任职。虽然他经常发表关于进行东京港口开发、防火和建筑规范的文章，但他最著名的城市著作是1880 年发表的《东京论》。他认为东京和日本的全面经济发展需要改进东京的城市规划、集中政府权力和经济活动，以及一个使东京成为日本中心市场和世界级大港的国际港口。这部与松田道之东京规划的初稿同年出版的作品，实际上只是表达了他所帮助撰写的提案的观点。

松田道之提案表明，东京市的主要问题是太多的无序开发造成了过于分散的布局，以及市中心的木构建筑——特别是穷人居住的木构长屋——危险地集中在一起，助长了火灾和霍乱的蔓延。该提案的主旨是将重建工作和投资集中在中心地区，鼓励开发高密度多层石质建筑，以供富裕的商人和企业使用，从而清除市中心贫穷的木构贫民窟及居民。它包括公共建筑的位置、主要基础设施（如道路、运河、桥梁、燃气和供水管道）、防火和建筑控制措施、东京港的开发、对于工业、仓库和市场等区域的划分，以及公园和污水处理设施的详细规定（Ishida 1987：55–56）。巴黎被认为是 19 世纪中期城市规划的光辉典范，因此可以理解，它成为那时以及后来的东京规划的基本模型。此外，这两个城市的一个共同的核心问题是，要穿过现有密集的城市地区来建造新的林荫大道。这一规划要对进城商品征税，是以巴黎的货物入市税（octroi）为模式，该税曾为奥斯曼男爵在 1853 年至 1870 年间大规模重建巴黎提供了最初的收入支撑。松田道之的规划也显示了一个清晰的认识，即巴黎重建的中心目标是通过在市中心重新开发昂贵的住宅来结束贫民在市中心的集聚。另一方面，东京规划强调经济活动和港口开发集中在市中心，这与奥斯曼的做法不同。奥斯曼主要侧重于建设大型基础设施和上流社会的住房，同时有意将工厂推至郊区。石田赖房（Ishida 1987：58）指出，尽管该规划在理论上相当出色，包括许多技术创新、公园和市场的先进理念以及防火建筑规范等法规，但却从未得到实施。这反映出这一规划缺乏足够的政治支持、用以执行的行政机制，或用以支付的财政资源。

这些早期的新首都规划中最后一个值得注意的方面是，它们显示出对创建伟大帝国首都这一象征性项目缺乏关注。取而代之的是关注经济方面的问题，如拓宽主要道路、重构城市中心商业区和建设新港口。最能说明问题的是，尽管天皇最初在

1868 年抵达东京时搬进了德川幕府留下的宫殿，但 1873 年德川宫殿被烧毁后，他和皇后搬到了大名的一处旧庄园，该庄园很快被改名为赤坂离宫，天皇和皇后在那里居住了 16 年。虽然建造新宫殿的规划很快就被制定出来，但直到 1889 年颁布新宪法之前，新宫殿才得以迅速建成。因此，在新时代的前几十年，作为东京象征性心脏的宫殿的地面上空无一人，成为狐狸和獾的巢穴。藤谷藤隆（Fujitani 1998：41–48）认为，明治寡头政治在早年没有优先考虑将东京重建成宏伟的仪式首都，部分原因是对于首都的长期地点还不确定，部分原因是精力被更多地集中在天皇在日本各地的展示性巡幸上。无论如何，不得不等待宫殿重建。虽然后来还提出了修建主要的仪式性林荫大道，但却从未实施，如下文所示。

在此期间实施的一项重大改革是在松田道之知事的管理下，对东京中央地区制定防火措施。采取这项措施的直接动机是 1881 年冬季在东京市中心发生了一系列毁灭性火灾，包括 1 月份在神田、日本桥和深川发生的一场火灾，共烧毁 10637 栋建筑物，这是明治时代最严重的火灾。2 月份，法规规定了 22 个防火区，这些防火区呈长条状排列，形成如图 2.2 所示的防火带，并在整个中心城区铺设瓦屋顶（Fujimori 1982：62–74；Ishizuka and Ishida 1988b：39）。该法规在日本建筑法规的历史上绝无仅有，因为它要求在防火区内的业主必须在七年之内按照新的防火标准将所有建筑物重建。之前和之后的其他建筑法规主要依赖于正常的房屋淘汰过程，仅要求新建筑符合新标准。1881 年的措施是严格有效的。渡边俊一（1984：408）认为它在 10 年内基本消灭了三个世纪以来毁灭性大火对于东京的困扰。这项法规的有效性和执行的严格性表明，当代城市建设和开发控制的其他薄弱之处并非源自国家权威的缺失，而是源于动机的缺失。

1884 年，东京府的第八任知事芳川显正提出了对松田道之规划的修订，称之为"东京市区改正设计案"。该设计案几乎涵盖了东京的整个 15 个区（不仅仅是中心地区），并概述了通过拓宽和改善道路、修建铁路和运河以及在品川附近修建新港口实现交通系统现代化的方法。这个港口又成为一个中心内容，旨在帮助东京发展成为商业中心，而非仅仅是行政中心。同一年的晚些时候，日本内务省的内部成立了一个东京市区改正委员会，由芳川显正任主席。在接下来的两年里，委员会进一步完善了该规划以及执行该规划所需的立法。这些审议大大扩大了规划的范围，增加了更多的主要和次要道路，几乎使其预期成本翻了一番（Ishida 1987：61）。

在这些年里，井上馨外务大臣领导下的外务省正在制定一项与之竞争的首都重构规划。德国建筑师威廉·博克曼（Wilhelm Böckmann）和赫尔曼·恩德（Herman Ende）受命为位于霞关的新政府区起草规划，即被称为"官厅集中计划"的日比

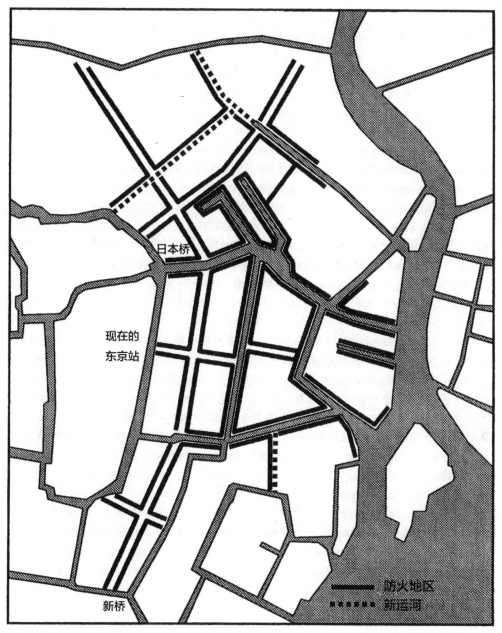

图2.2　东京中心地带的防火区，1881年。东京近300年历史上第一个有效的防火策略是在明治时代早期通过在市中心指定22个防火区实现的。指定的区域又长又窄，几乎都面向主要街道和运河，以增强其防火效果。

资料来源：修订自藤森照信（Fujimori 1982：图 25，第 306 页）。

谷集中政府办公项目。该规划的重点是创建一个给外国人留下深刻印象的、雄伟的帝国首都，以帮助实现条约修订。其特点是建立了一个广阔的仪式大道网络，仪式大道的沿线排列着主要公共建筑、新的议会大楼以及新的中央火车站。如图2.3 所示，该平面图展示了巴洛克式的帝国首都景象，深受当代德国城市设计理念的影响。尽管在井上馨辞职以承担未能确保条约修订的责任时，该规划被取消了，但它确实将"东京市区改正设计案"的通过推迟了几年。与此同时，港口建设预算被转用于改造横滨港的设施，这对于资金紧张并寻求大规模军备建设的政府来说，是一个便宜得多的替代方案，而"东京市区改正设计案"中有关港口开发的部分则不得不放弃。根据石田赖房和石冢裕道的说法，取消港口开发的规划对东京的未来发展产生了深远的影响："在 19 世纪 80 年代，仍然存在着多种选择的渠道，即政治城市或商业 / 经济城市，或两者兼而有之的城市。但到了这一阶段，失去港口建设规划的城市改造工程摆脱了妥协性质，开始向纯政治城市或帝国首都迈进"（Ishizuka and Ishida 1988b：12）。随着外务省的规划被放弃，各部之间关于城市规划职责的长期竞争以有利于内务省的方式结束，自此规划职责就一直保留在内务省。

1888 年年初，《东京市区改正条例》的草案最终提交给了枢密院，当时最有权势的元老之一、枢密院议长伊藤博文反对通过该法案。经过三个月的辩论，各方对该法案提出了反对意见，包括资金应用于军备、国家补贴不应仅用于一个地区的城市基础设施，以及这些工作应由东京居民缴纳特别税而非通过国家基金来提供资金。该法案于 6 月被否决。然而，内务大臣山县有朋和大藏大臣松方正义无视枢密院的决定，于 8 月在内阁批准了该法案（Ishida 1987：64）。1888 年 8 月，《东京市区改正条例》最终以敕令的形式通过成为法律，宣称："我们授权政府颁布《东京市区改正条例》来重整城市街道，以获得整个城市地区的商业、公共卫生、防火和交通方面的永久优势"（Yazaki 1968：355）。在 1888 年还通过了一项对进口到东京的清酒征收特别税来资助《东京市区改正条例》的附带条款。尽管这项特别税最终为改造项目提供了高达四分之一的收入，但收入仍然不足。改造项目最终因缺乏资金而大幅缩减，下文会进行进一步论述。

通过建筑规范的尝试

《东京市区改正条例》的通过是重要的一步，因为它是日本第一部现代城市规划法，并且包含了东京重建的第一个整体性规划。然而，在检查该规划的结果之前，值得看一下通过首都建筑规范的相关尝试。虽然最初《东京市区改正条例》草案附

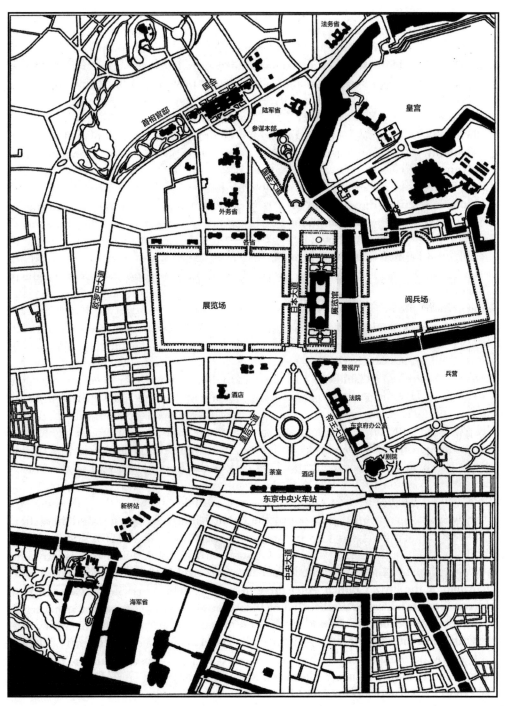

图2.3　帝国首都政府区的博克曼规划。来自德国的两位著名建筑师/规划师威廉·博克曼和赫尔曼·恩德提出了一个方案，主要的政府部门在宽阔的林荫道周围以适当的气派加以布局。值得注意的是，该规划包含了一个新的东京中央火车站，连接从北部和南部到东京中心区的线路。

资料来源：修订自藤森照信（Fujimori 1982：图 50，第 321 页）。

带了一项概述建筑规范的法案，但在不顾枢密院的反对而将该条例的其余部分强行制定为法律时，建筑规范的内容则被放弃。未能颁布建筑规范的意义极为重大，因为在没有该规范的情况下，《东京市区改正条例》实际上主要就成为道路拓宽和水务设施建设的基础设施规划，并且不包含任何监管私人建筑活动的措施。因此，尽管《东京市区改正条例》为城市重建指定了一个总体框架，它并不能要求私人行为者遵守其规定。1886 年，内务省卫生局在其第一任部长长与专斋的领导下，制定了一项示范性的建筑规范，以控制贫民区长屋的道路宽度等最低基本标准。该规范于 19 世纪 80 年代中期被包括大阪在内的多个府县采用，但却未被东京采用（Ishida 1999）。直到 30 年后的 1919 年《都市计划法》通过，日本才有了第一部规范私人建筑和施工的国家规范。

明治时代连最低限度的建筑规范都没有制定，这一日本城市规划发展的重大挫折可以被理解。失败显然不是因为它的必要性没有得到认可，也不是因为缺乏积极的支持者。规范一直是法案草案的核心部分，并引起了广泛的争论。例如，田口卯吉经常写到需要建筑规范，强调其防止火灾复发的必要性（Taguchi 1881，火灾予防法 [4]）。另一位重要的建筑规范倡导者是小说家、医生和卫生改革家森鸥外（1862—1922 年）。19 世纪 80 年代末，森鸥外在德国学习了四年公共卫生，当时德国正在建设欧洲最先进的城市规划制度。1889 年 9 月在斯特拉斯堡举行的德国公共卫生协会第 15 届大会通过了一项新的建筑法案，强调要采取措施以创造更健康的生活环境。森鸥外取得了这次大会的报告。回到日本后，他发表了大量有关城市规划和公共卫生问题的著作，包括对德国的新建筑法的完整翻译以及为东京制定此类法令的建议（Ishida 1988：84；1991b）。

森鸥外于 1889 年 10 月被任命为东京市区改正委员会所设立的一个调查委员会成员，负责起草东京市的建筑条例。此前，该条例未能与《东京市区改正条例》同时获得通过。虽然由内务省一位建筑工程师编制的早期草案包括了建筑许可、防火、建筑材料和结构安全等措施，但森鸥外对于缺少城市规划和公共卫生方面的规定持反对意见。在内务省卫生局的支持下，他起草了一份反对提案，其中包括了德国新建筑法中的大部分措施，以及针对的日本传统木构房屋一些具体措施。对该条例草案的审议一直积极进行至 1894 年中日甲午战争爆发，但最终被搁置而未获颁布。1903 年到 1905 年以及 1906 年到 1913 年两次通过《首都建筑条例》的尝试都再次遭遇失败，直到 1919 年通过《都市计划法》和《市街地建筑物法》（Urban Buildings Law），日本的第一部建筑规范才得以颁布。石田赖房认为："在此之前没有有效的建筑条例存在，这对于首都来说是非常不幸的。因为全面的城市化始于 20 世纪，从 20 世纪初到 20 世纪 20 年代，在没有适当控制的情况下发展起来的郊区现在是人口稠密的市中心地区，这对大都市的城市规划构成了严重阻碍"（Ishida 1988：86）。

那么，如何解释直至 1919 年才通过适用于全日本的建筑规范这一事实呢？对建筑材料和密度进行限制的需要是众所周知的，几乎每年都会以毁灭性火灾的形式提醒大家。日本大城市不断恶化的住房条件也越来越为人所知，特别是在自由派《每日新闻》的调查记者横山源之助（1871—1915 年）的有力曝光之后（Yokoyama 1899）。受查尔斯·布斯（Charles Booth）的不朽名著《伦敦人民的生活与劳动》（*Life and Labour of the People in London*）（Booth 1889，1891）的启发，横山源之助记录了 19 世纪末东京贫民区的悲惨状况，这可以与同一时期伦敦或纽约的任何一个贫民区相比。众所周知，提高工人阶级对恶劣住房条件的认知是这些国家规划发展的主要推动力之一（Hall 1988；Sutcliffe 1981）。从 19 世纪 80 年代初开始，内务省就一直在努力起草一部合适的建筑细则（building by-law），田口卯吉和森鸥外等著名倡导者也在公开场合和政府咨询小组内部主张通过该建筑细则，但没有成功。尽管需求明确，法令草案也已经在手而且争论激烈，第一个有关私人开发建设的监管制度直到 1919 年才得以颁布。

显然，一系列因素发挥了作用。至少在 1890 年国民议会开始开会之后，政治上对于建筑法规的反对并不难令人理解。由于选民仅在那些拥有大量财产的人中产生，而这些人正是会因实施更严格的建筑标准而预计遭受最不利影响的群体。土地所有者对引入建筑条例的反对在横滨一案中得到了很好的证明，从 19 世纪 70 年代到世纪之交，当地业主多次组织起来反对拟议的建筑条例，因为预计遵守该条例的成本将会很高（Hori 1990：99）。内务省内部的反对可能是出于预计执行起来会很困难，因为这种监管制度几乎肯定超出了当时软弱的地方政府的非常有限的能力，这些地方政府仍在挣扎应对建立全民教育制度的最新指令。

几乎可以肯定的是，一个重要因素是缺乏更广泛的支撑此类监管的政治基础。田口卯吉和森鸥外这样的个人当然很有影响力，但他们在倡导西方规划解决方案方面远远超前于普通公众。在英国和美国等西方国家，大型改革运动组织会积极介入改进住房规范的斗争中。在一些城市，这些组织或他们的盟友控制着地方政府，而这些地方政府往往是制定新方法和法规的领导者（Tarn 1980）。在推动更严格的法规和更为复杂的规划方面，活跃的建筑师和工程师专业协会的作用也很突出，德国和奥地利的情况尤其证明了这一点（Breitling 1980）。然而在日本，几乎没有更广泛的政治支持基础，例如像其他发达国家那样的卫生和住房改革运动或专业协会。这在一定程度上与日本民主制度的相对年轻有关，政党仍处于发展的早期阶段，有组织的游说团体几乎不存在。对政府反对派的政治镇压也很普遍，几乎可以肯定导致了这些团体发展缓慢（Beasley 1995: 75）。明治体制下对地方自治的严格限制也很重要，因为地方政府几乎没有独立制定新政策的政治空间或权力。上一章所描述的缺少公民意识或活跃的资产阶级公民领导也几乎肯定是一个影响因素。西方的有产群体在早期的规划工作中扮演了很重要的角色，因为作为房地产所有者，他们通过参与当地的空间和经济增长可以获得最大的利益。如下文所述，大阪——采用了早期的1886年版贫民窟住房建设条例——可能是这一规律的唯一例外，因为那里的商人长期以来在地方事务中占据着主导地位。1909年，大阪更进一步地通过了更为详细的适用于所有建筑物的地方建筑条例，尽管地方法律权力有限，使其难以执行。

最后，有关防火的关键问题至少在东京正在逐步得到解决。松田防火带和屋瓦条例相当有效地防止了明治时代早期大规模火灾的再次发生，并且其他新增的措施也在实施中。然而，结果却很明确。明治时代城市规划仍停留在道路和水务设施建设等公共工程项目上。对私人活动的监管只是后来才开始的，这导致明治时代的城市建设和城市增长在很大程度上仍在政府监管之外。

东京市区改正条例的实施

在其最终形式中，《东京市区改正条例》包括要修建或拓宽315条街道、改造运河、将主要铁路从新桥终点站延伸至上野，以及建设东京站、大量新桥梁、49个公园、8个市场、5个火葬场和6个墓地的规划（Watanabe 1984: 411）。首要任务是改善道路和建立新的供水系统。然而，被批准的城市改善的财政支持远低于规划起草者的预期水平，这对负责实施人来说是一个重要的制约因素（Ishida 1987: 66）。此外，由于1894—1895年的中日甲午战争和1904年的日俄战争，国家资源一再被调用于其他优先事项，特别是军事和军备。因此，《东京市区改正条例》的主要成就是提供了对大都市未来结构的指示信息。所以，尽管该规划中设想的大部分资金重组在1918年结束时仍未完成，该规划对于协调确实已经开展的那些重建却至关重要。在该规划实施之前，在发生火灾和进行重建的区域里，它们总是按照以前的结构或作为一个孤立的点进行重建。随着整体结构规划的到位，任何重建项目，如19世纪90年代三菱在神田三崎町和丸之内的重建项目，都可以纳入整个方案，以期待在长期实现或多或少的全面覆盖。

尽管《东京市区改正条例》的实施受到了财政限制的困扰，但在30年的实施中，开展了许多重要的重建和城市改造工作。这一时期一般分为三个阶段；1888—1899

年、1900—1910 年和 1911—1918 年。每个阶段的优先事项都可以从在不同时期里
分配给不同类型项目的资金份额中明显地识别出来。

如表 2.1 所示，每个阶段的优先事项都有很大不同。在项目的第一阶段，可用
资金的三分之二用于新的供水系统，其余大部分用于道路改造；但在第二阶段，优
先考虑的显然是道路改造；在第三阶段，大量资金被首次用于污水处理项目。

早年对供水的重视是由于明治早期有霍乱反复流行的严重问题。许多欧洲城
市优先修建下水道是基于错误的理论，即疾病通过不良空气或瘴气传播，以及基
于当时大多数欧洲城市相对于日本来说较低的卫生标准。然而，当日本人在 19 世
纪 90 年代开始面对这一问题时，已经发现霍乱和斑疹伤寒等疾病主要在供水系统
中传播，这就是为什么将预算优先考虑用于供水系统的原因。这也是该规划可用
资金有限的直接原因，因为供水系统的改进通过单独的预算提供资金。第二阶段
的资金大幅增加，主要用于道路改造，这是有轨电车公司为道路改造捐款的结果，
如下文所述。该方案是 1902 年由东京市区改正委员会批准的经过修订和大幅缩减
的规划中的一部分，并于 1903 年开始实施。原规划中的大部分次要道路的改造被
放弃，主要精力集中于建设将要运营有轨电车线路的主要干道。在该规划的第三
阶段，虽然大部分支出仍在集中在主要道路上，已经开始为中心城区修建下水道
系统。由英国工程师威廉·伯顿（W. K. Burton）草拟的规划，作为 1888 年宣布
的最初规划的一部分，因缺乏资金而一再被推迟。当第三阶段规划于 1918 年结束
时，中心城市最初规划的下水道系统只有一小部分得以完成。正如 Seidensticker
（1991：83）所解释的：

　　　明治末期几乎不存在下水道。神田有一条瓦楞沟渠用于处理厨房垃圾，粪

1888—1918年《东京市区改正条例》实施期间的项目支出　　　表2.1
单位：万日元、（）内 %

	道路改善	桥梁	河流和运河	公园	沟渠	下水道	上水道	合计
第一期 上水道事业期 （1888—1899 年）	297.93 （30.2）	8.86 （0.9）	1.43 （0.2）	1.97 （0.2）	23.06 （2.3）	—	651.9 （66.2）	985.16 （100.0）
第二期 市街铁道事业期 （1900—1910 年）	1568.2 （79.9）	8.25 （0.4）	127.81 （6.5）	3.01 （0.2）	75.12 （3.8）	—	179.6 （9.2）	1962.0 （100.0）
第三期 下水道事业期 （1911—1918 年）	730.26 （57.8）	7.70 （0.6）	21.58 （1.7）	1.28 （0.1）	93.41 （7.4）	285.55 （22.6）	123.97 （9.8）	1263.76 （100.0）
合计	2596.4 （61.7）	24.81 （0.6）	150.82 （3.6）	6.26 （0.1）	191.59 （4.5）	285.55 （6.8）	955.47 （22.7）	4210.9 （100.0）

资料来源：石田赖房（Ishida 1987：85）

便则留给了拾粪人，他们带着铲斗、水桶、手推车，喊着"owai"（指大粪）、"owai"的呼唤穿过街道。明治末年，粪便仍然是卖方市场，拾粪人会为收集粪便买单。然而，价格正在迅速下降，因为城市的发展和农田的退却使农民越来越难以到达内陆地区。在大正时代，这个问题发展到了出现危机的程度，因为卖方市场变成了买方市场，在城市的一些地区，粪便已经无法被清除。位于城市的西部边缘的新宿被称为东京的大肛门，每天晚上都会有一个高峰时段，挤在一起的清洁车会造成交通堵塞。

可用于公园开发的小额资金大部分被用于开发日比谷公园，这是外务省的帝都规划中唯一实施的部分。它成为新政府部门办公区的一个焦点，该办公区位于前大名居所空置用地上的皇宫南侧。然而，值得注意的是，日比谷公园的主要目的并不是作为一个供民众使用的游乐型公园，而是作为政府建筑群的一部分，旨在给政府区一种帝国式的宏伟感，并在其与银座和新桥的密集商业区之间充当防火带（Koshizawa 1991：5；Maejima 1989）。

然而，该规划的其他间接影响对于这一时期东京的变化非常重要。也许最重要的是1890年将毗邻皇宫的一个旧阅兵场出售给三菱公司，该阅兵场逐渐发展成为一个新的中央商务区。在三菱建造维多利亚风格的英式砖石建筑之后，该区域通常被称为丸之内"一个街区的伦敦"。该规划中的第二个关键特征是在丸之内前修建东京中央车站，但该项目并未得到预算资金。随着连接南部的新桥火车站与北部的上野火车站得以实现，东京火车站成为日本最好的规划范例。规划师们显然从伦敦和巴黎等城市的经验中吸取了教训，在那些欧洲城市里，各省的多条铁路线都在城市边缘区附近拥有自己的终点站。这带来了国家和大都市交通网络的长期问题，这些问题只有在20世纪七八十年代的巴黎，随着大区快铁（Réseau Express Régional，简写为"RER"）网络的发展才得以解决。而在20世纪90年代的伦敦，泰晤士连线（Thameslink）将泰晤士河以北的黑衣修士（Blackfriars）站与以南的伦敦桥（London Bridge）站连接起来，而被推迟了很久的横贯铁路（Crossrail）如果能够建成，将连接东部的利物浦街（Liverpool Street）车站和西部的帕丁顿（Paddington），这时才能解决原有的问题。新东京火车站巧妙地解决了这个问题，并建成了著名的山手环线。山手环线是首都通勤铁路系统的基本组成部分，长期以来一直是世界上最繁忙的铁路线之一。正是在这一时期，东京开始显现出现代帝国首都的一些基本特征：丸之内中央商务区、霞关国家行政中心和银座高档商业区。

电车发展

日本的有轨电车是从美国进口的，正如 Jackson（1985）所指出的，在 19 世纪 80 年代末基本技术问题得到解决后，美国的有轨电车线路发展非常迅速。到 1903 年年底，美国 3 万英里的街道铁路有 98% 实现了电气化（Jackson 1985：111）。有轨电车很好地适应了时代的需求，很快就传遍了全世界。旧的马车系统在动物、饲料和马厩方面的成本较高，与其相比，有轨电车的运营成本较低，因此可以降低车费。而速度可以提高到最高每小时 20 英里、平均每小时 10~15 英里，使其对乘客更具吸引力，并允许线路延伸到距离市中心更远的距离。

日本的第一条有轨电车线路于 1895 年开始在京都运营。在东京，第一条有轨电车是连接品川和日本桥的线路，于 1903 年 8 月沿一条原马车线路开通。到 11 月，从品川到上野的整条线路都投入了使用。同年，第二家电力有轨电车公司开通了从有乐町到神田之间的该公司的第一条线路。第二年，第三家公司开通了从饭田町到御茶水的线路。自此开始，有轨电车的服务迅速发展，并与建成《东京市区改正条例》所设想的道路系统密切相关。由于有轨电车系统的扩展依赖于《东京市区改正条例》指定的主要道路的拓宽和矫直，并且街道铁路需要地方政府的许可才能在公共路面上铺设轨道，东京市政府很快就抓住了这个机会，从有轨电车公司那里获得了完成主要道路的财政捐款。从 1903 年 9 月开始，在第一条线路开通后的一个月内，一项新的方案开始实施。根据该方案，有轨电车公司必须承担其线路所用道路的一半建设成本，并将净利润的三分之一支付给城市。从 1903 年开始的 8 年中，这项融资约为 394 万日元（Ishizuka and Ishida 1988a：43），成为完成《东京市区改正条例》公路网的主要资金来源。1906 年，三家东京的有轨电车公司合并成立了东京铁道公司。1911 年，东京市收购了该公司，并在此后自行运营有轨电车系统（见图 2.4）。那时有 190 公里的路线和 1054 辆有轨电车在运营（Ishizuka and Ishida 1988a：44）。旅客量增长很快，1908 年平均乘客人数为 446000 人，到 1917 年这一数字几乎翻了一番，达到 812000 人（Yazaki 1968：445）。

从长远来看，有轨电车系统发展的最重要影响是它引发了东京城市结构的重大变化。这种结构的变化部分是由于主干道的拓宽，部分则是由于有轨电车使人们能够比以往依靠步行移动更长的距离。正是在这一时期，东京现有建成区的边缘开始出现大规模的郊区化。有轨电车还意味着许多居住在城市边缘区的人可以到市中心购物，这为白木屋和松屋等大型百货公司创造了更大的市场，并在银座、上野和神田等有轨电车最容易到达的地方开发了主要的购物区（Koshizawa 1991：9）。

图2.4　银座大道上的车道。20世纪前几十年，东京和大阪结合主要的道路拓宽项目开发了巨大的有轨电车系统。

照片来源：《每日新闻》。

东京以外的开发

在明治时代，虽然日本的规划工作明显集中在东京，但其他城市的规划也在制定之中。其中值得注意的是大阪和作为殖民前哨的北海道的札幌。

大阪的规划尤其引人注目，因为明治时代规划的一些最重要的局限和优点在这里都清晰可见。在江户时代，大阪作为日本的商业首都，在日本的城市体系中占有重要地位，而当时的江户则是日本的政治首都。大阪的商人阶级占主导地位，在德川时代，他们的人数远远超过了小型武士阶级的人数，并形成了强大的商人行会和一定程度自治的传统。如果有哪个城市要发展一种与东京不同的规划方法，那肯定是大阪。

对于大阪来说，明治革新后的几年同东京一样艰难，但原因却有所不同。明治革新导致了旧江户商业体系的崩溃，而作为该体系枢纽的大阪首当其冲。大阪商人已经建立了一套完善的国家金融系统，其基础是大阪自己的银币、汇票和由城市批发经纪人发行的信用票据。当中央政府在1868年中止使用大阪货币后，这些都变得一文不值。此外，大阪市的主要贸易来源是其封建领地所拥有的仓库，这些仓库为其领地产品提供全国市场。随着 1871 年现代郡县制的建立，这些仓库基本上都关闭了，旧领地的债务——主要由大阪的商家所持有——在 1875 年被免除。大阪在江户时代的人口峰值为 50 万，而到 1878 年则减少到 29 万（Yazaki 1968：317–318）。

然而，在 19 世纪 80 年代中期之后，随着通往东京的东海道铁路干线的建成和工业经济的发展，大阪成为新纺织工业的中心，建立了一系列的工厂来生产纸张、水泥、发动机和纺织机械。大阪迅速成为主要的商业、交通和金融中心，1887 年达到 34 万人，1897 年则增长到 75 万人（Yazaki 1968：318）。这种快速增长带来了可以预见的城市问题，大阪府于 1886 年成立了一个委员会，负责制定城市改造规划。该规划于 1887 年准备就绪，包括不同宽度的道路网络，以及将危险工厂与现有住宅区隔离的规定（Ishida 1987：97–98）。不幸的是，地方政府既没有财政能力也没有法律能力来执行这个规划。

从 19 世纪 90 年代开始，大阪的发展开始超出其早期建成的区域，府政府的注意力转向对增长进行规划的问题。1897 年，大阪市的面积已经从 15 万平方公里扩大到 55 万平方公里，几乎增加了四倍。1898 年，大阪第一任市长上任。1899 年，该市批准了一项由法国培训的建筑师山口半六起草的规划，为整个新市区建设一个详细的道路网，将城市延伸至大阪湾和一个新港口。如图 2.5 所示，该规划为新市区提出了一个综合主干道网，比现有的城市主干道网更大。规划还拟开发一个重要的新港口，并将淀川向北分流，以防止洪水泛滥。正如石田赖房（Ishida 1987：99）所说，该规划主要关注市区的扩展，代表对当代东京规划所确定的优先事项的重大背离，后者仍然主要关注现有市区的重构。出于这个原因，石田赖房认为，该规划是现代日本规划的一项开创性工作，但与之前的规划一样，大阪政府既没有预算，也没有执行该规划的法定权力。山口规划几乎没有得到建设，其主要的成就是从大阪的主要火车站到新码头之间的一条新道路，该道路运营着大阪市的第一条有轨电车线路，在 1903 年的第五届工业博览会前及时完工。看起来，山口半六是可以对日本城市规划做出重大贡献的，因为他当时是少数受过西方培训的日本土木工程师 / 建筑师之一，并在重大规划问题上采用了有希望的方法。不幸的是，他于 1900 年去世，享年 43 岁，距离他成立自己的建筑咨询公司并设计位于神户的兵库县政府办公楼不久（Miwa 2000）。

改造城市道路网的主要进展是通过将道路改造与有轨电车的发展相结合来实现的。这一点尤为重要，因为尽管大阪的大部分中心区都有固定的道路网，但道路都非常狭窄，东西向的主要街道只有 7.8 米宽，南北向的街道只有 6 米宽。然而，与

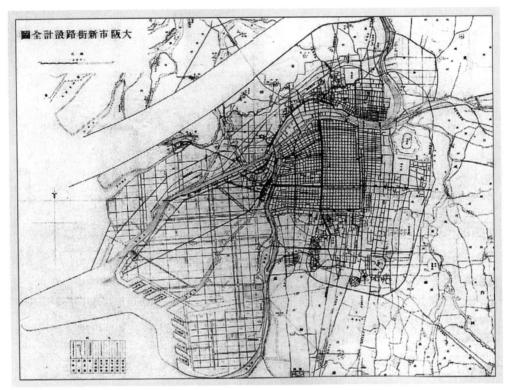

图2.5　1899年大阪的山口规划。这一大阪向新建港口扩张的规划是日本第一个大规模城镇扩展规划。请注意封建时代城镇细密的网格以及新区较大的网格。

资料来源：大阪市政府（Osaka Municipal Government 2000）。

东京相比，大阪的有轨电车系统从一开始就作为市政企业运营。尽管私人企业家提出了有轨电车建设规划，大阪市长鹤原定吉认为，该市所有的有轨电车开发都应该由市政所有和运营，这是1903年市政委员会所批准的政策。其背后的原则是市政所有权政策将更加关注公众的需求，利用有轨电车系统产生的利润来扩大道路系统和提供其他市政服务，而不是增加私人收入（Aoki 1993：80）。事实上，大阪有轨电车系统被证明非常成功，并迅速扩展到整个城市，创造了可观的利润，并被用于道路拓宽和桥梁建设。

　　如上所述，大阪确实试图执行建筑规范，但其法律权威薄弱，执行困难。更为雄心勃勃的规划干预必须等到1918年《东京市区改正条例》的法律条款扩展到大阪以及1919年《都市计划法》获得通过，这是下一章的故事。尽管拥有规划意愿以及相当程度的专业知识，中央政府对财政和法律权力的垄断和对东京的关注，意味着其他地方规划因缺乏地方自治而必然失败。

　　有的城市可能会否定这种印象，即有效的规划只存在于东京。如果有的话，位于北部边境岛屿北海道上的札幌就是一个例子。在明治时代，札幌从一个只有 624 名居民的小聚落发展成为一座在其末期拥有 95419 人的城市。如图 2.6 所示，札幌按照有序的网格布局，拥有宽阔的街道、通往火车站的大型林荫道、具有战略位置的政府办公室和军营、教育设施、医院、植物园、墓地、佛教寺庙、神社和排水沟。然而，在很大程度上，这一规划应被理解为德川时代末期最先进的城市规划的典范。图中所示街道的基本布局在明治六年（1873 年）由殖民地政府确定，并严格遵循 60 间乘 60 间的传统方格。

殖民地行政当局有一个明显的优势，即没有先前存在的土地所有权。因为所有的土地都已从土著的阿伊努（Ainu）人手中没收，而阿伊努人之前在北海道的土地权利尚未得到任何日本法院的承认。因此，殖民当局可以建立整齐的网格，并保留大量土地供公众使用，而不必担心当时的所有者。北海道的情况类似于北美和澳大利亚的情况，在那里，测量师的直线网格可以无视任何开发，这与日本其他地区的情况完全不同，在那些地区里，城市不可避免地要向人口密集的农业区扩展，导致土地所有权高度分散，而且公共空间也很少。

然而，除了铁路和车站之外，图 2.6 所示的平面图可以被理解为是殖民地行政长官对于德川时代末期理想城市形态的纯粹表达。它的特点是一个规则的街道网格，南部的商业区对应旧的城镇，根据古代"町"的系统绘制；北部靠近火车站的行政、教育和服务区对应旧的武士区，并采用相同的网格，但慷慨地提供了更宽的街道。这两个地区被宽阔的林荫大道隔开，被大通（字面意义为"大街"）公园占据，现在以冬季的札幌冰雪节和夏季的札幌啤酒节而闻名。主要的军事要塞位于这条将年轻城市整齐分为两半的林荫大道的一端，确保两部分能够得以分开。

明治初期规划的城市网格很容易适应约前 40 年的增长，因此除了殖民地政府能忠实地遵循其最初的规划之外，对于札幌在这段时间内的规划几乎没有什么可讲的。然而，到明治末年，随着殖民地早期规划的格网基本建成，札幌开始扩展到最初被规划为农场的区域，问题也就随之出现了。

明治时代的城下町

在这里，值得总结一下明治时代城下町经历的主要城市变化，因为它们构成了城市住区和城市人口的绝大多数。图 2.7 是对图 1.1 的城下町示意图的修订，显示了明治年间的主要发展。在大多数城下町中，由于城市规划立法的缺乏和地方政府财政的严重制约，几乎没有什么活动可以被称为规划。城市在变化，然而主要是由地方行政当局无法控制的因素所驱动。这主要包括 1879 年县首府的指定，以及 19

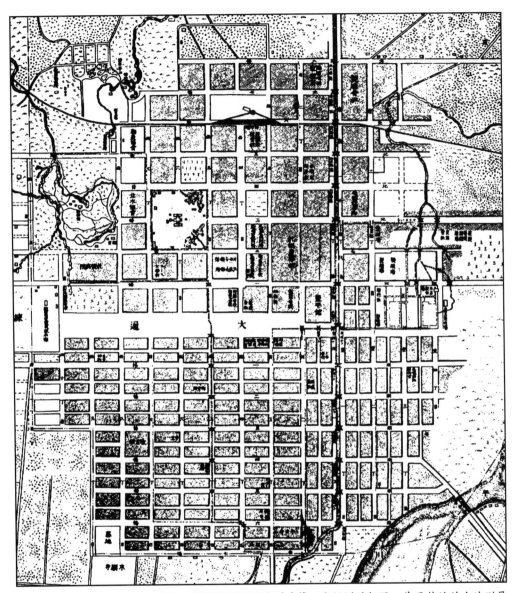

图2.6　1891年的札幌。明治末期，札幌刚刚开始达到其第一个规划的极限。基于传统的土地测量和城市标图系统，城市被划分为图上部的行政区和图下部的商人工匠区，由大通公园居中隔开。
资料来源：札幌教育委员会（Sapporo Education Committee 1978：17）。

世纪80年代和90年代国家铁路网的发展。成为县的首府和／或有铁路连接的城下町出现了普遍繁荣，而对于其他城镇，如果没有其他特殊因素来推动现代经济增长，则会衰败。

图2.7展示了一个城下町，它既是一个县的首府，又位于一条铁路线上。随着领地的废除，城堡场地成为公共财产，通常是最大的公共地块，它们几乎总是成为

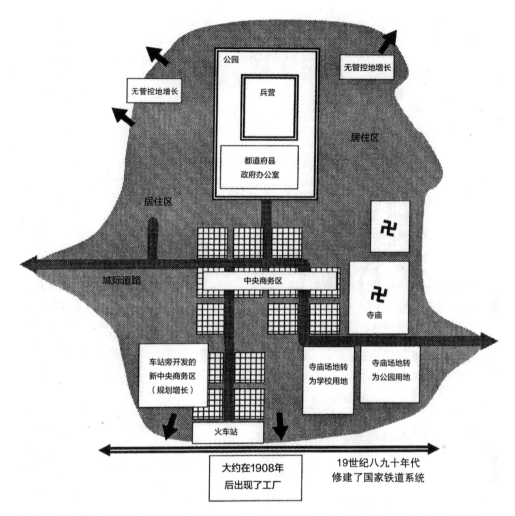

图2.7　转型中的城下町。许多城下町在明治时代发展迅速，特别是那些成为县的首府并接入新国家铁路网的城镇。

新国家军队的地方行政办公室和军事要塞所在地。在明治维新后的几年里，对几个佛教教派的迫害进一步导致相当数量的寺庙土地被没收，其中一些用地被改造为公园和新的公立义务教育学校。之前的武士区也改变了特征，因为武士失去了他们优越的阶级地位和工作。其中的少数幸运者进入政府工作或成为教师；一些人成为企业家，以他们的政府债券作为资本基础；然而大部分人则被迫通过建立小商店或边际企业（marginal enterprises）来维持生计。大多数武士的主要资产是他们的住宅，许多以前的大型武士住宅现在沿街都有小商店，或者被细分成小块，或者干脆被出售。因此，前武士区的土地利用和占用变得越来越多样化。

　　所有这些变化主要是用途的变化，对更大范围的城下町的城市形态几乎没有影响。另一方面，铁路的到来对经济活动和增长模式产生了直接而剧烈的影响。主要的规划工作通常针对通往火车站的新道路的布局。这类道路通常与传统街道网格模式下新市镇区域的布局相关联。这些站前区域逐渐发展成为一个商业区，与旧的商业区直接竞争，在某些城市中会取代旧的中央商业区，而在其他的城市中只是对旧商业区加以扩展。由于新铁路通常绕过城镇的现有建成区，因此当线路建成时，轨道的另一侧通常是开阔的田野。这一地区经常发展成为工业 / 贫民窟混合居住区，尤其是随着日俄战争（1904—1905 年）后工业活动的扩大。其他的城市增长则只是城市边缘的无规划蔓延。

明治时代规划的特点

也许明治时代日本城市规划最显著的一点是，它的许多持久特征首先在当时所采用的方法中显现出来。这包括日本规划的一些巨大优势，以及一些持续存在的弱点。其中最重要的是中央政府的主导地位、依赖政府直接参与建筑项目而非制定一套规范私人开发和建筑活动的制度、城市基础设施持续缺乏财政资源、规划制定技术的快速成熟，以及对西方当时实践的高度熟悉。

当然，最重要的特征，也是最持久的特征之一，是中央政府对规划的强有力控制，同时对私人开发活动的控制薄弱。这源于明治时代国家的主要目标之一是中央集权，以便调动国家资源，建立强大的民族国家，并保护自己免受西方殖民势力的侵害。虽然地方政府是明治时代建立的，但它们在很大程度上是将中央政府权力向下投射到地方的一种手段，而不是在地方一级建立独立政府的努力。都道府县政府尤其受到内务省的严格控制，其长官由中央政府任命，通常来自内务省的官僚机构。这与其他一些发达国家形成了鲜明对比，在这些国家，通常由当地财产所有者和企业家阶级所领导的独立和有竞争力的市政倡议，在早期规划开发中非常重要。

中央政府的主导作用对城市规划工作产生了巨大影响。也许最直接的结果就是对东京规划问题的关注，因为东京同时是最大的城市和首都。在明治时代，东京的城市问题最为严重，政府希望建立一个文明的帝国首都的愿望增加了其规划工作的优先度。在 20 世纪的大部分时间里，日本的规划举措都是在东京发展起来的，通常是主要考虑东京的情况，然后将经验传播到日本其他地区，虽然并不总是这样。

在明治时代，日本政府能够在规划制定方面达到相当高的技术成熟度，这通常与对欧洲和美洲的当代发展极为熟悉有关。日本的规划师越来越了解这一时代末期欧洲和美洲的当代发展情况，并与德国和英国等国的规划师一样，在许多问题上苦苦挣扎。主要区别在于，在许多西方国家，城市规划运动从一开始就建立在健康和卫生活动家、建筑师、测量师和工程师专业协会、住房倡导者、定居点工人、反贫民窟推动者、劳工和合作社运动以及一系列明确将公共福利和城市生活质量作为最高价值观的其他运动的广泛联盟基础上（Hall 1988；Rodgers 1998；Sutcliffe 1981：第六章）。然而，在日本，城市规划的发展几乎完全在中央政府内部进行。这样的一个后果是，城市规划的核心目标变成通过提供主要基础设施来实现国家发展，住房和城市宜居性问题则明显地放在了第二位。

中央政府的控制也意味着城市规划一再陷入部门间关于管辖权和财务控制的冲突。如上文所示，内务省最终确认了其对城市规划管理的专属责任，抵御了大藏省和外务省的竞争——大藏省实施了银座项目，而外务省则提出了中央政府区的重建规划以反对内务省的更为全面的首都整体重构规划。此后，内务省制定规划政策并起草了法律，而实际的规划工作则由地方政府在内务省的密切监督下开展，《东京市区改正条例》的实施就是如此。不幸的是，内务省在为城市项目创设独立的资金来源方面不敌大藏省，就像《东京市区改正条例》的案例中所展现的那样。正如后面章节所示，部门间的竞争和土地利用规划责任的分散一直是日本规划的一个长期弱点。

渡边俊一认为，《东京市区改正条例》最持久的成果之一是确立了中央政府的规划责任和地方政府在中央政府的补贴支持下为公共工程提供经费的责任（Watanabe 1984：411；Yamamoto 1993：29）。这种模式一直延续到现在，并一直意味着内务省（第二次世界大战后改为"建设省"）拥有最终控制权，控制着法律框架以及资金流。由于中央政府总是有许多其他优先事项，这也意味着基本的城市基础设施资金长期短缺。

因此，日本城市规划的财政基础薄弱首先是由明治时代内务省和大藏省之间的冲突所导致，这证明了日本规划的一个持久特征。在很大程度上，必须承认，缺乏规划资金就是由于日本在当时仍是一个贫穷国家，政府面临着对稀缺资源的广泛需求。在此方面，大藏省官员对城市基础设施项目融资的不情愿态度是很容易理解的，尽管规划者们常常在事后后悔失去了很多机会。然而，从长远来看，也许一个更重要的因素是中央政府不愿意让地方政府拥有更大的权力来实现自己的规划目标和倡议。因此，尽管大阪在积极起草雄心勃勃的扩张规划，神户和大滨都在尝试新的规划方法，由于缺乏地方权力和独立的资金来源，这些市政项目一直面临阻碍。与德国、英国和美国城市规划发展密切相关的独立市政试验在日本几乎见不到（Sutcliffe 1981）。

明治时代的规划也稳固地确立了日本政府对城市规划与重建的项目的依赖，而非对私人开发活动的监管。这在很大程度上出于在前现代城市结构中建设现代基础设施的必要性，因而自然适合于项目导向的方法，而监管的方法则更适合于城市边缘区的扩张。另一个原因是，在人口密集的城市地区内，火灾发生率很高。和整个江户时代一样，在明治时代，这为城市地区的各个离散部分的全面重建提供了机会。这些客观条件也被不愿监管私人城市开发的态度所支持。这种不情愿或许最好地反映在这样一个事实上，即尽管东京在 300 年的历史中一直受到毁灭性火灾的困扰，直到 1881 年才有一部有效的法规确保东京的防火建筑施工得以实施。就连 1881 年通过的新法规也只适用于东京市中心的一小部分地区，一部更全面的建筑控制法由于遭到强烈抵制而未获通过。19 世纪 80 年代，地方政府积极通过建筑规范来控制长屋的贫民窟，包括大阪在内的几个城市在 20 世纪初通过了较为全面的建筑规范，而中央政府直到 1919 年才通过了讨论许久的建筑法规，如下一章所述。在大多数欧洲国家，最早的建筑控制法都是大规模火灾的结果，如 1666 年的伦敦大火，就促使提出建造新建筑应采用砖石材料的要求。欧洲城市是用石头和砖建造的，这主要不是因为在文化上对这些材料的偏爱，而是因为自 17 世纪以来严格执行了建筑法规。

明治时代城市规划实践和规划理念的发展与突然向西方开放以及日本经济、社会和政治制度沿西方路线的快速且有意图的转型密切相关。日本作为后发者有一个优势，就是能够学习早期工业化国家的初期经验。但它也深受突然转型之苦，因为几乎没有时间建立像很多西方国家那样的能够为公共利益推动城市土地开发控制的社会和政治制度。如前一章所示，德川时代的制度安排留存了极其薄弱的公民自治和不发达的资产阶级等遗产；而在其他发达国家，这些资产阶级出于巨大的自身利益，则要求建立良好的地方政府，并制定支持当地房地产市场和城市环境的积极政策。许多在其他工业化国家里改进规划的最有力支持者，如地方政府、财产所有者和要求为穷人提供更好住房的倡导者，在明治时代的日本则政治实力相对较弱。一个长期的后果是，建立了一个高度中央集权控制、公众支持基础薄弱的规划制度。

同样重要的是，在很大程度上，传统的乡土建筑模式和邻里自治在很大程度上都保持不变（Hanley 1986）。Hanley 认为，尽管明治时代社会的许多方面都发生了巨大的变化，但对大多数人来说，住房、服饰和食物等生活方式的连续性则比变化性更重要，这些连续性可能极大地促进了社会稳定，并导致更大层面的政治和经济变革的成功（Hanley 1997：175）。传统的城市物质文化和城市技术之所以能够持续到 20 世纪，主要是因为它们相当成功地创造了宜居的城市地区。尽管在 19 世纪与 20 世纪之交，随着工业化和最大城市的快速发展，一些严重的城市问题开始产生，特别是对于穷人，然而对于大部分人口而言，传统的住房和邻里依然舒适并令人向往。因此，对于中产和上层阶级来说，加强城市规划的必要性可能并不特别明显，在明治末期遭受城市状况恶化之苦的穷人们既没有选票，也没有政治组织。

在 1912 年明治维新末期，日本的城市政策和城市规划实践仍处于初级阶段，但将在随后的大正时代迅速发展，如下一章所述。

译者注：

① 日本的"四字熟語"相当于中国的四字成语，很多都借自汉语，但意思可能会有不同。

② 是现东京都的前身。存续期间为 1868 年（庆应四年、明治元年）至 1943 年（昭和十八年）。

③ 英文的 Ministry of Finance 对应的日文词有两个，第一个为"大藏省"，成立于明治维新时期、至 2001 年随着中央省厅再编而解散，为现今财务省和金融厅之前身；第二个则指现今的财务省。此外，日文的"大藏省"还是明治维新之前日本古代律令制的八大省之一，英文一般采用 Ministry of the Treasury；该机构名称在明治维新初期被恢复后，英文一般采用 Ministry of Finance。

④ 英文原文在此处为"火灾予防法"（Kasai Yobô Hô），但实际上日本并没有此法律，相关的法律只有 1948 年制定的《消防法》以及 1962 年制定的《火灾预防条例》。

第3章 大正时代的城市化以及1919年规划制度的形成

> 我怀疑在一战期间和战后繁荣时期的那些年里，甚至在东京最热心的支持者中，是否有人会认为东京是一座伟大的都市。报纸一致谴责"我们的东京"交通混乱、道路不畅。我记得是《日本广告人报》①在一篇社论中抨击了这座城市的不优雅。我们的政客总是在谈论大事，包括社会政策和劳工问题等，但这些不是政客们应该讨论的。政客们应该考虑的是泥泞，以及铺设在雨天里汽车可以安全通过的街道。
>
> ——Seidensticker（1991）引用的谷崎润一郎对大正时代东京的印象

接下来的两章着眼于从明治时代结束到二战结束的时期。本章考察了1919年在日本全国施行的第一部城市规划和城市建筑法律得以通过的社会和政治背景。第4章介绍了1919年城市规划制度的实施情况以及20世纪二三十年代的主要城市规划项目和变化。

本章将重点放在1919年规划制度发展的背景下，这有几个原因。首先，20世纪初是日本发生巨大变化的时期，从工业化、城市化到政治制度等各个领域，日本的发展速度都在加快。1919年的规划制度显然是其时代的产物，了解其产生的背景有助于解释其所采取的形式。其次，1919年的城市规划和城市建筑法律形成了日本的基本规划法，并确定了日本的城市规划方法，直至1968年被新法律所取代。1919年的制度因此在日本形成了半个世纪的规划框架，这也包括20世纪五六十年代的快速经济增长时期。因此，对这一制度有一个清晰的了解对于理解20世纪日本的规划至关重要。再次，明治时代的城市规划仅限于几个重大的重建项目，并只关注东京，1919年的制度则是第一次尝试创建一个适用于整个城市地区和所有主要城市的综合规划制度，可以组织城市边缘区的开发活动，并通过建筑法对单个建筑物进行控制。最后，虽然1919年制度的许多特点都是从其他发达国家的实例中自由借鉴来的，但却表现出与这些国家规划的不同，特别是结果上的差异。

前一章有关明治时代规划的内容关注了主要的规划项目《东京城市改正条例》，直至 1918 年项目结束，而明治时代实际上在 1912 年随着明治天皇的去世和大正天皇的登基而谢幕。"大正民主"时代得名于这位从 1912 年到 1926 年在位的天皇，然而日本历史学家普遍认为，具有大正民主特点的经济和政治发展时期持续时间更长，包含了从 1905 年日俄战争结束到 1931 年 "9·18" 事变后日本民主政府终结和军队主导地位增强的这段时期，本书所指的正是这段较长的时期（Gordon 1991）。提前开始记录该时期是合适的，尤其是在 1905 年日俄战争结束后日益明显的社会和经济变化的背景下，20 世纪 20 年代重要的城市规划发展能够被更好地加以理解。而二战（对日本而言，这场战争实际上始于 1931 年，日本从那时起开始深陷于中国）也显然是日本历史上的一个决定性事件，在此仅作简要讨论，因为在 20 世纪 30 年代，日本国家战争动员逐渐结束了除军事活动以外的几乎所有活动。1945 年的二战的结束显然应该是一个停止点，因为它标志着从战前体制到战后的占领和重建以及第 5 章讨论的快速经济增长时期的突然转变。

本章第一部分概述了现代城市规划发展的国际背景。第二部分考察了 20 世纪前几十年的工业化和城市化进程以及由此带来的社会和政治变化，第三部分介绍了 1919 年《都市计划法》的制定和通过。

现代城市规划的开端

大正时代是日本城市规划发展的一个明显转折点。明治时代的城市规划工作还处于初级阶段，主要局限于首都东京的现代化项目，而在大正时代，工业和城市的快速增长促使制定更为积极的塑造城市增长的方法。新的立法首次尝试设计一套综合的城市规划制度，规划城市边缘的增长，并指导现有城市地区的重建。与明治时代的城市规划创新一样，1919 年的制度受到了当代国际规划理念和实践的强烈影响，日本、欧洲和北美的新规划方法之间的相似和差异之处也显而易见。本节首先介绍了早期的城市规划尝试解决的主要问题，然后确认出有助于构建具有日本特色的规划发展路径的主要因素。

产生现代城市规划的基本条件——工业发展、城市人口和面积的快速增长以及工业城市中环境的普遍退化——在欧洲、美国和日本都普遍存在。尽管日本当时的工业化水平仍落后于领先国家，但它并没有落后于德国、意大利和法国等后发者。许多农村地区与封建时代相比几乎没有变化，但在东京、大阪和名古屋的主要大都市地区都有集中增长的现代工业。在许多国家，对城市环境退化的关注也有相似的动机。例如，对城市不卫生状况的关注是出于对疾病传播的公共卫生方面的担忧，而对于健康的新兵和工人的需要尤其引发了对工人阶级健康状况不佳的担忧。同样，对许多政府来说，不断蔓延的工业贫民窟被视为社会、道德和政治混乱的滋生地，而规划的作用是通过给城市带来物质秩序、阳光和良好的环境来防止疾病和社会冲突等。可以说，规划早期盛行了一种强烈的空间决定论，人们普遍相信改善自然环境可以缓解社会问题。

在日本，推动改进规划措施的关键行动者是中央政府的官僚及其在地方政府的代表。日本的决策者敏锐地意识到主要工业国家的经济、社会和军事的强大，并且自明治早期以来就被追赶西方军事和工业强国的需求强烈地推动。日本政府和企业有意图地大量借鉴西方的工业、交通和军事技术。与此同时，许多政府领导人对西方国家日益加剧的社会和劳工冲突以及不断蔓延的运动感到震惊，担心这些问题会随着工业增长不可避免地传播到日本。在这个方面，日本政府再次特别借鉴了德国的社会政策。德国被视为一个特别有价值的模式，因为它既是一个君主制国家，一个发展较晚但迅速增长的工业和军事大国，同时也是将社会保险、卫生政策和城市规划作为缓解社会冲突和鼓励国家发展战略的领导者。

在城市规划方面，日本决策者也积极借鉴了西方城市规划的范例，同时努力发展出一个与自身特定环境相关的制度。在 20 世纪上半叶，西方规划者面临的主要问题是城市人口增长、为工人阶级提供可支付住房，以及实现对土地开发和重建的公共控制。工业化导致 19 世纪城市人口的快速增长，这进而又造成中心城市地区人口密度的增加，以及被霍尔（Hall 1988：13）恰当地描述为"恐怖夜之城"（City of Dreadful Night）的城市肮脏与苦难的扩散。到 19 世纪末，新的交通技术——火车、有轨电车，最后是汽车——使人口从紧凑的早期工业城市扩散到城市边缘区，那里廉价的土地为解决内城可怕的住房问题提供了可能。然而，要实现这一可能，就需要对现有的规划和开发控制制度进行若干改进，以便新的开发不会在更大范围内重现旧城那些最严重的缺陷。难点是如何控制城市增长：设计、颁布和实施法律框架，以便在不扼杀私人建筑活动的情况下进行公共协调；在保留私有财产权的同时，确保合理和令人满意的城市设计；最后是要求开发商和土地所有者公平地分担使他们能够从土地开发中获利的公共基础设施成本的问题。

在 19 世纪的欧洲大部分地区，为了公共利益而限制私人土地和建筑开发的法律工具得到了逐步发展。正如 Cherry（1988 年）在英国案例中所表明的那样，尽管具有更强干涉主义的规划制度一直被以自由放任和私有财产神圣的名义加以反对，同时也被反对地方增税的人抵制，但加强环境控制的支持者还是逐渐成功地建立了新的公共活动领域。正如他总结的那样：

> 到 19 世纪 80 年代，公共部门控制的实践以及基于集体和公共利益对于土地和财产私人利益的干涉，已成为英国生活的公认特征。前进的脚步是犹豫且缓慢的，有时还会招致相当大的敌意，但在对社区和环境事务施加更多公众控制的运动中，工作仍在不断推进，而且看上去已不可逆转。在对街道宽度、公路建设、公共卫生、消防、建筑施工和建筑物周边空间的管控方面，已经有了重要的进展，一个成熟的地方政府制度会小心翼翼地维护来之不易的权力。
>
> —— Cherry（1988：49）

然而，众所周知，仅控制道路宽度和基本的最低建筑标准，可能会消除工业贫民窟的一些最糟糕的特征，但未必会形成精心设计的城市区域，例如其在 19 世纪末创造了在英国大量涌现出"附则住房"（by-law housing）的单调地带，并导致纽约的高密度"哑铃"公寓楼（"dumb-bell" tenement blocks）和柏林被称为 Mietskasernen 的拥挤出租公寓楼的蔓延。因此，在 20 世纪初，规划师的一个重要目标是创造和实施更积极的郊区成长愿景，从而通过更全面地对大范围新开发地区进行更好的设计，以实现更好的道路布局和有趣的公园系统，并且能够利用自然场地的特点。这还需要通过对不同地区加以区分对待来建立城市范围的规划框架，创建有效的手段以确保城市边缘新区的规划发展，以及创建使规划得以实施的法律、行政和金融架构，特别在管控私人土地开发和建筑活动方面。

在 20 世纪上半叶，规划倡导者面临的另一个重大挑战是有关谁来为公共物品买单，如何确保足够多的新住房能被劳动人民而不仅仅是富人所负担得起，如何补偿那些因公共的开发限制而导致土地价值降低的人，以及如何从公共行为（如道路建设或规划设计）所带来的土地增值中收回部分公共资金。解决这些财政问题至关重要，因为正如两次世界大战之间的英国那样，地方当局有责任为拒绝开发许可支付赔偿，因而由于考虑到财政风险，他们无法有效控制开发。有人进一步指出，不应允许个别开发商将全部土地增值收入囊中，因为这些增值更多是社区行动而非开发商主动行动的结果。这些财务问题是埃比尼泽·霍华德（Ebenezer Howard）（[1902]1985）的田园城市提案中的核心问题。霍华德提出了一项规划，通过以较低的农村土地价值购买土地来廉价地提供优质住房，社区则可以享有长期的土地增值以支付其社会福利。

西方的规划师在整个 20 世纪上半叶都在努力解决这些问题，并取得了广泛的成果。这些成果也是日本城市规划发展的基础，在日本，城市地区的快速增长是完善新规划制度的一个主要因素，新规划制度必须解决控制城市边缘区增长的问题，以及逐步改善《东京市区改正条例》所主要关注的现有城区。改进交通系统设计、与多个地方政府当局合作进行更综合的大型城市地区计划、保护道路等公共设施用地不受开发影响，以及为所需的公共投资提供资金，这些都是日本的与西方国家一致的优先事项。

正如下文讨论的许多规划法规和规划所表明的那样，日本规划师在城市规划技术方面的借鉴、调整和创新能力都非常出色，但由此产生的规划实践却与其他先进国家大不相同。当然，这并不令人惊讶，因为日本刚刚摆脱自我强加的与世界隔绝，并且有着完全不同的城市和政府传统。然而，它确实强调了大正时代对于理解日本城市规划的重要性。虽然日本的正式规划制度和法律框架越来越接近于西方模式，但其结果却截然不同。大正时代是日本城市规划和城市发展的重要分水岭。有两个关键因素导致在日本产生不同的结果：明治时代建立的高度集权的政府制度，以及中产阶级和公民社会的发展相对薄弱。

明治时代建立的高度集权的政府制度是影响 20 世纪日本规划发展的关键因素。值得注意的是，尽管英国、德国和美国是重要的影响力量，但这些国家都有相对强大和独立的地方政府。在英国，这是城市自豪感和进取心的顶点。利物浦、曼彻斯特和伯明翰等城市都有积极进取的地方政府，成为开发新规划理念和争取新规划权力的领导者。它们在管理复杂的城市发展和变革进程时表现出高超的能力，自 19 世纪中期以来，其能力和专业领域都稳步扩大。在新统一的德国，各州和市政府仍然有很大的自由权制定自己的规划政策。而在美国，各州之间有很大的差异，拥有很强的地方政府负责地方环境问题的传统。Sutcliffe（1981：207）认为，法国的经验提供了独立地方政府具有重要性的证据。在 19 世纪末，法国高度集权的政府结构抑制了城市规划的发展。

地方政府独立的传统对于城市规划的发展尤为重要，因为正如 Saunders（1986）所指出的那样，地方政府和中央政府之间存在着本质差异。与中央政府相比，地方政府更接近选民，更容易受到小型团体活动者的影响，因此更关注地方环境问题；而中央政府则自然地更关注更为广泛的国民经济和军事问题。这些在当地有影响力的活动者不仅限于左派，实际上还往往包括土地所有者和开发商，在当地的规划决策会在很大程度上影响他们的得失。这可能是好事，也可能是坏事，因为如此接近地方选民可能导致地方行为者纯粹出于私人目的"俘虏"地方政府（Logan and Molotch 1987）。然而，在现代规划的早期，这种独立性似乎有利于发展出更强大的规划制度。地方政府较大的独立性还可以让不同地方的做法更为多样化，并容忍具有更大可能的试错学习。

　　然而，日本地方政府几乎没有政治、法律或财政自主权，随着中央制国家在 20 世纪前几十年的发展壮大，经济增长和官僚权力的增加带来了更多的资源，地方政府的自主权也越来越弱。特别是在内务省的领导下，城市规划逐渐变成一个自上而下的体系，这使得中央政府能够优先考虑经济增长，并将基础设施支出集中在铁路和主要道路上，而在很大程度上忽视了通过提供公园、下水道系统和当地道路等社会基础设施改善城市生活质量的相关支出。

　　影响日本城市规划发展的第二个重要因素是，与许多西方国家相比，日本发展有效的城市规划制度所获得的政治支持基础要薄弱得多。这一点至关重要，因为日本和其他地方一样，进行更强有力的环境控制既被既得利益所反对，也受到惰性的抵制，开展有效规划的政治障碍往往比技术障碍更大。刚刚从专制封建统治中崛起的日本，其公民社会相对薄弱且不成熟，政治上无组织的小型中产和专业阶级在新城市规划方法的发展中所起的作用远不如西方国家。

　　在许多西方国家，广泛的专业组织、公民组织、慈善组织和特殊利益组织为更多的规划干预提供了重要支持。公共卫生活动家、建筑师、测量师和工程师专业协会、住房倡导者、定居点工人、反贫民窟活动家以及一系列其他慈善者提供了具有政治技巧、人脉和财政资源的能够发声的选民群体，支持了政府的许多重要运动，对迄今为止相对不受管制的城市发展进程进行更大干预和管制（Rodgers 1998）。同样有影响力的还有中产阶级环保活动者和购房者，他们勇敢地坚持在自己的邻里保持高水平的环境质量，保证国家资源、监管和执法，以保护自己的邻里和住房投资不受环境恶化的影响。虽然有些环境行动主义是利他主义，有些纯粹出于私利，但通过他们的努力，国家可以而且应该为了公共利益限制私人开发商和财产所有者的权利，这一观念已经牢固确立（Cherry 1988；Fishman 1987；Sies 1997；Sutcliffe 1981）。这一不断壮大的城市活动者群体的一个关键特征是，它在公民社会领域运作，基本上不受政府或私人企业的控制。本章将说明，在两次世界大战之间的日本，公民社会非常脆弱，在世纪之交开始发展起来的为数不多的有组织城市政治和规划活动基础，在 20 世纪 30 年代的战争开始时几乎消失殆尽。这使得一小部分中央政府官员在规划制度中具有远高于在大多数西方国家中所具有的主导地位。

　　日本独特的规划演变轨迹和城市发展模式凸显了城市规划的发展必然是一个技术和政治同时发展的过程。只有随着技术的进步，比如用于清除液体废物的冲水马桶和管道系统，有了用于运输人员和货物的有轨电车、铁路、地铁和电梯，有了对城市不同区域采取差异化的土地利用控制等创新，对新建筑活动加以控制的制度，以及对城市边缘的公共空间的保护，人们才会设想以不同的方式建设城市。同时，对私人活动的规划控制本身就是一种政治行为，几乎总是影响商品的分配，提升某些地点的价值并降低其他地点的价值。因此，建立更强大的规划制度必然是一个技术创新和政治约定的过程，以便能够确定规划问题的优先次序，并限制土地所有者自由使用其财产的部分权利。本章和后续章节探讨了这些变化在日本案例中的具体表现方式。

两次世界大战之间的城市化以及社会和政治变革

20 世纪的前几十年是日本发生巨大变化的时期。到明治末年，日本已经确立了自己作为地区主导力量的地位：通过战争从中国获得了台湾，从俄罗斯获得了广泛的经济利益，并无可争议地控制了 1910 年被吞并的朝鲜半岛。因此，在很大程度上，明治时代的主要目标已经实现：日本成为一个国际上公认的大国，它修订了不平等条约，发展了现代工业和强大的军事力量。然而，仍然需要被牢记的是，在大正时代初期，日本仍然是一个以农业为主的国家。在过去 30 年中，大多数人口的传统生活方式几乎没有受到现代化和工业经济增长的影响。从日俄战争结束到 20 世纪 30 年代战争爆发，工业化和城市化的步伐加快，一个更加城市化的社会出现了。

城市工业增长和新的城市问题

工业化和城市化的快速发展可能是推动当时社会变革的最重要力量。特别是在一战中，日本自 1902 年以来一直站在其盟友英国一边，其工业经济增长的进程因盟军订购军火和其他战争物资而加快，日本的制造商也有机会进入德国等被封锁的欧洲国家所放弃的市场。与此同时，日本从德国进口的化工制品被切断，迫使在国内生产。1914 年至 1919 年间，日本工业生产几乎翻了一番，工业平均利润率急剧上升（Kato 1974：218）。因此，日本在大正时代成为一个工业化国家，从 1910 年到 1930 年，国内生产总值翻了一番，采矿和制造业的实际产量以及重工业和化学工业的就业增加了四倍（Yamamura 1974：301–302）。

然而，这并不是一个稳定增长的时代。特别是在 1919 年之后的一段时间里，日本经历了一场漫长的衰退，直到 20 世纪 30 年代初才从中复苏。这段经济困难时期对农民、轻工业和小企业所造成的影响不等；而在 20 世纪 20 年代末出现的大型金融 - 工业联合企业（财阀），由于其在日本军队中拥有更多的金融资源和安全的市场，具有了更为稳固的地位。正如山村耕造（Yamamura 1974：327-328）所指出的那样，20 世纪 20 年代，经济权力集中在财阀手中，这导致财富分配差距大幅扩大，成为社会和政治动荡的重要原因。虽然一战期间的快速工业增长是将日本转变为城市工业强国的关键因素，工厂的工人数量几乎翻了一番，但其对城市工人阶级的影响大多是负面的。战争期间的通货膨胀导致经济增长期间的实际收入急剧下降，直到 1919 年年底才恢复到战前水平。工人阶级首先在战争期间遭受收入有限且不断下降的痛苦，随后又在 20 世纪 20 年代的萧条期间遭受严重失业的痛苦。

工业增长的一个重要后果是城市人口的迅速扩张，特别是从 1905 年到 1919 年间。在东京和大阪的主要大都市地区，管理城市增长的问题尤为严重。虽然东京市的人口从 1905 年的 148 万增长到 1930 年的 207 万，但东京周围 82 个城镇和村庄的人口增长要快得多，同期从 42 万增长到 290 万（Ishida 1987：110）。大阪的人口虽然要少一些，但也有类似的增长。其最初城区范围内的人口从 1889 年大阪市开始合并和扩大时的 47 万人增长到 1924 年的 1433721 人；在 1925 年又有 700158 人的郊区人口并入大阪市（Osaka City Association[②] 1992：78）。从 1898 年到 1920 年，日本拥有 1 万以上人口的定居点所占人口比例从 18% 增加到 32%，六大都市（东京、横滨京都、名古屋、神户和大阪）的总人口在 1897 年到 1920 年间从 304 万增加到763 万（Yazaki 1968：391）。多种因素综合在一起，如持续扩大的有轨电车和火车系统提供了更高的可达性，毗邻城市的农村地区缺乏城市规划控制，以及城市人口的快速增长，都导致郊区的无序蔓延发展。饭沼一省将 1900 年至 1925 年的四分之一世纪称为日本城市规划的黑暗时期（引自 Ishida 1987：112）。

快速城市化带来了西方国家工业革命国家所熟悉的一系列社会问题，其中住房条件恶化、贫困地区人口密度增加以及霍乱和结核病的疫情恶化显得尤为突出。对于日本来说，经济变化进程迅速和城市基础设施薄弱（甚至在城市人口快速翻番之前基础设施就已不足）都加剧了以上问题。由于产业工人普遍贫困，城市地区的住房条件下降，特别是在一战期间。城市贫民的传统住房——后巷长屋（基本上是一排长长的单层木屋）变得越来越拥挤（见图 3.1），一个家庭住在 3 米乘 3 米（4.5 个榻榻米垫）的单个房间以及 15-20 个家庭共用一个室外厕所都很常见（Yazaki 1968：450）。当著名的英国福利改革家比阿特丽斯·韦伯（Beatrice Webb）1911 年访问日本时，她认为大阪的贫民窟"同任何一个伦敦的贫民窟一样糟糕"，普遍存在营养不良、儿童被忽视和救济工作不足的问题（引自 Garon 1997：45）。同样，中滨东一郎（Nakahama 1889）调查了大阪的贫民窟，并将其与欧洲最差的贫民窟进行了比较。继上一章中提到的横滨的开创性研究之后，在

19世纪和20世纪之交日益恶化的贫民窟住房问题也被日本媒体大量报道。城市工人阶级的住房问题与主要城市高度集中的土地所有权密切相关。根据1941年的一项调查，东京77%的住房是出租住房，大阪则达到90%（Narumi 1986：65）。此外，大城市在城市边缘开发了新的大型工业区，工人们居住在工厂之间的贫民区里。随着城市工人阶级的扩张，也产生了由公务员、白领工人和专业人士组成的日益壮大的新中产阶级，他们为郊区住房提供了市场，是日益恶化的城市蔓延问题的一个重要因素。

可以预见的是，穷人生活条件的恶化导致了社会冲突的加剧，这种冲突表现为民众不断爆发的抗议。1905年的日比谷暴动、1906年春季针对电车票价上涨的大规模抗议、1912—1913年的宪政运动、1912年初的东京电车罢工，以及1914年的反海军腐败抗议，都是民众不满和日益激烈的斗争的表现。1918年全国范围的米暴动尤其震撼了政府和执政精英。尽管战时通货膨胀导致整个经济领域的普遍价格上涨，但大米价格上涨得更快。批发价格指数在1915年至1918年间增长了一倍，而大米价格在同一时期增长了两倍。受影响的不仅仅是城市工人，大量贫困农民和渔民也深受价格上涨之苦。许多小农户在收获时被迫出售农作物以支付租金和税费，然后以高涨的价格回购大米。商人、地主和批发商中的投机活动猖獗，紧张的局势终于在1918年7月引发骚乱，日本全国各地爆发了数周的暴动和示威活动，只能通过对示威者动用军队来平息（Hunter 1989：245）。

执政精英同样关注的是，一战期间，劳工组织的成员人数不断增加，劳资纠纷和参与纠纷的工人数量都急剧增加。直到1919年夏天，日本全国共发生2388起纠纷和罢工（Duus 1968：125）。与战后日本公司工会的温顺的固有形象不同，在其发展早期，工会的冲突更加公开化。根据1900年《治安警察法》（Peace Police Law of 1900[③]）的规定，工会属于非法组织，劳工的组织和停工受到残酷镇压。尽管如此，劳工组织仍在继续发展，工人们也开始积极参与争取普选、罢工权和工会合法化的运动（Duus and Scheiner 1998；Garon 1987）。

如前一章所述，明治政府几乎不容异见，禁止群众集会、将领导人逐出东京，以及审查已经获得1887年《保安条例》授权的书籍和报纸。政府限制反政府活动的权力通过《治安警察法》得以加强，禁止妇女、未成年人、警察和军人从事政治活动，禁止劳工组织和罢工，并扩大内务省对协会、会议和示威的行政控制和监督（Hunter 1989：242）。在大正时代，这些权力越来越多地被用来阻止左翼活动，特别是劳工运动的蔓延。日本第一个左翼政党——社会民主党在成立后一天内就被政府取缔。在随后的几十年中，其他大多数这类企图也遭遇了相似的命

图3.1 东京的长屋。作为城市贫民的传统城市住房，木棚屋或"长屋"通常位于长条地块的后部。土地所有者通常会在临街商店的上一层中管理和居住，而他们的雇员或贫穷的工匠则居住在与街道相连的有顶窄巷的后方区域。

资料来源：*Concentrated Areas of Substandard Housing*，Tokyo Prefectural Education Department，Social Bureau（1928）。

运（Beasley 1995；Duus 1999；1997；Garon 1987；Gluck 1987）。下文更详细描述的其他社会政策也作为异见一直被镇压。然而，尽管对反对派政党和运动进行了有效的镇压，20 世纪的前几十年也见证了重大的民主发展、更加多元化和公民社会的萌芽发展。

公民社会的萌芽发展

随着工会、租户运动、政党和妇女组织的成长，大正时代见证了日本公民社会的显著发展。工业经济的增长同时导致了民众抗议运动的蔓延，以及专业阶级和中产阶级的日益壮大，二者都推动公民社会的发展。五百旗头真（Iokibe 1999）认为，与政府在当时为了形成国家实力而对社会的几乎所有方面实行了严格中央控制的明治时代相比，大正时代是一场"社团革命"，在明治时代的发展威权主义（developmental authoritarianism）和二战的军国主义之间的一段持续的和平时期里促进了私人活动的发展和公民社会的萌芽。

> 纵观私营部门的兴衰，我们可以看到战前的高峰大致在 20 世纪 20 年代左右的大正政变（1913 年）和"9·18"事变之间。就数量而言，战前私人组织爆发式地出现，可谓当时的一场"社团革命"；这些私人组织的目的和类型都非常不同。其中，不仅有日本商工会议所等与商业相关的团体，还有各个工业领域的众多工会和福利协会，包括日本费边社和如全国水平社那样受意识形态影响的组织，还有文化和学术团体以及如太平洋学会（Pacific Society）那样的国际交流团体。非营利组织和"价值促进"（value-promotion）组织的激增是惊人的。
>
> ——五百旗头真（Iokibe 1999: 75）

在当时为公众利益服务的许多其他民间力量中，改进城市规划措施的倡议者占据了一席之地。作家们就城市问题展开了激烈的公开辩论，如记者横山 源之助（Yokoyama 1899）和广受欢迎的小说家幸田露伴（Koda [1898]1954），后者写了一篇关于有必要用宽阔的道路、公园、下水道、公共市场和图书馆来重建东京的富有远见的论文。更具影响力的是森欧外，他是世纪之交日本最著名的城市问题作家之一。森欧外的高级军医身份意味着他是一名中央政府官员，但他同时也是一位博览群书的小说家和城市问题的杰出活动家，因此可以说他是公民社会的一部分。他在德国进行了四年的军事医学研究和公共卫生实践，直到 19 世纪 90 年代初回到日本。通过借鉴这些经验，森欧外撰写了一系列关于城市问题的文章，主要关注卫生、公共健康、下水道和供水，以及城市规划和建筑监管等问题。回国后，他是加强建筑监管和城市规划立法的倡导者，也是 19 世纪 90 年代制定建筑监管法规的主要推动者，虽然该法规并未得到通过。森鸥外还是日本城市政策的一贯批评者，主张采取更积极的方式改善穷人的住房条件（Ishida 1988，1991b，1997，1999）。

　　更激进的是基督教社会党人安部矶雄和片山潜，他们都曾在美国东部的教会学院学习，并在基督教教义的基础上倡导城市社会主义。作为职业劳工组织者的片山潜批评日本在世纪之交的城市政策仅仅关注经济发展，忽视了忍受着糟糕城市生活条件和高昂租金的贫困工人的困境。虽然这一分析并不新鲜，但他的解决方案在当时则是激进的，认为城市政策的目标应为所有人创造一个高质量的生活环境，这可以通过更强大的地方政府和更广泛的基本服务与住房的市政所有权来实现（Duus and Scheiner 1998；Katayama [1903] 1949）。一位更为主流和有影响力的批评家是桑田熊藏，他是有较大影响力的"社会政策学会"的主要推动者，以德国历史经济学家们在 1872 年创立的 Verein für Sozialpolitik 为模式，倡导国家社会福利立法，以缓解阶级冲突。桑田熊藏遵循德国的做法，在其论文《城市社会政策》④ 中指出，为了防止社会动荡，应该提供城市社会设施来改善穷人的生活条件。地方政府应该更加积极地进行城市交通现代化、建设公园以及提供下水道和供水等基本服务（Kuwata 1900；cited in Hanes 2002）。

　　在 20 世纪初，更能为中央政府领导层所接受的是著名记者三宅磐，他于 1908 年出版了《都市研究》（Miyake 1908）一书。正如 Hanes（2002）所指出，明治时代的两位寡头大隈重信和井上友一甚至为这部作品作序，并加盖了正式批准印章。三宅磐是市政自治的倡导者，他认为，为了更好地处理新涌现的城市社会问题，地方政府需要更强大的规划权以及更广泛的地方税源，如土地增值税。后来，1916 年，大阪建筑师协会主席兼《建筑与社会》⑤ 杂志创办人片冈安（Kataoka Yasushi）出版了一本名为《现代都市研究》的书，该书介绍了欧美的最新理念，并倡导建立更强大的日本规划制度。这些只是有关日本未来城市政策的激烈辩论的众多声音中的几个，它们为 1919 年第一个现代城市规划制度的通过提供了部分条件。

　　20 世纪 20 年代中期是这一进程的高潮，图 3.2 展示了这一时期日本桥的景象。在此之后，随着国家权力的扩展，这些超出国家能力范围的社会生活区域的规模越来越小，延续了明治时代启动的进程。到 20 世纪 30 年代中期，任何旨在影响政府政策的群众运动几乎都失去了有效的政治空间。正如 Eisenstadt（1996：35）所指出的那样，对开放政治的不信任是对形成"共同意志"的潜在破坏，这需要国家和公民社会的融合。在很大程度上，"共同意志"的产生是内务省的工作，内务省通过警棍和地方组织者的社会动员活动来完成其任务。这两种方法都不利于日本公民社会的发展，日本的公民社会只有在二战后才开始随着民主改革再次发展起来。

　　尽管在大正早期的工业化、现代化和相对开放的政治气候中，出现了一个新生

图3.2　1928年的日本桥。在1923年地震五年之后，壮丽的日本桥作为东京的主要商业和金融中心的景象。今天的日本桥如图5.14所示。

资料来源：《每日新闻》

的公民社会，包括关于城市、城市问题和城市规划的多元化讨论，但这一进程并没有持续下去。正如五百旗头真（Iokibe 1999：75）所说，20世纪20年代的日本公民社会和大正民主本身就像温室植物一样，"没有扎下牢固的根来忍受在1931年"9·18"事变后席卷日本全国的极端民族主义和军国主义的残酷袭击。"到了20世纪30年代，任何旨在影响城市政府、改善地方环境或住房的群众运动几乎都失去了有效的政治空间。这是日本政治发展的一个关键特征，也表明了大正时代民主制度本质上的脆弱性。

大正民主

关于大正民主的发展程度还存在着相当多的争论。许多西方学者的传统观点是，这只是从明治寡头政治到太平洋战争时期官僚极权主义道路上的一个短暂而不太重要的迂回。然而，日本历史学家们最近发现大正民主时代确实是日本民主发展的重要时期，这也正逐渐被西方所接受。Gordon（1991）对这些争论进行了回顾（Minichiello 1998；Silberman and Harootunian 1974）。一个重要的因素是进行明治维新并在明治时代有效控制政府的老寡头势力的衰落。与此同时，各政党的影响力逐渐增强，导致第一个政党控制的内阁于 1918 年成立，并任命保守的政友会总裁原敬为首相。⑥ 除了关东大地震后几个短暂的无党派内阁外，从那时起到 1932 年 5 月，日本都由党派内阁统治，内阁由经选举产生的国会下议院中掌控局势的政党所组成，无论是政友会还是其竞争对手宪政会（1926 年更名为"民政党"）（Duus 1968；Mitani 1988）。在这一时期，"正常宪政"的理想，即内阁的组成以及下议院主要政党对于民选政府的控制，作为日本民主的合理发展得到了广泛的支持。

回首往事，我们可能会认为大正民主是通往极权主义战争道路上的短暂喘息，但对许多当时的日本人来说，建立政党内阁似乎是通往更大的民主道路上的重要一步。20 世纪 20 年代，沿着这一方向也有许多其他重要步骤，包括 1925 年通过了选举制度改革，允许男性普选。在政府中有重要的自由主义声音，如下文所述的"社会官僚"。在学术界也有类似的自由主义声音，如日本东京大学教授吉野作造，一位自由主义思想的主要倡导者，他提出了民本主义，认为人民的福利是国家的基本宗旨。吉野作造的理念很重要，因为它在一段时间内成功地在以普选的方式提供更多民主与加强国会之间保持了谨慎的平衡，同时仍然维护天皇的绝对主权（Duus and Scheiner 1998；Najita 1974）。这一点至关重要，因为公开鼓吹民主主义意味着宣称主权属于人民而非天皇，会被视为叛国行为而处以死刑。此外，社会运动、反对派团体、劳工组织和农村租户协会的扩展都表明了一种更加多元化的政治局面，相互竞争的愿景可以得到传播。因此，政府官员支配公共领域合法活动的传统似乎在大正早期发生了变化。

然而，这只是故事的一个方面。因为与此同时，中央政府特别是官僚权力的强大逆流正在增强。这最终导致了 20 世纪 30 年代初政党内阁所形成的宪政民主和公民社会自身的衰落，这也是另一个了解规划制度形成的必要背景。明治宪法所创造的弱民主政治结构是随后发展的一个重要因素。日本离实现以人民主权为基础的民主制度还差很远。例如，在 1925 年普选通过之前，选举权是极其有限的，而且国家和地方各级的有效选举权被限制在一小部分拥有财产的精英手中。日本全国选举资格只针对约 10% 的 25 岁以上男性，实际上将投票权限制在富有的业主、商人和实业家手中。这种限制选民规模的一个不幸后果是，它使政客更容易通过购买选票和大量地方公共支出来赢得选举，这是 20 世纪 20 年代对老牌政党及其所代表的制度尊重下降的一个重要因素（Duus 1968；Najita 1974：56–57）。当然，受限制的选民也意味着，代表工人阶级的政党即便没有立即受到压制，也几乎没有机会在选举中获胜，而两个现有保守主义政党的选举策略则主要基于财产所有者的利益。

地方一级也采用了类似的投票限制。例如在东京，只有达到 25 岁、在该市居住 2 年以上、每年缴纳国家或地方税款超过 2 日元的日本男性公民才能投票，这再次将选民人数限制在成年男性的 10% 以下。另一个重要的限制是基于所缴税款比例的选民阶级制度，这是从柏林采用的普鲁士制度复制而来的。选举权被三个阶级的选民均分，每一阶级选民缴纳三分之一的市税。根据当代著名社会主义思想家安部矶雄的说法，上层阶级的一票相当于底层阶级的 1012 票（Yazaki 1968：334）。

　　第二个关键因素是地方政府相对于中央政府的弱势地位。在第二次世界大战之前，对于中央政府的统治程度怎么强调都不为过。1879 年，自治体政府和县政府成为第一批被授予选举制度的政府单位，但它们的独立权力仍然很小，虽然在那一年的改革中增加了县的法定权力，允许由自治体议会间接选出的县议会进行直接选举，并取消了由中央政府所直接管理的东京、大阪和京都的特殊地位。议会主要是咨询机构，没有立法或增税的独立权力。由内务省任命并主要对中央政府负责的知事保留起草细则以供中央批准的专属权力，并在许多领域可以自由行事，但须经内务省批准（Steiner 1965）。此外，日俄战争期间的大量的政府支出导致地方政府收支急剧下降，因为中央政府增加了其在一些税收中的份额，并对地方政府支出进行了限制。然而，这些临时措施在战争结束后保留了下来，中央政府的支出继续保持在高位上（Yazaki 1968：411–413）。

　　因此，20 世纪前几十年是地方政府独立性下降、中央政府权力增长的时期。正如矢崎武夫所说，"这一时期的地方行政不应等同于自治。每个行政单位都被视为下级……地方官员服从国家指令。在这段时期里，没有现代意义上的地方自治"（Yazaki 1968：415）。地方政府，甚至在大都市地区，既没有法律权威，也未实现财政独立。值得注意的是，从比较的视角来看，日本地方政府的独立性明显低于其他许多发达国家，但这并不意味着西方的地方政府是民主实践的典范。西方的地方政府通常由当地精英控制，通常会腐败，而且往往缺少民主的选举制度。正如上文提到的柏林制度，该制度实际上将市政事务的控制权保留给了旧资产阶级的一小部分人。在常常被视为日本反面的美国，虽然有其高度独立的地方政府、长期的普选（男性）传统以及将市政政治视为民主动力训练场的传统，但在 19 世纪和 20 世纪之交时，其地方政府却经常腐败，由政党选举机器和地方分肥的老板们所统治（Mandlebaum 1965）。

　　日本大正时代民主发展的薄弱不是仅仅或主要由于选举权有限这一原因，从直至 1925 年普选后的 20 世纪 30 年代政党内阁的发展才被终止以及极权主义国家才开始形成中就可以看出。在那段时期里，议会各党派及其众议院一直是国家的一系列权力中心之一。明治宪法下形成的法律和政治结构，体现为元老（资深政治家）、宫内省、枢密院和贵族院内部之间的制度化分权，几乎没有向政党内阁转移的迹象，而政党内阁则是民主化的最重要标志。天皇是最高权威；国家机关对他负责，而不是对人民负责，并通过对天皇意志的解释获得了大部分权力。首相仍然不是由政党选举产生的，而是由元老们选定的。枢密院和贵族院都可以拒绝众议院的任何法案。尤其重要的是，陆军和海军在很大程度上独立于内阁，因为他们的最高指挥官是天皇，他们可以并且的确绕过了政府的其他部门，直接得到天皇对其政策的授权。这种结构意味着军队在 20 世纪 30 年代相对容易逐渐掌握权力，而不需要任何形式的政变，甚至不需要任何宪法修订。

Silberman（1982：229）认为，不同权力中心之间未定义关系的主要受益者是国家官僚机构，因其承担了大部分实际政策制定的责任；他还认为，到明治中期，国家官僚机构已经在利益组织和公共政策决定方面发挥了主导作用。他进一步指出，虽然从 1868 年到 1945 年，国家官僚权力的发展经历了三个主要时期，从 1868 年到 1900 年的官僚专制主义，从 1900 年到 1936 年的有限多元主义，以及从 1936 年到 1945 年（对于民事和军事）几乎完全的官僚控制，"最大的悖论是，尽管发生了这样的钟摆式变化，官僚机构在公共政策形成过程中仍然享有最高地位和最大势力，在今天仍然如此"（Silberman 1982：231）。虽然自明治时代以来官僚机构拥有权力一直是日本的不变特征，然而，随着 20 世纪初经济的增长，其可用资源和作用范围都大为扩大。在日俄战争后，随着城市/工业的增长，官僚机构的规模迅速扩大——从 1907 年的 52200 名政府官员增加到 1920 年的 308200 名（Yazaki 1968：425）。中央政府的支出在战前 10 年里增加了两倍——在 1903 年达到 2.89 亿日元，在战争期间又翻了一番，然后直至 1913 年一直保持在大约 6 亿日元的水平（Pyle 1973：56）。国家在开发新殖民地、协助工业资本形成、特别是在长期约占一半预算的军事扩张方面的活动范围大大扩大，这就需要有更大、更积极的官僚机构。虽然在明治时代的寡头们的确通过官僚机构统治日本，从而逐渐提高了其地位，但公平地说，正是在大正时代，官僚机构才在日本政治经济中获得了独立和强大的地位。

扭曲的选举制度、薄弱的地方政府以及主要由精英官僚机构行使的不断增长的中央政府权力，都是两次大战期间日本政治发展的重要特征。然而，这个故事真正引人入胜的部分，特别是从城市社会发展和城市规划的角度来看，是官僚机构在日本社会中对其日益增长的权力的运用。

从社会动员到社会管理

在明治时代，面对西方势力扩张所实行的民族自我保护计划有效地调动了民众支持，劝说日本人民动员起来为保护民族独立做出牺牲是非常有效的。随着日俄战争的胜利，这些目标得以实现，大规模动员人民变得更加困难，特别是在国家计划从国家生存转向帝国扩张之后。因此，战争的结束迎来了一个新的发展和现代化阶段，正如 Harootunian（1974）所说，日本统治精英敏锐地意识到明治计划的结束以及 20 世纪前几十年新发展阶段的开始。因此，动员民众参与国家下一阶段的发展是日本决策者的核心问题。冈义武（Oka 1982）写道，执政精英对他们眼中现代青年的颓废以及失去了需要为国家利益而牺牲个人欲望的共识而感到痛苦，并将 1908 年的戊申诏书描述为试图将民众团结在帝国扩张的新目标下。在这方面，该法令类似于德川时期的《奢侈禁止令》，因为它对民众自我放纵和奢侈的危险倾向进行了界定，并作为对国家实力的威胁加以打压。这种鼓励人民勤俭节约以助力实现国家目标的做法，类似于一战和二战时西方政府对国家动员、储蓄和纪律的广泛呼吁。然而，对于日本而言，这种呼吁在战时与和平时期几乎持续不断，从明治初年直至二战末以及之后的岁月。

从某种意义上说，日本在整个战前都处于持续的国家动员状态。Pyle（1973：57）在他的开创性著作中，论及了日本政府利用民族主义社会组织对抗由工业主义和帝国主义造成的社会问题，并辩称，中央政府官员认为日本正在发动一场经济战争，国家必须投资于工业发展和教育，以开发资源来支持帝国。因此，为了增强国家实力，人们不得不支付更高的税收，更加努力地工作，减少消费。当时日本国家的主要目标不是个人甚至集体福利，而是国家实力。当然，问题是这一战略不可避免地要付出代价，明显体现为人民负担的增加，正如矢崎武夫所说，"必须权衡公共项目带来的收益与大多数民众为支持工业化、扩大海外贸易、殖民化和军事化的国家政策而非自愿地处于接近贫困状态之间的关系"（Yazaki 1968：415）。大正时代国家面临的一个主要问题是，越来越多的日本人质疑这种优先次序，这一点可以从工业、军事和帝国主义快速发展战略所引发的日益加剧的社会冲突和反对运动中得到证明。正是这些压力催生了这一时代日益活跃的社会管理策略。

20 世纪前几十年，日本政府加紧努力动员日本人民支持民族主义和帝国扩张。政府官员认为，为了与更富有、更强大的西方列强竞争，日本必须依赖于其人民更加团结。然而，正如 Pyle（1974；1973）所表明的那样，中央政府官员，特别是内务省的官员，并没有基于某种本能的民族主义意识，而是通过"设计能够调动人民物质和精神力量的技术，以应对社会问题并为日本帝国主义提供支持"，从而积极参与培育民族主义（Pyle 1973：53）。Garon（1997）发现，这些努力在 20 世纪 20 年代和 30 年代扩大到广泛的"社会管理"和"道德劝诚"运动，以支持更高的储蓄、勤俭节约、更好的营养和卫生、宗教正统以及"日常生活改善运动"。这些道德劝诫运动利用现有的基层组织，如军队预备役团体、农业合作社、青年男女组织和邻里组织，将他们的信息传播到各个家庭，并能够动员相当多的公众支持和参与他们的活动。

这种官僚主义社会管理的一个重要前提是，相信日本的城市化和工业化道路由普遍的历史力量所推动。作为一个后发者，它有机会观察到更先进国家所遇到的错误和问题，并可以尝试避免或缓解如阶级冲突、劳工事务和村庄传统社会习俗衰落等社会问题，这些问题曾随着西方的城市化和工业化出现。从他人的错误中学习的这一机会被 Pyle 称为"追随优势"（Pyle 1974）。日本的社会政策是追求自由放任的经济自由主义与涌现的"社会问题"之间密切关联的概念产物。许多社会政策倡导者的基本假设是，社会政策可以缓解工业化带来的社会问题，并有助于防止城市动乱的出现（Pyle 1974：143）。在这方面的主要模式是俾斯麦德国，这是另一个半宪政的专制国家。作为晚期工业化国家，它发展了一种复杂的社会政策方法，旨在避免在英国所出现的那种工业冲突。

社会管理实践发展背后的主要策划者是内务省，该部门负责高度集中的地方政府结构、监督国家和地方警察部队，以及从选举管理、消防到城市规划等一系列其他行政职能。其主要权力基础是通过任命高级工作人员担任日本各都道府县的知事和其他的地方关键职位来控制地方行政（Steiner 1965：第 3 章）。在内务省内部，日俄战争以来的社会发展，特别是社会主义思想和工会的扩张受到严重关注。1911年内务省地方局对于贫困家庭的调查以及 1920 年东京社会事务局[⑦]的调查中所记录的贫困加剧和收入差距扩大等城市条件恶化，以及 1918 年米暴动和其他大规模示威所表达的民众的明显不满，都要求政府采取行动。而内务省的回应则显然呈现出两张矛盾的面孔。

一方面，内务省试图用其高等警察和特别高等警察[⑧]镇压政治反对派，这些警察残酷有效地镇压了社会主义和共产主义组织。另一方面，内务省的社会官僚试图通过制定社会福利计划、规划提供更好的住房和城市环境，以及在自助协会中组织当地社区，制定可以缓解不满根源的社会政策。这些不同策略的共同目标是通过确保社会稳定增强国家实力。警察试图通过系统地清除挑战现状的组织加强这种稳定，而社会官僚则通过扩大选举权以包括更大范围的人口代表、改善生活条件和鼓励制定劳动法来寻求稳定。

因此，认识到此时官僚机构内部的不同观点是很重要的。正如 Garon 所言，尽管大多数历史学家倾向于将日本在两次世界大战之间的官僚机构视为大正民主的自由主义倾向的保守主义反对者，但官僚机构内部事实上仍存在着巨大的多样性，许多最重要的渐进式改革的背后倡议"并非大量来自资产阶级政党——当然也不是来自软弱的社会民主运动——而是来自高级公务员的激进派"（Garon 1987：73）。正如他所说，"其他部门的'经济官僚'主要致力于推动工业发展，而内务省的'社会官僚'则致力于减少由不受约束的经济关系和不适当的生活和工作条件引起的社会动荡"（Garon 1987：74）。内务省内部的这些"社会官僚"认为，应对新出现的社会紧张局势的最佳方式是改善工作和生活条件，扩大选举权，以防止试图推翻国家的运动得到进一步发展。在高层官僚的精英中，有相当多的人主张利用城市规划的力量来改善城市住房和工作条件，如下文所示，他们应该被算作这些进步的社会官僚。

内务省早期所发起的运动，如地方改良运动在农村地区开展，以加强相互支持和帮助的传统社区价值观，防止乡村社会的衰落。农业合作社、社区信用社、青年协会和预备役人员协会都参与了组织自助和互助小组的工作。这场运动的部分目的是进一步将地方行政与中央政府结合起来，包括努力将小村庄合并为更大的行政町和村，合并神社并将其纳入国家行政机构，以及支持基层组织来提倡节俭、勤勉和纳税。

社区协会的发展

尽管地方改良运动主要针对农村地区，既因为农村地区是大多数人口居住的地方，也因为农村被视为传统价值最稳定的宝库所在，更易受政府信息的影响，该运动还是为内务省以后在城市地区的社会管理工作提供了模板。在20世纪20年代，这些措施包括了各种社会政策举措，如方面委员制度，在该制度中，当地"德行人士"被选为穷人与公共及私人的社会服务之间的无偿中介。这一举措有意识地模仿德国埃尔伯菲尔德（Elberfeld）的由当地社区团体组织的慈善制度（Ikeda 1986：251）。方面委员制度旨在通过组织当地志愿者提供建议以及鼓励相互支持，以减轻公共贫困救济的负担，并于20世纪30年代初在日本全国范围内推广。

方面委员制度的一个明确目标是恢复德川时代日本的邻里责任制。在该制度中，农村和城市邻里共同承担纳税、维持公共秩序和防火，以及维护道路和水井等地方公共基础设施的责任。在很大程度上，它成功地动员了城市中产阶级来实现邻里互助的社会政策目标，并鼓励当地慈善团体承担大部分扶贫资金（Garon 1997：56）。根据Garon（1997：53-54）的说法，"大多数城市方面委员似乎都是小商店或小作坊的老板，只有一小部分医生、牧师和专业的社会工作者。这些中产阶级分子在

20 世纪 20 年代进一步融入国家的肌理中。许多方面委员担任邻里卫生协会和青年协会的负责人，在区议会任职，或在政府鼓励家庭储蓄、向天皇效忠和培养良好道德的持续活动中担任'道德劝诫专员'（moral suasion commissioners）"。Hastings（1995：80）在 20 世纪 20 年代东京东部以工业为主的本所区的邻里组织领导人中也发现了这种社会阶级。大约 80% 的町内会领导人是该区内企业的负责人，包括工厂负责人、店主、医生和牙医，他们正是那些最渴望拥有干净、安全和有序的当地环境的人。卫生和青年协会，以及包括邻里店主协会、神社教区协会、家长教师协会、军队预备役和退伍军人团体在内的其他协会，成为在 20 世纪前几十年中的一个温床，培育了一个主要由旧城市中产阶级领导并得到广泛传播的地方邻里协会网络。

对于邻里协会在多大程度上是政府社会工程的直接产物，是存在一些分歧的。Smith（1978）认为，它们是自下而上创建的，主要是当地商人努力的结果，反映了江户时代邻里（町）组织的持久传统："完全自发的町一级的组织町内会从 1897 年的 39 个增加到了关东大地震前夕的 452 个，到那时在大约一半的城市中已经建立起来了（另一半在地震后的十年里也迅速建立起来）……在人口快速流动的情况下，町内会基本上是维持当地社区团结的一种手段"（1978：66）。另一方面，Dore 表示，尽管旧江户时代的邻里组织在明治时代的剧变中被新的地方政府组织所取代，几乎消失殆尽，然而进入 20 世纪后，随着"地方政府看到了小型地方组织在公共卫生项目中合作的优势"，它们逐渐复兴了（1968：187）。町内会的主要活动是组织当地垃圾收集点和回收运动、卫生和杀虫剂活动、街道清洁、安装和维护路灯，以及组织防范火灾和犯罪的守夜活动。所有人都同意的一点是，町内会由旧的城市中产阶级、土地所有者和小企业主主导，他们的主要职能是将信息和指令从中央和地方政府传递给人民，很少反向传递——即向当权者提出请求或抗议。在二战前，甚至直到今天，町内会在许多方面都不是公民社会的一部分，而是地方行政机构的最低一级辅助机构。

20 世纪 30 年代，町内会逐渐扩展到全国各地，并转变为中央政府与几乎每个社区和家庭的有效联系，提供了令人印象深刻的社会控制手段。1940 年，内务省在全国范围内强制要求设立町内会，并将其纳入地方政府系统，让其负责民防和配给，并支持储蓄协会。内务省的思想警察也将其用作收集异常行为信息的一种方式。正如 Dore 所指出的那样，该制度在对家庭和个人施加压力方面极为有效，在战争期间，其高压作用被发挥到极致（Dore 1958：272）。随着町内会在全国各地的成功扩展，内务省得以在很大程度上复制了德川时代的垂直等级关系，这种关系从幕府和领地行政机构的最高层延伸到几乎日本每个家庭。町内会在二战后被占领当局解散，因为它是占领当局试图加以改造的极权主义控制体系的组成部分之一。但到了 20 世纪 50 年代初，他们又重新组织起来，名称通常会略有不同，但其成员、边界和职能则大多与旧组织相同（Bestor 1989）。尽管仍承担当地街道和公园清理、神社节日、回收计划和分发地方政府通告等广泛的地方职责，其与政府的直接联系已经基本上不存在了，很少有人会认为邻里协会是政府统治体系的一部分。自 20 世纪 70 年代以来，日本的邻里组织一直是被广泛研究的对象，因为日本城市在保持紧密的邻里关系和避免 20 世纪六七十年代西方城市危机方面取得了明显的成功。而在西方的那场危机中，则出现犯罪率不断攀升以及富裕阶级逃离市中心的情况（Bestor 1989；Falconeri 1976；White 1976）。

事后看来，鉴于在 20 世纪 30 年代末町内会和其他社区组织被纳入极权主义控制和国家战争动员体系，内务省的活动是很难被忽略掉的。从这个角度来看，社会官僚不过是极权政权的先锋。然而，在两次世界大战之间日本社会管理中明显的消极作用没有得到减少的情况下，另一种解释也是可能的：组织当地社区尝试开展自我管理是解决涌现出的城市社会问题的合理方法。正如 Hastings（1995）在她对内务省的东京贫困地区方案的详细研究中所表明的那样，地方一级社会官僚的许多活动显然对当地社区有益。

作为日本城市生活的持久特色，社区动员也产生了许多积极影响。日本紧密的邻里关系似乎有助于缓解其他发达国家的许多城市社会问题。例如，Dore（1958 年）详细描述了 20 世纪 50 年代初在东京典型的内城邻里中所发现的相互支持的密切关系，Bestor（1989 年）惊讶地发现，到 20 世纪 80 年代初他进行实地调查时，情况变化竟然如此之小。维持"传统"邻里关系最明显的表现可能是日本城市的高度安全和洁净，这受到外国游客和居民的赞赏。社会官僚的工作显然是这个扩张中的国家的一个面孔，他们因此毫不掩饰地以加强日本经济实力和社会团结为目标，以此来支持民族主义和帝国主义，但如果说他们的所有活动只是随之而来的极权主义灾难的前奏，或者他们可能没有在社区生活和组织的发展中取得一些非常积极的成果，那就过于简单了。

然而，对于为什么中产阶级在地方政治中不那么活跃这一问题，町内会显然是答案的一部分。事实上，他们在地方一级非常活跃，参与了政府指导的地方活动，如提供大部分地方社会福利和社区服务、垃圾收集和街道清洁，以及自己的街道照明。这使地方政府不再需要提供一系列昂贵的地方服务，并为中央政府的信息和指示提供了直接渠道，使其能够到达日本的每一个邻里，并最终到达每一个家庭。可以将其解释为一件好事或一件坏事，这取决于其优先价值。如果社会稳定受到重视，那么政府的社会管理运动可能被简单地视为一件好事，因为其显然形成了更大程度的邻里互依互助。然而，即使没有在战争年代里通过动员邻里组织支持极权政府所带来的灾难，也需要质疑他们对城市居民的真正好处。作为一种团结城市居民的手段，町内会极其有效地防止了基层对地方政府施加压力，而这种压力在许多西方城市中带来了更好的市政服务和地方环境。

然而，既不应假定新兴的社会管理实践不受欢迎，也不应假定社会官僚的主要目标是实施极权主义控制。事实上，如 Garon（1997）所表明，政府在社会管理方面的许多努力，即使是最具有侵入性的，也依赖于日本的公民和利益集团，特别是中产阶级的大量自愿参与。尽管与城市规划特别相关，町内会只是战前社会管理实践的一个例子。Garon 详细介绍了一系列的计划，旨在促进储蓄和邻里互助、鼓励节俭和良好的家庭管理、宣传理想女性作为贤妻良母的典范、宣传神道教作为既定的国教，同时试图系统地消除快速传播的"新宗教"。如果日本没有同时滑向战争以及 20 世纪 30 年代的军国主义，我们无法知道日本的社会管理可能会朝着什么方向发展。这里重要的一点是，所有这些运动都有助于增强政府在普通民众日常生活中的存在，并有助于缩小公共利益的独立概念或支持公共目标的独立活动的可用空间。到 20 世纪 30 年代末，公民社会在日本几乎已经不复存在。

公民社会、社会动员和城市规划

这一时期日本公民社会的发展乏力对于理解城市规划的发展至关重要，因为在其他发达国家，城市规划从开始就是一个范围广泛且不断变化的由独立团体和协会所组成联盟领地，这些团体和协会认为，城市规划对于保护公共福利特别是保护城市贫民福利是必要的。国际城市规划运动的发展主要来自公民社会的机构内部，而非中央政府内部，后者倾向于跟随而非领导该运动。然而，日本早期的规划发展在相当大程度上是由内务省的一小群精英官僚所完成，这一事实在战后继续影响着人们对城市规划的态度，导致高度集权的城市规划制度所具备的特殊社会和政治条件在日本仍然长期存在。

因此，大正时代的一个重要遗产是，直到 20 世纪 60 年代末或 70 年代初，人们对城市规划的支持或期望都很少。虽然大正时代早期发展中的公民社会很可能会产生更广泛的城市规划支持者，但由于两次世界大战期间公民社会本身的消失，这条道路实际上被封锁了。这一点至关重要，因为日本和其他地方一样，制定更强有力的规划法规常常遭到土地所有者的强烈抵制。例如在英国，只有经过一个漫长的公共运动过程才能克服大型土地所有者对更严格的规划法规的抵制，并确立有关城市开发的公共法规对保护公共利益至关重要的原则。在日本，这种演变从未发生过，与土地所有权相关的权利依然非常强大。毫无疑问，日本的土地所有权无疑植根于将控制土地及其生产能力作为政治和社会权力基础的悠久传统，这种封建社会政治组织在日本一直持续到 19 世纪中叶。1889 年明治宪法有力地强化了土地所有权的这一基本概念，其中第 27 条规定，"拥有或持有财产的权利不可侵犯"（Tsuru 1993：164）。这反映了明治时代的保守倾向，大地主在当时巩固了他们在日本政治经济中的政治和社会权力。缺乏必要的政治空间和选民挑战强大的土地所有权，并倡导将城市规划作为追求公共利益和城市居民生活质量的项目，因此两次世界大战期间的日本城市规划仍然是中央政府的项目，服从于经济和军事扩张的国家目标。

日本城市规划的开端

日本第一个现代城市规划制度的发展在很大程度上是大正时代社会和政治背景的产物：一方面是城市和工业快速增长，工人阶级生活水平下降，社会冲突和劳工运动蔓延，出现争取政治生活更加民主化和多元化的运动，以及中央政府采取强力举措来镇压激进政治运动；另一方面则是通过社会政策、住房供应、社区组织和改善城市规划来缓解社会状况。

城市的快速发展带来了新的严重问题，特别是明治时代的规划工作一直专注于重建东京的中心地区，并且几乎没有开发出组织新增长的工具。东京市（大约是封建时代城市的面积）在 1900 年时人口为 1120 万，到 1920 年则已经增加到 2170 万。周围 82 个町、村的人口增长更为引人注目，这些町和村于 1932 年并入大东京地区，共同形成了今天的 23 区。在 19 世纪和 20 世纪之交，这些地区基本上为农村地区，有 38 万人口，但到 1920 年，这些地区的人口增加了 369%，达到 180 万（Ishida 1987：110）。几乎所有这些城市增长都是在城市边缘的现有农庄及其周围的随意、无规划蔓延。在大阪和名古屋等其他主要工业中心也出现了相似的状况，不过规模要小一些。城市人口的增长，特别是旧城区外的无规划城市边缘区的增长，充分表明了加强规划制度的必要性。应对这些现象的第一个立法举措是在 1918 年将《东京市区改正条例》的规定扩展到东京之后的五大都市——大阪、京都、横滨、神户和名古屋。这很快被 1919 年新通过的《都市计划法》和《市街地建筑物法》所取代，这两部新法创建了日本最初的城市规划框架。

1919 年法律是日本政府首次尝试建立一个全面的规划制度，以规范整个城市区域并开展有规划的城市开发。《东京市区改正条例》主要关注现有地区的改造，通过具体的开发或重建项目进行运作。几乎没有人试图组织城市整体的增长，也没有足够的权力监管私人土地所有者或建筑商。通过引入土地利用区划、建筑控制以及一个可以对整个城市加以规划的体系，1919 年的法律成为一个重要的转折点，在被 1968 年新《都市计划法》取代之前的将近 50 年时间里，它一直发挥着作用。在一战后，日本的城市人口和面积迅速扩大，1919 年法律为第一次世界大战后经济快速增长这一关键时期的城市增长提供了规划框架，因而影响深远。

新城市规划制度的发展与内务省改革派官僚制定社会政策以缓解城市社会问题的努力密切相关，一战结束至 20 世纪 20 年代初制定的新社会福利和城市规划政策，被设计这些政策的内务省"社会官僚"认为是补充性的（Okata 1986）。对城市规划和社会政策新方法的发展由改革者后藤新平发起，他是一位医生、官僚和政治家，具有卓越的行政才能，在整顿日本殖民统治之下的台湾期间发挥了关键作用（Peatie 1988）。1917 年，当时作为内务大臣的后藤新平在内务省地方局内设立了一个救济科，以协调扶贫和解决失业。这个小型救济科在 1920 年扩大为社会局，负责处理失业、救济穷人、退伍军人援助和儿童福利问题。正是该局领导了上述许多社会管理工作。同样在 1917 年，后藤新平在地方局内部成立了"都市研究会"，研究城市规划问题，并由池田宏担任主任。池田宏是京都大学法律系的毕业生，1911 年在 30 岁时就成为的内务省道路科[9]的负责人（Ishida 1987：123；Watanabe 1993：170–172）。都市研究会由后藤新平领导，直至他于 1929 年去世（Koshizawa 1991：14；Okata 1986），成员包括来自内务省的年轻官员、来自东京大学的几名教授、一名议员和一名报社记者。这是一个极具影响力的团体，除了研究和游说改善规划立法外，还出版了《都市公论》杂志，作为开明地思考城市政策的论坛。

1918 年 5 月，日本在内务省内成立了都市计划科，由池田宏担任科长。这是对城市规划作为一种政府职能以及巩固内务省管辖权的一种手段的公开确认。同月，都市计划调查会成立，开始起草新的城市规划法。该委员会由 28 名成员组成，包括内务省的三名成员，法律、医学、土木工程和建筑学科各两名成员，东京市长、大阪副市长和东京市议会的一名成员（Okata 1986）。在 1918 年 7 月开始的 12 个月内，池田宏起草了《都市计划法》。与此同时，《市街地建筑物法》由东京大学建筑学教授佐野利器和后来成为东京大学著名校长的内田祥三[10]以及内务省官员、佐野利器和内田祥三以前的学生笠原敏郎起草。笠原敏郎后来编写了第一本关于新城市规划和建筑法规的日本教科书，于 20 世纪 30 年代初出版。

按照设想，规划制度借鉴了几个欧洲制度的最佳实践。如果以最初的形式通过，很可能会成为当时较为先进的规划制度之一。城市规划法律的草案包括了早期《东京市区改正条例》中用于指定和建设道路等公共设施的主要规定、基于德国技术的分区制度和建筑线制度，以及土地区划整理制度 ⑪ 的城市版本（第 4 章）。尽管已经被用于神户和大阪的郊区开发，土地区划整理制度以前只用于农业用地的改进。草案还涵盖了一些财政措施，包括收取土地增值税、对受益于道路和公园建设等城市规划项目的土地所有者征收称为受益者负担金的增值金、中央政府为指定的城市规划项目提供 1/3—2/3 经费的财政支持制度，以及仿效奥斯曼在巴黎所成功使用的土地征用制度。这一制度通常字面上译自日语的"超过收用"，允许征用比规划的新道路要宽得多的区域，以便出售值钱的新临街地块的利润可以用于支付项目成本。《市街地建筑物法》作为《都市计划法》的补充，详细规定了建筑控制内容，包括分区制度所允许的建筑用途、高度和建蔽率，以及模仿德国 Fluchtlinienplan 建立的建筑线控制制度。下一章会更详细地讨论这些法律及其实施状况。

　　然而，提交的法案遭到了大藏省的强烈抵制。大藏省固执地反对中央政府对城市规划提供财政支持，并认为与教育、国防、交通和通信相比，城市改造不是中央政府的重要责任（Koshizawa 1991：17）。由于大藏省的压力，在通过该法律之前，必须删除一些关键内容，包括中央政府对规划项目的财政支持以及为城市规划提供资金的土地增值税的相关条款（Koshizawa 1991：15）。因此，就像对《东京市区改正条例》那样，大藏省成为规划制度发展的复仇女神。1922 年，内务省都市计划局 ⑫ 发表了一份措辞强硬的控诉，指责大藏省大幅削弱了法律。正如越泽明所说，"该文件中的异常情绪清楚地记录了他们的苦恼，即开启日本城市规划的立法本应具有执行城市规划项目的实际手段"（Koshizawa 1991：16）。资金来源的削弱是改善日本城市规划这一主张的一大挫折，城市规划师们仍对那次失败感到遗憾。

　　似乎可以公平地说，以强大的大藏省为代表的当时政府内部的主流观点是，城市规划——即包括经济发展和人民生活质量在内的整个城市地区增长和健康发展的规划——根本不是政府的责任。根据这一观点，城市化唯一应该由政府资助或规划的内容是主要干道、港口、铁路、运河和学校，而这些都已经被其他法律所涵盖。所有这些都是对工业和军事扩张至关重要的基础设施。地方道路、人行道、公园、路灯和街道清洁等公共物品可以酌情决定，不由中央政府和地方政府提供，而是由当地居民通过延续自我责任体系来提供。虽然内务省能够通过大部分 1919 年城市规划制度的内容，大藏省对拟议的财政措施的反对意味着其成就将小于预期，如下一章所述。在这里值得看一下 1919 年制度的最后一个关键方面：规划的中央集权。

规划的中央集权

随着中央政府在大正时代变得更加强大，经济增长和强化的官僚控制带来了更多的资源，地方政府的自主权则越来越弱，基本上是作为中央部委的地方分支机构运作。中央政府官僚机构对地方政府有着根深蒂固的不信任，因为地方政府主要关心的是地方利益而非国家利益，因此故意使地方政府软弱。

在城市规划领域，中央集权主要通过两种方式实现。首先，明治时代建立的地方政府制度的一个核心特点是，地方政府有责任为当地公民提供一定范围的服务，但不能对他们行使政府权力。这种对地方政府活动的限制导致了上一章所述的"机关委任事务"制度，即中央政府拒绝授予地方政府任何独立的警察权。相反，如果地方政府被要求履行需要使用警察权的职能，如城市规划或妨害控制，中央政府会进行委托授权。然而，这种授权意味着当地市长或知事在法律上成为中央政府的代理人，而不是对自己的选民负责。地方政府几乎没有法律权力实施中央政府允许之外的规划政策。

其次，根据 1919 年法律，所有规划都必须得到内务省长官的批准，每年的城市规划预算也必须得到内务省的批准。虽然城市规划权在形式上属于地方都市计划委员会，然而这些委员会大约有一半成员由地方县市议员和市长组成，另一半由都道府县和中央政府的高级官员和技术专家组成，由内务省任命的都道府县知事担任主席（Ishida 1987：114–115）。此种联合的委员会之所以成立，是因为假定大型的中心城市不会吸纳较小的郊区边缘城市，因为后者通常会抵制合并；但与此同时，内务省的负责人池田又强烈主张有必要规划功能性的城市区域（Watanabe 1984：418）。随着 1919 年规划制度的确立，中央政府官员大大扩展了他们对地方城市规划工作的权力。特别有问题的是，对于城市模式和城市问题截然不同的地区，国家立法并不认可其用途分区或建筑规范应有所差异，并由于试图将解决东京问题的方案强加给全国而遭受重挫。

大正时代规划权的集中确实有助于日本追赶最先进的西方国家。这意味着，在规划制定和立法起草方面的高水平技术专长很快就被集中掌控在内务省的城市规划部门。1923 年关东大地震后，东京 – 横滨的重建等国家项目被迅速推进。不幸的是，所有规划和预算都必须由中央部委批准的要求减缓了地方一级规划专业知识的发展，并阻碍了用于解决规划问题的替代或创新方法的发展。在日本，小规模实验和本土创新很少像在许多西方国家那样出现。这种制度与 20 世纪 20 年代美国的分区制的传播形成了鲜明对比。在美国的分区制中，一旦判例得以确认，全国各地的地方社区就会自愿通过自己的分区细则，这些细则所指定的分区类型差异很大，反映了不同的地方优先事项。

中央集权的另一个重要结果是，项目管理明显比监管控制更受青睐。对于一个小而强大的中央官僚机构，控制一些具体项目比管理复杂的监管制度更容易。到目前为止，日本对城市土地开发和土地利用的监管相对薄弱，没有土地细分控制或有效手段确保土地开发商提供污水连接或改善当地道路等基本服务（Sorensen 1999）。日本的规划师们没有对城市开发进行监管，而是推动土地开发和重建项目，如土地区划整理或城市重建项目。日本政府没有建立有效的城市增长和环境质量管理制度，而是专注于经济和军事增长所需的基础设施的有效供应。出于这些目的，项目开发风格的规划成为一种合适的形式。

东京官僚机构的政治权力集中也倾向于抑制公众对城市规划的更广泛的支持，这被视为中央政府强加给地方而非地方自愿的。由于缺乏公众对规划更广泛的支持，导致内务省和地方政府中的规划倡导者力量薄弱。没有地方政府广泛的组织支持，也没有大量的公民团体和专业组织不断将环境问题推至西方所探讨的公共议程上，大藏省很容易阻止采取那些可以赋予1919年城市规划制度实质内容的财政措施。即便是改进土地利用规范或更严格地要求开发商遵守规划道路网络的廉价措施也难以实施，因为它们遭到既得利益者的反对，来自潜在受益者的支持也很少。西方城市规划的建立是规划倡导者反对业主既得利益的长期运动的结果。而在日本，这样的运动很难形成。

缺乏规划支持方面的运动也意味着很少有规划收益的公众教育，对规划思想和价值观的普及也较少，而这些思想和价值观为西方国家干涉主义规划制度的更大发展奠定了重要基础。相反，有效的政府运动鼓励了邻里协会，并促进实现当地人负责当地设施的清洁和维护、废物分类和清除、当地治安，甚至扶持穷人等想法。即使在二战后的日本，地方政府应该负责一系列公共物品的想法，如提供下水道、人行道和地方道路、地方公园或游乐场，或儿童保育中心和图书馆等设施，也很难得以生根。

虽然本书所述的大正时代的发展无法完全解释日本城市规划和城市化的随后发展，但确实可以提供对于一些令人费解的特征的重要见解。当然，如果不首先了解始于大正时代的日本城市规划的社会和经济背景、战前日本公民社会的脆弱性和短暂发展、政府中央集权的程度，以及公众对城市规划的支持和理解基础的薄弱，就很难理解20世纪的日本城市规划和日本城市的发展。

译者注:

① 即《The Japan Advertiser》杂志，1890 年由美国人 Robert Meiklejohn 在横滨创设，1913 年迁至东京，1940 年并入《The Japan Times》杂志。

② 日文为"大阪都市協会"。

③ 原文为 Peace Police Law of 1900，实际上应为 Public Order and Police Law of 1900。

④ 英文原文为 Urban Social Policy，未找到对应的日文论文名称，此处根据英文直接翻译为"城市社会政策"。

⑤ 英文原文为 Architect and Society Journal，实际应为 Architecture and Society Journal。

⑥ 日本首相在日文中的正式名称为"内閣総理大臣"，平时常用"首相"来指代这一职位。

⑦ 英文原文为 Tokyo Bureau of Social Affairs，未找到对应的日文机构，此处直接翻译为"东京社会事务局"。

⑧ 高等警察是用于打击日本反政府政治运动的不同于普通警察的特殊警察部门，特别高等警察则是从高等警察中分离出来，专门用于镇压无政府主义者、共产主义者和社会主义者的秘密警察部门。

⑨ 英文原文为 Home Ministry Roads Bureau，但内务省应该并没有"道路局"这一机构，只在其土木局下设道路科。因此，此处译为"道路科"。

⑩ 英文原文为 Uchida Shozô，应该有误，内田祥三的英文名为 Uchida Yoshikazu。

⑪ 日文为"土地区画整理制度"。

⑫ 内务省只有都市计划科，而没有都市计划局。此处可能是原文笔误。

第4章　日本的首个城市规划制度

> 我想象着新都会的宏伟，以及在习俗和礼仪方面所发生的一切变化。整齐有序的街道，闪闪发光的崭新路面，数不清的汽车，一座座具有几何美的高耸街区，交织其间的高架线、地铁和电车，不夜城的喧嚣，以及与巴黎和纽约相媲美的游乐设施……新东京的碎片从我眼前掠过，数不清，就像电影的闪光灯。
>
> ——Seidensticker（1991：15）引用了小说家谷崎润一郎
>
> 在听到1923年关东大地震时的感想

日本城市伴随着工业化和城市化所发生的戏剧性变化，对于一些怀念过去黄金时代的人来说，意味着日本社会中一切美好而坚实的事物的消逝。对其他人来说，这标志着进步与现代化的光明未来的开始。新规划制度的通过，特别是广泛地加强了控制郊区无序增长的权力，使人们希望日本全国各城市能以适合新时代的方式自我改造。本章重点介绍1919年通过的新城市规划制度的实施情况，分为四个主要部分。

第一部分概述了新制度的主要特点。第二部分描述了它的实施情况，特别是当新制度刚刚启动不久就发生的1923年关东大地震之后东京重建项目的影响。第三部分考察了这一时期规划干预和规划城市开发的其他几个重要案例，包括田园城市开发、大阪规划、殖民地规划，以及早期采用绿带和公园系统进行大都市结构规划的努力。最后一部分总结了战前城市规划的主要特点，并描述了这一时期城市地区发生的主要变化。

1919年都市计划法

1919年的城市规划制度有五个主要部分：土地用途分区制度[①]、为分区制度的土地用途区提供详细规定的建筑法规《市街地建筑物法》、控制城市边缘区增长的建筑线制度、基本上修订自早期《东京市区改正条例》的指定公共设施的制度[②]，以及土地区划整理制度。接下来会逐一介绍这五个规划制度。

土地用途分区

日本的第一个分区制度非常简单。它只有三种类型的土地用途区，即住宅区、商业区和工业区，并且没有任何与美国的"分区"（zoning）一词所通常关联的严格用途分离的意图或应用。分区制主要由池田宏负责制定，他在 1911 年 30 岁时成为内务省土木局道路科科长。在担任该职位两年后，池田前往欧洲和美国研究那里的规划发展。1913 年，他在伦敦参加了一次关于道路规划的国际会议，然后前往德国，那里有着当时可能最先进的城市规划实践，包括各种分区制度。池田随后返回日本，途径纽约时他还了解到关于 1916 年纽约分区条例的辩论（Watanabe 1993：170）。池田宏后来成为日本在西方分区制度领域最主要的专家之一，并将其知识用于他为日本设计的分区制度中。

池田设计的分区制度从来都不是为了促进土地用途的严格分离（虽然今天的分区通常都采用严格分离的土地用途），而是一种包容性分区，以某种方式将土地利用权正式化。负责起草新规划法的城市规划研究委员会在 1918 年举行了第一次会议，池田在那次会议的备忘录中解释了他的分区概念。他认为用途区的目的主要不是对不同区域的土地利用实施严格的监管控制，而是通过在城市化之前指定用途区这一具体方式来表明城市的未来结构（Okata 1980：14）。因此，在商业区，应鼓励建设宽阔的林荫道；在住宅区，土地区划整理等开发项目应形成狭窄的住宅道路；在工业区，应创建大型街块，由几条主要干道加以分隔。事实上，如表 4.1 所示，

1919年市街地建筑物法的分区限制　　　　　　　　　　　表4.1

	用途限制	建筑密度	高度限制	道路斜线
居住区	禁止建设工厂（15 人以上、2 马力以上、使用蒸汽锅炉）/ 车库（5 个以上）/ 剧场电影院等 / 等候室 / 货品仓库 / 火葬场、屠宰场、垃圾焚烧场	小于 60%	19.7 米以下	建筑不得超过以道路对面到建筑前侧的距离为基础的一条斜线高度（建筑高度 < 道路宽度 ×1.25）
工业区	禁止建设工厂（50 人以上、10 马力以上）/ 火葬场、屠宰场、垃圾焚烧场	小于 80%	30.3 米以下	（建筑高度 < 道路宽度 ×1.5）
商业区	无用途限制	小于 70%	30.3 米以下	（建筑高度 < 道路宽度 ×1.5）
未指定区	除了规模大、卫生上有害和危险用途的工厂仓库以外无限制	小于 70%	30.3 米以下	（建筑高度 < 道路宽度 ×1.5）

资料来源：石田赖房（Ishida 1987：134）

1919 年《都市计划法》所规定的各个分区内并没有非常严格的土地用途限制。

简言之，重工业被限制在工业区，剧院和夜总会等嘈杂的娱乐场所被限制在商业区；商业区有较为宽松的容积率，而住宅区的建筑高度限制则比其他地区更为严格。除了这些限制外，日本各大城市继续广泛采用混合用途。工人住房继续在工业区内大量建设，商业和办公用途通常位于住宅区内，规模较小的制造厂遍布于除土地过于昂贵的中央商务区之外的各个地方。

分区制主要用于将重工业区与住宅区分开。然而，这并不一定像今天可能会假设的那样，是为了保护房主或居民。相反，它是为了保护工业免受居民投诉。正如日本内务大臣水野炼太郎在 1917 年日本建筑师协会的一次会议上所建议的那样，分区可以为大型工业用地使用者提供一定程度的法律保护。他以浅野水泥为例，该公司最初在东京东部的深川创建时位于开阔的农村地区，但后来逐渐被工人住房包围。新居民被水泥厂的严重污染所困扰，抗议越来越激烈。最终，该公司搬迁到川崎附近东京湾的一块填海区，显然部分原因是为了逃避持续不断的投诉（Okata 1980：18）。尽管城市规划研究委员会就允许在工业区内居住的问题进行了相当多的辩论，但仍然允许 1919 年后在工业区内建设住房。

在三种基本土地用途区之上还可以覆盖三种其他类型的特别区：风致地区、美观地区和防火地区。第一个特别区主要用于保护具有特殊意义的自然区域，如重要神社和主要公园附近的区域。第二个特别区的主要目的是帮助创建主要位于市中心的庄严的城市区域，如丸之内地区，因而其目标是按照美国城市美化运动所倡导的路线，创建现代化的新市民中心。这些区域均允许规划当局按照设定该区域标准的获批规划批准或拒绝规划许可；在其他区域，任何符合要求的开发都依法自然地获得许可。防火地区是《东京市区改正条例》的遗产，主要作为防火带被用于密集的城市中心和主要道路沿线。有两种类型的防火地区：第一类只允许建造砖、石和钢筋混凝土建筑；第二类地区则还允许建造用瓦屋顶、石头或灰泥和瓷砖覆盖在木框架上防火的木制建筑。由于防震的费用和工程要求，除了政府建筑和银行、百货公司等主要私人建筑外，砖石结构仍然不太常见。

六个最大的城市很快设计并批准了分区规划 ③（东京的分区规划见图 4.1），但在其他地方的应用却相当缓慢。在 1930 年采用城市规划的 97 个市和町中，只有 27 个通过了分区规划（Ishida 1987：135）。尽管规划法的覆盖范围在 1933 年扩大到包括所有的市以及选定的町与村，然而直至 20 世纪 60 年代，许多城市地区还根本没有制定分区。这在一定程度上是由于中央政府的严格控制以及由此导致的分区规划

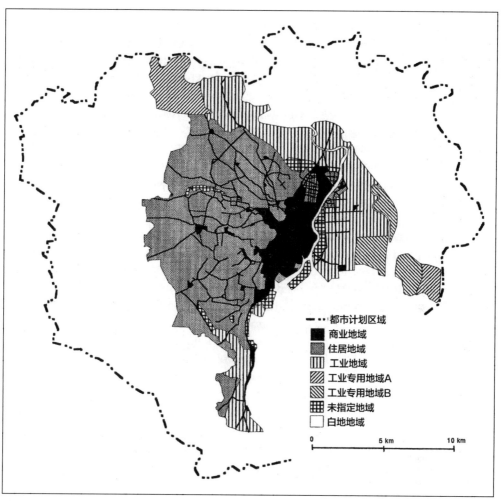

图4.1　1925年东京的第一个分区规划。隅田川以西几乎所有的"下町"区域（大致相当于旧平民区）都划为商业区，隅田川以东的区域划为工业区，位于多山的山手区的旧"上町"划为居住区，主要道路旁有商业带。同样值得注意的是，有相当大的区域被留为"未指定"区域，特别是沿着东京湾海岸和隅田川东岸。

资料来源：修订自石田赖房（Ishida 1987：136）。

制定过程的行政复杂性。例如，1968 年前的分区指定过程是：1）市（或县）政府向都道府县的知事提交分区规划草案；2）知事向内务省提交分区规划草案；3）内务省咨询其在每个都道府县设立的都市计划地方审议会；4）内务省最终确定分区规划；5）内务大臣批准分区规划；6）在官报上公布分区，具备法律效力。实际上，起草分区规划的主要责任在于都道府县一级政府的城市规划部门，因为除了最大的城市外，所有城市都缺乏具有足够专业知识的工作人员。这些都道府县的规划师与建设省（建设省）的规划工作人员密切合作，事实上，都道府县办事处的许多官员和工程师都是借调到来的国家部委的工作人员。还应记住的是，在二战后地方政府的改革之前，都道府县政府基本上是国家行政的分支机构，知事由内务大臣任命。因此，内务省不仅密切控制规划制度的法律框架，而且还密切参与全国各地的规划设计和审批。

这种繁琐、自上而下的制度几乎肯定是限制分区使用的一个因素。当时可能还有一个更重要的因素，那就是除了大阪、横滨和神户等发展中的工业和港口城市外，人们几乎不认为有建立分区制的必要。如前所述，分区制在限制土地利用方面的主要影响是将大型重工业隔离开，而当时很少有地方城镇拥有这种大型重工业。似乎还有可能的是，试图将一刀切的分区制度应用于日本全国的做法极大地限制了其可用性，因为任何地方政府都不允许修改分区标准来适应当地的具体情况。这很不幸，因为即使在主要的大都市地区，情况也大不相同。例如，大阪的土地利用模式就与东京、京都、横滨或神户的截然不同。此外，由于居住区、商业区和工业区都只有一个标准，因此无法为已建成区、部分建成区或未来开发区设计专门的条例。这限制了分区制度作为组织后续城市增长的工具的实用性，因为它仅仅以大都市地区的现有使用模式为模型，以此来限制不相容用地的数量。这排除了利用分区在新的城市地区创造不同模式的可能性。

市街地建筑物法

1919 年制度的第二部分是《市街地建筑物法》。除了大阪的建筑规范等少数早期的都道府县级建筑规范外，这是日本第一个建筑规范，也是一个重要的进步，因为在其通过之前，规划者几乎无法控制不适当或危险的建设。与分区条例一样，它相当简单。如表 4.1 所示，它提供了三个土地用途区所允许的土地利用、建蔽率和高度的详细说明，以及每个用途区所允许的建筑材料和用于空气流通的最小窗口面积等详细信息。

值得注意的是，即使在今天，《都市计划法》也只定义了不同分区的名称以及指定和批准它们的程序，而《市街地建筑物法》则对所允许的土地用途、建筑密度和高度限制进行了更详细的描述。这反映出这些法律的重点是控制建筑类型和体量，而不是土地用途。如果我们考虑对所允许土地用途的限制相对较弱，以及主要限制是建筑规模、覆盖范围和材料这一事实，那么似乎可以很公平地讲，早期的日本分区制度更多是关于城市建设控制而非城市规划，后者主要通过其他措施来解决。如第 6 章和第 9 章所示，尽管增加了更多的分区，日本的分区制度到目前为止仍然相当有连贯性。

建筑线制度

建筑线制度是《市街地建筑物法》的第二个重要组成部分，仿效了德国 Fluchtlinenplan 制度，为城市区域的成长提供了法律控制。从本质上讲，该制度以《市街地建筑物法》的三项条款为基础。第一项条款定义道路具有公共通行权，宽度为 2.7 米（9 英尺）或更宽。这遵循了更早的警视厅[④]条例的先例，该条例规定了东京贫民窟的长屋区内部车道的最小宽度。第二项条款将所有此类道路的边缘指定为建筑线，而第三项条款则宣布建筑的正面只能位于建筑线上。

在德国的案例中，建筑线制度对现有城镇周围的农村地区建筑进行了非常有效的限制，是备受羡慕的德国"城镇扩展规划"制度的法律基础。然而，德国的《街道线法》（Fluchtlinengesetz）规定，市政当局有责任为其边界以外的地区制定扩展规划，自动强制购买新街道的土地，并允许向面向街道的土地所有者收取建设、排水和照明的费用（Sutcliffe 1981：19）。19 世纪欧洲普遍采用向邻近的土地所有者收取道路建设费的做法，美国也普遍采用这种做法，例如曼哈顿道路网的建设（Span 1988：25）。在德国的许多州，街道线的法律也允许城镇拒绝批准任何不在市政规划街道上的新建筑。因此，德国的制度比日本要严格得多，因为在德国，允许建设新建筑的建筑线是由市政规划行动通过扩展规划来创建的。在日本，所有超过 2.7 米宽的现有道路都自动成为建筑线。这造成了严重的实施问题，因为在许多日本农村地区，土地所有权高度分散，有太多的现有农村车道自动成为建筑线。此外，在日本，对于强制购买道路限额（road allowances）[⑤]的过程限制更大，这反映了宪法对土地权利的有力保障。即使在指定了建筑线规划的地方，它们也比德国更难实施。虽然日本的建筑线制度不如德国的全面，但仍大量使用了 1919 年《都市计划法》的增值条款，允许市政当局通过特别评估来从附近的土地所有者那里收回部分道路、运河和公园的建设成本（受益者负担金），最高可达成本的三分之一。由于该制度在法律中没有详细规定，不同的城市采用了不同的评估方法。例如，在京都，在向土地所有者收取的三分之一成本中，一半由相邻土地所有者支付，另一半则由距离新设施一定范围内的所有土地所有者支付，具体依据其拥有的土地面积来分配（Ishida 1990）。20 世纪二三十年代，激进派的大阪市长关一（Seki Hajime）领导了一个著名的案例，广泛采用对相邻土地所有者的特别评估来资助道路建设，如下文所述。

建筑线制度在早期实践中还是取得了相当大的进步。特别是，可以为未开发的城市边缘区指定建筑线平面图（"积极指定的建筑线"），并且禁止在指定的道路

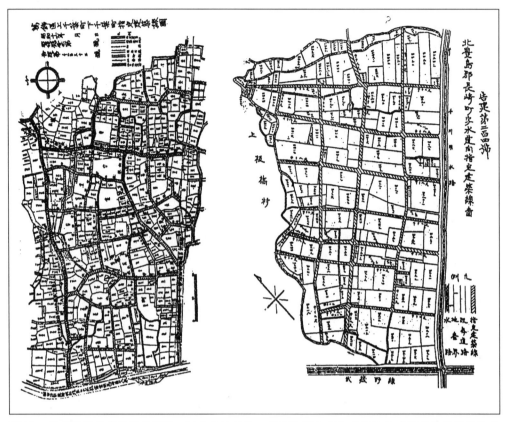

图4.2　东京西部的建筑线平面图。20世纪30年代，东京西部大部分新郊区的建筑线平面图都已被编制并获批。

资料来源：石田赖房（Ishida 1980：255）。

内新建建筑，这成为防止城市边缘区无序蔓延的一个强有力的新工具。如图 4.2 所示，建筑线平面图可用于指定未开发地区的基本道路网。可以在指定道路限额的范围内禁止建设而无须补偿，意味着直至找到资金来实际建设被规划的道路，规划都可以得到有效落实。如果指定建筑线沿线的土地所有者希望修建房屋，他们也有义务在其房屋前修建道路，尽管道路标准没有德国那么高。在二战前，基于扩展规划的建筑线规划与指定工作得到了积极开展。1923 年至 1941 年间，仅东京就有多达300 多个地区开展了相关工作（Ishizuka and Ishida 1988c：23）。尽管在实践中存在着显著的差异，该制度还被广泛应用于其他主要大都市地区，包括横滨、名古屋和大阪（Ishida 1983）。在其他研究中，石田赖房和池田孝之发现，东京市郊约三分之二的积极指定的建筑线有效地调节了私人土地上的道路系统开发（Ishida and Ikeda 1979）。这一结论必须在一个对私人开发控制非常薄弱的制度背景下加以理解，在土地所有权分散和对地方公共产品的公共投资有限的背景下，这一制度被用于控制城市开发。建筑线制度的巨大成就在于，通过确保在其实施地区有一定的最小道路通行，防止出现了最糟糕的那种无市政服务的蔓延。但即使在最好的情况下，它仍然倾向于通过保证道路为城市地区提供最低程度的公共空间。

设施指定

都市计划设施（toshi keikaku shisetsu）指定制度是《东京市区改正条例》留给日本规划制度的主要遗产，1919 年《都市计划法》的相关条款几乎直接抄袭了先前的条例。日语单词"施設"（shisetsu）不容易翻译成英语。它通常被译为"设施"（facilities）或"制度"（institutions）。当翻译为"设施"时，该术语指公共基础设施，如道路、公园、下水道等。该术语在《东京市区改正条例》中的含义为"硬基础设施"（hard infrastructure）。然而，在 1919 年的《都市计划法》中，"施設"一词开始被更广泛地用于指分区类型和土地区划整理项目，它们不是硬基础设施，而是规划、法规或"制度"。

公共设施的指定和建设在许多方面是在 1919 年规划制度下开展的主要规划活动。如上所述，1941 年太平洋战争爆发时，许多地方政府仍未实施土地用途分区，但几乎所有的地方城镇都指定了城市规划区以及道路或其他此类公共设施（Nonaka 1995：33）。如上所示，《东京市区改正条例》的设计主要是为了改造东京现有建成区的道路、供水和下水道系统，而这种改造仍然是全国城镇的迫切问题。起初，主要关注的内容是拓宽现有地区的主要道路，以便在早期仅承载步行交通的车道上容纳越来越多的轮式车辆。

其他的公共设施项目还包括公园、风景区、土地区划整理项目[⑥]、污水处理设施、运动场、公共市场和广场。与《东京市区改正条例》的内容一样，在 1919 年制度中，公共设施的指定并不一定意味着有实际建设设施的预算。它实际上主要是一份意向声明，指出在资金得到确保的情况下未来需要修建道路、公园等设施的地方。因此，指定公共设施基本上是在一定比例尺的地图上画线，并获得内务省中央办公室[⑦]的批准。这旨在为从设施指定到实际建造所需开展的私人活动提供指南。这种指定并不予以赔偿，但也不具备严格的监管限制。例如，土地所有者可以在指定的都市计划道路范围内建设，只要建筑物不超过 2 层且易于拆除（即不属于钢筋混凝土建筑）。在大多数建筑都是木构且只有 1—2 层楼的时候，这并不是一个很大的限制。如果道路建成，土地和任何建筑物都必须以公平市场价格加以购买。因此，这是一个比上述建筑线制度弱得多的制度。尽管如此，这种对于公共设施的指定可以说是二战前的主要规划活动，几乎所有市、町和村都使用该制度指定公共设施，特别是都市计划道路。

　　长期来看，公共设施指定制度最重要的贡献是它使城市规划权力快速集中于内务省。1919年之前，地方政府在城市规划事务上有相当大的自由，因为没有国家法律来对其加以规范。1919年之后，如果地方政府希望获得中央政府的补贴，或者如果他们想通过强行买取的方式购买公共设施用地，则必须提交所有公共设施的规划，通过地方规划委员会获得内务省的批准。该要求涵盖了上述所有的城市规划设施，包括都市计划道路、分区规划、土地区划整理项目等。为了能让内务省（通过东京市政府）直接控制已被整体纳入1919年《都市计划法》的《东京市区改正条例》的实施，"都市计划决定"这一法律程序被创建出来，赋予了中央政府全面控制全国详细规划的权力。地方政府也得到承诺，可以从中央政府那里获得建设已批准设施的部分资金，而这些设施是它们自己无法负担的。毫无疑问，这是日本城市规划发展的一个决定性转折点，直到1968年新的《都市计划法》通过，以及第9章所述的1999年和2000年重大法律修订后，才允许部分程度的地方分权。

土地区划整理

　　1919年引入的最后一个重要规划制度是土地区划整理。它由地方政府或私人土地所有者的协会所组织，最常见的作用是在城市边缘区开发用于城市用途的土地。从本质上讲，土地区划整理是一种汇集项目区域内所有土地所有权的方法，用于修建道路和公园等城市设施，并将土地划分为城市地块。在日本使用该方法有两个关键特点。首先，所有相关土地所有者必须拿出一部分土地——通常约30%——用于道路和公园等公共用途，还有一些在项目结束时作为城市地块出售，以帮助支付项目设计、管理和建设的费用。其次，在最常见的联合项目中，如果指定的项目区域内至少有三分之二的土地所有者（同时还要拥有至少三分之二的土地）同意，所有土地所有者都可以被要求强制参与项目，并贡献其土地面积对应的份额。这可以防止项目被一个不合作的土地所有者所阻挠，或排除那些不愿承担任何项目成本却想获得项目收益的搭便车者。

　　土地区划整理自德川时代起就已经用于农业土地的整理，自19世纪60年代以来更是得到了广泛的应用。1899年开始实施《耕地整理法》[⑧]，通过将分散的土地划分为更大的地块以及建立灌溉系统来促进农业土地的改进（Latz 1989：38）。该法律在形式上遵循了德国的土地区划整理模式。在19世纪的最后10年中，德国的土地区划整理实践得到了极大的改进和推广，Franz Adickes是1891年至1912年法兰克福的地方行政长官（Oberburgermeister），也是德国城市规划运动的领导者之一，负责法兰克福的一系列市政改造项目，并创建了德国第一套差异化的建筑法规或分区（Sutcliffe 1981：32）。他因制定了德国土地区划整理法（Lex Adickes）而广受赞誉，该法于 1892 年首次提交德国议会，并在修订后于 1902 年最终通过（Sutcliffe 1981：37）。西山康雄认为，日本早期的土地整理和换地实践已被纳入早期的立法中，德国的贡献是一种法律形式而非基本实践。他认为，德国法律"提供了将日本传统农地整理的做法提炼为现代法定土地管理手段的机会"（Nishiyama 1986：331）。

在农业方面，1909 年对该法进行修订之后，重点从农地的换地转向灌溉和排水项目（Latz 1989：39）。这项新技术也很快被应用于城市边缘区，整合地块并提供城市基础设施。林清隆指出，在 1919 年《都市计划法》通过之前，名古屋地区已经启动了八个土地区划整理项目，总面积为 1480 公顷，其中包括对于城市土地区划整理项目的最初规定。这些项目都位于城市边缘区并以新的城市开发为目标，尽管它们是根据《耕地整理法》实施的（Hayashi 1982：107）。石田赖房指出，在城市项目中使用该法的一个主要障碍是，土地区划整理项目区域内不允许包含有建筑物的地块，除非能得到该地块上所有业主的同意。这一障碍一直在 1919 年法律中存在，直到 1931 年才被清除，此后城市化类型的土地区划整理项目得以大幅增加（Ishida 1986：80）。许多城市，特别是名古屋和大阪（见图 4.7），在战前时期利用土地区划整理项目来开发城市边缘区，取得了相当大的成功。

1919 年法律中土地区划整理实践的最重要变化是公共当局被授权成为土地区划整理的实施机构，而在此之前，只有个人和协会可以启动项目。这与德国的情况形成了鲜明对比，在那里市政行动是最为重要的。土地区划整理在日本城市规划的城市边缘区土地开发和城市重建中发挥了非常重要的作用，开发了约 30% 的日本城市面积。除了城市边缘区开发项目外，1923 年关东大地震、二战以及 1995 年阪神大地震之后的大规模城市重建项目都是最为突出的例子。土地区划整理还被广泛用于建造大型公共住房和新城开发。自 1969 年以来，作为土地区划整理一种变体的《都市再开发法》（Toshi Saikaihatsu Hô）已被用于重建火车站前繁忙的商业区。正如在日本通常所说的那样，"土地区划整理是城市规划之母"。

20 世纪 60 年代后，土地区划整理对城市开发变得更加重要，第 6 章和第 8 章对其进行了更详细的检验。此处值得一提的是，虽然该方法作为促进郊区规划开发的一种手段很有效，并且通常与建筑线制度结合使用，其开发城市地区通常标准都相当低。由于项目的资金来源于出售参与项目的土地所有者所提供的储备土地，因此，他们不断向项目组织者施加压力，要求尽量减少其所贡献的土地，项目往往会形成在设计、道路供应和城市服务方面都仅为最低标准的区域。在 1954 年《土地区划整理法》（取代了 1919 年《都市计划法》中的土地区划整理条款）通过之前所开发的项目不需要为公园预留空间或提供下水道,而只需提供最基本的道路。然而,这些项目确实提供了一个基本的道路网,理顺了土地所有权模式,从而防止了最糟糕的无序蔓延式开发。土地区划整理受到地方政府的高度欢迎,因为它提供了实现城市有序增长的低成本手段。特别是,参与其中的土地所有者的土地出资减少或消除了购买道路和公园等公共用地的需要,这成为战后土地价格快速上涨之后的一个基本特征。

1919 年规划制度的实施

由于种种原因,1919 年的法律未能创造人们所希望的城市规划的积极环境。部分原因如上文所述,在于法律在被通过之前删除了一些关键的财务内容。此外,由于每个分区都允许不同用途的广泛混合,因而所制定出的分区措施相对薄弱。例如,几乎所有的商业和办公用途以及各种规模较小的工厂仍然可以在居住区内建造,只有大型工厂和剧院等娱乐场所被禁止。在工业区,仍然允许建造住房,因此重工业和住房的混合区域在继续扩大。

有关 1919 年法律的一个主要观点是缺少关于郊区开发的规定。在东京地区,大多数郊区的增长是无序、无规划的蔓延,从 1905—1920 年,郊区人口从 42 万增长到 118 万。此外,尽管 1919 年法律确实将城市规划权扩大到了这些郊区,但准备最初的规划还是花了一些时间。该法于 1920 年 1 月生效,东京市的都市计划区域于 1921 年获得批准,并于 1922 年 4 月公布。这一都市计划区域大约相当于目前 23 个区的范围。从那时起,启动土地区划整理项目、指定主要道路网等公共设施以及起草郊区建筑线方案的规划和咨询工作开始了。这项工作基本上在 1923 年 8 月完成,东京市的第一份分区规划也于 9 月生效。不幸的是,1923 年 9 月 1 日发生了关东大地震。在随后的大火中,这些规划与其他许多东西一起付之一炬。而且,这场灾难的一个重大影响是,大量人口从被烧毁的中心地区迁移至新的郊区。1922 年至 1930 年间,这些地区的人口翻了一番,从 143 万增加到 290 万,主要原因是灾难所造成的流离失所者仓促搬迁。这一不幸的时机意味着该地区几乎没有机会进行有序、有规划的城市化,这一地区如今是东京市中心的一部分,存在着最严重的城市问题,包括非常匮乏的公共空间、较差的道路和许多密集的木制公寓楼(Ishizuka and Ishida 1988b: 211)。此外,将资金和规划专业知识的重点放在东京市中心的重建上,无疑将人们的注意力从别的城市所面临的问题以及建立有效的规划城市扩展的制度等更大的项目上移开了。

1923 年关东大地震与重建工程

几乎可以肯定的是，在新制度令人失望的结果背后，最重要的因素就是在制度刚刚建立时发生了地震。地震在东京和横滨造成了广泛的破坏，约有 14 万人死亡或失踪，东京 44% 以上的市区被大火烧毁，约 73.8% 的家庭受影响（Ishizuka and Ishida 1988b：19；Watanabe 1993：219）。在江户时代，几乎所有曾经是平民地区的旧的、人口稠密的东京中心地区都被大火烧毁了（见图 4.3）。在东京这个古老的"下町"中，几乎什么也没有留下，而在西边山麓"上町"的前武士区则几乎看不到大火。正如 Seidensticker（1990）指出的那样，江户最终在地震中消失了，因为老"下町"是江户的心脏，它保留了自明治维新以来的前半个世纪中许多基本的城市特征。

地震发生后的第二天，大火仍在熊熊燃烧，后藤新平再次被任命为内务大臣，成为山本权兵卫内阁的一部分。山本权兵卫是地震后由元老们任命的无党派首相，负责成立民族团结政府以应对危机。对后藤新平的任命是一个合乎逻辑的选择，因为他已经有过内务大臣的经验，并在 1920 年至 1922 年起草新的《都市计划法》下的第一轮规划时担任过东京市长。当时，他是一项雄心勃勃的首都现代化长期规划的发起人，该规划因其庞大的预算而被称为"8 亿日元规划"。他将地震视为将东

图 4.3　1923 年关东大地震后的银座大道。惊慌的幸存者们正在查看东京曾经闪闪发光的商业中心的残骸。

资料来源：东京复兴调查协会（Tokyo Reconstruction Survey Commission 1930）。

京改造成现代化城市的黄金时机，并提议成立一个国家政府机构，在内务省的直接监督下实施该项目。帝都复兴院于 9 月 19 日根据内阁命令成立，由后藤担任主席。他的目标是：

　　1. 拒绝迁都；

　　2. 一项雄心勃勃的、预算为 30 亿日元的重建方案；

　　3. 运用西方先进的规划技术；

　　4. 对土地所有者的独立重建活动进行强有力的控制，以便能够实现在过去的 50 年中被反复规划并遭遇失败的合理道路网（Watanabe 1984：420），见图 4.4。

　　在被考虑的几项金额高达到 40 亿日元的支出规划中，帝都复兴院在 10 月份确定了一项 10 亿日元的规划。大藏省则反对这么高的金额，预算被削减到 6 亿日元。当该规划提交至国会时，执政党政友会进一步将其削减至 4.7 亿日元。最后，山本权兵卫内阁于 1924 年 1 月初垮台，后藤失去了内务省的职位，并于 2 月将帝都复兴院降级为复兴局，置于内务省的控制之外（Tucker 1999：131）。

　　尽管对于后藤规划的政治反对成功地使重建预算大幅度削减，他的方案中的几个基本要素仍然保留了下来。特别是，他起草的《特别都市计划法》于 1923 年 12 月颁布，并于 1924 年 3 月生效，规定了在未来七年半内所遵循的重建方法。该法律的核心内容是重新设计土地区划整理程序，以允许其用于现有建成区的重建。主要的变化是，新法案授权帝都复兴院自行设计和实施项目，无须征得相关土地所有者的同意。以这种方式使用土地区划整理，使帝都复兴院得以避开法律要求，即所有为修建道路和公共设施而征用的土地必须以公平市场价值加以补偿。该法律只允许对地块面积减少超过 10% 的部分进行赔偿。土地区划整理方法的支持者认为，这不是无偿征用，而只是应用了正常的土地区划整理原则，即土地所有者用土地来建设公共设施和进行项目融资，同时也受益于项目带来的土地增值。因此，重建项目的实质是大规模使用土地区划整理方法。东京 3636 公顷毁坏区中的 3041 公顷被划分到 65 个项目区里，并分阶段加以重新设计和建造（Tokyo Municipal Office 1930：73）。

反对运动

　　未经土地所有者事先同意而大规模使用土地利用权，特别是规定对前 10% 的土地贡献不予赔偿，引发土地所有者大规模且有组织的反对运动也就不足为奇了。反对者抗议说 10% 的土地贡献是违宪的，他们的主要目标是使项目延期，以便修改土地估价和补偿制度。这些运动初步取得了相当大的成功，1925 年 2 月，东京

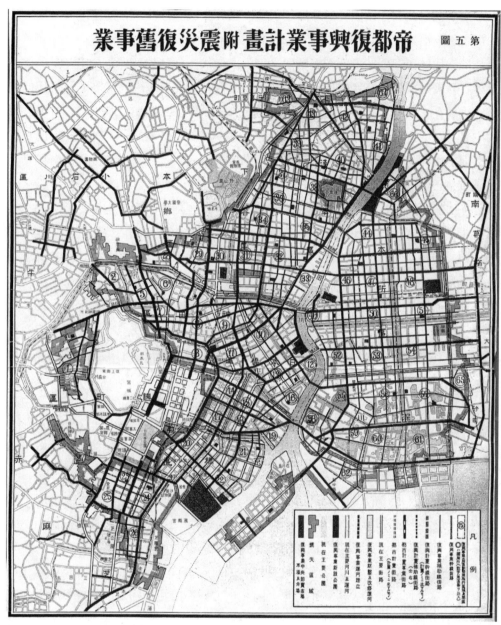

图4.4　1923年关东大地震重建规划。该平面图显示了作为东京地震重建项目一部分而修建的一级和二级主干道网。

资料来源：帝都复兴事业图表（Imperial Capital Reconstruction Project Maps Book 1930）。

市议会通过了一项反对强迫使用土地区划整理的议案。3 月份，国会下议院一致通过了一项类似的议案，并提议对该法案进行根本性修改。同年 10 月，促进土地区划整理项目改善联盟 ⑨ 提出了修订土地区划整理方案的建议，但复兴局只对补偿做出了微小的修改，并按照规划开展了项目。在无法阻止这些项目的情况下，反对派的声音逐渐消失（Ishida 1987：158；Koshizawa 1991）。

虽然从城市规划的角度来看，以这种方式使用土地区划整理是合乎逻辑的，但也很容易理解土地所有者的反对意见。与封建时代相比，东京显然需要更现代的街道结构和更多的公共空间。《东京市区改正条例》的项目仅成功地拓宽了有限数量的主要道路，且成本高昂。地震发生后，几乎一半的城市地区——以及几乎所有拥挤的旧平民区——都已化为灰烬，要进行彻底的重新设计还有比这更好的时机吗？要求所有土地所有者通过土地区划整理贡献 10% 的土地也是对需要更多道路空间的公平回答，显然比完全征用位于新道路上的少数土地所有者的土地更公平。与按所需规模来购买土地相比，这还可以节省关键的成本，尤其是在需要巨额支出才能重建重要的桥梁和其他公共设施的情况下。

另外，土地所有者有一个合理的观点。相关的土地所有者自愿接受土地区划整理的基本原则以及如此众多的项目，是由于提供道路和服务所带来的土地增值几乎总能使土地所有者最终拥有价值更高的土地，即使剩余面积比他们最初拥有的面积要小。这在郊区边缘地区运行良好，但在已经完全城市化地区的重建中，这一结果就不那么确定了。首先，简单的道路拓宽不太可能实现土地价值的大幅增长，至少与从农村土地向城市土地的最初转换相比是这样。其次，许多土地所有者都是中心城区小块土地的所有者，他们同时居住和工作在那里，只有出售土地才能从土地增值中获益。更有可能的情况是，他们只是被迫在规模稍小的营业场所勉强度日，并希望增加的交通量能起到补偿作用。

大规模反对强制缴纳 10% 的土地、组织良好的反对运动，以及无法最终影响政府政策，这些都是当地民众试图影响日本规划政策的典型例子。这样的例子不胜枚举，后面几章将介绍几个最近的例子。这一实例说明了规划制度在中央政府主导下的显著优势和风险。由于重建项目是由中央政府直接实施的，规划人员可以无视公众的反对，而公众的反对几乎肯定会阻止地方政府的行动。复兴院基本上未加改变地推进了该计划，只在超过 10% 限额的征地补偿率方面向反对派做出了一些小的让步。在公众利益如此强的情况下，这种方法可能是合理的。然而，这一过程很难增加受影响人群对规划的公众支持，而且似乎更有可能强化城市规划的概念——城市规划仅仅是另一种政府活动，在无法有效反对时必须被接受。

虽然这对那些因重建项目而损失土地的人来说没什么安慰，但从长远来看，这种自上而下的做法可能确实符合公众利益。从 1924 年到 1930 年的七年间，重建项目成功地实现了东京中心地区的现代化，并提供了支撑东京发展至今的大部分基础设施。该项目在东京市中心地区建立了一个合理的一级、二级和三级道路网络，全长 253 公里。其中包括 44 米宽的昭和大道，从新桥到上野，穿过旧城的中心。在旧城区共建设了 52 条宽 22 米以上、总长 114 公里的新主干道。用防火材料重建了大约 121 所公立学校，其中的许多都使用至今，并被指定为地震或火灾时的避难所。修建了大约 55 个公园，总面积约 42 公顷，其中许多公园位于旧城几乎没有开放空间的地区，还有一些公园被修建为学校附近的操场。考虑到空间紧张，一项有趣的创新是在几乎所有被重建桥梁的两端修建了迷你的口袋公园，作为供当地居民使用的有树木和盆栽的休息场所。该项目还重建了 400 多座钢桥，并推广了以前在日本城市中几乎无人知晓的人行道。1930 年 3 月，为庆祝帝都复兴事业的完成，举行了各种仪式。该项目的领导人对他们的成就感到无比自豪，并于当年出版了两卷 1874 页的项目纪念文件集（*Tokyo Reconstruction Investigation Commission 1930*）以及一本英文版小册子（*Tokyo Municipal Office 1930*），向世界展示他们的成就。

对重建项目的规划和许多现有成果的检验表明，项目负责人对他们的成就感到自豪是有道理的。这些规划本身相当复杂，很好地平衡了在现有城市结构内工作的各种限制，但同时在中心地区削减了主要的新大道，并创建了新的道路结构。从最宽的林荫道到最小车道共五个等级的道路在主要重建平面图上进行了颜色编码，成为一个优秀的精心设计的道路等级实例。

尽管上文所述的各种公共设施无疑是重建项目的一大贡献，看一下详细规划后会发现，重建工作的一个主要部分肯定是道路系统的改变以及与之相关的财产分割和剩余建筑的搬迁。如图 4.5 所示，土地区划整理项目涉及现有业主的重大位置变化。不仅建设了一个宽阔道路的网络，许多较小的街道还被排为直通道路，而且从主要适合步行的狭窄蜿蜒的小路到适合车辆行驶的大道，进行了拉直和规范化。土地区划整理项目覆盖了面积达 3041 公顷的密集建设的中心区，在这样的范围内实现以上目标是一项艰巨的任务。

长期影响

该项目还对日本的城市规划实践产生了一些重要的长期影响。除了在十年的大部分时间里，国家的大部分城市规划资源都投入到东京大地震的重建工作中，导致其他城市与 1919 年法律之前一样，几乎完全依赖自己的资源发展。此外，还有三个影响值得注意：确立了土地区划整理技术在已完全建成的城市地区的应用，培养了一大批专业的城市规划师，以及成立了一个大规模建造公共住房的组织。

如上所述，在东京地震重建项目之前，土地区划整理几乎完全用于农业用地重

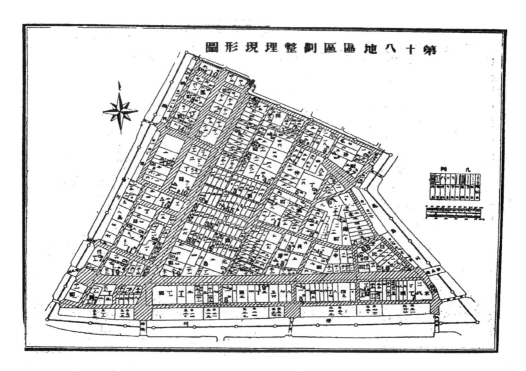

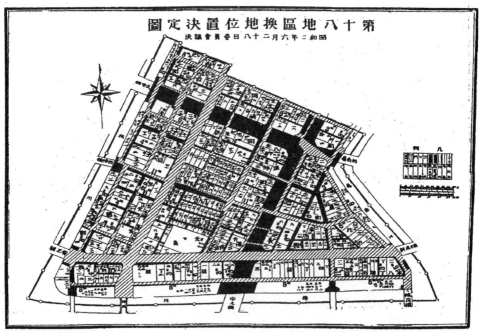

图4.5 东京地震重建图——土地区划整理项目。关东大地震中被大火摧毁的地区划分为几个区域，通过土地区划整理项目进行重建和重划。这两张地图显示了东京市中心第18号土地区划整理区，该区位于东京站以东，三面以运河为界。上方地图显示了项目运行前的土地所有权和道路模式，下方地图的黑色区域显示了项目新创建的道路空间。

资料来源：东京复兴调查协会（Tokyo Reconstruction Survey Commission 1930：848a）。

新配置和城市边缘区土地开发的项目。虽然土地区划整理方法已被用于重建 1920 年和 1921 年被大火摧毁的早稻田和新宿两块区域，但这些项目是在相关土地所有者同意下根据 1919 年的法律规定进行的。1923 年年底通过的《特别都市计划法》为土地区划整理创造了新的行政架构和程序。土地区划整理项目不仅可以由中央和地方政府直接实施，而且不需要依照通常的制度先获得土地所有者的同意。自此以后，公共机构开始以各种方式直接设计和管理土地区划整理项目，例如在 20 世纪三四十年代的军事设施建设、战后主要城市的重建、20 世纪六七十年代的大型住房项目和新城建设，以及地方政府资助的大量旨在防止城市蔓延的城市边缘区项目中，都有土地区划整理项目的应用。通过制定一个程序，允许中央和地方政府主动使用土地区划整理项目而非等待当地土地所有者启动项目，一个积极规划和开发城市地区的强大工具被创建出来。土地区划整理的这几种使用方式将在后面的章节中讨论。

　　日本的规划师普遍认为，从长远来看，重建项目最重要的影响在于规划实践本身。这一项目的高知名度和声望，以及在改造和重建东京市中心广大地区方面的明显成功，极大地提升了日本城市规划的公众形象和从业人员的自我形象。由于该项目规模巨大，持续时间长，因此该项目成为整整一代年轻规划师的培训基地，直至二战后，这些年轻规划师一直是日本规划行业的中坚。在复兴局工作的总共约 6000人中，许多人是年轻的工程和建筑专业毕业生，后来分散到日本各地的都道府县和地方政府办公室，在内务省设立于日本各地的地方都市计划委员会以及朝鲜和中国东北地区从事规划工作。另一个好处是，复兴局的官员编写了一系列教材，向项目工作者们解释新的城市规划制度和法律。这些教材随后被出版，成为新兴规划行业的标准参考书（Ishida 1987：151；Koshizawa 1991：84–85）。

　　一个与之密切相关的发展是同润会的创立。这个名词不能直译为英语，但大致意思是"共同繁荣协会"。该基金会成立于 1924 年 5 月，目的是为地震灾民提供住房和工作。基金会将 5900 万日元捐赠款中的 1000 万援助地震灾民。该基金会最初的重点是在灾后立即建造大型临时木屋设施（日文为バラック，来自英文的 barracks），但在建造了少量此类住房后，他们迅速转向各种研究、设计和引进新住宅风格的项目。最终共建造了 5653 个单元，包括地震后的临时住所。同润会的长期影响在于其示范住房计划，特别是它让许多年轻建筑师参与到项目中，将欧洲风格的住房改造为适合于日本的住房类型。同润会建造了第一幢中产阶级的中高层住宅，并试验了钢筋混凝土公寓楼，如在代官山和青山建造的公寓楼；还试验了将贫民窟住房区改造为中高层混凝土公寓的项目，如图 4.6 所示的深川区猿江町的大型项目（Ishizuka and Ishida 1988b：21）。许多有才华的年轻城市规划师和建筑师在地

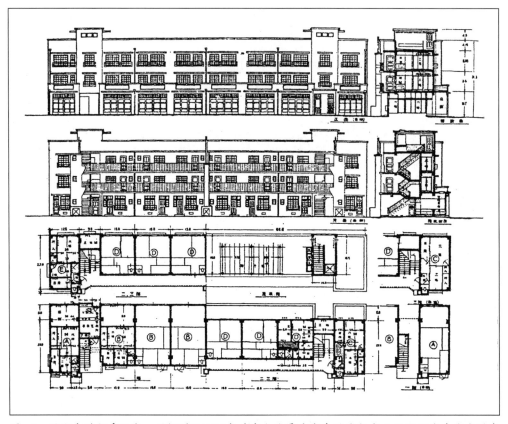

图4.6 同润会的住房开发。用捐赠给1923年关东大地震受害者的钱款成立的同润会在完成紧急避难所的建设后，对于贫民窟住房改造进行了广泛的实验，并率先在日本建造多层钢筋混凝土住房。图中所示的公寓楼是猿江项目的一部分，该项目旨在改善位于今天东京东部江东区的一个臭名昭著的贫民窟，并于1930年完工。
资料来源：日本住宅综合中心（Japan General Housing Centre 1974：41）。

震重建项目中获得了第一次实践经验，他们在战后时期里发挥了重要作用，许多参与同润会工作的人也是如此。

地震的另外两个长期影响也值得在此提及。首先，为了应对地震后提供避难所的迫切需要，建筑法规被放宽，附带条件是任何不符合要求的建筑都只是临时性的，必须在五年内被更换。迫于公众的压力，对于几乎对所有建筑，这一义务被推迟然后又取消了，结果是大部分中心区都采用易燃的木质建筑重建，甚至在长期以来被指定为防火区的地区内也是如此。这些地区在二战结束时再次因美国的燃烧弹轰炸而起火。其次，如上所述，地震极大地促进了郊区人口的快速增长，主要呈现为城市附近农业区的无序蔓延。东京边缘也出现了另一个非规划增长带，而20世纪30年代的新建筑线规划和土地区划整理项目大多都位于该增长带之外。

大阪、田园城市、殖民地首都和大都市结构规划

尽管东京重建项目在其 1930 年完成之前明显主导了城市规划的活动和预算，但在重建期间和重建之后，还有其他重要的城市规划工作值得关注。四个突出的例子是：大阪的市政事业、花园郊区的开发、殖民地的城市规划和大都市结构规划。每一个例子都会被简要地加以检视。

大阪市的市政事业

大阪这一实例表明，中央政府的规划愿景是多么具有局限性。作为全日本第二大城市和主要的工商业中心，大阪相对较为富裕，在 20 世纪前几十年拥有大量且迅速扩张的纺织制造业和重工业基地。它还得益于当地的自豪感，拥有"东方曼彻斯特"和"烟雾之城"的绰号。大阪也有幸在 1914 年成功从东京商学院（后来的一桥大学）招募了日本著名的政治经济学家和城市思想家关一担任副市长。关一曾在比利时和德国留学，写过关于城市社会和规划问题的文章，并且非常了解欧洲的当代发展。他在 1923 年成为市长，在大阪的整个职业生涯中，他将城市规划和市政改革作为其议程的核心部分。如果有任何一个城市能够在两次世界大战期间建立起另一种城市规划愿景和实践，那一定是大阪。

在担任副市长的早期，关一起草了一项广泛的城市社会改革计划，以及对于市政府和城市规划的作用的愿景，这与当时的中央政府所采取的方法大不相同。中央政府城市政策的首要任务无疑是通过修建公路、桥梁、铁路和港口来促进经济发展。在这种背景下，关一主张城市管理和规划应采取激进的愿景，强调市政府的主要目标是通过将市政企业和城市规划扩大为社会事业，为公共福利服务。关一也是市政政治自治和市政公用事业所有权的倡导者，并深切关注城市工人阶级的住房条件。他认为，地方政府应该带头扩大社会服务的提供，城市规划的目标应该是创造舒适的城市，为大多数居民提供高水平的宜居生活。关一谴责了城市房地产投机者，这些投机者为工人建造了脆弱的贫民窟住房，并且由于大阪日益严重的住房短缺而得以收取高昂的租金。阻碍实施早期城市扩张规划（如第 2 章讨论的山口半六的城市扩张规划）的一个关键问题是，修建道路的土地征用权仍然非常薄弱。这实际上让市政府听任当地土地所有者的摆布，他们可以对用于道路修建的小块土地索取过高的价格，即使这些新道路的主要影响是增加他们余下土地的价值。因此，关一主张对边缘区的城市化进程进行市政控制，以便能够在一个高质量的居住环境中提供工人阶级的廉价住房。

关一政府见证了新的宽阔林荫道、港口、广阔的市属有轨电车路网、地铁系统，以及电力、淡水和下水道系统的建设。除了这些传统的城市基础设施问题外，在关一的领导下，通过 1918 年成立的社会局，大阪市还建立了一系列新的社会项目和设施。其中包括"市营零售市场、中央批发市场、就业办公室、当铺、便餐台、公共浴室、技校、妇产医院、托儿所、日托中心、医院和城市公营住房"（Hanes 2002：203）。关一还创建了大阪市立大学，该大学拥有日本第一个都市经营学科（Miyamoto 1993：54）。

在关一的领导下，大阪于 1917 年成立了一个都市计划委员会，并起草了一份都市计划法草案，旨在允许大阪改造现有的建成区，并充分规划和开发城市边缘的土地。该委员会还开始编制一份综合城市规划，将大阪现有城区以外的地区包括在内，并开展争取中央政府将规划法草案和综合规划通过为国家法律的运动。正如第 3 章所述，在这一规划的编制期间，国家的都市计划调查会成立，在池田宏的领导下开始起草新的都市计划法，并邀请关一成为成员。关一并没有使大阪的都市计划法草案获得中央政府的批准和通过，而是参与起草了一部适用于日本所有主要城市的全国性法律。渡边俊一（Watanabe 1993：151–160）认为，大阪都市计划法草案对国家法律的发展做出了重要贡献。情况或许是这样的，但正如上文所述，该法律的关键结果之一是，中央政府的内务省彻底将规划权集中起来。然而，石田赖房认为，说服关一接受国家法律的一个主要原因是，该法律包含了国家对城市规划项目的财政支持条款（Ishida 2000：4）。

不幸的是，正如我们所看到的，大藏省强烈反对内务省倡导的用国家财政来资助市规划项目。虽然国家资金在整个战前时期都用于地方项目，但所占份额往往很小。例如，在 1921 年至 1942 年根据《都市计划法》实施的大阪的"第一个城市规划"中，国家补贴仅占 1.6 亿日元项目总成本的 2%，其中大部分费用由市税、市属有轨电车利润和地方债券支付。总成本的 18% 作为特别评估税（special assessments）收取自受益于新拓宽道路的土地所有者（Matsuzawa 2000：70）。关一大力提倡大阪的特别评估制度，该制度与 1919 年《都市计划法》有所不同，因为它是依据对道路建设项目前后的道路附近土地价值进行评估的制度（Okayama 2000：77）。1922 年，内务省颁布了一项专门针对大阪的政令（Ishida 2000：5），允许按此方式收取增值税。而其他城市则采用了更简单的制度，将三分之一的成本分摊给附近的土地所有者。因此，随着 1919 年《都市计划法》的颁布，大阪最终失去了城市规划的市政控制权，但却几乎没有获得国库宝贵的财政支持作为回报。

Hanes 还认为，城市规划自治权的丧失极大地挫败了关一将城市规划视为社会改革和改善贫困劳动者的城市住房工具的愿望。关一的策略的关键是，大阪市将建设一个大型的新道路系统，电车将延伸到现有城区之外。这些地区将通过土地区划整理项目开发为花园郊区，城市将建造大量新住房，以合理的价格出租和出售给工薪阶级，如下所述。然而，内务省阻止了大阪市区改正方案取调委员会的综合规划草案中雄心勃勃的做法："1921 年由原敬首相签署成为法律的大阪第一次都市计划只是三年前大阪市所提出方案的一个幽灵。关一关于'大大阪'（Dai Osaka）的宏伟愿景最终被缩减为差不多仅存的城市核心现代化道路和桥梁网络"（Hanes 2002：236）。1928 年的大阪第一次都市计划及其后续的综合大阪都市计划基本上都是道路、运河和桥梁建设项目。尽管这些项目很有必要，但并没有发挥多大作用以使城市更适合穷人居住。显然，即使在大阪这样的城市里，领导人对城市规划能实现什么目标有着不同且更广泛的想法，中央政府官员也试图行使多种权力来批准、否决和修改所有地方政府规划的新程序，确保城市规划符合中央政府自身相当有限的主要基础设施的建设计划。

由于大阪很少得到中央政府的支持，因此有必要采取最低成本措施。大阪仿效了《东京市区改正条例》的项目的做法，利用有轨电车收入来支付大规模的主干道路拓宽计划。随着 1925 年大阪市的大规模扩张，市政府将用土地区划整理开发新城区作为其首要任务，并积极参与规划及鼓励项目的运作。到 1940 年，已完成64 个协会型土地区划整理项目，总面积约 3500 公顷（Osaka City Association 1992：80）。图 4.7 显示了 1924 年至 1940 年在大阪城市边缘区由协会发起的土地区划整理项目的范围。如图所示，通过这些项目开发的区域非常大，涵盖了这一期间城市化的大部分区域。这些项目有助于形成一个基本的道路网，并使政府以极低的成本规则地划分地块。然而，他们几乎没有进一步推动关一的愿景，即由城市建造的工人阶级可以支付的花园式郊区。

田园城市与城郊铁路发展

西方规划思想对日本实践影响的一个重要实例是对于田园城市兴趣的增长。在日本，最早的全面规划的郊区开发是英国田园城市运动的直接产物。在英国发表埃比尼泽·霍华德（Ebenezer Howard [1902]1985）关于通过在农村建设新城镇进行城市改革的建议几年之后，内务省地方局于 1907 年出版了《田园都市》（Watanabe 1993：41）。正如一些人所想，该书并不是霍华德著作的译本，而是对霍华德概念的介绍，主要基于 A. R. Sennet 的《田园城市理论与实践》（*Garden Cities in Theory and Practice*，1905）一书。在日本出版的这本书引起了城市规划兴趣者们的广泛争

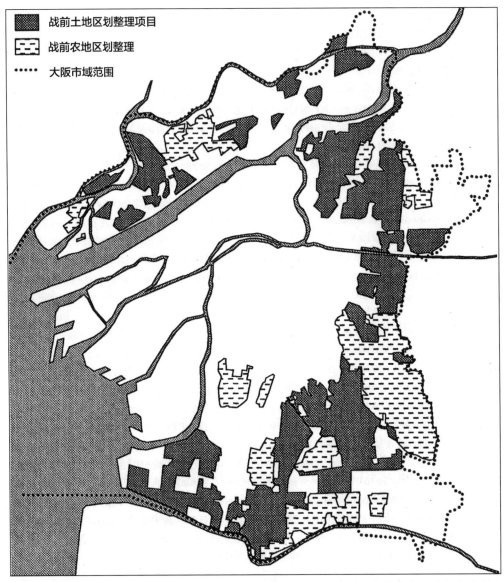

图4.7   大阪城市边缘区的土地区划整理项目。由关一担任市长的大阪是第二次世界大战前城市扩张规划的引领者。

资料来源：修订自大阪市政府（Osaka Municipal Government 2000：98）。

论，1918年，田园都市株式会社成立，旨在开发洗足（18公顷）和多摩川台（10公顷，见图4.8）两座田园城市。田园城市的推动者中包括明治时代最杰出的企业家涩泽荣一，自参与早期的《东京市区改正条例》提案之后，他就成为城市规划的倡导者。该公司成为大正时代最大的郊区开发商，并最终发展成为东急公司，该公司在二战后采取铁路建设与郊区土地区划整理项目相关联的战略，开发了东京和横

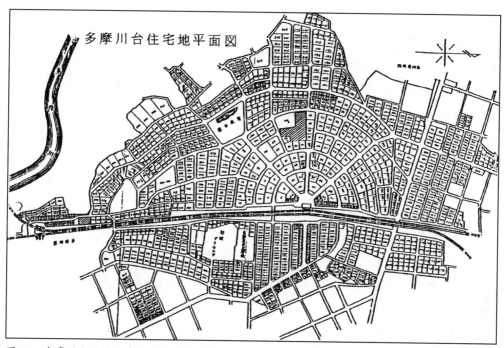

图4.8　多摩川台的地块布局和街道平面图。多摩川台是日本建造的第一个花园郊区的一部分。
资料来源：日本综合住宅中心（Japan General Housing Centre 1984：38）。

滨郊区的大片区域（Matsubara 1982）。东急现在是日本众多的郊区铁路 / 土地开发 / 百货公司运营商中规模较大的一家。

　　该公司的首批行动之一是修建一条新的铁路，并于 1923 年 3 月开始运营。1922 年开始在离东京最近的洗足地区出售地块，1923 年 8 月在多摩川台开始出售地块。毫无疑问，在关东大地震的偶然机遇下，这些开发项目取得了巨大成功。关东大地震摧毁了东京市中心的大部分地区，并由于恰好发生在郊区地块待售之际，刺激了郊区的快速发展。这些项目基本上是中上阶层的住房开发项目，土地公司试图通过比现行规划法更严格的建筑和土地利用控制契约来保护该地区的特色。渡边俊一（Watanabe 1984）认为，尽管这些协议在法律上无法被强制执行，但作为对生活方式和财产价值的保护，它们受到富裕居民的尊重。然而，这一方法作为保护居住区的早期先例并没有普及，对居住区缺乏此种保护成为战后日本郊区发展最显著的特征之一。

　　虽然田园调布仍然以高级住宅区而闻名，但它从来不是霍华德所设想的田园城市，也不是战后英国的田园城市。田园城市的基本理念——独立于大都市、工作岗位自给自足、社区拥有土地和保护性绿地、可以提供经济适用住房和改善社会福利——并不是日本田园城市理念的一部分。剩下的则是在宽敞的郊区的生活愿景，被成功地向新兴日本中产阶级推销。因此，这些开发区是花园式郊区，仍然依赖于中心城市的工作和服务，尽管也许应该注意到，自给自足的田园城市的最初愿景从未在任何地方实现过，即使在可能最接近其愿景的战后英国的实践中（Thomas 1969；Hall and Ward 1998）。日本的田园城市基本上是投机的土地开发，为最初的投资者带来了高收益率（Watanabe 1980：139）。尽管如此，在日本为综合开发项目提供优质住宅用地还是第一次，在远离城市的绿叶环绕的田园环境中提供住宅的项目也是一个重要先例。

尽管田园都市公司是迄今为止日本最著名的田园城市的建设者，但关一在大阪的另一个尝试更接近于霍华德的社会住房愿景。如上所述，关一的主要担忧之一是大阪工业化过程中糟糕的住房状况，他更喜欢的解决方案是在城市边缘区大规模开发土地，容纳以新的公共交通设施与城市相连的低成本劳动者住房。关一战略的一部分是在 1920 年成立的一家有限分红的土地开发公司，作为大阪市和一些富有的金融家的合伙企业。该公司成立时规定，其向股东返还的利润不得超过其利润的6%，并将保留盈余"以扩大其业务，造福公众"（Kodama 1993：37）。虽然这一比例远高于英国当代的有限责任公司，但在当时的日本背景下，6% 的比例是相当低的。例如，田园都市公司在 1923 年开始销售土地后，每年发放 10% 的分红（Kodama 1993：34）。

大阪住宅经营公司（大阪住宅经营株式会社）于 1920 年开始运营，实收资本为 250 万日元，外加 150 万日元的大阪市低息贷款，这笔钱最终借自内务省社会局。该公司随后开始在大阪以外的农村地区购买土地，并将其开发为住宅用地。贷款资金主要用于建造房屋以供出租和出售，到 1923 年，共有 438 套出租房屋用贷款资金建造并出租。第二笔贷款预计在 1923 年 10 月被内务省批准，以继续扩大对租赁住房计划的补贴，但在关东大地震后，几乎所有此类支出都突然停止，因此贷款从未发放。1923 年后，该公司将其经营战略转向更多的土地细分和销售，并逐渐增加分红，最终于 1928 年与新的京阪电气铁道株式会社合并，结束了社会住房土地开发的短暂试验（Kodama 1993：39；另见 Terauchi 2000）。可能是由于这种管理上的变化，图 4.9 中平面图上显示的所有开放空间最终都建成了，包括规划的公园。只有通往车站道路上的环岛仍然留存，里面有一个喷泉、一些长凳和一块石碑，以纪念大阪住宅经营公司的工作。

20 世纪 20 年代，许多其他郊区铁路采用花园郊区模式，结合了铁路建设和土地开发（Arisue and Aoki 1970；Ericson 1996）。一种特别流行的方法是将学校与新火

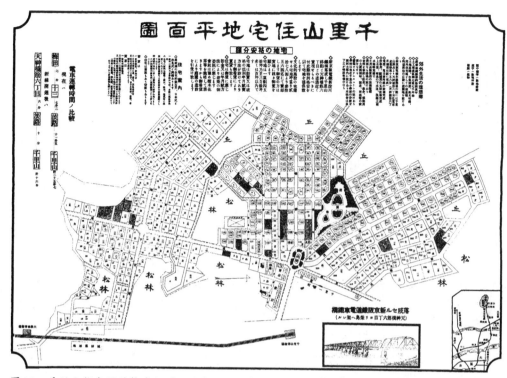

图4.9　千里山住宅区的推广规划。这张大阪北部千里山在1923年新开发的住宅区的推广图，展示了这一时期众多规划中一个的典型实例。它由经过改良的简单道路格网、通往大都市中心的火车站、一个小公园、主要展示开发商能否购买的土地的总体用地布局，以及场地周围的山丘组成。
资料来源：大阪市立中央图书馆和大阪历史档案馆保存的原始规划副本。

车站的开发以及土地开发方案绑定。这种"学园城市"（学园都市）的方法同时形成了对于土地和铁路服务的初始需求，在包括大泉学园，成城学园和玉川学园在内的整个东京西郊，都可以发现其应用。这些开发项目在大阪地区也很受欢迎，数十个小型住宅开发项目分散在大阪、神户和京都周围的郊区。在 20 世纪一二十年代，领先的私人铁路极大地扩展了其网络，阪急、阪神和近畿日本铁道公司是建立新的郊区土地开发 / 住房方案的领导者，其中许多方案都采用了不同于田园城市主题的名称（Katagi et al. 2000）。

有几个因素促成了当时郊区住宅的繁荣。第一，如前文所述，20 世纪前 20 年经济的快速增长导致涌入现有城区和附近新工业区的工人阶级队伍膨胀。这既造成租金上涨压力，也导致大城市生活质量下降。第二，是白领中产阶级的工薪劳动者迅速扩张。他们填补了新兴工业部门的管理职位，并成为日益扩大的政府官僚机构的工作人员。这一新阶级能够负担工人阶级无法负担的每日火车票，并为位于城市边缘工业带以外、土地更便宜且环境更好的开阔乡村的郊区住宅提供了一个不断增长的市场。虽然旧的城市中产阶级倾向于保留其位于市中心的商铺，但这些商铺通常主要用于商业，并且其主要住宅转移到了新的郊区，如谷崎润一郎笔下的细雪家族（Tanizaki [1946]1993）。第三，是铁路行业的技术发展。电气化的迅速发展，特别是在大都市地区的郊区线路，使得对新线路和车站的开发比采用蒸汽机时更加灵活，后者加速的速度较慢，更适合于车站间距更大的城际干线（Aoki 1993：94）。

　　第四个因素也至关重要：政府对铁路行业的监管。如第 2 章所述，1906 年，日本几乎收购了整个私营铁路部门（当时私营铁路的长度几乎是政府修建铁路长度的两倍）以创建全国的城际铁路系统，只留下少数几条线路由私人掌握，主要是在有大量复线的大都市地区。继续开展私人铁路投资的唯一途径是这些地方铁路线，国有化所释放的大部分资金都是以这种方式使用的。当然，郊区铁路发展的关键是同时开发郊区住宅区，一方面是为了培养每天通勤的使用火车线路的人口，另一方面是因为土地开发的利润通常大于门票销售的收入。在此方面，日本铁路企业家效仿了其他发达国家，特别是美国的惯例。在美国，自 19 世纪下半叶起，中上阶层的有轨电车和铁路郊区已成为主导模式（Jackson 1985；Warner[1962]1978）。正是在大约 1910 年至 20 世纪 30 年代中的这一时期里，大多数郊区铁路线（已成为日本大都市的一个重要特征）得以建立，最初通常是有轨电车或轻型电气铁路。其典型的模式是建一个尽可能靠近城市中心的终点站，最好靠近国家铁路线的主站，在东京和大阪则是位于中央环线上。然后，线路将延伸至乡村来服务于现有的村庄，并通常以铁路公司开发的浴场、游乐园或动物园的形式锚定在远端。因此，线路在工作日将通勤者运送到城市，而在周末则将一日游的游客运送到相反的方向。

　　这个故事还有一个特别日本化的转折点，它极大地影响了这一时期的铁路繁荣。在整个二战前，铁路发展一直受到政府的严格控制，因为这对于国家利益至关重要。因此，虽然明治时代鼓励私人铁路，但其路线和技术标准受到了严格的监管，使得国有化时系统相对容易整合。在大正时代，虽然对铁路投资和建设的控制仍在继续，修建新的国家铁路线和为私人线路颁发许可证却已变得高度政治化。这一时代的两个主要保守派政党对铁路政策的态度截然不同。1918 年，在原敬首相领导下成立了第一个"政党内阁"的政友会，通常被认为是两党中较为保守的一个，该党将铁路系统扩展到全国各地并作为其主要政策纲领之一。1922 年，政友会通过了修订的《铁道敷设法》[⑩]，授权在日本各地修建 10000 多公里的新国家铁路线。与之前在法律中规定修建新线路的时间表不同，新法律没有规定时间。再加上授权修建的线路数量远远超过了可预见的未来，这使得当地线路建设时间的实际决定权掌握在政客手中。毫不奇怪，那些选举政友会议员进入国会的地区的铁路线首先获得批准，而这类铁路线可能对当地经济和土地价值产生巨大影响，并为贪污提供了有利的机会。原敬是一位杰出的政治家，他创立了实际上的日本第一个现代政党，同时也被称为"日本金钱政治之父"。在新私人郊区线路的许可审批过程中也出现了类似的机会，是否拥有政府许可往往成为修建新线路的主要因素。

许多郊区土地开发公司似乎已经在真正地尝试进行复杂的城市设计，尽管其重点显然是营利能力。公园和其他公共开放空间的提供通常是有限的。在两次世界大战之间，郊区优质住宅区的市场在不断增长，尽管当时仅限于中上阶层且规模很小。这种早期大规模郊区住房开发的开端被 20 世纪 30 年代初之后日益加剧的军事化、战时轰炸的破坏以及战后严重的住房短缺和贫困所打断。从这些早期高品质郊区的住宅小区试验到 20 世纪 50 年代后期恢复的普遍的郊区开发，时间间隔大约有 30 年。这一间隔似乎决定性地妨碍了日本开发大型的郊外规划社区的强劲趋势，特别是在战后条件如此不同的情况下，如下一章所述。

也许这些田园城市项目最大的长期影响是在郊区土地开发和私人铁路建设之间建立了强有力的联系。通常与新建车站相关联的铁路沿线的土地开发，而非乘坐量，提供了这些公司的核心收入。在很大程度上，由于其土地开发措施的高营利能力，私人铁路公司能够在战前时期在都会区外建立密集的私人通勤线路网。这些通勤铁路对城市形态产生了巨大的影响，促进了大都市的分散增长，并鼓励基于轨道交通的大都市区，这成为 20 世纪下半叶日本的典型状况。特别是，私人通勤线路在郊区增长中的强大作用促进形成了日本城市化的两个特征：即在偏远的通勤车站周围密集商店群的典型城市模式，以及在市中心终点站或与国家铁路线连接处开发的重要节点。在二战前期，其中的一些，如东京的涩谷和新宿以及大阪的难波，已经形成了重要的商业和娱乐次中心（Sorensen 2001a）。

在当时的日本案例中，田园城市理念的主要贡献既不是莱奇沃思（Letchworth）所传达的社会所有权信息，也不是伦敦北部的汉普斯特德（Hampstead）花园郊区或新泽西州的雷德朋（Radburn）等中上阶层的健康郊区的开发，而是如二战前洛杉矶那样与交通开发相关的土地投机。在日本，铁路公司在 20 世纪 70 年代末才开始面对来自私人汽车的严重竞争；而在美国，普通工人家庭在 20 世纪 30 年代就已普遍拥有了一辆私人汽车。因此，在 20 世纪余下的大部分时间里，郊区铁路系统并没有因为汽车使用量的增加而逐渐消失，而是继续主导着日本城市增长的模式。

殖民地和被占领地的规划

Hein（2001）认为，日本一些最有远见的城市规划是在殖民地进行的。在殖民地，城市规划者强大的技术能力不受母国政治和社会约束影响。规划师能够在城市规划中进行大胆的实验，甚至能够对其中的许多加以实施，因为他们不需要考虑现有的业主或当地的情绪。正如 Hein 所说，他们能够像规划"空旷的领土"一样进行规划，避免了在日本阻碍规划工作的当地土地所有者、现有城市地区以及政治和财政限制等长期问题。正如 Peattie 所说，日本殖民地的行政管理者拥有巨大的行政和立法权力，并且较大程度地免受来自东京或本土人民感情的约束，他们是非常有效的城市规划者，创造了"许多殖民地首都……与亚洲的许多西方殖民城市相比，他们的规划更完善，更有秩序，更具吸引力"（Peatie 1988：264）。Hein 认为，大都市规划开发的技术官僚愿景能够在殖民地环境中蓬勃发展，从而产生了一些最杰出的日本规划作品，如图 4.10 所示的内蒙古大同（现属中国山西省）规划。身处那里的

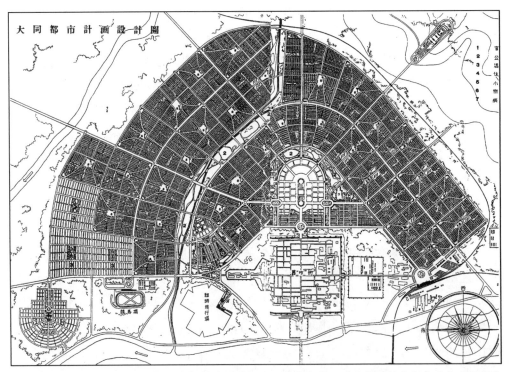

图4.10 1938年由内田祥三制订的大同总体规划。为了使城市得以利用所控制的土地开发过程的收益来发展，该规划包含了机场、墓地、体育设施、神社和寺庙的规划。大部分地区由基于小学学区的住宅小区组成，中心部分为商业设施，外部为工业区。

资料来源：《现代建筑》（*Modern Architecture*，1940 年 1 月第 8 卷：47，转载自 Tucker 1999）。

日本规划师在制定和实施具有远见卓识的规划方面取得的显著成功支持了这样一种观点，即日本母岛全面规划的主要障碍之一不是缺乏技术能力，而是规划运动在政治上的薄弱。20 世纪 30 年代，许多日本最著名的规划师都去了被日本占领的地区，并试图实施雄心勃勃的城市规划。正如 Tucker（1999：236）所说，"日本军队占领中国东北，通过给规划师提供建设理想城市所需的手段和征服的空间，成就了其雄心壮志，他们相信自己可以随心所欲地建设'新首都'。"

似乎不需要指出的是，中国东北地区的居民不太可能对任何将他们的城市视为不存在以及将他们的土地视为"空白"领土的规划非常热心。日本规划中的这一插曲确实突出了 20 世纪规划的核心矛盾之一，即那些主要将其视为改善城市地区生活质量和生活环境手段的人与那些主要目标是创建和实施城市地区愿景规划的人之间的矛盾。后者在当代的一个重要例子是勒·柯布西耶的"瓦赞规划"（Plan Voisin），该规划提议将巴黎市中心的大部分地区夷为平地，取而代之的是创造一个巨大的布满高塔、高速公路和公园式空地的开放空间。勒·柯布西耶的规划也有助于提醒我们，殖民地的规划者并不是唯一梦想着没有现存居民或历史空白页的人。这样的白日梦事实上相当普遍，巴西利亚等新首都的设计师、下文讨论的 20 世纪五六十年代的各种填海计划，以及 20 世纪五六十年代的北美城市规划师都有着这种想法，他们用推土机推平贫民区，以建立公共住宅区和新的商业中心。尽管优先考虑居住在规划区内居民的规划方法更难实施，也更难绘制良好的轴测图，但到 20 世纪末，对于现有城市地区的白板式规划基本上已被放弃，而在日本，一种主要侧重于与当地居民协商来逐步改善现有建成区的规划风格已成为城市规划的主导形式。但这是后面章节的故事。

都市绿地结构规划

必须提到战前规划工作的最后一个方面。自 20 世纪 20 年代初以来，日本城市规划思想的一个重要组成部分，就是试图为更大的大都市地区的整体发展制定合理的规划。人们考虑了各种各样的方式来组织大都市地区的增长，这是战后大都市规划的重要先例。早期的大都市结构规划深受欧洲思想的影响。几位日本规划师，包括内务省城市规划部门的一些规划师，参加了影响深远的 1924 年阿姆斯特丹国际城市规划会议，会议的中心议题是大都市规划问题，一个极具影响力的模式是由绿地和卫星城环绕核心城市，并由放射状和环形铁路系统加以连接。1940 年日本内务省东京地区城市规划委员会提出的关东地区都市结构规划如图 4.11 所示，被广泛认为受到 1924 年会议中大都市规划思想的影响。

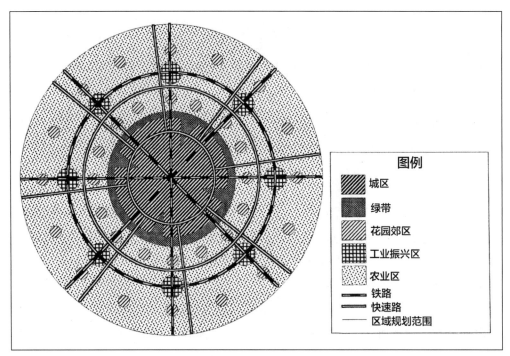

图例
- 城区
- 绿带
- 花园郊区
- 工业振兴区
- 农业区
- 铁路
- 快速路
- 区域规划范围

图4.11　1940年的关东地区都市结构规划。1940年东京区域的这一规划显示出来自欧洲规划思想的重大影响。
资料来源：修订自东京都政府（Tokyo Metropolitan Government 1989：39）。

　　这种大都市结构模式也非常类似于霍华德早期的"社会城市"方案（Howard [1902] 1985，卷首插图），这是日本规划师所熟悉的。然而，该模式在几个重要方面已经适应了日本的环境。关东规划中的"花园郊区"是分散在大都市农业腹地内的众多小定居点。可以肯定的是，这些都与私人铁路公司正在修建的花园式郊区相对应。工业振兴区（使用"工業"一词，指制造业而非一般性商业）的关东规划保留了径向铁路线与绿带外侧环线交叉点的关键位置，而不是霍华德规划中的田园城市。对于工业发展的优先考虑反映了该规划发布于1940年的这一时间，当时日本已经进行全面战争动员，发展军火工业是国家的首要任务。一些这样的工业振兴区和军事城市，实际上是作为从东京市中心分散军火厂布局的一种方式在战争期间建造的（Ishizuka and Ishida 1988c：25）。
　　战争准备也协助实施了一项绿带规划，该规划自1932年东京地区绿地委员会成立以来就一直在筹备之中。筹备小组根据1924年阿姆斯特丹会议上提出的大都市规划基本思想，开始制定区域绿地系统规划。根据石川干子（Ishikawa 2001：244–259）的说法，该委员会的想法也受到19世纪美国大都市公园运动（American metropolitan

parks movement）的强烈影响，试图创建一个公园系统。然而，人们在一开始关注的是东京市民的休闲绿地。随着日本在 20 世纪 30 年代陷入更深的战争，对于防空措施的需求被用来推广这一理念。其提案于 1939 年公布，包括 13730 公顷的大面积绿带、40 个总面积为 1695 公顷的大型公园和 591 个总面积为 674 公顷的小型公园（Ishizuka and Ishida 1988c：52）。如图 4.12 所示，该规划巧妙地将城市边缘现有的未建成土地与大都市区主要河谷和地形特征结合起来。然而，预算和土地征用机制都不足以执行该规划，直至 1940 年修订《都市计划法》，将防空作为城市规划的目标，并将绿地定义为公共设施，从而使征用绿带和公园的土地得到法律允许。通过这种方式，购买了相当大面积的绿带，总计约 646 公顷，而规划绿带面积中的其余大部分仅被指定为防空空地，用于防空炮台和战斗机拦截基地。战后，被购买的区域最终变成了东京的一些较大的都市公园，而其余的开放空间则逐渐被覆盖（Ishizuka and Ishida 1988c：23）。石川干子详细说明了 1939 年规划中被指定为绿地的区域在 1949 年至 1969 年间分 29 个阶段逐步缩小的过程（Ishikawa 2001：265）。

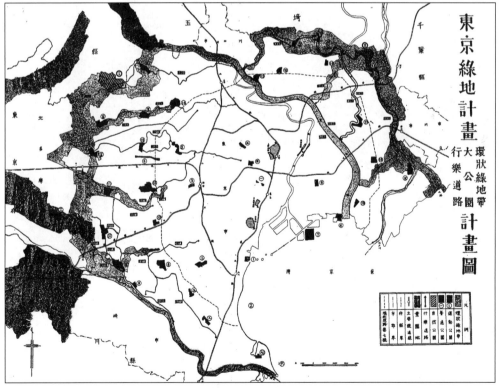

图4.12　1939年的东京绿地系统规划。对于东京绿地网络的规划，起源于20世纪20年代有关大都市结构的争论。1932年，东京地区绿色空间委员会成立，这是该委员会在1939年的最终提案。
资料来源：东京绿色空间规划委员会（Tokyo Green Space Planning Council 1939）。

两次世界大战之间的主要城市变化

总结大正时代的城市发展比之前的明治时代要困难得多，因为它更广泛、更多样化。图 4.13 尝试使用前几章中介绍的城下町模型进行简要总结。城市变化的三个最重要特征是：城市边缘大量的无规划增长；开发如电动有轨电车和私人郊区铁

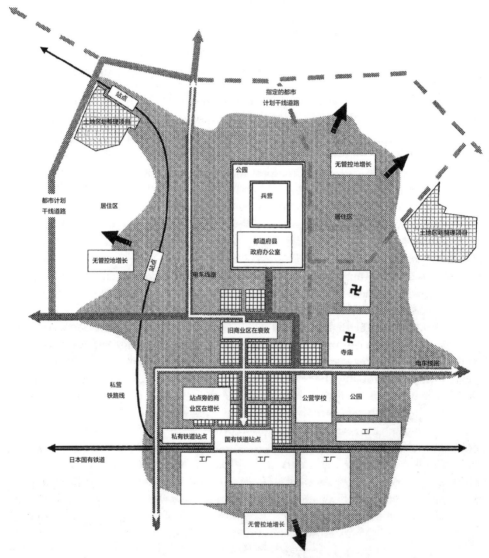

图4.13   大正时代的工业化和早期郊区开发。在大正时代，主要的地方城镇得到进一步快速发展。新的规划制度在20世纪20年代开始产生影响，城市规划主干道得以设计和建设，用于开发城市边缘土地的土地区划整理项目也得到推广。然而，大部分增长仍然是城市边缘区缺乏规划和市政服务的建设。

路等新的城市内部交通设施，以及通过规划和指定基本上尚未建成的郊区干道网络来初步实现有规划的郊区增长，并主要通过私人倡议来开发郊区的土地区划整理项目。如上所述，在大多数地方城市，城市规划是公共设施设计和建设的同义词——这里是一条改进的主干道，那里是一个公园，或者在火车站附近铺设一些新街道。所有这些都是必要的公共工程，但很少有地方城镇试图进行任何大规模的规划干预。大多数人口增长的压力集中在大阪、名古屋、横滨和神户等较大的中心，正是在这些中心开展了更积极的规划工作。

因此，这一时期首次清晰地看到了日本城市增长的特征——在无序蔓延的背景下由大规模交通系统所组织的规划开发的小岛。其他几个特点也值得注意。大规模的工厂扩张主要发生在铁路线附近，但较小规模的企业则继续分布在整个城区，对于土地用途几乎没有区分。尽管 1919 年《都市计划法》引入了包含三类土地用途的分区制度，将居住区、商业区和工业区分开，但实际的开发模式几乎没有受到影响。部分原因是许多城下町根本不屑于通过分区规划，而那些制定了新分区规划的城下町只是在战争开始之前才刚刚完成准备和获批，战争又将大部分精力从城市规划和开发中转移开来。此外，分区制度在任何情况下都不是很严格，这一点在下一章讨论的战后时期变得更加清晰。最后，1943 年修正的《市街地建筑物法》中的特例条款起到了中止除防火区和开放空间区域 [11] 之外的分区制度的作用（Ishizuka and Ishida 1988a：54）。

两次世界大战之间规划的特点

两次世界大战之间的时期在规划制度的发展中发挥了关键作用。许多严重的城市问题在 19 世纪和 20 世纪初曾推动西方现代城市规划的发展，而这些问题在日本建设的城市工业社会中迅速再现出来。对城市中社会问题日益恶化的广泛认识，与因政党内阁的出现和特许权的扩大而实现的民主发展进程相结合，导致政府的优先事项发生了真正的转变，从几乎单一重点——具有明治时代特点的建设国家军事和工业实力——转向包括旨在缓解新出现的社会冲突在内的更广泛的政策方法。改革措施的一个面向是建立一个更复杂的城市规划制度，这体现在 1919 年的《都市计划法》中。

与此同时，明治时代所建立的高度集权的政府结构以及官僚机构的中央决策角色，对出现的规划制度产生了决定性的影响。在当时所有工业国家中，日本建立了可能是最集中的城市规划结构，几乎所有的城市规划和预算都要经过内务省官员的批准。这一结构的一个积极后果是，内务省以及作为其附属机构的复兴局和同润会的一批精英规划师迅速具备了高水平的技术专长。这些规划师通过对西方制度的研究，在东京重建项目上积累了丰富的经验。从这一时期的一些城市规划中可以看出，当时日本的规划技术相当成熟。

不幸的是，尽管规划师和规划制度越来越复杂，大多数新的城市增长仍然是无规划的蔓延。这一时期里，在私人部门投机性土地开发不断增长的同时，对于郊区的开发几乎没有控制。毫无疑问，这在一定程度上是由于关东大地震、日本很大一部分地区长期贫困，以及越来越多的战争动员。但这既不能解释为何缺乏有效的监管执行机制来控制郊区增长，也不能解释为何无法有效执行现有机制。

显然，政府高度集权和城市规划缺乏政治支持阻碍了建立有效的规划制度。传统的解释是大藏省的反对和关东大地震的不幸时机使新制度难以实施。随后在20世纪30年代，战争中止了除军事基地之外的大部分城市开发和规划。虽然这些因素无疑是重要的组成部分，但忽视了当时的城市规划缺乏政治支持这一关键问题。缺少像许多西方国家那样的不断将环境问题推上公共议程的地方政府、公民团体或专业组织广泛的组织支持，无论是内务省内部还是外部的规划倡导者，都很难克服对于加强城市开发监管和增加城市规划项目支出的反对举措。然而，这引发了一个问题：为什么城市规划的政治支持如此薄弱？查尔斯·比尔德（Charles Beard），作为美国著名历史学家、前纽约市政研究局负责人、美国市政改革运动的领军人物以及地震后重建东京时后藤新平的顾问，也提出了同样的问题，他对这一问题的看法值得商榷。

比尔德在1923年的著作《东京的管理和政治》（*Administration and Politics of Tokyo*）中简要分析了日本的城市规划没有以按照类似于西方国家的方式发展的主要原因："从上述事实中可以明显看出，东京拥有一定程度的自治已经30多年了，人们对公民事务的兴趣也越来越大。因此，人们不禁要问，为什么东京在下水道、铺装道路和交通等方面如此落后。成千上万的公民长期以来一直享有选举权。为什么他们没有利用这一权利迫使城市的物质方面发生变化？"（Beard 1923：145）。比尔德指出了一些原因：

1. 当选市长的权力很弱，政策由市议会、都道府县和皇室官员控制；

2. 东京人刚刚从封建秩序中走出来，习惯于服从，而不是自我主张和自治；

3. 东京主要是一个以大都市为中心的村庄集合，大部分人口由小店主和政治上无组织的村民构成；

4. 在西方，有组织的劳工对市政政治产生了深远的影响，甚至制定了完整的市政计划，"但在东京，从广义上讲，工人阶级不能投票，没有组织，也没有市政利益或计划"（Beard 1923：147）；

5. 帝国官僚"通常是开明政策的热心支持者，但他们并不热衷于促进可能危及其特权的公众情绪快速增长"（Beard 1923：147）；

6. 妇女运动薄弱，妇女仍然没有投票权；

7. "投票、提名和选举不鼓励公众关注如道路、下水道、卫生、交通、拥堵或公共卫生等任何主要问题"（Beard 1923：148）。

因此，在短短几页中，比尔德简洁地总结了战前日本城市规划的政治经济因素。在他令人钦佩的总结中，只有几点可以补充。比尔德描述了美国规划发展中的几个突出因素，他发现日本缺少这些因素。他没有注意到两个重要的积极因素，这两个因素阻碍了日本在两次世界大战期间为开展更好的城市规划实践提供更强有力的公众支持。第一个重要因素是日本传统的城市发展和管理战略仍然被广泛采用，而且相当有效。除了（比尔德所指出的）仍然没有选举权的城市工人阶级拥挤而悲惨的工业街区之外，当时日本城市地区的生活环境仍然相当成功。前现代的废物管理系统仍然有效运作，现代供水和铁路交通系统的加入使越来越多的中产阶级能够享受还不错的居住标准，而不需要太多的规划干预。在郊区可以很容易地找到环境较好的住房，那里也几乎不需要现代城市规划措施，因为此时新兴的中产阶级规模仍然很小，半农村环境中的住房密度也比较低。前现代城市技术的持续有效性似乎大大减缓了公众对建立更强大的现代城市规划制度的压力。

第二个重要因素是上一章中所描述的内务省官员积极且非常成功的社会动员工作。这些活动利用了邻里互助和爱国主义的强烈传统，以促进邻里组织，这些组织负责广泛的当地城市服务，包括卫生和免疫运动、贫困救济、街道照明、清洁、维护和邻里节日组织。城市中产阶级是邻里组织的领导者，在两次世界大战期间，他们越来越多地被政府吸引到邻里自力更生的运动中。这些安排大大改善了城市生活条件，减少了对现代城市基础设施和规划的需求，虽然工业化和城市增长也增加了这一需求。尽管战争期间邻里组织遭到了不幸的滥用，但很明显，它们不仅成功地提高了城市生活质量，而且在城市中创造了更强的社区意识。通过推广此类城市组织，政府既减少了对现代城市规划措施的需求，又将那些希望改善城市治理的人的精力转移到国家所组织的社会动员形式中。

战争与毁灭

日本在 1931 年后深入介入对中国的战争以及逐渐陷入全面战争，意味着在 20 世纪 30 年代中期后，用于城市规划的时间、精力或资源越来越少。1944 年美军占领塞班岛后，开始对日本城市进行定期轰炸。使用燃烧弹袭击由木材和纸张密集建造的城市是具有毁灭性的，大多数日本城区都在由此引发的火灾中被烧毁。由于住房被毁和大规模的平民撤离，日本 100 万以上人口城市（当时只有东京和大阪达此规模）的人口总数从 1940 年的 1240 万下降到 1945 年的 390 万。1945 年 8 月，位于西南部的广岛和长崎两座城市几乎被原子弹完全摧毁，随后日本最终宣布投降。战争的失败标志着一个时代的结束，下一章描述的占领和战后重建开始了一个新的时代。

译者注：

① 日文为"地域地区制度"。

② 公共设施日文中称为"公の施設"，此处所指的制度应是日本的"都市施設制度"。

③ 此处的分区规划，英文原文为 zoning plan，对应日文"地域地区"的相关规划，和中国之前所实行的以深化城市总体规划内容为主要目的的分区规划并不是同一个概念。

④ 在日本各都道府县中，只有东京都的警察机关称为"警视厅"，其他均以"警察本部"命名。

⑤ 道路限额（road allowances）指府预留用于公共道路的土地。

⑥ 日文为"土地区画整理事業"，对应英文为 Land Readjustment Project。

⑦ 此处根据英文原文 the central office of the Home Ministry 直译为"中央办公室"，应指内务省大臣官房。

⑧ 英文原文为 Agricultural Land Consolidation Law，对应日文为《耕地整理法》，于 1899 年（明治 32 年）制定，1900 年（明治 33 年）实施，并于 1949 年（昭和 24 年）废止。

⑨ 此处未找到对应的日文名称，根据英文原文 League to Promote Improvement of Land Readjustment Projects 直译。

⑩ 这一修订后的法律在日文中通常被称为《新敷設法》或《改正鉄道敷設法》。

⑪ 根据法律条款，两类特例区为防火区和美观区。

第5章 战后重建和快速经济增长

> "高速增长时代"是 1955 年之后 20 年的口头禅。这句话被重复得如此频繁，以至于它看起来似乎显得有点陈词滥调，但并没有其他方法来理解这一时代。增长盖过了一切，也消耗了每个人的精力和注意力。其后果波及日本社会的每个角落。
>
> ——Allinson（1997: 83）

1945 年 8 月 15 日，裕仁天皇宣布无条件投降，日本的战争就此结束。这场战争破坏力极强，令日本付出沉重代价。日本所入侵的亚洲国家付出了巨大的人力和物力代价，这在 50 多年后仍然是日本与邻国关系紧张的根源，日本本身也因其通过军事征服谋求亚洲统治而遭到巨大破坏。大约有 300 万日本人在战争中丧生。15 年战争以来，日本在人力、物力和精神资源方面的开支稳步增加，导致其国家破碎，士气低落，处于饥饿的边缘。在战争的最后两年，特别是 1945 年 2 月以后，美国 B-29 轰炸机使日本大部分大城市化为灰烬，广岛和长崎则被原子弹彻底摧毁。日本城区的大多数建筑都是用木头、瓦和纸轻巧地建造，事实证明，燃烧弹能够非常有效地点燃这些建筑。近 1000 万人在火灾中失去了家园。在大多数被轰炸的城市里，除了商业中心的几座现代化混凝土建筑和偶尔出现的石头或泥仓库（即"蔵"，指富商或地主的家庭仓库）之外几乎没有留下什么东西，只剩下这些建筑残骸凄凉地矗立在发黑的废墟之上，见图 5.1。

本章回顾了从战争结束到 20 世纪五六十年代经济快速增长的时期。本章主要分为三个部分。第一部分涵盖了战后重建时期，特别关注战后初期占领当局的改革和城市重建项目的影响。第二部分着眼于战争结束时的摇摇欲坠、满目疮痍的日本，在经历经济快速增长期之后转变为超级经济大国和世界第二大经济体。主要关注的是主要大都市地区的人口和产业，以及巨大的城市工业蔓延区的形成，这一蔓延区有时被称为东海道大都市连绵带（Tokaido megalopolis），从东部的东京一直延伸到

图5.1　东京再次成为废墟。在过去两年的战争中，东京被燃烧弹炸成了一片烧焦的废墟。这张照片摄于1945年8月16日，向东跨过隅田川可以看到本所区，那里是工人阶级的主要工业区之一。
资料来源：《每日新闻》。

西南部的福冈。第三部分回顾了快速经济增长时期的主要城市规划举措，并简要描述了作为快速增长时期最突出的产物之一的大都市连绵带的问题，在快速增长结束后它已成为城市规划者和决策者的主要问题。

战后占领改革和重建

　　日本面临着重建千疮百孔的城市、提供住房和重建经济的艰巨任务。在之前的15年中，日本的经济主要围绕支持军事冒险而组织。战后满目疮痍的状况使许多占领当局的观察者认为，日本很有可能长期处于经济困境。未出现大规模饥荒的部分原因是有大量的美国粮食运进来，部分原因是许多城市居民前往农村地区和家庭住宅，那里有更多的食物和住所。

　　美国所领导的占领当局将重建国家的政治和社会制度视为其首要任务。占领的主要目标是使日本非军事化和民主化。占领当局是理想主义者，他们试图建立一个不会对邻国构成威胁的新的民主日本，因此试图消除导致极权控制和军事侵略的社会和政治结构。主要的政治改革包括：制定将主权归于人民的新宪法，在普选和人人平等的基础上建立新的选举制度，建立独立的司法机构，改革地方行政制度以使地方政府享有更大的自主性，以及取消军事和朝廷（Imperial Court）的权力，尽管天皇被允许在没有有效政治权力的情况下保留君主立宪地位。

国会改革保留了两院制立法机构，但废除了贵族制度，并确保两院均由选举产生。首相由下议院选举产生，内阁对国会负责，而不是像过去那样对天皇负责。这消除了旧宪法所固有的权力模糊性：旧宪法允许实际政治控制从明治时代的元老逐渐转移到大正时代的政党和官僚机构，最后在战争期间转移到官僚机构和军队。同样重要的是，新宪法在日本历史上首次将主权赋予人民而非天皇。

教育、经济、地方政府和警察制度的改革被认为特别重要，用以促进更适合于民主政府的政治和社会环境，并消除战前日本国家控制的压制性特征。被指控灌输了民族主义教义的教育系统，随着地方教育委员会的选举成立而进行了改革和分权。被认为与战前日本的军事工业集团有太深牵连并仍然拥有过大经济实力的财阀，即主要家族控制的企业集团，也随即解散。通过了一项新的工会法，以保障组织及参与集体谈判和罢工的权利。建立了一套新的地方政府制度，都道府县的知事和地方的市长不再像过去那样由内务省任命，而是通过直选产生，同时扩大了都道府县和市议会的权力。废除了国家警察系统，警察的控制权按照美国模式移交给地方的公安委员会。当内务省表现出不愿接受这两项对其战前主要权力基础的关键挑战时，它于 1947 年 12 月被废除，代之以劳动省、厚生省、建设省和地方自治厅。建设省继承了内务省的城市和区域规划职能，其中包括河流管理的职责。

毫无疑问，占领当局的改革极大地促进了日本社会的民主化，废除了国家用以统治人民的多个机构。虽然这些改革是由占领当局的军事独裁政权自上而下推行的，但之前的政策所造成的彻底灾难使得反对和支持前政权的人都对改革报以广泛支持。与此同时，许多占领当局的改革并没有完全按照预想得以实施，一些完全失败，而另一些则在占领结束后被逆转，如下文所述。此外，没有一个社会能够在短短几年内完全改变，最近的历史学家一直在努力强调战前和战后日本社会的连续性（Allinson 1997；Johnson 1982）。其中可能最重要的连续性由中央政府的官僚机构所提供。占领当局将日本官僚机构作为中介，而不是试图直接治理国家。这大大提高了其作为战前为数不多的几个机构之一的威望，这些机构实际上被免除了对于战争灾难的责任。此外，军队的解散、皇室政治角色的消失以及旧的保守党通过清洗其大部分领导层而削弱实力，意味着官僚机构成为一个比战前更强大的机构。

如下所示，城市规划师是该官僚机构的一部分，尽管内务省被分为几个部分，城市规划、土木工程和河流工程部门构成了新建设省的核心，官僚们仍然能够阻止占领当局的旨在将规划权下放给地方政府的改革。从立法框架、行政结构和主要参与者的角度来看，城市规划在战争前后基本上是一个连续性的叙事。在殖民地和被占领土上找到工作机会的那一代规划师在战后重建项目中发挥了重要作用。

还应指出的是，消除警察镇压、给予地方政府更大的独立性、改革教育制度、劳动组织合法化以及强调公民个人权利都有助于公民社会或国家无法控制的公民活动领域的成长和发展。这也必然是一个缓慢的过程，因为社会变革不是在一夜之间发生，但在战后时期，独立的公民组织和运动逐渐增多，最终对城市发展和城市规划制度产生了深远的影响，如第 6 章、第 8 章和第 9 章所示。

虽然占领当局的改革显然有助于为战后民主、和平和资本主义的发展创造必要条件，但许多具体的改革并没有完全按照改革者的意图进行，在实施过程中往往会发生变化。每一项改革的具体方式是由美国和日本的参与者之间的互动、占领当局选择通过现有日本政府官僚机构开展工作的事实，以及日本社会各部门应对战后挑战的方式所构成的（Dower 1999）。在官僚机构或民众中有重要支持基础的改革往往比其他没有支持基础的改革产生更持久的影响。特别是土地改革和新宪法得到了广泛支持，并产生了长期影响。劳动法、教育改革和地方政府重组的变化所产生的结果好坏参半，而解散大型金融/工业集团（财阀）的尝试几乎没有任何影响，因为新的组织结构很快出现并具有了财阀的许多功能（Allinson 1997：63）。在占领当局的各种改革中，土地改革和地方政府结构改革对城市规划和城市增长产生了最重要的长期影响。

土地改革

占领时期进行了全面的土地改革，其动机是相信农村的动乱和佃农的贫困为战前一些极端民族主义和帝国主义政策提供了重要的支持。土地改革对后来的城市化产生了重要的长期影响，因为它拆分了大部分较大的土地所有权。在这项改革下，全国三分之一的耕地从地主那里重新分配给自耕农。所有不在地耕作的地主的土地，以及所有在地耕作的地主所拥有的 1 公顷（北海道为 4 公顷）以上的出租土地，都由政府购买并转售给租户。此外，所有 3 公顷（北海道为 12 公顷）以上的自耕地都被政府购买并重新分配，从而设定了每一个农民可拥有土地数量的上限（Dore 1959：138）。农村地区改革的效果是巨大的。在村一级进行改革的土地委员会的最后报告显示，总共从 234.1 万名地主手中购买了 112.8 万公顷的稻田和 79 万公顷的旱地,并转售给 474.8 万名佃农。佃农耕种的稻田占总稻田面积的比例从 1941 年的 53.1% 下降到 1950 年的 10.9%。与此同时,自耕农所耕种的稻田比例从 46.9% 增加到了 88.9%。土地改革的另一个直接影响是,随着大量耕地被分割,耕地的平均规模缩小了。2 公顷以上的耕地经营者数量减少,而 0.5 公顷以下的数量则显著增加——从所有农场总数的 33% 增加至 41%。因此,超过 250 万个农场——占总数的 40%——面积不到 5000 平方米,甚至小于美国大型郊区的一个住宅地块。与此同时,农场总数从 1940 年的 540 万个增加到 1950 年的 620 万个(Dore 1959:175)。

真正重要的变化是,这些佃农原来曾经年复一年地经营地主的土地,土地保有权几乎没有保障,生活水平也只维持或低于生存水平,现在他们则再也不需要像以前那样了。Dore 在 1959 年指出,拥有土地的农民家庭,无论土地面积有多小,都不太可能像佃农一样搬到城市去寻找工作(Dore 1959:263)。这一观察被证明是具有预言性的。日本农民顽固拒绝出售土地一直是二战后农业政策和城市规划的核心问题。小规模的农场阻碍了建立更高效和更具竞争力的农业部门的努力,在整个 20 世纪 50 年代,农场人口一直保持在 600 多万农户和 1600–1650 万农场工人的高位上。土地改革的速度也直接导致了二战后分散的土地所有权,因为这些土地并没有作为土地改革进程的一部分被整合(Teruoka 1989)。土地改革在理论上仅限于农业用地,商业、工业、住宅和森林用地不在改革范围内(Hanayama 1986:186;Teruoka 1989)。然而,正如在这样一个庞大的项目中可以想象的那样,在实践中有许多复杂的情况。例如,要为城乡混合利用土地的郊区制定特别规则。尽管随着城市的发展,农村土地所有权模式确实对后来的城市化模式产生了重大影响,然而总体而言,城市土地所有权模式并未受到土地改革进程的强烈影响。简言之,土地所有权的碎片化是郊区蔓延的一个重要因素,第 7 章和第 8 章对此进行了更详细的研究。

宪法对土地所有权的保护大大加强了分散的土地所有权对战后土地开发模式的影响。战后宪法赋予日本土地所有者的强大权利因成田空港问题等案例而声名鹊起,甚至声名狼藉。成田机场问题在 20 世纪 70 年代和 80 年代达到顶峰(Apter and Sawa 1984),但在撰写本书时,这一问题仍未完全解决。人们普遍认为,这些问题的根源之一是美国强加的宪法保障强大的土地所有权这一宪法权利。然而,都留重人(Tsuru 1993)详细解释道,美国关于土地权利的条款草案遭到了日方的强烈抵制,最终被日本政府建议的措辞所取代。麦克阿瑟草案最初的第 28 条是:"土地和所有自然资源的最终费用由国家作为人民的集体代表来承担。因此,为了确保和促进土地和其他自然资源的保护、开发、利用和控制，国家有权通过合理补偿的方式加以获取。"下一条款接着指出"土地所有权规定了其义务"（Tsuru 1993：27）。这一措辞表明了对土地所有权和使用权的公共利益的强烈认可，对于相关义务的提及类似于著名的联邦德国方法，该方法强调土地所有权的义务，并以更具干预性的土地规划和监管方法为基础。麦克阿瑟草案最终被日方建议的以下措辞所取代，即日本宪法第 29 条："拥有或持有财产的权利不可侵犯。财产权应由法律界定，符合公共福利。因此，私人财产可以在得到公正补偿的情况下用于公共用途。"都留重人（Tsuru 1993：27）认为这一措辞基本上与明治宪法第 27 条相同，保护了土地所有者的权利，并弱化了公共利益的观念，较最初的美国草案要保守得多。后来要制定有效的策略来规范和控制土地开发的尝试，经常与进行有效土地监管的宪法障碍相冲突，如下文所示。这一插曲有益地提醒我们，战后宪法不仅是占领军所写的那样简单地强加给日本的，而且是一份日方对其产生重大影响的更具争议性的文件。普遍认为日本强大的土地所有权是美军占领的遗产并反映了美国的宪法思想，这一论断显然是错误的。

地方政府改革

占领当局改革努力的另一个重点是地方政府制度，这基本上可以理解为战前中央政府行政权力的延伸。为了在日本鼓励实现更大的民主，让当地人民对地方事务有更多的发言权，特别是为了将地方政府发展成为培养民主思想和行为的场所（在美国，人们对地方政府会抱有此种期待），新的地方自治法与新宪法在 1947 年 5 月同时通过。主要的变化是为在此之前一直由内务省所任命的都道府县知事设立了直接选举制度，并扩大了都道府县和市议会的权力。地方政府也被赋予更多的税收权力，并控制新分权出来的教育系统和警察部队。

各县市的新选举制度仍然有效；然而，地方政府没有获得占领当局所期望的独立程度。事实上，中央政府官员努力维持他们过去对地方事务的主导地位。Allinson（1997：72）清楚地阐述了这个问题：

> 盟军改革者低估了新的（地方自治）厅里前内务省官员的决心——这些官员从未放弃对地方事务保持每一分控制权的愿望。中央官员通过三个途径寻求控制：财政、职责和人事。他们试图通过迫使地方政府依靠中央政府拨款而不是地方资源来获得运营的收入，以此来维持地方政府的依赖性。他们通过要求地方政府履行中央政府规定的广泛职责来使地方政府服从，并试图

通过任命现职和退休的中央政府官员担任城市和都道府县最好的行政职位来破坏地方自治。

这三条途径中的每一条都使中央政府能够在战后时期严格控制地方政府的活动，而中央政府对财政的控制和关键职位的任命一直遭到地方政府的强烈厌恶，认为这严重限制了地方政府的自主权。

然而，可以说，中央政府对"职责"的控制对于维系中央部委权力发挥了主要作用。如第 2 章所述，这是明治时代首次建立的"机关委任事务"制度的产物。在执行"机关委任事务"的授权职能时，该官员被视为中央政府的代理人，对中央政府而非对其选民或都道府县以及町议会负责。根据建设省发布的《日本的都市计划》（*City Planning in Japan*）中的内容，"尽管知事是由普选产生的，但就城市规划而言，法律要求其作为中央政府的代理人"（Japan Ministry of Construction 1991b：13）。这意味着诸如批准分区规划等重要决定必须得到更高当局的批准，并且可以由中央部委有效控制。这也意味着较低级别的政府无权制定自己独立的规划规则或细则，只能在国家立法范围内开展工作。在重建期间，这可能不是一个大问题，但随着日本在 20 世纪 60 年代及随后变得更加富裕，这确定成为一个问题，如下文所示。

虽然由哥伦比亚大学的卡尔·舒普（Carl Shoup）博士担任负责人的税收改革委员会在 1949 年曾建议允许地方政府拥有自己稳定的收入来源，并特别建议将城市规划完全下放给地方控制，但由于国会和中央政府各部的强烈反对，这些建议基本上没有被采纳（Beasley 1995：221；Ishida 1982；Steiner 1965：108）。据石田赖房称，日本政府在收到舒普报告后成立了地方行政改革的调查委员会，建议对城市规划分权："报告明确指出'自治体当局应负责自己的城镇规划编制和城镇规划项目。应修改法律，赋予自治体以决定和执行与城镇规划有关的事项的权力。'该报告甚至断言，1919 年《都市计划法》的法律结构妨碍了地方公共实体的自治"（Ishida 2000：8）。为了应对这一压力，建设省研究了根据舒普报告来修订都市计划法的可能性，并于 1952 年发布了修订草案，其中包括地方分权和公众参与的规定。然而，该修订草案从未得到实施，因为建设省最终拒绝改变这种中央控制的制度。石田赖房指出，建设省不愿意将权力移交给地方政府的原因包括：地方政府没有进行有效规划的资源，城市规划通常需要多个自治体之间的协调，以及规划可能会被地方政客"扭曲"（Ishida 2000）。

长期以来，中央政府官员一直认为地方政客可能会"扭曲"规划决策，以此来剥夺地方政府制定规划决策的法律权力。鉴于通过改变土地指定或公共支出的规划可以获得巨额利润，腐败影响地方规划决策的可能性确实存在，而这种腐败在其他国家也并不罕见。日本在战争刚刚结束时陷入了绝望的境地，粮食普遍短缺，工业产量只有战前的一小部分，其较大的城市大多成为燃烧后的黑色废墟。如果我们从将国家发展和国家实力视为其唯一责任的中央政府官员的角度来考虑这个问题，那么就更容易理解为何他们不愿放弃对城市规划决策权的垄断了。从这个角度来看，日本正处于一个关键的转折点；重建工作必须以尽可能最有效的方式进行，只有中央官僚机构才具有指导经济和国家重建的专业知识、视野以及道德和法律权威。尽管如此，毫无疑问，在占领期间，由于中央政府官员为保留其权力而做出了坚定努力，城市规划地方分权的重要机会也丧失了。城市规划像战前一样由中央政府主导。在某些方面，中央控制的程度甚至有所提高。例如，由于占领期间严重的金融危机，地方政府财政管理的法律中列入了一项条款，作为临时措施要求市政当局必须获得中央政府的许可之后才能发行债券。这一"临时"措施至今仍然有效，中央政府已有效地利用这一措施控制地方政府支出。这很可能在战后重建时期是一个优势，但它在后来产生了越来越多的问题。

1945—1955 年的战后城市重建项目

如上所述，大多数日本城市在战争结束时都成为燃烧的废墟，住房短缺严重。在纳入重建规划的 115 个城市中，被烧毁的面积共计 63153 公顷，231.6 万所住房被毁，969.9 万人因火灾失去家园，33.1 万人丧生。仅东京就烧毁了其大部分建成区，约 75 万所房屋毁坏。战后初期，约 600 万日本士兵和平民从海外被遣返，加剧了严重的住房短缺问题。据建设省计算，住房短缺数量为 420 万套（Ishida 1987：210）。城市经济已经被轰炸和 15 年来不断投入的军事冒险所摧毁。由于日本的许多工业能力要么被摧毁，要么转为军事用途，建筑材料也严重短缺。1945 年，工业产能约为 1930 年的 10%，钢铁、木材、玻璃、瓦和水泥等基本建筑材料都供不应求。

然而，根据东京地震重建项目的经验，雄心勃勃的重建计划也得以制定。1945 年 12 月，通过了《战争破坏区复兴计划基本方针》，其中制定了雄心勃勃的重建目标，包括细化和强化的土地利用规划控制、建筑标准和建蔽率控制。该政策确定了将 10% 的城区分配给公园和游乐场的目标，并指定了广阔的绿带以防止蔓延。为了修建宏伟的大道、创建防火带并适应未来的机动车化，中型城镇将修建宽度超过 35 米的林荫道，而大型城市将修建宽度超过 50 米的林荫道（Koshizawa 1991：200-201；Nakamura 1986：20）。

1946 年 9 月，《特别都市计划法》[①] 获得通过。它依据 1923 年《关东大地震重建法》^②的方针，主要依靠使用土地区划整理项目来实现城市结构调整，并成立了一个类似于东京地震重建项目的战灾复兴院（Ishida 1987：227；Koshizawa 1991：200）。《特别都市计划法》允许地方政府在无须获得土地所有者同意的情况下单方面实施土地区划整理项目。与 1923 年法律的主要区别在于，无偿提供给项目的土地面积从地震灾后重建的 10% 增加到了当时的 15%，并且会非常慷慨在建成区周边指定绿带。

战后重建被视为一个以更现代化的布局重构日本城区的机会。虽然东京在过去几十年中经历了大规模的结构调整，但大多数日本中小城市仍保留了过去狭窄而拥挤的街道模式。因此，这些项目的主要目标是确保对城市道路系统进行重大改进。对有关重建项目的 10 卷报告（Japan Ministry of Construction 1957—1963）所公布的所有重建规划进行检视，就可以发现一项雄心勃勃的重建构想，旨在利用战时所造成的破坏使日本的城区现代化。规划师试图在全国各地的城市实现道路拓宽和公园建设的长期目标。似乎可以肯定地说，这些规划代表了有关 1919 年城市规划制度将如何运作的完整愿景，特别是在大都市地区之外。方案中规划了宽阔的主干道，指定了公园区域，规划了大量区域用于现有和未来的商业、工业和居住开发，并规划了未来的铁路站、港口区和桥梁等主要基础设施。在较大的城镇，现有中心区域内切入了一两条整合了交通干道、空地、林荫大道和防火带功能的 100 米宽的道路。在中小型城市中，这样的道路为 36 米乃至更宽。作为 1939 年东京绿地规划理念和英国的当代思维的体现，在所有较大城市的郊区都建立了广阔的绿地区域。在大多数情况下，这些区域以大块绿色空间的形式呈现，通常位于丘陵或山区，只有在少数情况下呈现为绿带（greenbelt）的形式。

另一方面，战后重建规划也揭示了 1919 年规划制度的真正局限性。这些规划主要关注利用土地区划整理修建几条主要干道，大部分是通过拓宽现有道路的方式。位于边缘区的大片土地被划为居住区或工业区，但没有任何权力来指引城市设计或开发标准，未来的开发模式主要由土地所有者自行决定。在现有区域，主要活动是修建几条宽阔的道路，矫直其他道路，或许还会修建车站广场。

许多日本最著名的建筑师，包括高山英华在名古屋、丹下健三在广岛和前桥，以及武基雄在长崎和吴，都参与了重建规划工作，并帮助制定遍及日本的城镇规划（Ishida 1987：222）。广岛受到了特别关注，重建工作与 1949 年广岛和平纪念都市的指定齐头并进，以纪念原子弹爆炸的受害者。同样在 1949 年，举行了一场和平纪念公园设计竞赛，该公园位于广岛市中心的中岛町靠近爆炸震源的地方。当时担任东京大学助教授^③的丹下健三所率领的一个团队赢得了比赛，随后所建造的纪念公园基本上按照原来的设计完成（Suimimoto 2000：20）。

值得注意的是，在日本规划史上，这次的预算首次优先考虑了重建东京的周边而非中心地区。由于战后的经济危机所导致的中央政府财政资助不足，以及对于无偿贡献高达 15% 的土地的普遍反对阻碍了进展，重建方案直到 1959 年才完成。尽管如此，还是应该强调该项目在战后初期严峻的经济条件下所取得的真正成就。重建方案最初计划进行 65000 多公顷的综合土地区划整理，最终涵盖了 102 个城市的 28000 公顷用地。这仍然是一项巨大的成就，尤其是在很大一部分未完成的面积位于东京的情况下，如下文所述。在东京以外，60% 以上的规划面积得到了实施，这使得许多中小城市都有了一些重大的改善，这些城市过去曾在融资和实施重大城市项目方面遇到困难。

名古屋的战后重建项目是最著名也是记录最好的项目之一。如图 5.2 所示，名古屋项目几乎覆盖了整个中心城区，有助于创建两条 100 米宽的林荫道轴线来组织中心城区。在战争结束时，名古屋约有 23% 的面积被轰炸摧毁，土地区划整理项目规划占地 4400 公顷，以重建这座城市。经过 40 多年的努力，财政缩减最终使该区域的面积减少到 3450 公顷，并最终于 20 世纪 90 年代初完工。在此方面，名古屋是一个相当特殊的案例，因为很少有战后重建项目持续如此之久或试图进行如此全面的重构。然而，它确实突出了土地区划整理方法的一个重要方面，即它可以有效地用于重建已经完全建成的城区。因此，在名古屋的案例中，没有必要阻止重建项目期间在等待重新划分的城市场地上建造建筑物。取而代之的是，城市土地所有者被允许重建，项目在很多年时间里零零碎碎地逐步推进。

因此，名古屋是对道路网进行全面重构的为数不多的日本主要城市之一，其道路网由主干道、次干道和地方街道组成。这对司机来说当然很方便，而且名古屋明显比东京或大阪的拥挤程度要低。另一个积极的结果是其系统地提供了很多大大小小的公园。然而在名古屋，人们不禁会想，是否有必要丢弃这么多的旧有模式，以及城市是否会因为不太彻底的重新设计而变得更好。正如 Seidensticker 所说，"在名古屋，宽阔的街道夺走了过去。有人可能会说，轰炸已经夺走了过去；但在名古屋市中心宽阔的街道上，人们对几个世纪以来居住在那里的所有人都毫无感觉。东京没有太多的历史，但街道的格局是有历史的，它使东京比名古屋这样一个小得多的城市看起来更温暖、更舒适"（Seidensticker 1990：147）。

应该提到东京以外战后重建项目的另一个特点。虽然这些项目被成功地用于在中心地区修建一些主要道路，并重新配置和拓宽了市中心许多狭窄的街道，但对于公园空间和绿带的规定却没有那么成功。一些公园已经建成，但规模远不及所规划

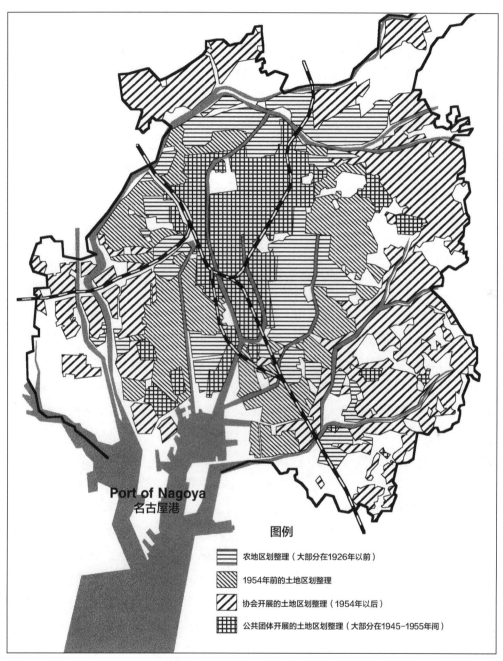

图5.2　名古屋的土地区划整理项目。名古屋是日本为数不多的通过土地区划整理实现综合开发和重建的城市之一。在二战前的时期里，市政府通过积极支持土地区划整理协会来积极鼓励城市边缘的土地区划整理。作为战后重建项目的一部分，几乎整个中心城区都通过公共的土地区划整理项目进行了重建，并由宽阔的新路网（包括两条100米宽的大道）加以重构。

资料来源：修订自名古屋市计划局（Nagoya City Planning Bureau 1992：51）。

的规模，甚至还不到 1946 年法律要求的 10%。导致这种失败的原因之一，是战后严峻的财政状况限制了可用于购买此类土地的预算，以及 20 世纪 50 年代之后城市再次进入快速增长期，造成了开发这些土地的巨大压力。同样重要的是，日本的规划制度只有极弱的权力限制指定绿地的开发，而缺少实际购买土地的权力。在 20 世纪 30 年代和战争期间，由于战时的紧迫性和控制着各级警察部队的内务省拥有相当大的道德和行政力量，绿色空间的指定变得相当重要。在二战后，随着内务省的解散，中央政府特别是警察部队的道德权威被大大削弱，简单地阻止开发城市边缘土地的行政命令收效甚微。此外，在 20 世纪 30 年代和战争期间，几乎没有城市开发的压力。20 世纪 50 年代中期以后，随着经济的快速增长，边缘地区的发展压力变得更大，规划部门在阻止绿带内的开发方面几乎没有取得成功。

东京的战后重建

如果说地方的规划雄心勃勃，那么重建东京的规划就是一个梦想。它设想将首都彻底转变为一种全新的城市形态，在绿色空间、绿色走廊和宽阔林荫大道的背景下，密集的城市用地集聚在一起。东京是日本城市中受灾最严重的城市，在计划通过重建项目来建设的 6 万公顷土地中，有 2 万公顷在东京。这一面积实际上比战争期间被摧毁的面积还要大，后者的总面积略高于 16000 公顷，这表明了重建项目的雄心。该规划如图 5.3 所示，主要由东京都政府规划部门负责人石川荣耀（Ishikawa Hideaki）设计，提出要对东京地区进行彻底重构。

石川荣耀的战后东京重建规划延续了他参与筹备的 1939 年有关都市绿地和防空空地带的规划。然而，这一战后规划要利用战争期间的破坏，将绿带和绿色走廊深深插入中心城区。东京将因此进行彻底重构，通过环形和放射状的公园道路、绿地和走廊的巨大网络，分为若干 20 万至 30 万人口的专业型次级城市，这些次级城市的总面积约占东京城市面积的 43%。在内部区域，绿色走廊被规划为公园和宽阔的林荫道；而在外部区域，绿带将保留为农田，只允许农民居住以及其他现有的用途。广阔的绿地将以这种方式把这座巨大的城市分割成若干较小的单元。将对保留为农田的外部绿地进行严格控制，以保证一定程度的粮食自给自足。该规划的一个主要内容是将东京各区的人口保持在 1945 年所剩下的 350 万的水准上，而与之形成对比的是 1940 年时东京人口在 650 万以上。东京的重建将受到严格控制，大部分人口将被重新安置在遍布于关东平原的卫星城镇里，而不是允许以原有的高人口密度模式重建。虽然绿色空间要比最初的概念少得多，但 1946 年政府所通过的规划仍然保留了 18933 公顷的绿色空间，占城市面积的近 34%（Ishida 1987：226）。

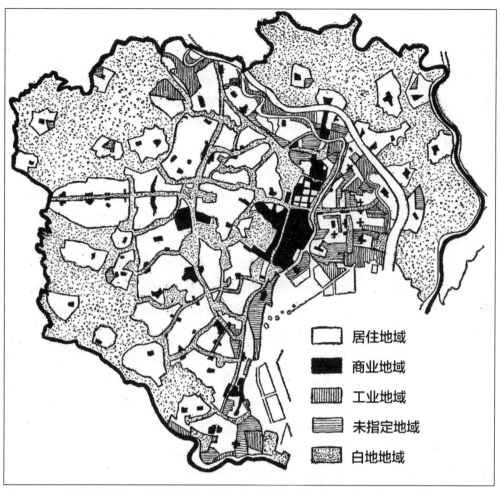

图5.3 石川荣耀的规划。东京的战后重建规划是所有重建项目中最具雄心也是实现最少的一个。该规划由东京都政府规划部门负责人石川荣耀指定，旨在在建筑密集的旧城区内切割出一个巨大的绿色开放空间网络。在上图中显示为"未分区地区"的区域将用作公园道路、公共开放空间和防火带，它们将把城市划分为许多人口在20万到30万之间的独立单元。在郊区，未分区地区将继续用于耕作，并将形成一个限制建设的永久性绿带。

资料来源：Hoshino（1946：6）。

  重要的一点是要认识到，该规划完全符合日本在 20 世纪二三十年代建立的城市规划传统，如第 4 章所述。战后日本的规划师将城市的毁灭视为重新开始的机会，以摆脱已经被美国炸弹轻易烧毁的现有城市结构的束缚。这种对应行动也不是日本独有的。不少英国规划师感到遗憾的就是，德国轰炸机没有完全完成摧毁工业革命中已有的肮脏城区的工作，从而无法在一片空白页上重新开始新的工作。对于东京这个用引火物和纸所建造的城市，炸弹几乎摧毁了一切，让规划师可以回归其首要原则。正如石田赖房对于石川规划的描述，"这就像在一张白纸上画一个理想的城市"（Ishida 1987：223）。这让人想起中国东北地区的"空白页规划"风格，二者绝非巧合。在那里，一代日本城市规划师在过去的15年里找到了工作。也正是在那里，日本规划师形成了他们的城市规划技能（Hein 2001）。1946年的东京规划体现了这一经验，特别是1945—1946年遣返的规划师中有数百名经验丰富的人员，其中许多人在重建项目中获得了工作。

对过度增长的大都市地区的恐惧不仅是日本人的担忧。在欧洲和北美，在20世纪三四十年代中，对不断扩大的城市地区增长的担忧继续升级。在许多人看来，这种增长正在造成巨大的、代价高昂且或许不可逆转的失调。过度增长的城市的主要问题是交通系统拥堵，尤其是道路拥堵；土地成本上升；上班时间更长，除了个人的时间成本外，还会因工人疲劳而导致生产力的损失；开放空间和乡村的可达性降低；对新基础设施的高成本投资需求增加；空气和水污染加剧；健康问题恶化；甚至道德堕落和犯罪也有增加（Mumford 1940；Saarinen 1943）。不断扩张的大都市也被认为在其边界之外制造问题，因为它从衰退地区抽走了生产性的投资和人口，并在没完没了的郊区住房开发中吞噬了附近的宝贵农田。随着在二战前后这一新兴分析的出现，大都市增长问题也具有了战略意义。生产能力集中在一个地方使其更容易受到来自空中的攻击，而农田的损失使粮食自给自足的目标更难实现（Barlow Report 1940）。针对大都市过度增长的问题有多种解决方案被提出。其中最为突出的是霍华德的田园城市方案、纽约及其周边地区区域规划（1927—1931年）、沙里宁（Saarinen 1943）的将城市逐步和渐进地融入腹地的规划，以及阿伯克龙比（Abercrombie）1944年的大伦敦规划。

不用说，石川荣耀的东京规划并没有得到实施。就像以前一样，原因有很多，但有三个原因似乎至关重要。第一个原因是资金短缺。尽管该规划将通过土地区划整理来实施——这是一种重构现有城市地区的相对廉价的手段，特别是在强制无偿贡献15%土地的情况下——但该规划的实施成本将非常高昂。在现有建成区建设绿色网络需要购买的土地数量惊人。

这本身可能不是决定性的，但由于日本整个都遭到了破坏，许多其他城市需要重建，经济处于近乎崩溃的状态。稀缺的资金必须分散满足广泛的需求，分配给城市重建的资金必须分成许多部分。在关东大地震发生时，经济还相对强劲，来自日本各地城市的援助源源不断，但重建成本仍然是国家财政的主要负担。此外，一系列因素削弱了东京的财务状况。东京的情况复杂，面积巨大，产权密度高，重建规划又雄心勃勃，这意味着东京的重建项目起步缓慢。与此同时，资金也流向了其他地方。1945年至1946年，东京获得的国家重建预算份额大致相当于其在受轰炸受损地区的份额（26.6%），随后稳步下降，到 1949 年时东京只获得了国家重建预算的 10.9%（Ishida 1987：230）。在 1949 年，由于政府的支出远远超过其税收收入，导致通货膨胀并出现金融危机，进而引发了占领当局的干预。芝加哥银行家亨利·道奇（Henry Dodge）受命为占领当局和日本政府提供建议来阻止通胀的螺旋上升，以其名字命名的"道奇线"（Dodge Line）随后被用来对支出进行严格控制。重建项目也削减了一部分开支，盟军最高司令部 [④] 建议完全停止道路建设之外的重建项目——美国人认为日本的道路很糟糕。

　　一个后果是，1949 年 6 月，城市重建项目被审查并大幅削减。如果土地区划整理项目已经开始换地和建筑物迁移过程，则会认为取消该项目为时已晚，因为已向相关土地所有者做出了承诺。尚未启动的项目可以更容易被取消。大多数被取消的项目位于三个主要大都市地区，尤其是在东京，由于复杂的土地所有权、租赁和转租模式，土地区划整理项目最难实施。在最初规划建设的 2 万公顷东京的土地中，只有 1380 公顷（6.8%）完工。在所有被取消项目中，东京占了 61.2%。而东京的公园规划面积只减少了 41.4%，剩下的公园不一定会被建造，但主要作为规划名称幸存下来，还有希望能在以后建造（Ishida 1987：231）。如图 5.4 所示，东京实施的土地区划整理项目主要是山手线沿线的站前区

图5.4　东京战后重建中得以规划和完成的土地区划整理项目。一项雄心勃勃的土地区划整理方案旨在重建1923年地震后重建区域以外的几乎所有现有建成区。最终仅完成了东京重建项目规划区域的一小部分。大部分完工的部分都集中在JR 山手线和中央线沿线的主要铁路车站附近。

资料来源：修订自东京都建设局（Tokyo Metropolitan Construction Department 1987：21, 34）。

域，如涩谷、新宿和池袋，这使得 20 世纪 30 年代的规划得以完成，理顺了这些重要郊区次中心的交通连接和站区。东京的大部分地区都是延续以往的模式以临时的方式重建的。

未能按规划重建的第二个原因是，与关东大地震后一样，抗议运动被迅速组织起来反对土地区划整理项目。将无偿征地率从 10% 提高到 15% 的提案以及为实现广阔开放空间的规划所需的清理规模，几乎在任何地方都会引发这样的反应。事实上，盟军最高司令部也反对无偿征用，并要求在 1949 年将其改为更低比率的补偿制度（Ishida 1987：228）。这对损失土地的土地所有者来说可能没有什么安慰，因为飞速增长的通货膨胀会很快降低任何经济补偿的价值。当时的规划制度没有事先开展公众咨询的手段，因而也帮不上什么忙。如此激进的规划突然出现，对许多将意外损失土地的土地所有者来说是一个打击。虽然"公众参与"的概念在当时还不流行，但其他机制，如规划的公开竞赛和提案的提前公布具有类似的作用。在战前的美国，大多数大型规划的提案都必须提交当地选民，以被允许获得发行债券融资的权利。由于在战争中失利并导致国家毁灭，日本政府广受质疑，因而无助于继续采用过去的专制型规划工作。

第三个原因，作为一个无法回避的事实，该规划非常不切实际。正如越泽明（Koshizawa 1991：203）所观察到的那样，东京规划是所有重建规划中最理想化也是实现最少的一个。诚然，常识表明，实现城镇彻底重构的时刻恰恰在大部分建筑被摧毁时，但实际上在这一时刻也并不容易做到。与所有建筑物和货物一起被摧毁的还有城市经济、就业、资本和税收。快速重建的压力很大，但即使是相对较小的道路拓宽或矫直也需要相当长的时间进行谈判。依据首要原则重建一座城市，"就像在白纸上画画"一样，要困难得多。可能是由于可以忽视已有财产所有权模式的中国东北地区的规划经验对于规划师来说实在是太令人兴奋了，以至于他们无法放弃。然而，虽然东京的建成肌理几乎被抹杀，但仍然存在的是财产所有权模式，包括街道、公园、运河和其他基础设施等形式的公共财产权。财产所有权模式不可能被几颗炸弹抹去，事实证明，这对东京的重建起到了决定性作用。虽然土地区划整理可以作为有效的工具来重新划定城市财产边界以及略微增加属于国家的财产份额，但它绝非提供一张干净的白板，而是一个公平对待财产权的保证。似乎可以得出这样的结论：1946 年东京规划的理想主义以及作为战后重建的一部分彻底重构东京的建议，是该规划实施失败的重要原因。与地震后不同的是，战后的东京大多是以临时方式重建的，只有一小部分地区根据总体规划进行了重新布局。

　　占领当局对于日本政治和社会机构的改革以及战后城市重建的努力都可以被视为合格的成功。虽然每个方案都不完整，并产生了一些意想不到的结果，但在每一个方案都取得了重大的成就，为今后的恢复和增长奠定了基础。建立了一个主权在民的民主宪政，以及得到广泛支持并从根本上改变了农村土地所有权模式的土地改革，都是重大成就。同时，分散政府权力和建立一个更独立、财政更稳定的地方政府制度的努力，遭到了将自身的持续权力等同于国家利益的中央政府官僚们的阻挠。在城市规划方面，战后重建项目基本实现了大量中小城市的现代化，而大都市地区的实现程度则较低。在受灾最严重的东京，其成效微乎其微。更重要的是，中央政府控制城市规划的旧模式得到了确认甚至强化，特别是通过加强对地方政府的财政控制。因此，重建工作成功地使日本为即将到来的经济快速增长的特别时期做好了准备，同时留下了一些重要的未完成工作，并将在以后产生越来越多的问题。

快速增长和大都市集中

　　正如 Allinson 所说，快速经济增长是战后早期几十年的决定性特征（Allinson 1997：83）。在 20 世纪五六十年代，经济增长无疑是中央政府的首要任务。尽管如第 6 章所述，在 20 世纪 60 年代，这种将 GDP（国内生产总值）提高到几乎凌驾于任何其他优先事项之上的做法遭到了越来越多的反对。但至少在开始时，它得到了一个贫穷国家的广泛支持。目前来看，最重要的后果是快速城市化、人口和生产能力集中在太平洋沿岸的大都市地区，以及相应的周边地区人口减少。

　　这一时期形成的一系列相互关联的大都市区通常被称为太平洋带或东海道大都市连绵带，这是沿袭旧封建时代的一条高速公路的名称——该公路经过太平洋沿岸的名古屋，将大阪和东京连接起来。正是在这里，工业扩张的比率最高，工业化造成的城市和环境问题也最为严重。也正是在这里，出现了第一批支持开展更严格环境控制和更好城市规划的具有广泛基础的公民运动，这最终导致了 1968 年对规划制度的彻底修订，如下一章所述。本章最后讨论了大都市连绵带的概念以及与之相关的日本城市问题。本节专门探讨了形成东海道大都市连绵带的经济增长和城市化过程。为了透视这一时期的变化，所引用的数据尽可能涵盖从第一次世界大战前的工业化初期到 20 世纪 80 年代这一时期。许多关于日本经济和城市快速增长的描述都错误地始于二战后，这掩盖了一个事实——快速增长时期实际在很大程度上是二战前所开始进程的延续。

经济增长

大多数关于日本二战后工业增长的报道都充满盛赞之辞。从 1953 年到 1971 年，日本国民生产总值的平均实际年增长率为 9.17%，20 世纪 60 年代的增长率通常都超过 10%。Glickman（1979：3）引用 1976 年经合组织[⑤] 的数据，比较了选定国家的增长率：从 1960 年到 1975 年，日本的平均增长率为 8.9%，而美国平均为 3.2%，英国平均为 2.4%，法国平均为 5.2%。战后的增长最初来自重建被战争所摧毁的工业的需要，采矿和制造业生产在 1946 年仅为 1941 年的 17%，到 1953 年恢复战前的生产水平。但事实上，日本工业生产随后的大部分增长都是在新的领域，而这些领域在战前都无关紧要。在快速增长时期，日本在包括钢铁生产、汽车、船舶、电视和电子设备在内的众多行业中成为世界领先者。

另外，工业生产的空间分布在很大程度上遵循战前的模式。山口岳志（Yamaguchi 1984：264）认为，在二战前，东京 – 横滨、名古屋、大阪 – 神户和北九州四个主要工业区以及东京、大阪、京都、名古屋、神户和横滨这六大都市都已经建设得很好。村田喜代治令人信服地证明了战后工业增长集中在太平洋带的重要性，如图 5.5[⑥] 所示，超过 77% 的工业生产位于太平洋带，而日本其他地区的工业发展则停滞不前，自身传统的优势甚至也逐渐让位于更靠近太平洋带的那些更具竞争力的地区（Murata 1980：248）。宫川泰夫（Miyakawa 1980）认为，战后集中度增加的主要原因是现有的工业区在港口和铁路基础设施方面所拥有的强大优势，尤其是企业相互临近所形成的集聚经济。

表 5.1 显示了从 1909 年到 1980 年日本各地区制造业总产值相对份额的变化，从中可以清楚地看出整个 20 世纪太平洋带地区的主导地位。也许无须提醒的是，由于该表仅显示了相对份额，它掩盖了实际产值的巨大增长，即从 1909 年的 7.92 亿日元到 1980 年的 2146997.97 亿日元（现行价格）。然而，就我们的目的而言，最能说明问题的是相对份额。太平洋带地区包括日本约 23% 的陆地面积，一直有日本约四分之三的制造业产值。特别值得注意的是，这种集中于太平洋带的现象远远不是战后才出现，而是日本工业化初期的主导模式。

其他几个模式也值得注意。第一，1940 年之前，除了东京都市圈和大阪都市圈外，各地区的相对份额都相当稳定。从 1909 年到 1940 年，东京的份额从 18%上升到 29%，而大阪的份额从 35% 下降到 25%。在很大程度上，这种转变可被归因于军事采购在制造业产值中的重要性日益增加，其中大部分军事采购集中在东京地区。与此同时，大阪重要的纺织业也受到了战时对原材料和市场的封锁以及工厂

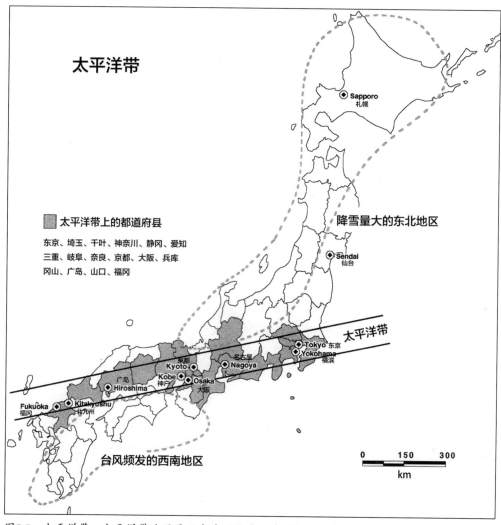

太平洋带

太平洋带上的都道府县

东京、埼玉、千叶、神奈川、静冈、爱知
三重、岐阜、奈良、京都、大阪、兵库
冈山、广岛、山口、福冈

降雪量大的东北地区

台风频发的西南地区

图5.5　太平洋带。太平洋带地区是日本战后快速经济增长的"奇迹"时期里东海道大都市连绵带的形成地。

资料来源：修订自 Honjo（1978：15）。

转为战争用途的严重伤害。第二，1940 年至 1950 年，大都市地区的份额，特别是东京的份额急剧下降，而所有其他地区的份额都有所增加。这种变化在很大程度上可以归因于战时轰炸对工业的破坏在大都市地区最为严重。第三，1950 年至 1960 年，在经济快速增长的第一阶段，太平洋带地区呈现急剧的再集中现象。然而，1960 年以后太平洋带的份额开始下降，特别是因为大阪的份额在下降，而东北、中国[9] 和九州等周边地区的份额则有所增加。最后，虽然靠近三大都市圈的县（即关东、近畿和中部地区三大都市圈以外的部分）在 1909 年的产值份额为 14%，恰好等于其

地区	占总面积 %	1909 年	1920 年	1930 年	1940 年	1950 年	1960 年	1970 年	1980 年
北海道	22	1	3	3	3	4	3	2	2
东北	21	4	4	4	4	6	5	5	6
北陆	3	4	3	3	3	4	2	2	2
中国[⑦]	8	5	5	5	5	7	7	7	8
四国	5	3	3	3	2	4	2	3	3
九州	11	6	8	8	11	9	7	5	6
东京都市圈[a]	4	18	20	21	29	22	28	30	27
名古屋都市圈[b]	6	11	10	11	10	11	12	13	13
大阪都市圈[c]	5	35	33	31	25	23	23	20	17
三大都市圈	14	64	62	62	63	56	64	63	56
太平洋带[d]	23	73	74	74	78	72	78	76	71
三大都市圈之外的关东、近畿和中部[e]	14	14	12	12	9	11	11	13	16

1909—1980年日本各地区和太平洋带制造业产值份额（占日本全国产值百分比）　　表5.1

资料来源：汇总自日本历史统计数据（Historical Statistics of Japan，2：414–418）。

注：对于区域的定义依据国土厅[⑧]的第四次全国综合开发计划（National Land Agency，1987：167）。

a. 东京都市圈（TMA）包括东京都、神奈川县、埼玉县和千叶县。b. 名古屋都市圈（NMA）包括爱知县、岐阜县和三重县。c. 大阪都市圈（OMA）包括大阪府、京都府、兵库县和奈良县。d. 太平洋带包括东京都市圈、名古屋都市圈和大阪都市圈以及福冈县、山口县、广岛县、冈山县和静冈县。e. 这是三大都市圈以外的关东、近畿和中部地区，包括茨城县、栃木县、群马县、山梨县、长野县、静冈县、滋贺县以及和歌山县。

占日本国土的面积，但直到 1940 年其份额一直在逐步下降，1940 年时仅占日本制造业产值的 9%。在快速增长期间，他们的份额从 1950 年的 11% 增加到 1970 年的 13%；在 1970 年至 1980 年间，他们的份额迅速增加到 16%。这一份额的增加反映了制造业在向邻近大都市且靠近其重要市场的地区扩张。

Glickman（1979）的经典研究《日本城市体系的增长和管理》（*The Growth and Management of the Japanese Urban System*）仍然是快速增长时期城市化进程的一项最佳成果，记录了东海道地区在 20 世纪五六十年代的就业增长。他指出，在这两个 10 年中，东海道地区的就业和人口增长速度都快于日本其他地区，在创造制造业就业方面尤其占主导地位。在第一个十年中，东海道地区的人口增长了 32%，而日本其他地区的人口仅增长了 12.3%。在第二个 10 年中，东海道地区的人口增长了 31%，日本其他地区则增长了 10.4%。在整个 20 世纪 60 年代，东海道地区的就业数增长了 39%，达到 2440 万个工作岗位；而日本其他地区的就业数仅增长 21%，达到 1050 万个工作岗位。所有这些措施都表明，东海道地区作为主要的人口和就业中心的主导地位在日益增强。

因此，战后经济快速增长的基本特征是工业增长集中在太平洋带地区。这种集中是造成大都市地区的人口分布发生巨大变化的主要因素。

城市人口的增长

日本从一个以农村和农业为主的国家转变为一个以城市和工业为主的国家几乎完全是在过去 100 年内完成的。尽管日本城市化最引人注目的阶段发生在第二次世界大战后这一时期里，但二战后日本城市化的重要基础是在战前时期奠定的。到 1940 年，城市人口已上升到接近总人口的 38%，从农业向工业的转变已经有了很好的开始，工业和人口集中于太平洋带的基本模式已经得以确立。然而，如表 5.2 所示，二战前的城市化与二战后的城市和工业增长的规模相比，仍然相形见绌。

在 1920 年，日本只有 18% 的人口居住在城市；到了 1995 年，这一比例已上升到 78%。由于日本全国人口也在增长，城市总人口在 70 年期间增长了 9500 万，这确实是一个庞大的新城市居民群体。正如 Harris（1982：56）所说，"在主要国家中，日本拥有最高的长期持续的平均城市增长率。1920 年至 1980 年的 60 年间，以每年复利的方式计算，日本的年平均增长率为 3.7%。"毫无疑问，日本城市化的规模巨大，持续时间长，但对这一图景进行详细限定非常重要。表 5.2 中所显示的 20 世纪 50 年代城市人口的急剧增长，部分是由于村庄被合并为更大的行政单位，以实现服务供应的规模经济。这导致许多农村并入了附近的城市，人为地增加了城市人口。另一方面，毫无疑问，合并反映了一个简单的事实，即现有的村庄行政边界因城市的迅速扩张而变得过时。

日本的城市人口（万人，%） 表5.2

年份（年）	全国人口	城市人口[1]（%）[2]	人口集中地区（DID）的人口（%）[2]
1920	5596.3	1009.7（18.0）	—
1930	6445.0	1544.4（23.9）	—
1940	7311.4	2757.7（37.7）	—
1950	8411.5	3136.6（37.3）	—
1960	9341.9	6089.5（65.2）[3]	4083.0（43.7）
1970	10466.5	7542.9（72.1）	5599.7（53.3）
1980	11706.0	8918.7（76.2）	6993.5（59.7）
1990	12361.1	9564.3（77.4）	7815.2（63.2）
1995	12557.0	9800.9（78.0）	8125.4（64.7）

资料来源：1995 年日本人口普查（Japan Population Census 1995）。

注：1. 官方认可城市的人口。

　　2. 占日本全国人口的百分比。

　　3. 20 世纪 50 年代，地方政府的合并大大增加了官方认定为城市的地方政府的数量。

由于"城市"这一定义在衡量日本实际城市人口方面存在缺陷，日本人口普查局制定了一个新的定义，用人口集中地区⑩（DID）内的城市人口来进行衡量，该定义首次在 1960 年人口普查中使用。人口集中地区与城市建成区相对应，定义为人口密度为每平方公里 4000 人或以上、总人口为 5000 人或以上的连续普查区。以此衡量，在 1960 年首次指定人口集中地区时，44% 的人口居住在其中；到 1990 年，这一比例上升到 63%。

人口普查的一个表格避免了与城市地区定义相关的一些问题，该表格区分了 50000 人以上和以下的定居点，而不管该定居点是否被标记为"城市"，如图 5.6 所示．如果忽略战争年代的中断，日本人口从农村向城市定居点的转移在 1920 年至 1975 年之间以相对稳定的速度发生，此后则速度下降。到 1990 年，超过 50000 人的定居点的人口比例稳定在略高于 70%。然而，战争是一个非常重要的中断点，即使长期的转移似乎没有受到什么影响。图 5.6 显示了战争的两个主要影响。1940 年至 1945 年间，居住在城市的人口比例从 35% 急剧下降到 23%。这种下降在最大的大都市地区最为明显，那里有超过一半的人口被疏散到农村地区。当然，第二个影响是，随着难民返回和新移民的到来，战后城市人口的增长速度也相应加快。从 1945 年到 1955 年的 10 年间，城市人口的比例从 23% 增加到 45%，几乎翻了一番。重要的是还需要记住，从 1945 年开始的日本城市化的描述被夸大了，因为人口增长包括许多从疏散中返回的长期定居的城市居民。然而，很明显，日本在短短 70 年间经历了从以农村为主的国家向以城市为主的国家的转变。

农村向城市的移民

日本城市人口的增长在很大程度上是从农村地区向东京、大阪和名古屋等大都市地区大规模移民的结果。从 1920 年到 1965 年，除了九州岛北部的福冈县以外，所有不在这三个地区的县都一直有人口的净外迁。由于钢铁工业的发展，福冈县在 1925 年到 1935 年期间人口有所增加，但随后又开始减少，特别是随着 1955 年至 1970 年间煤矿的削减。向三大都市地区的移民是整个 20 世纪日本城市化的主要特征，与农业就业向集中在三大都市地区的工业和服务业转移相对应。然而，正如浜英彦（Hama 1976）所指出的，战前和战后城市化之间的关键区别在于：在战前时期，城市化主要是由过剩的农村人口被推向城市地区所造成，并未伴随着农业人口的减少；在战后时期，移民数量非常大，以至于在 20 世纪五六十年代，大多数农村地区的人口都出现了绝对减少。

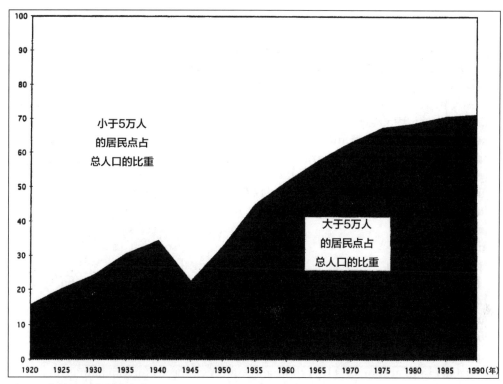

图5.6　农村人口转变为城市人口。

资料来源：1990 年日本人口普查（Japan Census 1990）。

　　从 1950 年到 1975 年的 25 年间，包括东京都、东京以南的神奈川县、北面的埼玉县和东面的千叶县在内的东京都市圈平均每年净增 28.57 万人。在同一时期，包括大阪府、大阪以西的兵库县、东北部的京都府和东部的奈良县在内的大阪都市圈，平均每年净增人口 11.54 万。包括名古屋在内的爱知县每年净增人口为 3.97 万（Harris 1982：70）。移民数量是巨大的，在 25 年间，从农村地区到都市圈的净移民总数约为 1100 万人。

　　因此，向三大都市圈的净移民是日本城市化进程中最重要的方面。图 5.7 显示了快速增长时期的巨大移民规模。20 世纪 50 年代，三大都市地区的移民总人数迅速增加，到 1960 年就超过了每年百万人的水平，并在接下来的 13 年中一直保持在这一水平之上，直到 1973 年第一次石油危机。然而，大都市地区的迁出人口也在持续稳步上升，至 1973 年已大致与迁入的人口数量相当，这导致 1963 年至 1966年以及 1970 年之后的净人口迁入率急剧下降。在 20 世纪 70 年代后半期，大都市地区已经呈现轻微的净迁出状态。然而，在 20 世纪 80 年代，迁出人口继续减少，迁入人口则持续保持稳定，导致人口净迁入的恢复，特别是在东京地区。

　　津谷典子和黑田俊雄（Tsuya and Kuroda 1989）将这种移民速度的减缓归因于20世纪70年代石油危机所造成的经济增长放缓，以及将经济增长从大都市地区向外分散的政府区域政策可能带来的影响，下文将对此进一步讨论。随着从大都市地区向非大都市地区迁出率的上升，1975年至1980年期间出现了少量向非大都市地区的人口净迁出，这是自二战以来唯一一个出现此种结果的5年人口普查期。

　　由于迁出人口的减少，以及大都市地区的自然增长率较高（因为许多移民是年轻人），非大都市地区的人口在1970—1975年间和1975—1980年间分别增长了超过200万人[11]。1980年以后，人口流动的天平再次小幅向大都市地区倾斜，大都市地区的人口迁出率下降，迁入率上升，导致向大都市地区的人口净迁入重新开始，特别是以东京为中心的都市圈（Tsuya and Kuroda 1989：215）。即使向大都市地区的净迁入得到了恢复，自20世纪80年代以来，大都市人口增长的主要因素一直是由于其相对年轻的人口结构而出现的自然增长。

　　图5.7还显示了从三大都市圈向非大都市圈地区的大规模移民流。例如，津谷典子和黑田俊雄（Tsuya and Kuroda 1989）指出，大都市地区人口的快速增长主要是由年轻人的大量移民所造成的，特别是来自非大都市地区的15岁至24岁男性。这种迁移在20世纪五六十年代最为强劲，但一直以较低的速度持续到80年代。这些移民主要是为了上大学或找工作。20世纪70年代后，许多25岁至34岁的人搬回非都市圈地区，许多24岁以上的成年人从大都市的核心区搬到大都市的郊区（Tsuya and Kuroda 1989：220）。从大都市地区向非大都市地区的迁移被称为"U形转弯"迁移，而从大都市核心区向大都市郊区的迁移则被称为"J形转弯"迁移。20世纪70年代后，这些类型的回迁变得更加重要。

　　日本的城市增长可以最好地被理解为人口从日本所有其他地区集中到太平洋带地区的过程，特别是其三个主要都市圈——东京、大阪和名古屋。虽然太平洋带在二战前已经是主要城市中心的所在地，战后它的主导地位又得到了增强，20世纪50年代和60年代的快速增长时期的大部分新生产能力都分布于此。日本的经济增长导致太平洋带核心工业区与其他仍然比较贫困和欠发达的外围地区之间的差距越来越大。如下文所述，从20世纪60年代开始，这些地区差异成为政府政策日益关注的焦点。

东海道大都市连绵带

　　快速增长时期的城市化规模如此之大，以至于必须发明大都市组织的新概念来描述它。其中最具影响力的是法国的区域地理学家让·戈特曼（Jean Gottmann）

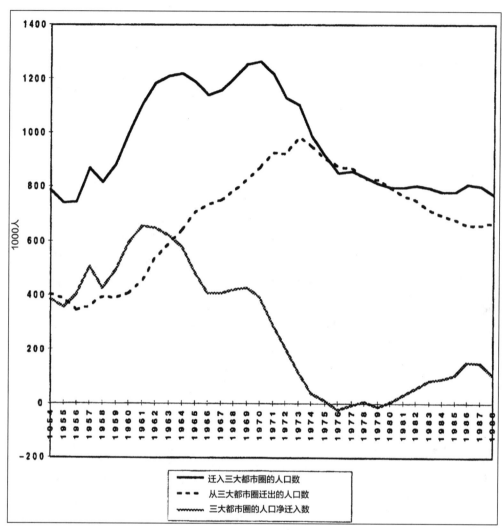

图5.7　每年迁入和迁出三大都市圈的人口数。
资料来源：黑田俊雄（Kuroda 1990：120）。

提出的大都市连绵带（megalopolis）的概念，他对美国东北海岸地区原生的大都市
连绵带的研究开创了这一领域。在从波士顿到华盛顿的大都市连绵带中，戈特曼
相信他已经识别出了一种全新类型的城市地区，它将具有未来城市化的典型特征
（Gottmann 1961：9）。大都市连绵带的特征不仅仅在于其规模，还在于其空间经济
已经扩展到包含了原有各个大都市中心之间及周围的广大区域：

　　　　乡村和城市之间旧的差别在这里已经不再适用。即使对大都市连绵带巨大
　　区域的一瞥，也能发现土地利用经历了一场革命。大多数生活在所谓农村地区

的人，在最近的人口普查中仍然被归类为"农村人口"，但与农业已几乎没有任何关系。就其兴趣和工作而言，他们过去通常被归为"城市人口"，但他们的生活方式和住所周围的景观却不符合城市的旧含义。我们曾将城市视为一个紧密聚居在一起且有组织的单位，人、活动和财富都聚集在一个与非城市环境明显分离的很小的范围内。在这一地区，我们则必须放弃这一想法。该地区的每一座城市都围绕着它的原有核心广泛分布，生长在乡村和郊区景观的不规则混合胶体之中。

——戈特曼（1961: 5）

这种对美国东北部城市化模式的描述非常贴切地展现了东海道地区的开发模式，以至于这一概念很快被引入日本，随后就有大量关于东海道大都市连绵带的文献，尤其是戈特曼本人（Doi 1968; Gottmann 1976; Gottmann 1980; Miyakawa 1990; Murao 1991; Nagashima 1968, 1981）。图 5.8 展示了土井崇司对于大都市连绵带范围的计算，他认为从神户到北九州的延长段应包含在扩张中的核心区域内。土井崇司所展示的市町村（城市、城镇和村庄）符合以下一到三个选定指标：人口密度超过每公顷 300 人，1960—1965 年间人口增长率超过 5%，以及"每年超过 10 万亿日元的工业生产附加值"（Doi 1968: 96）。

对于热衷于接受戈特曼分析的日本城市专家们特别有吸引力的是戈特曼对大都市连绵带增长的积极方面的强调。戈特曼小心地避开通常与大规模城市化有关的危言耸听的观点。他指出，"今天在大都市发生的事情被描述为一种病理现象、一种疾病、一种癌症……长期以来，人们一直在从道德角度讨论和谴责城市发展。这种讨论在意料之中且满足了人们的喜好，但总的来看，历史已经表明这种谴责是不公正的。"他继续说道，虽然大都市连绵带存在问题，但"总体而言，其人口更健康，商品消费更高，可以提升的机会也比其他任何类似地区都大"（Gottmann 1961: 13–16）。

Hanes（1993）详细回顾了日本有关其新兴的东海道大都市连绵带论述的进展，论述的观点显然是矛盾的。主流观点一直以日本的经济增长和大都市扩张为荣。日本的规划师和政治家热切地接受了这一新理念，他们认为大都市连绵带的发展是件好事，并为自己的大都市连绵带位居规模最大之列而感到自豪。其他人则不那么确定，指出了从东京到大阪的连续城市化正在造成新的问题。在一定程度上，德川时代的旧的反城市传统——将日本的核心价值观定位于团结、健康努力和尊重权威的农村传统——也带入了反大都市连绵带的情绪之中。然而，可能更重要的是，对经

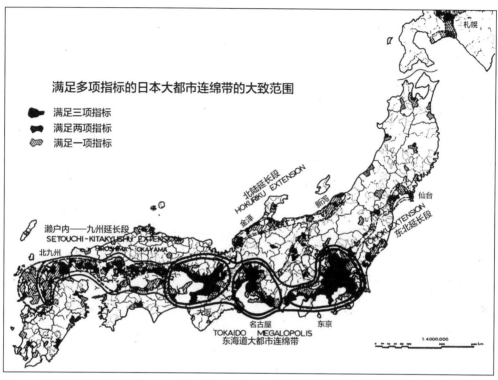

图5.8　东海道大都市连绵带。20世纪60年代，城市地理学家们努力工作以确定日本大都市连绵带的范围和特征。土井崇司是最早提出冈山至长崎地区（他称之为"濑户内—北九州延长段"）应被视为大都市连绵带的人之一。

资料来源：土井崇司（Doi 1968：99）。

济占主导地位的大都市地区和日益衰落的外围地区之间日益加深的不平等性的更现代、更实际的担忧，以及对太平洋带地区过度集中的环境和经济后果的新担忧。如下文所述，在快速增长期即将结束时，这些担忧成为越来越重要的规划问题。

1955—1968 年的规划和快速经济增长

在快速增长时期，日本政府压倒一切的首要任务是促进经济增长，国家将所有资源用于重化工业主导的经济扩张战略。由于从战争破坏中恢复的必要性如此明显，中央政府官僚、执政的自民党（LDP）和大企业的联盟被赋予了执行其发展战略的自由。Samuels（1983：168）将战争结束至 20 世纪 60 年代中期称为"保守派的天堂"，在这一时期，人们对经济重建和快速增长达成了"不容置疑的共识"。经济增长的许多后果都是人们所期望的，也得到了广泛的支持。经济增长和制造业的扩张使收入增加，就业机会扩大，工资提高，食品和消费品供应变大。地方政府相互竞争以吸引重大工业项目。在许多方面，这是中央政府拥有有史以来拥有最大的权力和主导性的时期。1955年自民党成立后，执政的保守派政党拥有了健康多数席位（healthy majorities），不断扩大的经济提高了每个人的生活水平，平息了反对党的批评。在占领期间，官僚机构的权力和威望大大提高，新宪法清除了战前盛行的复杂的权力划分。

尽管占领当局所强制实施的《地方自治法》产生了独立选举的都道府县和地方政府，但由于在战后的前20年里，保守派政党控制了中央政府、几乎所有都道府县政府以及大多数市级政府，对他们来说，制定各级政府的议程相对容易。中央政府还向地方政府提供补助金和债券许可证等奖励，地方政府则通过赠送土地、临时豁免财产税和提供地方基础设施，帮助所在地扩展新产业，以配合中央政府的行动（Steiner 1980：5）。长期财政困难的地方政府习惯于遵循中央政府的指导，他们很容易相信新产业会在未来会扩大税基。中央政府还利用其对都道府县和地方政府的主导地位，确保地方政府会积极努力地说服当地土地所有者，在行业想要扩大经营场所或建立新设施时能够聚集大量土地。国家、都道府县和地方官员在必要时可以极为有效地扭转局面，克服地方对工业发展的反对（Allinson 1975；Broadbent 1989，1998）。

发展有竞争力的出口产业被视为国家经济生存的基础。小宫隆太郎（Komiya 1990）报告说，"要么出口，要么死亡"这一常用口号反映了这一时期日本决策者的态度。为了实现更高的出口，政府鼓励工业集中在太平洋带地区，以帮助提高集聚效率。新经济计划（1958—1962年）强调了"加强工业基础""工业结构的精细化"和"重化工业化"是首要的政策目标。虽然日本维持着相对自由的市场经济，企业可以自由地在他们所希望的地方选址，但日本政府也积极努力说服企业遵循政府的指示。这种说服在日本通常被称为"行政指导"，主要由非正式的指导、建议和对个别公司的劝告组成。企业往往发现遵循政府的行政指导是有利的，这既是因为与部门官僚的密切合作可以产生真正的优势，还因为官僚会给那些没有这样做的企业设置困难。为了帮助目标产业的发展，政府用补贴促发展，对折旧和出口收入给予税收优惠，并提供低息贷款（Komiya 1990：8）。

为了提高效率并利用集聚经济，公路、港口、填海造地和铁路等公共投资大多集中在太平洋带地区。因此，那里的经济发展受到鼓励，特别是在钢铁、石化和造船等重工业部门。在开发整个太平洋带地区潮汐海湾的大规模填埋区上的工业综合体时，国家的作用尤为重要。按照苏联模式，这些综合体通常被称为"kombinato"，通过将一个大型场址上特定行业的多项内容与其自身的港口设施相结合来提高效率（Kornhauser 1982；Murata and Ota 1980）。这种共产主义规划和资本主义所有权的奇怪组合是快速增长时期日本发展政策的特点。这些项目通过低成本提供大型场地来促进工业增长。在说服地方政府、收购近海地区的当地捕鱼权以及协调交通和工业供水设施方面，中央和都道府县政府发挥了必不可少的作用（Tsuru 1993：102）。Glickman 指出，由于 1955 年至 1960 年期间政府政策的重点是太平洋带地区重化工业部门的发展，大部分公共资金都投资于该地区，很少流向较贫穷和较偏远的地区。他将此解释为一个明确的迹象——经济效率的目标优先于区域间公平的目标（Glickman 1979：255）。

这种模式一直延续到 20 世纪 60 年代。1960 年重要的所得倍增计划的主要优先事项是经济快速增长。政府计划大幅增加对太平洋带地区的道路、供水和港口设施的社会间接资本投资。负责制定该计划的大来佐武郎同意在 20 世纪 60 年代早期仍将大多数政府投资放在核心地区，这有助于提高工业和就业的集中度。他还记录了所得倍增计划的一个重要意外结果。在该计划被通过之前，自民党政府就面临一个决定性的政治问题，即自民党政府在周边地区拥有非常重要的支持基础，这些地区开始争取更大的公共投资份额。该计划在提交首相后在内阁里搁置了两个月，主要原因是反对意见认为它没有充分考虑改善欠发达地区的条件。该计划是在附上一份声明后得到通过的，声明承诺起草一份国家规划，通过公共支出和税收措施等促进落后地区的发展，并"实现产业在地理上的理想分布"，从而"消除各个地区的落后"（Okita 1965：622）。这种来自自民党内部的政治压力与人们愈发认识到过度集中所带来的不经济结合了起来。从这一点来看，未来的经济发展规划越来越需要分权、限制大都市地区的工业和发展落后地区。这就是《全国综合开发计划》（CNDP）的起源。

1950 年的《国土综合开发法》和随后的《全国综合开发计划》奠定了国家 / 区域规划制度的基础，其中的第一版规划于 1962 年通过。该规划的重点是通过促进工业的分散来缩小地区差距，这主要通过指定新产业都市来实现。这些都市旨在成为外围地区的增长中心，通过提供离家较近的工作机会，鼓励放缓向大都市地区的移民速度。中央政府将增加这些地区的基础设施投入来鼓励工业化。该规划指定了 15 个新产业都市，其中许多位于太平洋带的主要增长区域之外，如图 5.9 所示。然而，在新产业都市有机会得以建立之前，商业压力促使政府改变方向，回归其对于核心地区工业效率和集中度的最初偏好。1964 年，指定了六处"工业整备特别地域[13]"，所有这些区域都位于太平洋带的核心区域内（Calder 1988：285；Honjo 1978；Murata and Ota 1980：178）。这些新工业区随后吸引了大量新的投资，并阻碍了早期指定的新产业都市的发展。

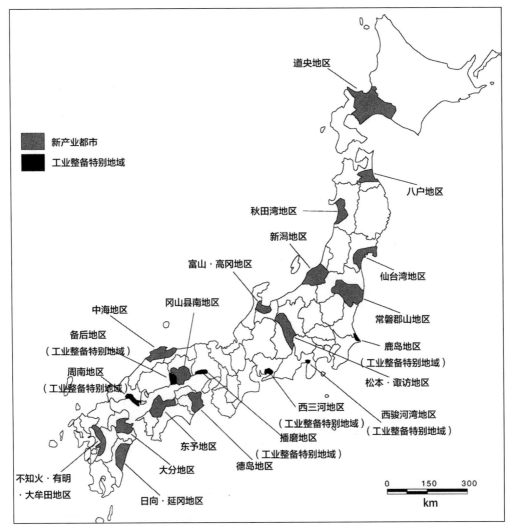

图5.9 1962年的新产业都市和工业整备特别地域。在1962年，作为对来自周边地区政客大力游说的回应，经济发展政策从侧重在太平洋带建立工业集聚区转变为在日本分散布局工业。然而由于商业反游说的影响，1964年太平洋带内又指定了六处工业整备特别地域，这使得新产业都市的影响大为削弱[12]。

    Glickman 将 20 世纪 60 年代从集聚政策向更全面发展政策的转变描述为主要是政府所说内容而非所做内容的转变。正如他所讲，"与其所声称的内容相反，政府从未有过非常强有力的地方分权政策。公共投资在 20 世纪 60 年代末之前一直高度集中在经济核心地区，直到后来才分配给更落后的地区"（Glickman 1979：248）。他表示，政府在生产性基础设施方面的支出一直有利于太平洋带地区。事实上，尽管中央政府的经济计划在 20 世纪 60 年代呼吁分散私人投资和公共支出，以应对人们认为的过度集中在太平洋带的现象，但核心地区的政府支出占总支出的百分比实际上仍在增加，人均水平也一直高于落后的周边地区。

　　对于政府产业政策在日本经济增长中的作用存在着相当大的分歧。一方面是 Johnson（1982）经典且有说服力的论点，即经济计划官僚在通商产业省[⑭]中发挥了重要（如果不是决定性的）作用，一方面确保可用资本、外汇和新技术得以流向最能受益的公司；另一方面通过组织卡特尔来确保大公司长期过度投资和高度竞争不会导致大范围的破产。其他人质疑了通商产业省的重要性，认为其他因素更为重要，如国际经济环境、能够转移到城市并防止工资价格上涨的农村地区庞大且受过良好教育的后备劳动力、廉价能源和原材料供应，还有大量可以从国外廉价进口的可用技术。例如，丹尼尔·冲本（Daniel I. Okimoto）发现经济官僚们既没有对他们后来声称的事件承担多大的责任，也没有特别的先见之明来选择可以获胜的产业来推广（Okimoto 1989）。

　　然而，毫无疑问，政府对城市规划和城市及区域基础设施投资的做法对经济增长具有重要贡献。经济活动的大规模扩张需要更好的公路、港口和铁路，以及大量新工业用地的供应。正如山村耕造（Yamamura 1992：48）所指出的那样，政府将其规划工作和预算重点放在提供工业基础设施上，1960 年公共工程预算的 41% 分配给了道路、港口和机场，在 1970 年则达到 49.9%。用于住房和下水道系统的预算比例在 1960 年为 5.7%，1970 年则为 11.2%。Mosk（2001）在其最近的一本书中热情地回顾了资源向生产性基础设施的集中，他专注于论述经济增长的积极效益，而忽视了该战略的各种人力成本。

　　森村道美（Morimura 1994：8）将这一阶段的规划干预描述为"城市规划的需求响应模式"，其中的主要优先事项是"主要关注于关键设施和工业设施开发的流量对策"。这一特征有效地总结了这一时期的规划风格，即基于大型项目扩大电力供应、水供应、工业用地供应、主干道、工人住房、铁路和配电设施以及港口开发。在填海区进行了巨额投资，土地以很低的价格提供给大公司作为工业用地。相应地，人们很少优先考虑其他因素，如长期增长模式、居民生活质量以及以公园、图书馆和娱乐设施形式呈现的社会资本形成，或城市工业扩张所造成的更广泛的环境后果。

　　中央政府还有效利用其对政治和规划权力的垄断，通过积极反对地方政府在社会基础设施和居民区方面的支出，确保其余的基础设施投资流向生产性基础设施。地方社会间接资本投资受到两种主要方式的限制。首先，中央政府严格控制地方政府在基础设施方面的支出，如地方道路和污水处理设施，同时大力鼓励地方政府投资配备服务设施的工业用地和主干道。对于城市规划项目审批的行政控制赋予了建设省控制地方规划政策的广泛权力。如上所述，中央政府进行有效实施财政控制的部分原因是令地方政府贫穷，并依赖于中央政府的赠款；部分原因是禁止地方政府未经中央政府的许可借款。这一制度与美国形成强烈对比，例如，在美国，主要城市的借贷通常由需要偿还贷款的当地纳税人通过全民投票来获批（Wilson 1988：130）。其次，政府利用对银行系统的监管，防止银行贷款用于住房抵押，这样就不会有来自消费者的资本竞争。1965 年之前，住房抵押贷款融资仅限于公共来源，以确保可用的资本被用于工业扩张。类似于美国的储蓄与贷款协会（Savings and Loans）以及英国建房合作社（Building Societies）那样的专业私营房屋金融机构，尚未在日本发展起来（Seko 1994a：52）。

尽管城市规划对日本经济快速增长的贡献一直都被严重忽视，然而毫无疑问，以城市社会基础设施为代价，将可用资源集中于工业基础设施促进了经济增长。这也导致了城市里的长期生活质量问题和下一章所讨论的日益严重的环境危机。

土地区划整理和综合规划方法

1954 年，通过了一项新的《土地区划整理法》，以取代 1919 年《城市规划法》中的土地区划整理规定。1954 年的法律作了一些重要的改变，并巩固了之前的规定。土地承租人首次被正式纳入项目执行机构中，地方公营公司被允许在更大范围内实施土地区划整理项目，并增加了"行动和换地"（action and replotting）规划的审查以及项目受影响者的参与程序。该法作为土地区划整理的基本法律至今仍然有效，已被广泛应用于各种特殊情况，主要包括城市向农业地区的扩张，以及市区重建、新城建设、公共住房项目、铁路和大众运输的发展等。新法律的一个重要特点是，它授权中央政府资助由地方政府发起的项目，资金来自汽油税收入的道路改善特别账户（Ishida 1986：83）。理由是，在土地区划整理项目修建的主干道（即都市计划道路）中，强迫当地土地所有者承担全部负担是不公平的，因为这些道路将主要惠及项目区域以外的其他人。因此，道路资金可用于补贴道路建设，其金额与购买土地的金额相同。这很快成为地方政府领导的土地区划整理项目的主要资金来源，并使新项目的总面积在 20 世纪 50 年代后半期大幅扩大，从 1955 年日本每年不到 1000 公顷的新项目，到 1960 年超过 3000 公顷的项目（Kishii 1993：13）。石田赖房认为，这也导致土地区划整理项目的重点明显转向主干道路建设（Ishida 1986：83）。

政府继续将支出的重点放在工业增长和生产性基础设施上，也使其更加依赖土地区划整理项目来规划和改善居住区。如上所述，土地区划整理项目特别有用，因为参与项目的土地所有者的土地贡献既消除了购买道路和公园用地的需要，也涵盖了道路和下水道的建设成本，因为一些贡献出的土地作为城市地块被出售。可以自筹资金进行城市发展项目对地方政府特别有吸引力，因为地方政府首当其冲地承担了快速扩张城市地区的基础设施成本，同时其收入受到中央政府对所允许的地方税的严格限制。

关于土地区划整理的文献经常强调该方法在快速增长期的重要性。例如，长峯晴夫就认为，日本政府在社会间接资本上的投入很少，并将所有可用资源用于实现快速工业增长。因此，土地区划整理对日本经济的成功起到了至关重要的作用。正如他所说的那样："日本经济繁荣的一个主要因素是她的人民选择了容忍，不管这是对还是错。分配给人民生活的资源非常匮乏，从而留下最大数量的资源用于工业发展。日本只能提供土地区划整理所能提供的生活环境。事实上，土地区划整理一直是日本应付城市土地和资源限制的最重要工具，特别是在经济高速增长时期"（Nagamine 1986b：52）。因此，这一观点认为，土地区划整理在日本案例中至关重要，因为国家在社会间接资本方面投入很少，而不是将所有可用资源用于帮助工业增长，同时通过土地区划整理让私营部门负责住房、污水处理和地方道路的自由裁量支出。Honjo[15] 提出了类似的观点："日本的发展条件非常恶劣，不可能超过最低限度进行发展。积累的资本总是被用于生产部门投资，并推动了以基础设施为重点的城市发展政策。城市土地开发是在土地所有者的支持下通过巧妙地分享开发利益而进行的。住房供应留给了私营部门，只有在自然灾害等紧急情况下，公共措施才会启动或扩大"（Honjo 1984：28）。

不是每个人都认为日本人民竟然选择容忍对其生活条件的微薄分配。应该更准确地说，是政府选择了这种资源分配，而对这些政策的反对则很难动员起来。人们也不总是接受土地区划整理项目。事实上，如上所述，在实施战后重建规划期间，发生了对土地区划整理的广泛抵制。尽管财政资金短缺会导致重建规划的失败，土地所有者的有组织的反抗是重建规划失败的一个主要因素，特别是在东京（Ishida 1987：229–230；Calder 1988：395）。石田赖房还指出，为对抗二战后重建项目而开展的反对派运动是成立于 1968 年的区划整理对策日本全国联络会议的重要基础，该联络会议的成立是为了在日益扩大的地方反土地区划整理运动中共享信息、资源和反对策略，它至今仍很活跃。

1954 年《土地区划整理法》通过后，随着新的土地区划整理项目面积的增加，来自地方的对于土地区划整理项目的反对似乎也在增加。如上所述，该法律赋予地方政府更多的权力和中央政府的道路经费资助，以规划和执行其自身的土地区划整理项目，从而使其成为地方政府实施雄心勃勃的土地开发和快速经济增长所需的干线道路建设项目的主要工具。在 20 世纪 50 年代末和 60 年代初，地方政府发起的项目的面积迅速增加，这些项目可以在受影响土地所有者没有同意的情况下开展（Sorensen 2000a）。

土地区划整理项目还提供了对地方道路布局进行详细规划控制的唯一手段，因为 1919 年《都市计划法》的建筑线制度已经随着 1950 年《建筑基准法》的修订而被废除。由于诸多原因——包括土地所有者的反对，以及土地区划整理项目因直接参与人数众多而固有的开发进程缓慢——地方政府无法在大部分快速增长的城市地区启动项目，导致城市蔓延持续扩大。

大规模公共住房建设的开始

同样也是在这一时期，国家第一次参与大都市地区的大规模公共住房建设。大量移民的涌入延长并加剧了战后的住房短缺，导致住房政策更像是针对难民的紧急避难所计划，而不是细致的城市规划方案。从某种意义上说，此类住房也是支持工业发展的基础设施，因为大都市地区需要大量廉价的工人住房，以确保为发展中的工业提供充足的劳动力。然而，这事实上也标志着政府政策的重大转变。在此之前，除了一些非常小型的项目，例如战前的同润会项目，住房供应几乎完全由私人市场提供。1955 年，早期的住宅机构进行了改革，并扩大为新的日本住宅公团（JHC），其任务是在住房短缺的大都市地区提供大量住房。日本住宅公团是日本第一家大规模建造多层住宅区的组织，此前，日本几乎只建造 2 层甚至 3 层的低层住宅。此外，1963 年通过《新住宅市街地开发法》（有时被称为《新城法》）后，日本住宅公团成为建设"新城"的重要工具。第一代日本新城包括东京附近的多摩新城、名古屋附近的高藏寺新城和大阪附近的千里新城。尽管新城中包括了服务于当地居民的小型商业中心，但与英国新城不同的是，日本的这些新城从未试图在当地的就业和居住之间建立平衡，而主要成为大都市核心区工作者位于郊外的居住地。

在开发通常都是大型住宅区（团地）的过程中，日本住宅公团使用了土地区划整理的一个版本，Nakamura[16] 称之为"先行买取型土地区划整理"（Nakamura 1986：22）。日本住宅公团在启动项目之前，必须获得项目区域内 40% 或更多土地的所有权。它可以通过两种方式实现这一点：通过在公开市场上购买 40% 的土地面积；或使用其优先购买权，在某一地块上市后拥有第一个购买的权力。一旦达到 40% 的所有权水平，日本住宅公团有权启动土地区划整理项目。日本住宅公团主要采用土地区划整理来开发大型住宅区，但也用它创建了许多工业区（Miyakawa 1980：275）。

　　日本住宅公团的公共住房计划产生了各种各样的问题，其中最严重的可能源自日本住宅公团的政策，即在远离现有定居点的绿地上建造高层住宅区。这样做是有道理的，因为土地会便宜很多，可以用同样的预算建造更多的单元，而且日本住宅公团的主要责任就是大量建造住房。不幸的是，这给项目中的新居民带来了严重的困难，居民们发现自己远离商店和其他服务，远离通往大都市中心的主要通勤铁路线，而其中有许多人都在那里工作。这些住房项目也是城市蔓延的一个主要原因，最终引起了地方政府的强烈反对，他们发现必须要承担为数千名新居民提供学校、供水、下水道和其他市政服务的责任（Ishida 1987：296）。此外，众所周知，在一个先进的工业社会中，城市规划的一个核心困难就是协调各种政策工具，如土地利用规划、税收、基础设施的资本支出和交通规划，这样他们就可以互相强化而不是对抗。例如，20 世纪 60 年代美国"模范城市"（Model Cities）计划就有这样的乐观目标，但完全无法实现（Cullingworth，1997）。因此，批评日本的规划者不能做得更好也许是不公平的。

　　日本住宅公团的住房建造案例有力地展现出 20 世纪 60 年代日本城市规划制度的一个核心问题。开发项目的方式和中央政府的主导地位意味着不同的政策没有得到很好的协调，并且对可能产生的不利后果关注甚少。即使在地方政府反对项目或通过游说来修改项目时，中央政府机构也能够推进项目。值得注意的是，日本从未经历过像其他国家那样的与公共住房相关的严重社会问题（Newman 1973；Power 1997）。尽管 20 世纪五六十年代早期的日本住宅区显示出许多最糟糕的设计特征，这些特征在西方被认为是那些地区里犯罪和青少年不良行为的罪魁祸首，但似乎却没有在日本产生同样的影响——公共住宅区的故意破坏和人身安全的问题在日本并不存在。

　　下一章将进一步讨论团地的政治和社区组织，但关于日本的公共住房还有最后一点需要说明：随着时间的推移，情况确实有所好转。20 世纪 50 年代最早的公共住房特别难看，由整齐排列的平房组成，通常只有两个房间、一个小厨房和一个卫生间这样的低标准。洗浴设施一般以传统方式在单独的公共浴室中提供。不过，我们应该记住的是，日本当时仍然相当贫穷，这些房产或多或少是危机管理的工具，为涌入城市的经济难民提供住房。在 20 世纪 90 年代，开始对这些房产进行重建，因为不再需要这种标准的住房。20 世纪 60 年代的房产在设计以及提供游乐场、学校和零售设施等便利设施和住房质量方面都要先进得多。特别是新城，通过公园和步行网络、邻里单元以及通勤火车站附近高密度住宅和商业的集中区，协力实现了综合开发。图 5.10 和图 5.11 所示的位于大阪附近的千里新城以及东京以西的多摩新城，都是这一时期新城规划的优秀实例。

首都地区的规划

　　随着经济复苏和城市人口恢复增长，对于首都地区未来结构的规划在 20 世纪 50 年代再次启动。1950 年，依据《首都建设法》成立了首都建设委员会，以制定东京的长期规划。这项法律主要是东京政府为获得作为首都的特殊地位以及获得中央政府对于规划和重建项目的更大支持而努力的结果（Ishida 1987：249）。1956 年，第二项法律《首都圈整备法》得以制定，并成立了首都圈整备委员会。该委员会负责为远至东京站 100 公里半径内的整个关东地区制定一项区域战略，范围包括东京都及周边的七个县。委员会起草了首都圈基本计划（NCRDP），并于 1958 年被批准（Ishida 1987：273）。

　　1958 年第一次首都圈基本计划，如图 5.12 所示，模仿了阿伯克龙比的大伦敦规划，在东京现有建成区周围指定了一条宽阔的绿带（Hanayama 1986：26）。对现有建成区内的工业和大学的选址或扩建进行了控制，并将开发引向绿带以外的卫星

图5.10　千里新城的住宅。这些位于大阪北部千里新城的5层无电梯公寓楼，是20世纪六七十年代经济型公共住房的典型代表。这一地区毗邻主要的火车站，便于前往大阪市中心。独户住宅位于离车站更远的处于照片背景的山丘上。

安德烈·索伦森拍摄，2000 年。

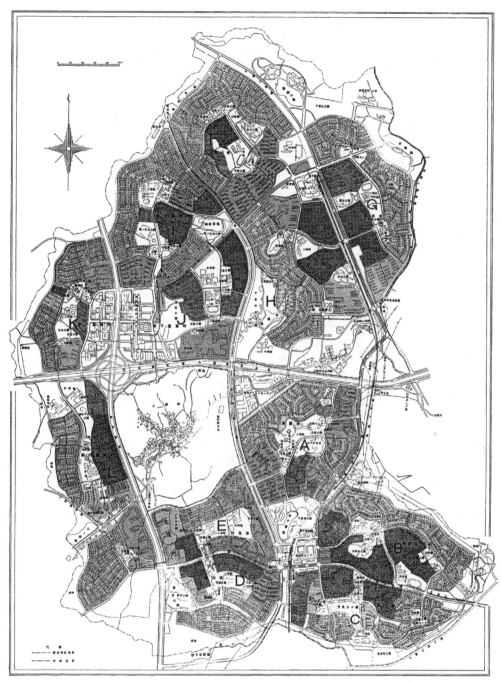

图5.11 千里新城总体规划。位于大阪北部的千里是20世纪60年代中期开始出现的"新城"的典型代表。尽管千里的主要设计目的是提供大量新住房,但它还包括一个城镇中心、高速公路网,以及若干火车站和娱乐设施。

资料来源:大阪府(Osaka Prefecture 1970:56)。

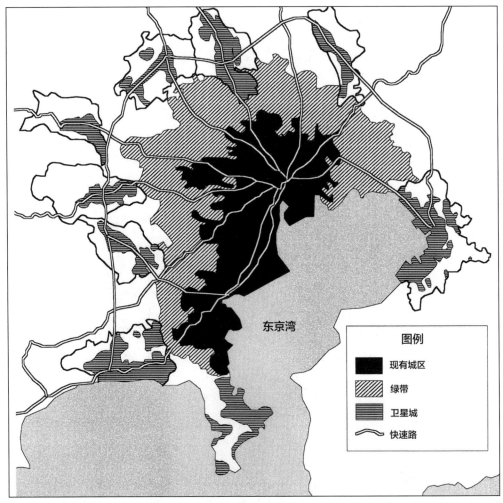

图5.12   1958年的第一次首都圈基本计划在很大程度上再次确认了石川荣耀在其1946年重建规划中所概述的东京规划的基本原则。虽然删除了中心城区的开放空间网络，该规划仍然要求严格限制现有城区的人口增长。绿带将为市区提供清晰的边界，并鼓励在环绕市区的一系列工业卫星城内进行新的开发。

资料来源：修订自东京都政府（Tokyo Metropolitan Government 1989：58）。

城。该绿带将作为现有建成区周围的警戒线，并在东京及其郊区卫星城之间保持清晰的间隔（Alden 1984：72）。然而，超预期的经济和大都市增长以及当地对的强力反对使这条绿带难以实现。最近一项关于首个首都圈整备计划[16]未能控制实际增长模式的研究表明，缺乏用以执行规划中的具体法律措施，以及受影响的地方政府在推行相反的促进增长的政策，是破坏其效果的关键因素（Kurosawa, et al. 1996；另见 Ishida 1992）。通过政治游说，加之土地所有者积极细分和出售规划绿带地区内农田的策略，规划的反对力量使得绿地条款无法得到执行。作为回应，1968 年的第二次首都圈基本计划取消了绿带，并将东京站 50 公里半径范围内且现有建成区以外的整个区域指定为近郊整备地带，同时保留该区域北部的卫星城。

快速增长时期的主要规划风格的一个很好的实例是 1959 年产业计划会议提出的东京湾"新东京规划"[18]。产业计划会议是由电力中央研究所成立的私营智囊和游说团体。电力中央研究所是一个通过对私营电力公司的利润征收 0.3% 税金而成立的半私营机构，负责国家电力和能源资源的开发。事实上，正如 Samuels（1983：171）所言，该机构与其说是一个研究机构，不如说是一个大企业的游说团体，利用巨大的财政资源在自民党议员中为其提案赢得支持。

在不受预算限制的情况下，产业计划会议提出了一项雄心勃勃的规划，将东京湾改造成一个连接东京、神奈川和千叶的巨大的新城市工业地区，并创建一个新的区域交通枢纽取代东京站。正如 Samuels 所描述：

> 1959 年 7 月，工业规划会议提出了"新东京规划"（Neo-Tokyo Plan）。这是战后日本高增长时期最重要、最全面的区域规划。在一个充满雄心的规划时代，该规划是最具雄心的；在一个私营部门领导的时代，这是一个典范。该规划要求在东京湾沿岸填埋 4 亿平方米的面积，并直接在海湾的中心填埋出一个巨大的 2 亿平方米的岛屿。总的来说，它建议填满东京湾三分之二的面积。位于海湾中心的填埋岛是新的中央铁路站以及将东京连接至东北与中部地区的汽车运输设施的拟建场地（见图 5.13）。
>
> —— Samuels（1983：171）

新东京规划催生了其他公共和私人组织大量的类似项目。例如，该规划公布不久以后，建设省就将规划的主要内容作为官方政策，开始了对于东京湾环线公路和主要的新填埋场的调查工作，以及从千叶县到神奈川县的两座主要新桥的工程研究。建筑师丹下健三后来提出了他自己的规划，基本上借鉴了新东京规划中所有的主要思想，并且由于更好的设计使其后来比最初的规划还要有名。

该规划得到了千叶联合工厂这一大型工业企业的大力支持，千叶联合工厂因为得以更方便地到达东京 / 横滨工业带而收益，并成为开发这一工业带的主要支持者。然而，该规划在自民党内部遭遇强烈反对，自民党主要由东京地区以外的成员组成，他们认为没有理由支持在东京增加支出。建设省从未完全放弃这一想法，尽管它曾多次被置于次要位置。作为 20 世纪 80 年代大型项目浪潮的一部分，跨海湾隧道和桥梁的规划在那时被再次提出，并于 1997 年完成，如第 9 章所述。

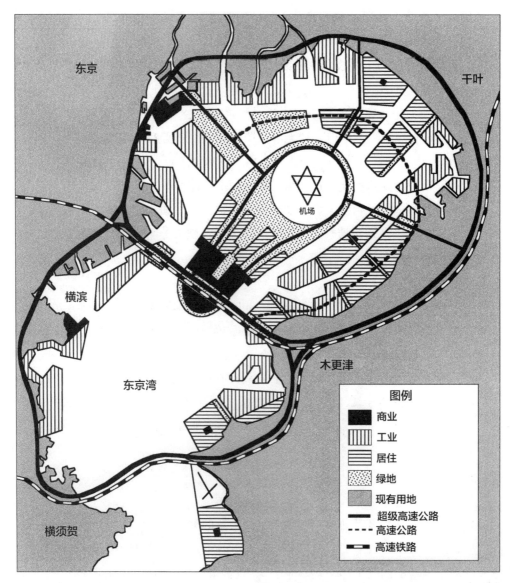

图5.13　1959年的新东京规划提出要对东京湾进行填埋并创建一个新的城市。该规划虽从未建成，却极具影响力，激发了许多在海湾进行建设的著名方案，从木更津到东京的高速公路和东京湾环线高速公路等要素最近都已建成。

资料来源：Samuels（1983：图5.4）。

东京奥运会

　　20世纪60年代早期的首要城市规划项目无疑是为东京奥运会做准备。1959年，东京被选为1964年夏季奥运会的主办城市，这成为巨大的民族自豪感的来源。这发生在占领时代结束后不久，象征着日本作为一个主权国家重新加入国际社会。东京政府利用这一机会动用国家政府资金建设一些急需的城市基础设施，而日本大多数关于城市规划影响的记录只简要提及了所建的体育设施，重点关注的则是道路、高速公路、地铁、单轨铁路、下水道和供水系统这些赶在奥运会前如期完工的改善工程。这些都对该市产生了巨大的影响，因为 20 世纪 50 年代的快速经济增长带来了东京市中心的严重拥堵问题，战后重建规划中的主要干道实际上很少被修建，交通系统仍然主要基于 20 世纪 20 年代地震重建项目期间所创建的部分，而那时的汽车数量则要少得多。

为了举办奥运会，还进行了重大道路改造，规划的放射线和环线系统的几个重要部分都得以及时完工。修建了 30 条总长为 138 公里的道路，其中包括青山大道（4 号放射路），它连接了代代木公园和驹泽奥林匹克公园的主要奥运设施以及驹泽大道（7 号环路）的一长段，这是东京西部靠近驹泽的一条重要的南北向道路。奥运会的筹备工作也极大地推动了东京地铁线路的建设，1962 年批准了 8 条线路，总长 177.5 公里。这是对现有系统的一次重大扩展，当时只有 3 条线路在运营：银座线在二战前完工；丸之内线在 1954 年部分运营，1959 年完工；浅草线在 1960 年部分运营，1968 年完工。另一条线路日比谷线于 1964 年完工，并在奥运会期间及时投入运营。扩展东京公共交通系统的另一个恰好在奥运会前完工的新项目是连接山手线上的滨松町站和羽田机场的东京单轨电车（Tokyo Monorail），它在完工时曾经是世界上最长的单轨线路。最后，第一列新干线在奥运会开幕前完工，以展示日本运营和技术的进步。自 20 世纪 20 年代以来，交通规划师就一直在讨论和规划从东京到大阪的新的宽轨干线，以取代窄轨的东海道干线。有趣的是，这项工作始于 1909 年就担任铁道院第一任院长的无所不在的后藤新平（Aoki 1993：84）；然而，奥运会提供了最终建造它的理由，经济增长则为其提供了资金。长期以来，新干线一直是世界上速度最快、最安全的铁路系统，它的修建极大地提升了日本的民族自豪感，并在巩固"东京 – 名古屋 – 大阪轴线"这一日本经济发展的核心地区方面发挥了重要作用。

从长远来看，奥运会对东京最大的影响可能是内城高架高速公路系统的建设。首都高速道路株式会社成立于 1959 年 6 月，由五条高速公路线路组成的共 31.7 公里的中央网络恰好在 1964 年奥运会开幕之前完成（Kudamatsu 1988：40）。高速公路系统在东京的中心地区非常明显，以至于不可能不注意到它。一些人感到遗憾的是，它毁坏了东京市中心的许多运河，并永远改变了东京与其长期根植的水上交通的关系（Jinnai 2000：45；Seidensticker 1990：229）。大部分的旧运河网被填平，其余的变成了高速公路隧道，而剩下的大部分被高架高速公路覆盖。这大大节省了购买昂贵的市中心土地的成本，但不幸的是，将原本可能是东京市巨大城市财产之一的那些土地变成了潮湿、阴暗和嘈杂的水域。即使是宏伟的日本桥这一传统的东京市中心以及日本所有距离标志的测量原点，也因需要高速公路建设而被牺牲，现在已被头顶的巨型钢结构阴影所覆盖（见图5.14）。阵内秀信（Jinnai 2000：46）认为，城市历史滨水空间是江户文化和商业的核心，对其的这种傲慢处理，是快速增长年代向现代经济和技术发展迈进的一部分，在东京以高速公路和高楼为代表。沿河修建了高高的堤坝和带刺的铁丝网，工厂和炼油厂取代了Seidensticker（1991）曾回忆称赞的旧的河边餐馆和娱乐场所。

　　另一方面，当时共计263.4公里长的高速公路，无疑是游览这座城市的最佳位置之一。高架高速公路所在的上层提供了一个与下面拥挤的街道截然不同的城市视角。高速公路甚至得到了前卫建筑评论家的认可：

　　　首都高速道路（Tokyo Metropolitan Expressway）无疑是东京的城市肌理中最突出、最重要的结构。厚重的混凝土和钢梁支撑着一个巨大的道路网，它蜿蜒穿过整个首都，其触角延伸到横滨、埼玉和千叶的边远地区。这个交通过山

图5.14　日本桥和首都高速道路。东京宏伟的日本桥是一座美丽的历史建筑，也是日本的核心象征，整个日本群岛的所有距离都是以此为原点进行测量的，它埋藏在高架的首都高速道路下，体现了快速增长时期的价值观（过去的日本桥见图3.2）。
安德烈·索伦森拍摄，2000年。

车穿越城市景观，掠过低矮的屋顶，在高耸的办公大楼之间蜿蜒而行，并潜入地下隧道。它为多山的东京景观增添了一个动态的维度，让人们注意到不断变化的平面和不同地区的差异，无论是工业区、居住区还是商业区。这种三维、连续的空间在世界范围内是无与伦比的。

——田岛则行（Tajima 1995：16）．

显然，如何评价高速公路系统是一个鉴赏问题。但毫无疑问，如果没有它，东京将是一个完全不同的地方。自 20 世纪 70 年代以来，大阪和名古屋也建设了类似的系统，结果相当类似。在名古屋，高速公路规划遭到了公众有组织（但并未成功）地强烈反对，因为它们将被修建在几条主要林荫道之上，而这些林荫道作为市中心的装饰是在战后重建项目期间花费巨资修建。毫无疑问，用林荫道在拥挤的内城地区提供主要的线性公园和开放空间的初衷，已被高架高速公路的修建所损害，因为林荫大道已不再是开放空间。

快速经济增长带来的城市加速变化

大都市地区的快速人口增长与快速经济增长相结合，推动了日本城市地区的加速变化。虽然最具爆炸性的人口增长出现在主要大都市地区，最大的若干个镇的人口增长也相当可观，因为甚至在人口不断下降的城市周边地区，年轻人也从较小的村庄迁移到了城市中心。这一点在都道府县的首府尤其如此，尤其是在主要铁路线上或太平洋带地区附近的首府。图 5.15 总结了一些主要变化。

主要规划活动和支出通常位于火车站附近的核心区域和主要商业区。战后重建项目尤其如此，这些项目主要被用于在中心城区修建几条宽阔的大道，通常从火车站到旧的城堡所在地，例如在姬路。土地区划整理的重建项目也主要在中心城区进行，以拓宽和理顺市中心道路网。除了东京、大阪、神户和横滨等主要城市外，在现有地区拓宽道路的费用实在是过于高昂。除了一两条主要公路外，中心城区的路网都是从封建时代继承下来的。因此，重建的优先事项往往是改善这些中心城区，修建一两条主要的林荫道和基本的主干道网络，以允许容纳新增的机动车交通。经济增长还导致私人对中央商务区办公楼和百货公司的投资不断增加，尽管由于建筑法规的限制，这些办公楼和百货公司的高度很少超过 5—6 层。

在此期间，许多都道府县还重建了办公楼，以容纳因职业改革所带来的职责扩大而增加的工作人员。直到 20 世纪 80 年代末的泡沫经济时代，几乎所有的都道府县政府办公楼都可以追溯到 20 世纪 50 年代，其特点是在 20 世纪五六十年代在全世界流

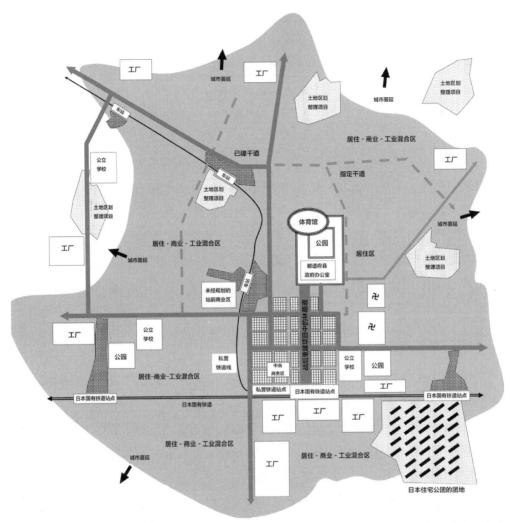

图5.15　城市变化和快速经济增长。战后时期的城市增长要快得多，并且发展形态也随着经济的
发展变得更加复杂。大多数城市地区都有多种多样的土地用途，城市边缘地区的开发大多杂乱无
章且缺乏设施。战后重建项目的主要重点是城市中心地区主要道路的拓宽和矫直，通常包括50至
100米宽的主要大道。有轨电车系统也逐渐被淘汰，为汽车和公共汽车提供更多的空间。

行的沉闷的现代主义钢筋混凝土粗野风格。随着20世纪60年代的日益繁荣，许多较
大的城市修建或重建了体育场馆，通常表现为在旧城堡的场地或其附近修建的棒球场。

　　在现有建成区，随着国家和私人铁路线附近的站前商店街的扩建，也出现了大
量的规划外开发。这种无规划的增长是由车站不断增长的通勤交通自发产生的，商
店数量和区域大小与使用车站的乘客数量密切相关。在比较成功和组织良好的地区，
当地店主协会（商店会）组织建造有顶棚的人行道，屋顶甚至可以覆盖整条街道，
以创造日本式的购物中心。这些改进以及标志性街道照明、特殊道路铺装和季节性

装饰通常由所有的会员企业捐款来资助修建，一些地方政府提供了主要的资金资助，如修建拱廊的费用。这些购物区与美国的购物区类似，它们在一个场所里提供了多种商店和餐厅，通常只有一条步行街，上面有顶棚以免受恶劣天气影响（见图 5.16）。它们还成为当地社区的中心，人们可以在这里见面、去银行或购物。然而，其与美国模式的差异则更为显著。日本的商店街通常与火车站相连，特别是在大都市地区，并有机地融入了现有的建成区。这与美国模式形成了对比，美国模式的商店街通常位于主要道路交叉口附近的城市边缘地区，周围有数英亩的停车场。在日本，商店街几乎没有停车场，商店的所有权往往高度分散，而不是归单一企业所有。商店街内部的街道仍然是公共财产，不像美国那样是私人财产。商店街提供了一种高效、吸引人的购物区形式，非常适合以铁路为主的交通系统的需求，并成为日本城市地区的一个特色。

在城市边缘，土地区划整理项目的数量不断增加，特别是在指定了主干道的地方。战后重建项目在城市边缘地区指定了综合的主干道网络，但往往既没有预算来修建这些网络，也没有道路限额范围内阻止开发的手段。因此，土地区划整理项目是一种必要的获取公共用地以及利用国家资金建设道路的手段。新学校往往位于现

图5.16　冈山县仓敷从主要火车站蜿蜒到著名历史保护区的有顶商店街（见图9.4）。是日本商店街的典型实例。
安德烈·索伦森拍摄，2000 年。

有建成区之外，因为那里的土地比较便宜，尽管它们通常为居住在城市中心附近的人口提供服务。

工厂用地也往往分散在整个城市边缘，尽管作为战后重建项目的一部分，那里的大片未建成土地被划为了居住区、工业区或绿地。这种情况的部分原因是分区制度在任何情况下都相当具有包容性，在居住区内仅仅不允许修建最大型的工厂；部分原因则是分区制度在战争期间被完全搁置，工厂出于战略原因被分散到城市外部的地区。尽管这些大型土地通常不符合分区规划，但它们通常被允许继续存在，甚至作为例外情况得以扩大。地方和中央政府的大规模公共住房开发项目也往往位于城市边缘区，或在边缘区以外的更便宜的地区。

除了这些对城市开发的规划干预措施之外，大面积的土地仍在零碎地开发，随意蔓延。造成蔓延的因素很多。首先，住房严重短缺且城市迅速发展，以至于政府故意将发展标准保持在较低水平，以鼓励以较低价格来开发私人住房。即使当地规划当局愿意，也没有法律手段要求私人开发商遵守规划的道路网或提供下水道、公园或人行道等基本公共品。1950 年，旧的《市街地建筑物法》被《建筑基准法》所取代，旧的建筑线制度被废除，因此，即使是在地方道路开发中创造某种连贯性的手段也已丧失。建筑线制度被一项新法规，即道路位置指定制度所取代，该制度缺少先前制度中被石田赖房与池田孝之称为"积极指定的建筑线"的关键功能，即允许在城市化发生之前对道路布局进行详细设计和指定（Ishida 1979）。新制度的主要作用是确保新开发项目所在的道路具有一定的最小宽度。在现有或大部分的已建成区里，从道路中心线到将要开发或重建土地的前侧，开发商必须留出 2 米的空间。因此，基本标准是居住区道路的宽度至少应为 4 米。在许多地区，甚至没有达到该标准，因为许多狭窄道路的中心线没有经过精确测量，使得法律规定难以被执行（Takamizawa, et al. 1980）。最后，由于土地所有权高度分散，资金匮乏，土地开发通常分为小阶段进行，一般一次只有不到 10 套住房或木质租赁单元。结果是大量新的城区被逐步开发，仅有最小道路空间的地方路网混乱且不达标，没有步行道，没有公园。

因此，日本城市开发的传统模式，即在大面积无规划的开发中点缀着少量由交通网组织的有规划的开发，在快速增长时期里得到了延续。

日趋严重的城市和区域问题

快速的经济增长，以及人口从周边地区向太平洋带 / 东海道大都市连绵带的大规模迁移，造成了越来越多的城市和区域问题，并导致了有关如何应对这些问题的争论。这些争论集中在问题的两个相互关联的方面。第一个方面是区域间的公平问题。在人口不断减少、经济停滞不前的周边地区，大多数年轻人正在前往大都市地区，入学率也在下降，因而人们的担忧在增长。这些地区老年居民占多数，纳税人数在减少，导致社会服务负担日益加重，从而面临着长期衰退的前景。这种情况给在农村和周边地区拥有强大的选举基础的自民党带来了一个重大的政治问题。如上所述，随着 1962 年第一次全日本综合开发计划的通过，行动得以迅速采取，但缺乏成效。到了 20 世纪 60 年代末，由于向大都市地区集中的速度仍在加快，加上大部分公共基础设施的支出不断集中在核心地区，地方公平问题开始吸引越来越多的公众关注。

对于快速经济增长所造成影响的新思考的第二个方面，是对大都市地区正在产生的重大城市问题的更加深入的理解。Harris 在其对日本战后城市地理的评论中描述了太平洋带正在出现的问题：

> 大都市集聚的不经济性变得越来越明显。随着私家车数量的增加，交通拥堵在加剧。工业用地愈发难以找得到。浅海海湾的填海造地变得更贵了。对工业用水的需求迅速增长，但同时又限制了地下水的抽取，因为抽水导致了三大工业区低洼地区严重的地面沉降问题。由于工业的高度集中及其所使用的大量石油具有高硫含量，空气污染问题变得十分严重。公众对污染的反对和更严格的政府法规成为重要的考虑因素。人们越来越关注宜居性和环境保护。
>
> —— Harris（1982：75-76）

毫不夸张地说，自 20 世纪 60 年代以来，有关太平洋带集聚的问题一直主导着日本城市和区域规划的讨论。

1972 年至 1974 年担任日本首相的田中角荣在其著作《日本列岛改造论》中很好地总结了日本有关大都市地区拥堵和周边地区衰落这个孪生问题的传统智慧：

> 日本在战后特别是自 20 世纪 50 年代中期以来的快速经济增长，刺激了全国的工业化和城市化。其结果是人口和工业过度集中在太平洋沿岸的东京－名古屋－大阪地带，形成了一个超密集的共同体，这尚不存在于世界其他地区。今天，世界上所有主要工业国家都面临着通货膨胀、城市恶化、环境污染、农业停滞不前以及物质富裕带来的精神沮丧等共同痛苦，日本尤其如此。日本比加利福尼亚州这一个州还要小，近三分之一的人口集中在仅百分之一的土地上，这使得社会和经济变化的节奏大大加快。
>
> ——田中角荣（Tanaka 1972：i-ii）

田中角荣认为大都市地区的过度集聚是城市环境问题的最终根源，而周边地区的衰落在 20 世纪 70 年代初其著作出版时得到了广泛认同，他的通过鼓励各地区发展来重构日本空间经济的计划极具吸引力。田中提案的结果将在第 7 章和第 9 章中进一步探讨。

很难避免得出这样的结论，即快速增长时期的城市规划方法对于环境问题的出现具有重要作用。如田中角荣在其书中所解释的那样，在谈及日本的城市化进程时，将这些环境问题描述为地理受限地区快速经济增长的一个令人遗憾但不可避免的结果，是非常常见的。人们还常常指出，由于战后的条件极为困难，破坏面积大，住房短缺严重，整个国家的起点很低，几乎没有什么可预期的，因此一些城市问题不可避免。毫无疑问，所有这些因素都导致了日本的城市问题。然而，这些都不是充分的理由。战后联邦德国普遍存在着类似的小地理区域快速经济增长、战时严重破坏和战后住房严重短缺的情况，但其城市却得以通过规划精心重建，几乎没有出现快速增长时期日本特有的城市问题（Calder 1988：390–393）。可以公平地说，日本的城市问题不仅仅是快速城市化和过度集中的问题，将经济扩张实际置于其他优先事项之上也发挥了重要作用。这种偏见在 1968 年新《都市计划法》通过之前基本上没有改变，并在快速增长时期造成了严重的城市环境问题。

1968 年之前的日本城市规划制度的特点是面向项目规划和实施，而不是试图建立有效的监管制度。矛盾的是，该制度高度集中控制，同时又极度放任。它是中央控制的，即中央政府牢牢控制着权力和开支，并且在很大程度上能够阻止地方政府制定自己的规划策略；同时，它又是自由放任的，因为监管被维持在绝对最低限度，以便为营利性开发提供最大的自由。不幸的是，这些战略在促进经济增长的同时，也导致了下一章所述的严重环境危机。

解决 20 世纪五六十年代城市和工业快速发展所造成的主要城市和环境问题，成为 20 世纪 60 年代日本的一个重大公共政策议题，并引发了对城市规划在管理城市增长、预防环境问题和提高城市生活质量中作用的重新关注，如下一章所述。

译者注：

① 日本历史上有两部《特别都市计划法》，第一部《特別都市計画法》（大正 12 年 12 月 24 日法律第 53 号），于 1923 年（大正 12 年）12 月 24 日公布，1941 年（昭和 16 年）废止；第二部《特别都市計画法》（昭和 21 年 9 月 11 日法律第 19 号），于 1946 年（昭和 21 年）9 月 11 日公布，1955 年（昭和 30 年）废止。

② 原文为 the 1923 Kanto Earthquake Reconstruction Law，但译者经过全面检索，并未发现日本在

1923 年及其前后数年里制定过任何以震灾命名的法律。此处还是根据英文原文，直译为《关东大地震重建法》。

③ 是 2007 年 4 月以前日本的大学中的教师职称，英文译为 Assistant Professor；2007 年 4 月开始日本的各大学普遍设置了新的准教授职称，对应美国职称体系中的副教授，英文译为 Associate Professor。

④ 书中英文原文为 General Headquarters of Allied Powers（GHQ），其官方的称呼还包括 Supreme Commander for the Allied Powers（SCAP）。该机构在日本通称为"総司令部"或"進駐軍"，中文常译为"盟军最高司令部"或"驻日盟军总司令部"，简称"盟总"。下文均以"盟军最高司令部"指代这一机构。

⑤ 即经济合作与发展组织，简称经合组织。英文为 Organization for Economic Cooperation and Development，简称 OECD。

⑥ 原文为图 5.6，译者在此改正为图 5.5。

⑦ 这里的"中国"是指日本的一个地区，包含现今的鸟取县、岛根县、冈山县、广岛县和山口县共 5 个县。

⑧ 日本中央政府在 1974 年至 2001 年间设置的政府机构，后并入国土交通省。

⑨ 这里的"中国"是指日本的一个地区，包含现今的鸟取县、岛根县、冈山县、广岛县和山口县共 5 个县。

⑩ 人口集中地区是日本国势调查中设定的统计意义上的地区。其英文名称为 Densely Inhabited District，简称 DID。

⑪ 此句话的前后部分语义有冲突，但原文如此，译者按照原文进行翻译。

⑫ 译者将图中的 Mikawa West SID 和 West Suruga Bay SID 按照原意分别译为"西三河工业整备特别地域"和"西骏河湾工业整备特别地域"，但根据日本《工业整备特别地域整备促进法》，这两处工业整备特别地域的名称应分别为"东三河地区"和"东骏河湾地区"。

⑬ 此处的英文原文 Special Areas for Industrial Concentration 可能有误，应为 Special Areas for Industrial Consolidation。

⑭ 日本中央政府在 1949~2001 年期间设置的中央行政机构，英文为 Ministry of International Trade and Industry；2001 年 1 月 6 日起改组并更名为经济产业省，对应的英文为 Ministry of Economy，Trade and Industry。

⑮ 英文全名为 Honjo Masahiko，曾担任位于名古屋的联合国区域发展中心（United Nations Centre for Regional Development）主任。

⑯ 英文全名为 Peter Nakamura。

⑰ 首都圈整备计划最初由基本计划、整备计划和事业计划三个规划组成。作为 2005 年国土计划法体系修订的一部分，首都圈整备法（首都圈整备法）也进行了修订：事业计划被废除，基本计划和整备计划统一为新的首都圈整备计划。

⑱ 原方案名称为"東京湾 2 億坪埋立てについての勧告"，又被称为"ネオ・トウキョウ・プラン"，即英文的"Neo-Tokyo Plan"。

第6章 环境危机和1968年新城市规划制度

　　一些读者可能会记得曾经看过日本的经典电影《生之欲》，这部电影讲述了一位病重的地方官员在当地市民的支持下，最终成功地克服了所有障碍和阻力，为市民创建了一个小公园，并独自微笑着在公园的秋千上死去。与此形成对比，通过填平海岸线来创造一公顷又一公顷的新工业土地，则是一种平顺且平淡的方式。后一个项目，一旦在一些政府官员的头脑中构想出来，就要经过一些步骤，这些步骤都是为其最终实现做准备的。这种对比就像一大群人（包括妇女和儿童）试图把一辆沉重的手推车推过一片没有道路的未知荒野，而一队训练有素的工作人员则驾驶着一列流线型的火车在光滑的铁路上行驶。

　　　　　　　　　　　　　　　　　　——都留重人（Tsuru 1993：137-138）

　　战后初期，将重建和经济发展列为优先事项的必要性是显而易见的。在长达15年的战争中，日本几乎所有的国家资源都投入到了军事冒险中。在这场战争中，大多数日本人都很贫穷，生活水平持续下降，营养不良现象普遍存在。因此，20世纪五六十年代的快速经济增长和国家重建得到了广泛支持，经济增长的收益得到了广泛分享和赞赏。然而，不久之后，严重的问题开始出现。其中最为严重的是环境破坏和污染，因经济快速增长、生产能力集中在一个小的地理区域，以及几乎不存在政府污染标准或执法而产生。

　　本章探讨了快速工业化带来的一些问题，包括污染和城市蔓延，以及政府的一个应对措施，即1968年通过的新城市规划制度。

环境危机

　　太平洋带地区经济和人口的迅速增长导致许多增长地区的生活条件恶化。将工业发展集中在太平洋带发展走廊的战略，以及将新的工业和基础设施投资集中在相互邻近的关联产业集群的规划地点，促进了经济加速增长，但也导致在很小的地区内集中了工业和人口增长的负面影响。McKean 认为，尽管到 20 世纪 60 年代末，日本的人均能源消耗量仍然只有美国的 25% 左右，由于人口和工业活动高度集中，日本在某些地区出现严重污染问题的可能性要高出 20 至 30 倍（McKean 1981：18）。到了 20 世纪 60 年代初，大规模的工业投资和对污染排放缺乏控制导致了世界上一些最严重的空气污染的集聚，以及大量废弃物排放到河流和小溪中。此外，薄弱的分区法规意味着许多最严重的污染源位于高密度居住区附近。

结果产生了一场严重的环境危机。很多人死于水和空气污染以及食用有毒食品。所有污染相关疾病的首批病例开始出现在日本，有数百人死亡。许多人患上了令人极度痛苦和衰弱的疾病，初生儿患有天生畸形或精神残疾，养家糊口者致残并令其整个家庭都感受到了严重的影响，特别是当大多数受害者都是穷人时（Iijima 1992）。更多的人患有与环境有关的慢性疾病，并被政府正式认定为污染受害者，这使他们有权获得救济和医疗援助。至 1979 年，这一群体扩大到 73000 多人（McKean 1981：20）。毫无疑问，比获得官方赔偿的人数还要多得多的人受到伤害，许多人受到了严重伤害。在 20 世纪 60 年代，二氧化硫和氮氧化物的总排放量增加了三倍，由工业扩张以及汽车和卡车使用量增加直接造成了空气污染。水污染由于人口增长而恶化，并产生自未经处理的工业废水直接排往下水道；六六六 [1] 和滴滴涕 [2] 等农用化学品的使用量不断增加——1945 年开始使用，直到 1972 年被禁止使用——并最终渗入地下和地表水中，以及城市污水排放量大幅增加。在 20 世纪 60 年代之前，大多数城市下水道系统只输送废水，不经处理就直接排入河中。值得注意的是，在大都市地区之外，甚至在大都市的郊区，大多数粪便仍然以传统方式被用作肥料，因此几乎没有进入废水流中。20 世纪 60 年代后，随着成本的降低、化肥使用的增加，以及对粪便需求的迅速减少，这种情况开始迅速改变。尽管自 20 世纪 60 年代以来，下水道系统和处理厂的建设一直是建设省的主要优先事项，但到 1970 年，只有 16% 的人口使用下水道系统。即使到 1988 年，这一比例仍不足 40%（Barret and Therivel 1991：35）。到 1998 年，与公共下水道相连的这一数字已增至 64.7%，但仍有超过三分之一的房屋仍然没有连接。

日本环境污染的故事、对相关社区的影响、受害社区居民的痛苦以及为获得承认和赔偿而进行的艰苦斗争，扣人心弦且常常令人心碎，但这些已经在其他作品中被广泛讨论，无须再次重复（参见如 Barret and Therivel 1991；Broadbent 1998；Hoshino 1992；Huddle and Reich 1975；Iijima 1992；McKean 1981；Reich 1983a；Ui 1992b）。在目前的情况下污染灾难很重要，首先是因为不断加剧的环境冲突是 1968

年《都市计划法》产生的主要因素，其次是因为对环境问题的反应揭示了有助于解释城市规划制度发展的两个日本社会的重要特征：政府解决污染问题的方法，以及公民应对环境危机的抗议和动员方式。

显然，快速的经济增长带来了巨大的社会成本，同时也使总体生活水平大幅提高（见图 6.1 ）。正如 Taira（1993：173）所指出的，在经济快速增长时期，日本企业极力抵制安装污染控制设备或清理已经造成的环境危害，即将生产的社会和环境"外部"成本"内部化"的这些方式。当污染受害者抗议时，这些企业还否认自己的责任，撒谎，隐瞒证据，并采用一切手段阻止外部调查人员确认他们的真正责任。尽管这种行为应该受到谴责，但在资本主义经济体的私营企业中，这并不是例外，因为它们常常认为自己的唯一责任是营利，而不管以什么方式逃脱惩罚。更令人惊讶的是国家政府机构的反应，他们的责任通常被视为包括保护公民免遭不受控制的公司行为的不良影响。然而，在 20 世纪五六十年代的日本，政府各部仍然完全专注于如何促进经济增长，并与工业勾结以逃避责任（Reich 1983a；Ui 1992a；Upham 1987 ）。国家各部优先保护工业免受投诉更令人不幸，因为这不仅延长了那些身患衰弱和残疾的人的痛苦，而且加剧了他们的羞耻感，他们被明确告知其痛苦是他们自己的错。如果需要任何进一步的证据，具有极为独特概念的国家利益以及国家对公民的责任在日本仍然盛行，那么这些污染的灾难就可以提供这样的证据。政府定义给自己的角色是通过经济增长来提升国家实力，并认为人民应该尽最大努力促进经济增长。经济增长的目的不是为了提高人民的福利，而是为了增强国家的实力，人们被期望应通过节俭的生活和长时间的工作来节约开支。旧的封建时代和明治时代的观念，即人民服务于国家而非国家服务于人民，显然并没有失去太多效力。

污染灾难的第二个重要方面是它对公民抗议模式和公民社会发展的影响。环境危机是推动日本公民社会发展的一个重要因素，它极大地提高了公民行动和抗议的合法性。在环境危机的早期阶段，一种传统形式的公民行动主义较为普遍，即受害者通过抗议和谈判向责任公司索取赔偿（Koschmann 1978；Walthall 1991 ）。作为回应，这些公司和政府给予了最低限度的抚慰金，同时要求受害者承诺此后不再开展进一步的要求，以防止出现任何对现状的真正挑战（Hoshino 1992 ）。如水俣和新潟的有机汞中毒案例所示，这些公司的反应是否认他们对污染的责任。为此，在政府的积极合谋下，通过关闭几所大学有关污染疾病成因的研究项目，这些公司得以阻碍确认污染问题原因和性质的努力。在 20 世纪 60 年代，随着公众愈发认识到污染企业对疾病传播和致死的责任，以及他们自己越来越绝望，受害者不太愿意被小额

图6.1　20世纪50年代的大阪。大阪享有日本领先工业城市的地位，并以其"雾都"和"东方曼彻斯特"的绰号而自豪。在快速增长时期，大阪可以夸耀其作为世界工厂的地位，引领快速增长时期经济扩张的许多日本主要重工业企业集团，都位于以大阪为中心的关西地区。
资料来源：《每日新闻》。

抚慰金收买。传统上的单方行动禁令被抛在一边，一些受害者团体采取了更为激进的策略，包括静坐、破坏公司设施，以及最终向法院起诉违规公司等直接行动以要求赔偿。1972 年，反"四大公害病"的法庭诉讼判决受害者胜诉，并对污染企业处以重罚（这证明了受害者诉讼的公正性），从而发出了一个强烈的信息，即公民抗议是现代社会的合法组成部分，而公众对污染受害者的支持也掀起了一股浪潮，此前这些受害者几乎没有得到任何同情。

20 世纪 60 年代末，特别是 70 年代上半期，反对污染和环境退化的公民运动数量大幅增加。这些团体的出现有力地表明了日本已经出现一种新型的公民意识，人们不再愿意将影响其健康、家庭和社区的重要问题完全交给政治家和企业处理。反污染公民运动表明，日本正在形成一个强大得多的公民社会，在必要时它可以制定自己的目标，甚至与政府的目标相对立。正如饭岛伸子所说，"自日本现代化的时代开始以来，由有缺陷或有毒的产品引起的污染、职业危害和消费者健康问题，比任何其他类型的社会灾难更能有效地诱发以公民为基础的群众运动"（Iijima 1992：154）。这些公民运动及其对国家政治和政策的影响将在本章第二节进一步讨论。在这里，有必要更仔细地研究快速城市化所导致的环境恶化的一个关键方面——城市蔓延。

郊区化和城市蔓延

环境危机不仅仅是空气和水污染的问题。另一个问题是不断扩大的大都市地区日益恶化的贫困生活条件。McKean（1981：19）指出，在正式投诉的数量中，关于噪声、振动、遮挡阳光、靠近输电线路和臭味的投诉一直高于空气和水污染的投诉。这些问题都与城市地区快速、无序的增长以及包容性分区制度所允许的不同用途的高强度混合直接相关。也就是说，这些环境问题既是污染本身的结果，同样也是土地利用规划不当的直接结果。特别是在重工业区及其附近继续修建住房，造成了严重问题。虽然很明显，污染控制的薄弱大大加剧了这一问题，而且随着监管变得更加严格，最严重的污染问题在 20 世纪 70 年代后有所缓解，但其他如噪声、交通拥挤和地下水污染等问题继续困扰着在快速增长时期形成的混合居住／工业区（见图 6.2）。

日本战后城市化的一个特征是人口大规模郊区化，这一特征始于 20 世纪 60 年代初，并已成为其主要特征。郊区化在日本各地都有出现，但在大都市地区尤为重要，因为那里的人口增长率要高得多。20 世纪 50 年代，人口越来越集中在大都市核心区；而 1960 年到 1965 年，东京都首次出现了人口净迁出。事实上，虽然东京地区作为一个整体仍继续强劲增长，但东京中心 23 区在 1960 年后出现人口绝对减少，开始了主导下一时期的郊区化进程（Glickman 1979：19）。虽然包括中心城市在内的大都市地区仍然吸引着来自农村地区的大量移民，但更多的人开始离开中心地区前往邻近的郊区。

图6.2　20世纪60年代的混合土地利用。经济的快速增长、政府对工业扩张的集中关注、新工厂选址的任意性、土地利用和开发控制薄弱以及几乎不存在污染管制的结果是可以预见的：在20世纪60年代出现了严重的环境和健康危机。

安德烈·索伦森拍摄，2001 年。

　　表 6.1 清楚地显示了这种模式，按照到中心的距离记录了三个大都市地区的人口增长率。1960 年后，东京最内圈层的人口减少，但随着时间的推移，增长率最高的圈层（粗体数字）逐渐从中心向外迁移。例如，1960—1965 年，东京 20-30 公里圈层的增长速度最快；但增长速度最快的圈层在 1965—1975 年让位于 30-40 公里圈层，在 1975—1980 年则让位于 40-50 公里圈层（Hebbert and Nakai 1988b）。到 1985—1990 年，50-60 公里的圈层增长速度最快。这一模式在大阪和名古屋也得到重复，尽管时间较晚且没那么显著。这反映出这两个大都市地区的规模较小，增长速度也较慢。因此，尽管在 20 世纪 60 年代中期之后，大都市地区的中心部分经历了大规模的人口外迁，但在中央商务区扩张和土地价值上涨的推动以及住房成本下降的拉动之下，这些移民中的大部分都搬到了邻近的都道府县地区。这遵循了许多其他发达国家常见的大都市分散模式。

　　即使在城市规划制度更强大的富裕国家，日本郊区化的那种规模和速度也会带来严重的规划挑战，城市蔓延绝不仅是日本的现象。事实上，在许多方面，大都市的分散程度和蔓延造成的长期问题在美国甚至比在日本更严重（Garreau 1991；Kunstler 1993）。然而，日本和其他发达国家的蔓延有着重要的区别。"蔓延"这一

主要大都市地区③的各圈层人口增长　　　　　　　　　　　　　　表6.1

地区	距离（公里）	人口增长率（%）							
		1955~1960	1960~1965	1965~1970	1970~1975	1975~1980	1980~1985	1985~1990	1990~1995
东京	0—10	13.4	−1.4	−6.5	−6.5	−6.3	−1.7	−6.9	−5.4
	10—20	**29.8**	25.3	11.9	6.2	2.1	3.1	4.1	0.8
	20—30	22.7	**40.4**	31.6	22.5	9.2	8.3	11.7	9.3
	30—40	15.4	37.0	**43.6**	29.7	14.2	8.5	12.8	−1.7
	40—50	3.1	14.9	19.6	22.1	**16.1**	10.2	18.6	7.4
	50—60	—	—	—	—	—	9.2	**22.3**	7.5
	60—70	—	—	—	—	—	4.4	15.6	3.6
	合计	18.5	19.7	15.9	12.7	6.4	5.8	8.0	2.7
大阪	0—10	**20.7**	12.3	2.2	−3.4	−3.7	−0.4	−0.7	−1.0
	10—20	19.5	**41.3**	32.5	19.5	7.2	3.7	2.5	−0.4
	20—30	13.3	20.7	25.0	**22.3**	8.4	5.6	6.7	0.3
	30—40	7.8	12.9	15.5	13.2	8.6	6.2	7.1	2.6
	40—50	7.4	4.5	5.2	6.7	3.1	2.4	5.4	4.8
	合计	13.8	16.7	13.0	9.0	3.7	3.0	3.2	0.9
名古屋	0—10	**19.1**	13.8	6.3	2.5	−0.3	0.9	2.4	−0.4
	10—20	12.4	**24.3**	23.4	19.6	9.3	4.8	15.3	5.1
	20—30	7.8	14.0	19.6	15.7	11.1	8.1	20.2	4.2
	30—40	7.4	8.7	6.5	7.5	4.7	3.8	12.2	2.8
	40—50	−1.0	1.0	3.3	6.7	5.4	3.4	12.6	1.6
	合计	10.9	13.0	11.1	9.7	5.4	4.0	10.0	2.7

注：粗体数字表示增长率最高的圈层。
资料来源：日本历年人口普查。

术语通常用于描述城市化以低密度模式进行，留下许多未开发的空间，向外扩展远远超出必要范围，并导致公共基础设施和服务成本较高、出行时间较长和土地利用效率低下等一系列问题。这些都是日本与世界任何其他地方一样的问题。日式蔓延的另一个特点是，大都市郊区的大部分新开发项目都是在现有农村车道上修建 1~10 栋房屋的非常小的开发项目，没有改善道路网或下水道系统（Sorensen，1999）。在其他发达国家，这种随意分散在郊区的新开发项目受到强烈抵制。即使是城市蔓延问题比任何欧洲国家都严重得多的美国，也制定了有效的土地细分控制条例，确保只有当开发商提供当地道路、公园、下水道、供水，乃至为新增人口提供新学校和高速公路网之后，通常才会允许郊区开发。在日本，薄弱的规划制度无法防止随意的、无市政服务的开发，因为在 1968 年的重大修订之前，限制土地所有者将其土地分割成小块权利的法律以及对在建造新房时提供某些最低服务水平的要求，都既少又收效甚微。

其他几个因素往往鼓励日本的分散发展。第一，由于没有开发或细分控制，主要就业中心通勤距离内的所有土地都可以开发为住宅用途。1919 年建立的城市规划制度几乎没有优先考虑郊区的开发，也没有制定最低开发标准或是赋予规划部门以建设当地基础设施为条件的发展许可权。根据建设省（1991a：25）对快速增长时期规划制度缺陷的描述，"1919 年法律没有提供足够强大的法律效力来控制城市周边地区无序的城市化"。第二，在三大都市地区，在快速增长期开始时，已经有了发达的铁路系统，允许非汽车通勤进入一个非常大的区域。这些铁路有许多是私人通勤线路，通过促进土地开发，有很大的动力帮助增加沿线的通勤人口。私人铁路也从长途通行中获得了更高的票价收入，这是从核心就业区进一步向外开发的又一个激励因素。此外，大多数雇主直接补贴其雇员的交通费，因为政府允许从雇员的应税收入中扣除这部分费用，这被描述为对日本更广阔的城市形态的主要支持（Hatta and Ohkawara 1994）。第三，拥有大都市边缘地区大部分土地的小农通常不愿意出售其土地，或者如果他们出售，则会只出售一小块土地而保留其余土地。未来的房主为了寻找可以负担得起的土地，必须从城市核心区向外走得越来越远。尽管直至 1990 年，距离东京站 20 公里的半径范围内仍有数万公顷的未开发农田，但到 1960 年时，郊区开发的范围已到达距离东京站 50 公里的地方（Hanayama 1986）。因此，东京的空间面积比其原本可能的面积要大得多。

城市蔓延带来了两个主要问题。一方面，半农村半城市地区给居民带来了真正的困难：道路不足，缺乏下水道，缺乏公园、人行道、社区中心和图书馆等公共设施，居民区与废车堆积场和污染工厂等令人讨厌的邻居紧密交织在一起。另一方面，这些沿着乡村小巷蔓延发展的广大区域为该地区未来的城市化制造了巨大障碍，因为一旦农村地区被部分地建成，之后修建适当的道路和下水道的成本和破坏性将大大增加。而在土地完全达到城市价值后，则几乎不可能再获得公园等其他更可自由裁量的公共开放空间用地。

因此，快速和无规划的城市增长极大地加剧了日本的环境退化。随着海滩和沿海地区消失在工业综合体的填埋场下，山丘和森林被夷为平地，稻田被用来建造新的住房，工厂和住房的蔓延造成了环境宜居性的明显损失。薄弱的土地利用规划制度④放大了所有这些过程的不利影响，因为许多开发都是随意进行，远远超出了必要的范围，城市蔓延问题在 20 世纪 60 年代也成为日本城市面临的一个关键问题被广泛讨论。在 20 世纪 60 年代早期，越来越多的关于城市蔓延问题的研究已经将这一问题牢牢地置于政府的议程上，由此产生了大量的研究小组、委员会和临时委员会（Ishida 1987：297-298）。这些辩论是有关修订城市规划制度的讨论的核心，但解决城市蔓延问题的具体措施直到 1968 年年底才在出现了压倒性政治压力时出台，如下所述。

增长的政治经济

对于战后自民党（LDP）对日本政治的长期统治，有各种不同的解释。自 1955 年两大保守派政党合并成立自民党⑤直至 1992 年，自民党一直对日本实行不间断的统治。自 1994 年以来，自民党再次与几个少数党联合执政，成功地保住政权并控制了政府。许多观察家承认，执政的自民党、官僚机构和商界之间的关系是理解日本政府和政策的关键。Johnson 的"发展型国家"理论是对这一模式的一个特别有用的阐述。他对自民党、官僚机构和商业"三角"的描述非常经典，值得引用：

> 中央机构——即官僚机构、自民党和较大的日本企业组织——彼此维持着一种扭曲的三角关系。自民党的作用是使官僚机构的工作合法化，同时确保官僚机构的政策不会偏离公众容忍的底线太远。其中一些也符合其自身利益：自民党总是会确保国会和官僚机构对农民的要求作出回应，因为自民党在很大程度上依赖于代表比例过高的农村选票。与此同时，官僚机构为自民党配备了自己的干部，以确保该党按照官僚机构认为对整个国家有利的方式行事，并引导企业界朝着发展目标前进。反过来，企业界为自民党的执政提供了大量资金，尽管其并没有因此实现对该党的控制。自民党通常是向上面对官僚机构，而不是向下面对其主要赞助者。

（Johnson 1982：50）

这一描述展现了日本政治经济的主导模式，而只有官僚机构、自民党和大企业的"铁三角"仍然被广泛提及。在 Johnson 的概念中，官僚机构是主导者，自民党主要起到保护官僚不受特殊利益影响的作用，这些特殊利益会阻碍他们追求技术官僚最优的经济增长政策。商业利益集团提供了维持政党选举机器运转所需的资金，但几乎没有通过其政党关系获得政策上的影响力。相反，他们通过与官僚机构保持密切联系而受益，官僚机构提供有价值的信息并保护他们免受外国竞争。因此，Johnson 将日本描述为一个强大的、官僚主义主导的国家，在政策制定和实施方面卓有成效，并且相对不受公民需求和愿望所产生的竞争性政治压力的影响。因此，它能够在没有其他民主国家常见的追求短期利益的政治必要的情况下推行长期政策。这种国家概念特别适用于解释 20 世纪五六十年代快速增长时期的日本政治。人们普遍接受重建经济的必要性以及经济增长带来的非常实际的物质利益，这有助于维持公众对这一战略的支持。

虽然很少有人会不同意自民党——官僚机构——大企业的"铁三角"是理解战后日本政治的核心，但在 20 世纪 80 年代中期之后，这种将日本国家视为强大、技术官僚导向和官僚控制的观念受到了越来越多的挑战。在日本案例中，这种精英权力观的主要问题在于，它不能充分解释国家在面对利益集团给予小企业和其他集团压力和支持时的反应。例如，Muramatsu 和 Krauss（1987）认为，Johnson 的分析过分强调官僚机构的概念以及政策制定过程中国家支持的发展共识，而忽视了政治战略、政治领导和政治联盟以及竞争在决定发展目标及其所采取的特殊形式中的作用。他们认为，日本国家更应该被理解为一个"模式多元化"的体系。在这一概念中，他们认为在 20 世纪 70 年代，特别是 80 年代，利益集团日益渗透到决策过程，导致出现了新的决策模式。因此，"日本的决策特点是，拥有自主利益的强大国家以及通过与多元因素互动实现的精英间的制度化通融"（Muramatsu and Krauss 1987：537）。因此，官僚机构的自主性远低于 Johnson 的构想，由于需要容纳政治行动者、精英以及有组织的压力团体，自主的官僚权力被削弱了。

另一项对修正后的国家分析做出重要贡献的工作是 Calder（1988）对自民党继续执政战略的检验。Calder 的分析对于理解城市规划决策特别有用。他认为，自民党通过照顾核心支持客户的需求来维持权力，尤其是在危机时期。他展示了自民党如何在经济繁荣导致国家可用资源不断增加的情况下，通过将新群体纳入该党的"补偿圈"扩大其基础。他还对开展贸易的国际部门和基本上不开展贸易的国内部门的决策作了重要区分。Calder 的"政治经济分岔"模型能够解释高效、有竞争力的国际部门如何与不断扩散的低效部门（如农业、分销和小型劳动密集型行业）的共存。基本的论点是，在国际贸易部门追求的是一种相对不受国内政治干预的技术官僚方法。他认为，这主要是因为在这一领域，再分配主义（redistributive）和恩顾主义（clientelistic）关系很难滋生。另一方面，公共工程建设、农业和分配系统等非贸易部门的政策制定由于拥有庞大且组织良好的政治选区，有着巨大的重新分肥型的政治空间，一直被政治行为者加以妥协。这导致在经济中出现了效率低下且受到了高度保护和资助的部门，政府以支持米价、援助小企业以及实施不合理的区域政策（通过在偏远地区大量开展公共工程项目）等形式进行了大量干预。

通过记录自民党从 1955 年成立到 20 世纪 80 年代中期作为执政党期间对于自身生存危机的应对，Calder 的研究表明，将日本视为是一个基本不受民主政治压力影响的强大的技术官僚国家过于简单化了，事实上更应这样理解日本——执政党由于其选举弱势对特定选区做出了反应。他进一步表明，自民党成功地利用国家日益增加的资源，逐步扩大了受益于再分配政策的"补偿圈"。受益最大的是那些能够为自民党提供可靠选举支持的人，其中最重要的始终是农民。通过将国家活动划分为两个领域——拥有官僚独立性和技术统治政策工具的开展贸易的国际部门，以及以政治干预和重新分配的政策制定为特征的不开展贸易的国内部门——Calder 能够解释许多不符合纯技术统治和官僚主导模式的日本国家活动。

当然，20 世纪 60 年代末和 70 年代初的主要城市规划发展，包括 1968 年建立新的城市规划制度、1972 年通过严格控制污染的法律，以及 1974 年创建国土厅和新的国土利用计划法，都表明政府对于公众压力和选举挑战的反应比 Johnson 的"铁三角"假设要更为迅速。同样显而易见的是，公民运动的成长以及反对党在日本全国选举中——特别是在 20 世纪 60 年代末和 70 年代初的地方选举中——实力的稳步增强，似乎对迫使政府在 1968 年改革城市规划制度以及在 20 世纪 70 年代初引入严格的污染防治措施起到了至关重要的作用。

公民运动的发展

尽管公民运动的数量和政治影响力在 20 世纪 70 年代初达到顶峰，但早在 20 世纪 60 年代初就有公民运动开始抗议工业污染导致了疾病。例如，在 20 世纪 70 年代初做出有利于原告判决的"四大公害病"中，有三起在 20 世纪 60 年代初首次成为公众关注的焦点：1961 年富山的痛痛病、20 世纪 50 年代末的水俣病和 1960 年的四日市哮喘（McKean 1981：45–63）。更重要的是，在城市规划方面，1963 年至 1964 年，"三岛 – 沼津"地区的居民组织了第一次成功的反对工业综合体（kombinato）的公民运动。关于名古屋附近的四日市市⑥石油和石化综合体的严重污染问题的新闻报道，帮助当地居民在他们所在地区计划类似的综合体时动员起开进行反对。该运动的成功获得了日本媒体的报道，并证明反对工业发展和保护当地环境是可能的（Huddle，Reich and Stiskin 1975；Lewis 1980）。在整个 20 世纪 60 年代，人们对环境问题的关注程度不断上升，而针对环境污染的公民运动的发展是动员日本人民更积极地挑战政府优先事项的一个重要因素（McKean 1981）。

虽然"四大公害病"是工业失责的悲剧案例，而"三岛 – 沼津"这样的案例则是具有戏剧性且广为宣传的地方反抗的成功案例。真正重要的是，这些并非孤立的案例。事实上，从 20 世纪 60 年代到 70 年代，公民运动变得越来越多。例如，根据 Krauss 和 Simcock（1980）的数据，仅 1971 年一年，地方政府就收到了 75000 起与污染有关的投诉，在 1973 年还有多达 10000 起地方纠纷。虽然大多数单个群体都关注当地的问题，且存在的时间往往很短——要么在失败后溃散，要么在胜利后解散，但其数量本身就令其具有重要性。公民运动的成长对土地开发活动产生了特别的影响。以前开发商能够依靠当地政府和商业精英的能力为他们的项目集结土地（Allinson 1975；Broadbent 1989，1998），但在 20 世纪 60 年代后，他们经常遭遇由反对开发的居民和农民所组织的抵制活动（Krauss and Simcock 1980：196）。甚至旧的邻里协会也变得更加独立，许多协会，特别是在新的住宅区中新成立的协会，成为公民动员的积极渠道。然而，在此之前，地方邻里组织主要是地方政府向人民传达信息和表达需求的手段。在 20 世纪 60 年代，新成立的町内会和自治会开始动员起来向地方政府提出需求（Ben Ari 1991；Nakamura 1968）。

石田赖房（Ishida 1987：300）在描述城市快速增长的影响时指出，反对国家和地方政府发展规划的地方运动种类繁多，例如"土地区划整理反对运动、道路污染反对运动、保护阳光权运动、保护自然和文化资源免受开发影响的运动"。同时，也形成了一些运动来要求建造道路铺装、排水沟、应急设施、儿童游乐场、公园、教育设施、图书馆和其他当地公共设施。他还指出，虽然在一开始，公民运动往往高度分散地关注每个地方问题，目标简单有限，但很多运动很快就变得更加复杂。除了对城市规划的程序和问题开展研究以及对他人进行相关内容的教育外，他们还开始与关注类似问题的国内其他团体建立了联系，并结成了全国性的联盟。

例如，石田赖房（Ishida 1987：301）描述了一个反对土地区划整理项目的团体的演变。虽然这场运动开始时规模较小，但通过建立全国性的联系，它迅速传播开来，并在帮助组织 1963 年在名古屋郊区的丰田土地区划整理项目反对联盟[⑦]以及 1966 年在神奈川县的藤泽市成立反对土地区划整理的环境保护组织方面发挥了重要作用。到 1968 年，一个反对土地区划整理项目的日本全国公民团体组织已经成立。区划整理对策全国联络会议积极出版实践材料，指导地方团体组织起来反抗土地区划整理项目。该组织目前仍然活跃，并继续以自治体研究社的名义出版。石田赖房（Ishida 1987：303）提到，当时反对土地区划整理项目的主要原因之一是，在当地政府正在启动项目的地区内，居民们发现早在通知当地居民和土地所有者之前，实施该项目的决定已经成为主干道网建设规划的一部分。他认为，正是这种"不告知"带来了公民运动。

　　不幸的是，尽管公民运动的成长毫无疑问对公民社会的发展和城市规划制度的演变极为重要，其在实践中取得的成功却寥寥无几。绝大多数此类运动没有达到目的就结束了。正如都留重人所解释的那样，"当我们研究此类运动的每一个案例时，我们不得不对几乎所有这些运动的一个共同特征留下深刻印象，那就是一方在没有任何金钱酬劳的情况下自愿将大量的精力和时间投入到运动中，而安静、拖延（stone-wall character）的反对派一方则拥有当权者的所有工具，包括'法律的拖延和办公室的傲慢'（Tsuru 1993：137-138）"。

　　从长远来看，尽管如此众多的公民运动收效甚微，其数量的累积影响却是巨大的：这一波大规模的地方反对运动改变了日本政治，特别是在地方层面，并导致执政的自民党政府在 20 世纪 60 年代末和 70 年代初出现选举危机。

自民党的选举危机

　　尽管人们对环境和交通拥堵问题认识的不断提高并未造成政府规划战略的重大转变，执政的自民党越来越强烈的政治危机感却促使政府采取了行动。增长共识的破裂和公民运动的兴起转化为对自民党主导地位的选举挑战。从 1952 年到 1976 年的 25 年间，自民党在众议院选举中所占的普选份额直线下降，而总的进步派政党得票（JSP[⑧] 和 JCP[⑨]）稳步上升。对城市规划问题意义重大的是，虽然地方政府在 20 世纪 60 年代中期之前几乎是保守派政客的专属领地，到了 20 世纪 60 年代末，保守派的主导地位显然正在减弱。尽管反对党在战后和 20 世纪 50 年代将精力集中在国家政治上，但从 20 世纪 60 年代初，他们在地方一级更积极地部署候选人并推动改革议程。这导致 20 世纪 60 年代和 70 年代初改革派市议员、市长和知事的稳步增加（Allinson 1979：138-140；MacDougall 1980：65-69）。

　　在日本，保守派政党直到 1975 年仍控制着 71% 的市议会席位，但他们主要在农村地区和小城市里保持强势。1959 年后，在最大的几个城市中，他们在民众投票中的份额急剧下降，结果到了 20 世纪 70 年代初，日本最大的几个城市的行政都由进步派候选人控制。1975 年，日本只有 7 个"指定城市"：东京、横滨、名古屋、京都、大阪、神户和北九州。其中只有经济衰退的北九州在 1975 年由保守派市长执政（MacDougall 1980：84）。

　　例如，在 1963 年的地方政府选举中，横滨市和京都市都选举出了改革的市政府，并在 1964 年建立了全国进步市长会议。[⑩] 在 1967 年的地方政府选举中，无论是在大城市的中心地区还是在农村地区，都有许多进步派市长当选。可能对自民党更具威胁的是，进步派候选人也赢得了关键都道府县的知事职位，尤其是 1967

年美浓部亮吉赢得的东京都知事职位。在 1975 年进步派政权鼎盛时期的东京圈
（Tokyo Metropolitan Area 或 TMA）[11]，四个都道府县中只有千叶县这个最农村的县
仍然由保守派执政，东京都、神奈川县和埼玉县则都由进步派执政。进步派选举成
功的关键原因之一，是改革的政府将公民运动对城市规划和开发控制的关注置于议
程的首位（Ishida 1987：305）。正如 Samuels（1983：190）所说，"左翼说服足够多
的选民相信保守派中央政府和他们在地方的盟友对污染、缺乏社会计划以及以居民
利益为代价支持商业利益都负有责任，从而获得了权力。"

Krauss 和 Simcock（1980：196）认为，比在"三岛 – 沼津"那样的半农村地区
开展公民运动来反对工业开发更重要的是，"在城市和郊区名副其实的抗议的爆发"，
以反对工业厂房和高速公路立交桥，以及要求政府提供下水道、公园和人行道等基
本服务。在增长方面的共识真的结束了，一个崭新的、更复杂的时代开始了，在这
个时代中，对于城市地区的未来和国家未来的截然不同的想法在相互竞争。地方政
府办公室的进步派候选人将通过更好的城市规划、更敏感地应对当地人民需求以及
社会间接资本投资来改善城市环境，并以此作为其方案的核心。

人们普遍认为，正是为了应对这些压力，自民党于 1968 年通过了新的城市规
划法案。例如，Calder（1988：405）指出，就在 1968 年 7 月上议院[12]选举之前，
自民党宣布了一项城市政策纲要，并通过了新的《都市计划法》。他认为，尽管这
项法律已经准备了很多年，它最终得以通过是由于自民党立法者担心公民运动所
代表的日益增长的政治反对力量会在国家层面对选举产生影响。石田赖房（Ishida
1987：303）在其权威的日本规划史著作中，也将 1968 年的新规划立法归因于两个
主要因素：第一，经济高速增长政策导致的城市问题加剧和土地利用混乱；第二，
公民运动和进步的地方政府势力的高涨。

1968 年的新《都市计划法》给地方政府带来了很大希望，期待最终能够拥有控
制土地开发以及提高居住区环境和宜居性标准的手段。20 世纪 60 年代的环境灾难，
以及在被逼迫承认问题严重之前当权者不愿认错，都促使地方团体动员起来为地方
利益而斗争。当地的动员在环境问题上尤其强烈，这些问题的概念非常广泛，足以
包括当地的城市宜居性和规划问题。

1968 年规划制度

本节概述了根据 1968 年新《都市计划法》创建的新规划制度的主要内容。该
制度值得加以详细描述，因为这是自 1919 年该法通过以来的首次全面修订，尽管

此后进行了各种修改和补充，1968 年的法律仍然构成了基本的城市规划制度。它主要是为了控制在 20 世纪 60 年代被认为是关键城市问题的猖獗城市蔓延。因此，主要是针对由于大都市化和郊区化这两个相互关联的过程而出现人口快速增长的城市边缘区。新制度的两项关键措施——划线（Senbiki）和开发控制，都是为了控制从农业用途向城市用途的土地转换过程。城市边缘区开发的关键要求被认为是用来控制新的开发，以确保道路和下水道、公园和学校得以提前或协同建成于将农村用途土地开发为城市用途土地的过程。其他法律，如 1969 年通过的《都市再开发法》，旨在改善已建成地区。另一个重要变化是 1970 年对《建筑基准法》进行了重大修订，引入了支持 1968 年法律的新分区制度的详细条例。

立法中引入了五项主要变化。第一是将城市规划的责任下放给都道府县和市政府。第二是将都市计划区域划分为两个区域：促进有规划的城市化的市街化区域（UPA）和限制城市化的市街化调整区域（UCA）。这个制度很快被称为 "線引き"（Senbiki），字面意思是在两个区域之间 "划线"。1968 年法律中引入的第三项新元素是 "开发许可" 制度。这是基于 1964 年早期的《宅地造成事业法》（Takuchi Zôsei Jigyô Hô）[13]，该法赋予规划师以更大的权力，制定作为开发项目批准要求的公共设施标准。它还旨在规范市街化调整区域的开发。第四个变化是引入了允许公众参与城市规划的措施。第五个变化则是引入了更复杂的分区制度，将分区从 4 个增加到 8 个。下面将更详细地逐步讨论这五个方面。

人们对新制度寄予厚望，希望它能在一定程度上控制新的城市地区的开发，这是可以理解的。在日本许多地区改革派地方政府当选的同时，中央政府已经认可其通过城市规划和开发控制来塑造增长模式的权力。通过对开发的控制，首次出现了开展有效城市规划的前景。人们期待新制度能够使地方政府和规划人员赶得上解决基础设施的积压，控制新开发项目的区位和品质，并提供大家都认为需要的更优质的城市环境。正如石田赖房（Ishida 1987：297）所说，20 世纪 60 年代的经历导致人们达成了普遍的共识，支持对开发进行更强有力的规划和更严格的控制。

规划权力的下放

根据 1919 年法律，建设省拥有日本所有城市规划的权力。而根据 1968 年法律，编制、批准和实施规划的责任被下放给都道府县和市政府。也许令人惊讶的是，中央政府愿意放弃这些权力，特别是在地方政府日益受到进步派政党控制的时期里。然而，如果我们还记得，地方规划和环境问题变得极具争议，引发了广泛而激烈的抗议和地方反对，那么将这些问题交给新当选的进步派地方政府似乎是完全合理的。

同样重要的是还要注意到，尽管从这一点上讲，地方政府将承担规划问题和冲突的责任，在实践中他们能够制定独立政策的自由仍然相当有限。之所以如此是有很多原因的，这里只能简单地谈及一下。中央政府继续占据主导地位的关键手段是法律控制、财政控制和人员调动。

法律控制的第一个方面是，尽管规划活动被委托给地方政府，但"机关委任事务"制度仍然有效。因此，即使在 1968 年法律实施后，中央政府不仅有权制定地方政府必须遵循的规则和目标，而且在需要时也可以实施自上而下的直接控制。此外，地方政府仍然没有法律权力来实施比中央政府各部制定的法规更强的控制。20世纪 70 年代，这一限制似乎更加麻烦，当时许多掌握权力的地方政府承诺对地方城市和环境问题更加积极主动，却发现自己的选择受到了严重限制。如第 8 章和第9 章所述，为了应对这些限制出现了各种创新方法，特别是自 20 世纪 80 年代以来。但毫无疑问，这些限制严重地制约了地方政府的政策选择。

中央政府还通过财政控制对地方政府的政策和方案拥有相当大的权力。财政控制的最重要因素是，地方政府收入的 70% 来自中央政府的转移支付，其中大部分用于地方政府必须执行的非自由裁量方案。地方政府长期以来一直抱怨中央政府授权的项目资金不足，这通常被称为缺少足够补偿的"负担过重"的问题。Shindo（1984：119）认为，"地方政府的财政状况与中央政府的财政和货币政策紧密关联。都道府县政府在中央政府的控制之下，而在地方分配税补助、国库支出和地方债券方面，它们又作为市政府的控制机构。"只有约 30% 的地方政府收入来自地方征收的税款，因此人们普遍将地方政府描述为"30% 自治"。虽然这一数字高于地方税款不到地方收入 20% 的英国，但地方政府仍然深刻感到缺乏自主权。

中央政府控制城市规划的另一个重要手段是从中央部委向地方政府部门调动人员。Samuels（1983：47–55）对各种形式的人员"出库"（shukko）进行了有用的描述。在城市规划领域，这意味着都道府县城市规划部门的主要工作人员，尤其是高层人员，常常从建设省借调。根据 Woodall（1996：63）的研究，建设省官员通常作为部门或科室负责人在都道府县或地方政府任职 2 至 4 年。在新政策出台时，这被认为特别重要。例如，当埼玉县开展最初的划线工作时，许多参与者都是参与起草该法律的建设省官员（Capital Region Comprehensive Planning Institute 1987：6–7）。当然，由于这些建设省官员的技术水平很高，并且与中央有着密切的联系，因而受到地方政府的欢迎。因此，建设省能够在规划过程的几个阶段里对地方规划进行实质性控制。

除了这些通常属于临时性的人员调动外，其他从中央政府向地方政府调动人员的方式也很普遍，并有效地巩固了中央政府各部对地方政府的影响。例如，Chalmers Johnson（1995：221）最近指出，远超 50% 比例的都道府县知事曾担任中央政府官员，都道府县政府中几乎所有的副知事、总务局和财务部门的负责人都来自自治省（Jichisho）。[14]

因此，尽管规划权的下放确实存在，且无疑是形成更有效的城市规划制度的关键一步，但不应认为地方政府在规划事务中突然就拥有了自由或财政资源来遵循自己路线。相反，尽管它们被赋予了职权和责任，但总体的战略和政策以及实施的权力仍然掌握在中央政府手中。

划线制度：“划定城乡界限”

作为控制城市增长模式的主要规划工具，划线制度是 1968 年规划制度的核心。其目的是通过将城市边缘地区划分为两个区域，即市街化区域和市街化调整区域，以阻止新住宅开发分散在城市地区之外。制度的创立者们希望通过将新的开发集中在市街化区域内，更有效地提供道路和下水道等市政基础设施，同时保护市街化调整区域的农业和绿色空间，防止出现被视为 20 世纪 60 年代主要城市问题之一的无序蔓延开发。

市街化区域将包括现有的城市地区，以及在未来 10 年内计划开展城市化的地区。由于市街化区域计划要在 10 年内全面建成，因此建立了一套机制，允许每五年进行一次审查，以扩大该区域，从而形成新开发用地的滚动式供应。因此，市街化调整区域既包括完全不应开发的区域，也包括为未来在适当情况下进行开发所保留的区域。因此，市街化调整区域并不像英国的绿带那样企图永远都不开发。

值得注意的是，1967 年 3 月提出的宅地审议会的原始草案包含了四个指定区域，而非两个。它们是 1）现有建成区以及与之紧邻的地区；2）计划在 10 年内进行城市化的地区；3）未来可能开发但暂时应限制开发的地区；4）农业、森林、自然风景区等的长期保护区。然而，在将草案转化为 1968 年法律的过程中，第一和第二个区域合并成为市街化区域，第三和第四个区域成为市街化调整区域，显然这既是由于实施区域划分的预期困难，也是由于政府内部相关部委的讨价还价（Hebbert and Nakai 1988b：44）。人们普遍认为，市街化调整区域的这种模糊特征，包括长期保护区和开发用地储备区，是该制度在实施过程中出现严重的实际问题的最重要原因之一（Hebbert and Nakai 1988b：44；Ishida 1987：309）。

值得注意的是，划线仅适用于都市计划区域，而非整个国土，而且并非所有的都市计划区域都已经划线。尽管根据设想，都市计划区域最终会被划分为市街化区域和市街化调整区域，建立该制度的重点是三大都市地区、人口超过 10 万的城市以及新产业都市等以增长为目标的地区。划线主要应用于快速成长的大都市地区和较大的城市。

由于划线旨在成为一种战略规划工具，因此其实施规模必须大于单个的市町村。因此，都道府县政府有责任指定这两类区域，划定它们之间的界限，监测开发状况，并每五年进行一次审查。虽然最初的划线是由都道府县政府直接执行的，但从那时起，大部分工作通常被委托给市町村的政府，而都道府县政府保留最终的责任。

划线制度明确关注城市边缘区，因为该制度主要是一种从限制开发区域中划分出开发区域的工具。由于市街化调整区域内的土地可以在未来的审查中变更区域，从而在现有市街化区域完全建成后提供更多的开发用地，因而其对于城市增长过程的预期影响是，允许以管理的方式分阶段开发，而不是继续在整个城市腹地内分散开发。通过这种方式，地方政府可以将其开发和规划工作的重点放在市街化区域内的未开发部分，用建设省（Japan Ministry of Construction 1991b：39）的话说就是，"城市化必须在 10 年内系统性地优先进行。"

地方政府将通过土地区划整理项目积极促进市街化区域内的未建成部分按照规划进行开发，并通过开发许可制度要求私人开发商提供相应的基础设施份额。因此，土地区划整理成了主要的积极规划工具，而开发许可将作为市街化区域内的主要监管工具。建设省（Japan Ministry of Construction 1991b：40）曾声称："市街化区域不应该大面积地扩展。它应以紧凑的方式开发，将正在或预定推进土地区划整理项目、城市开发项目和其他大规模规划开发的区域作为新城区的核心；从而确保有效的公共投资，并实现系统性的城市开发。"

开发许可

开发许可制度是划线制度的一个重要对应物，因为它是确保市街化区域内的私人开发得以有计划、有序进行的主要监管工具。这是城市规划师第一次拥有拒绝批准土地开发项目的法律权力，除非该项目满足某些条件。在此之前，地方政府没有法律权力拒绝符合分区规划和建筑基准要求的开发项目，无论其规模有多大。新制度允许规划师要求将提供基础设施作为批准土地开发的条件。在此方面，两个关键的要素是道路用地和对下水道系统的贡献。以前，土地所有者可以在不被要求提供这些管网服务的情况下对土地进行细分、出售或建设，这成为导致不合规开发的一个重要且难以补救的原因。这是一个巨大的进步，因为建设省（Japan Ministry of Construction 1991b：16）声称，"在日本城市规划史上的所有制度中，开发许可制度具有划时代的意义。"

令人好奇的是，土地开发被定义为"主要在建造建筑物或修建高尔夫球场、混凝土工厂和其他特定构筑物时的土地界线和轮廓的改变"（Japan Ministry of Construction 1991b：32）。那些打算在市街化区域内开发土地的人必须获得知事（或指定城市的市长）的许可。因此，开发许可制度控制了土地开发活动，特别是在建造建筑物时从农业到城市用途的变化。不幸的是，这遗漏了广泛的土地开发活动和土地用途，使得地方政府无法通过开发许可制度进行控制。例如，停车场、废金属场、碎石和建筑材料处理设施以及工业废物处理设施都以此方式逃避监管。由于不需要建造建筑，因此它们不属于"建造建筑物或修建其他特定构筑物时的土地界线和轮廓的改变"，也就不需要开发许可。这一漏洞的后果将在第8章和第9章中进一步加以讨论。

从理论上讲，这一制度可以让规划师将土地开发的条件设定为由开发商提供基础设施或补偿地方政府提供服务的额外负担，类似于美国的土地细分控制。事实上，地方政府在某种程度上通过开发许可和地方的"开发指导要纲"实现了这一目标。这些手册是地方的非法定法规，说明开发商必须为当地道路、公园和学校设施等缴纳多少费用才能获得开发许可，因此类似于一些英国地方政府发布的"补充规划指南"（Supplementary Planning Guidance）说明。地方当局能够利用其议价能力（主要是对连接供水和下水道的控制）从开发中获得地方利益，从20世纪80年代中曾根[⑮]时代放松管制的中央政府对于其使用的限制，就可以证明其有效性（Hebbert and Nakai 1988a）。

然而，从一开始，开发许可制度就有巨大的豁免空间，限制了其有效性。尽管存在着较大差异，开发许可既适用于市街化区域，也适用于市街化调整区域。在市街化区域中，主要的许可豁免与开发规模有关，任何小于0.1公顷（1000平方米）的开发都无须开发许可，而在未划分市街化区域和市街化调整区域的都市计划区域内，无须开发许可的上限是0.3公顷。如第7章所述，这一许可豁免的意义重大，因为它鼓励了大量的小型开发，从而导致了持续的蔓延式开发。

在市街化区域和市街化调整区域中，中央和地方政府以及如日本住宅和都市整备公团[⑯]那样的公共开发商的所有开发项目均无须开发许可，因为国家资助的项目可能既符合官方规划，又保证了其基础设施的份额。因此，这一豁免在市街化区域中意义不大，因为公共项目有助于确保系统性的开发。然而，该豁免在市街化调整区域中意义重大，正如Hebbert（1994：83）所指出的那样，市街化调整区域为道路、学校、公共住房和工业园区等公共项目保留了相对便宜的土地。他认为，在市街化调整区域开发的所有漏洞中，此类公共项目可能是破坏其非城市性质的最大原因。

最初的意图是，禁止市街化调整区域内的几乎所有开发，只有在"例外"情况下才授予许可。然而，最初的例外情况包括不会妨碍市街化调整区域内已规划城市化内容的超过 20 公顷的大型开发项目（包括土地区划整理项目）、农民亲属的住房，以及预计不会促进该地区城市化的其他开发项目，如教堂和加油站。Hebbert和 Nakai（1988b：390）给出了最初的例外情况以及解除管制后所形成的例外情况的完整而冗长的列表。

Hebbert 和 Nakai（1988b：31）还表明，开发许可制度强有力地鼓励了较小的开发，这既由于 1 公顷以下的开发可以得到豁免，也由于较大开发的基础设施标准越来越高。开发规模越大，用于公共用途的土地比例就越大，可供出售的比例就越小，开发利润也就越低。

然而，市街化区域内开发许可制度的主要问题是，总面积中只有一小部分是以这种方式开发的。在埼玉县的市街化区域内，尽管有相当大的面积是通过开发许可开发的，然而其面积仅为 1965 年至 1985 年间埼玉县新的人口集中地区（DID）面积的 7.5%。土地区划整理项目开发了更大的区域，达到新的人口集中地区面积的23.02%。如果把公共住房项目计算在内，总共有 34.06% 的新的人口集中地区在 20年内被"系统地"加以开发（Sorensen 2000b：282；Saitama ken 1992：表 E-1）。其余的土地要么尚未开发，要么以无规划的蔓延方式开发。

公众参与

虽然公众参与的规定本应是新规划立法的重要组成部分，但在实践中，这些规定似乎相当有限，更多的是法定要求的告知，而不是邀请公众真正参与规划决策。例如，石田赖房指出，尽管公民运动围绕着自治口号展开，如"社区建设的真正领导者是当地住民"（まちづくりの主人公は住民だ[17]），建设省的发言人仍然描述了实施公众参与条例的原因："我们不想让他们抱怨不知道此事"（Ishida 1987：303），这表明，在实践中对于"公众参与"意味着什么还存在不同的意见。实际上，法定的公众参与措施只不过是要求公开地展示规划图，并举行公开听证会，让当地人表达他们的意见。并没有要求政府听取这些意见。公众参与城市规划决策并不简单，全世界许多这样的尝试都被批评为未能在这一过程中提供任何有意义程度的参与。在实践中，公众参与往往无法允许公众对规划决策产生任何影响，只是试图提供信息或登记投诉。在此方面，日本 1968 年的这套制度并不比其他大多数当代公众参与的方法更好或更差。

同时应当指出，不同的地方和行政当局之间的公众参与程度差异仍然相当大。例如，公众参与和协商被公认为是一些进步派政府的重要原则，也许最好的例证就是前东京都知事美浓部亮吉的著名的"桥梁哲学"——只要有一个居民反对，他就绝对不会修建桥梁，强调"民主是一个耗时但必要的过程"（Samuels，1983：213，also see McKean 1981：102-108）。石田赖房（Ishida 1987：318）还提到了东京都各区公众参与地方规划制定过程的几个积极实例。然而，并非所有的地方政府都致力于这一原则，实践中似乎存在很大程度的差异，这取决于地方政府的优先事项和公民团体的动员程度。

区分规划中的正式和非正式参与也很重要。例如，Shida 回顾了美国和日本关于公众参与的规定，并指出，与美国相比，"日本城市规划中公众参与的水平确实非常有限"（Shida 1990：17），因为最终决策权属于知事或建设省的长官。Hebbert 和 Nakai（1988b）对划线过程中公众参与的描述也得出了大致相似的结论。他们表明，仅限于直接受影响居民且没有义务考虑其意见的参与结构，会导致公众对听证会的兴趣不大，进而使许多听证会因无人出席而取消。然而他们也注意到，缺乏兴趣的一个重要原因可能是，有更有效的方式参与正式提案提出之前的事先协商和谈判。因此，在日本，"公众参与"真正重要的领域是在正式提交规划之前咨询、说服和招募支持者的过程。

然而，在这个过程中，并非所有当地居民都是平等的。在实践中，利益相关者的定义相当严格。真正的协商和"根回し"（字面上指"根约束"，意思是通过与相关方的广泛讨论来做好准备）发生在土地或财产所有者的身上，他们的公众参与程度可能是其他系统无法比拟的。在土地区划整理和重建项目中，法律要求全部或三分之二多数的土地所有者正式同意。在实践中，目标是一致同意，因为即使是单独的反对者也会在项目实施过程中造成实际困难。因此，参与启动此类项目的当局被迫与土地所有者进行讨论和谈判，以说服他们同意该项目。土地所有者，尤其是较大的土地所有者，在几乎拥有否决权的条件下高度参与，但此种程度的直接参与在其他居民中并不常见（Sorensen 1998）。

分区和建筑标准控制

如上所述，1968 年之前，日本的分区制度只允许划分四个土地用途区；工业、准工业、商业和居住。1968 年新《都市计划法》引入新的分区制度，包括了 8 个不同的用途区和许多自由支配的特区，使规划可以大大细化。除了注明的土地用途外，用途区[18] 还详细规定了各地块所容许的建筑高度、容积率以及建蔽率。除了第一种住居专用地域和工业专用地域之外，新的用途区允许广泛的混合用途，如表 6.2 所示。

从表 6.2 所简要介绍的用途区中可以清楚地看出，除了第 1 种和第 8 种用途区外，所有的分区均允许多种用途。事实上，只有这两个用途区在限制土地利用方面具有很大作用。在所有其他的用途区内，不同用地的高度混合很常见，实际上，根本无法区分出地面上不同的用途区。因此，日本的分区与北美常见的分区大不相同，后者通常采用极具限制性的分区来分隔不同类型的土地用途。

表 6.3 给出了第一轮分区完成后截至 1975 年 3 月 31 日各用途区的全国总面积。数据显示三类居住用途区约占总分区面积的 70%，其中不到三分之一为第一种住居专用地域。而其余两种居住用途区所允许的混合用途程度则远远高于美国大多数居住区的常见情况。

从分区政策的书面描述中无法看出的另一个要点是，在许多日本的城市地区，特别是较老的城市地区里，用途区通常很小，居住区与商业区和工业区在空间上混

日本 1968 年土地用途分区制度[19]　　表6.2

1. 第一种住居专用地域
仅限于低层住宅（包括独立式住宅、多单元住宅、宿舍和寄宿房屋），禁止几乎其他所有用途。但允许有一定规模以下的混合用途，例如包含办公室或店铺的住宅；以及与居住没有冲突的用途，如托儿所、小学、初高中、图书馆和博物馆、神社、寺院、教会、敬老院和警察署等

2. 第二种住居专用地域
同上，但仅被指定用于中高层住宅开发。其他允许的用途包括大学和专科学校、医院、店铺（包括百货公司）和餐厅、办公楼以及大于上文第 1 条所述"特定规模"的综合用途

3. 住居地域
允许上述所有用途，并包括进一步允许的用途，如酒店和汽车旅馆、保龄球馆和游泳池、弹珠机游戏厅和射击馆、驾驶学校、面包房、豆腐制造厂和其他小型食品厂、占地面积小于 50 平方米的无毒害工厂，以及储藏或处理极少量爆炸物、油和气体等危险材料的设施

4. 近邻商业地域
允许所有上述情况，加上建筑面积超过 50 平方米的仓库以及建筑面积小于 150 平方米的无毒害工厂

5. 商业地域
允许所有上述设施，以及剧院、电影院、演艺场和游戏厅、餐厅、酒吧、卡巴莱表演厅、舞厅和按摩院

6. 准工业地域
允许除了有毒害工厂、屠宰场、污水处理厂等以外的所有用途

7. 工业地域
允许除了中小学校、大学、医院、酒店和汽车旅馆、剧院、餐厅、酒吧等以外的所有用途

8. 工业专用地域
禁止除了工业以及神社、寺院、教会、敬老院和警察署等以外的所有用途

资料来源：建设省（MoC 1991: I-45, 46 and II-15, 16）。

土地用途分区的状况（1975年3月31日）   表6.3

	面积（公顷）	分区面积的百分比（%）
总分区用地	1481454.0	100
第一种住居专用地域	304334.5	20.5
第二种住居专用地域	272500.3	18.4
住居地域	453795.0	30.6
近邻商业地域	44135.5	3.0
商业地域	61342.0	4.1
准工业地域	150068.7	10.2
工业地域	84272.6	5.7
工业专用地域	111005.4	7.5

资料来源：日本建设省（Japan Ministry of Construction 1975：2）。

合在一起的情况并不罕见。此外，由于新的分区规划于1971年才得以实施，建成区的许多现有用途都是"爷爷辈"的，或作为例外情况允许继续使用。结果是不同用途的高度混合，以至于很难看出分区制度已经产生成效。

一些日本评论者指出了日本城市高度混合利用的积极后果。例如，日本城市的经济和文化活力，特别是中心城区的安全和持续的活跃，与美国城市形成了鲜明对比（Jinnai 1994；Watanabe 1985：272–276）。日本城市地区也避免了美国普遍存在的那种严重的居住隔离，大多数居住区都包含了不同收入水平的居民（Jinnai 1994；Watanabe 1985：272–276）。在北美，对于严格用途分离的批评也很常见，特别是随着20世纪90年代"新城市主义"的出现，提倡通过邻里设计，允许步行或骑自行车去商店和大多数服务设施，并促进城市地区的活力（Calthorpe 1993；Downs 1994；Jacobs 1961）。对于那些享受日本城市活力和都市风格的人来说，包括本书作者在内，最重视的正是日本城市主义的这些特点，并且很难不得出这样一个结论：类似于很多北美城市所实行的那种较为僵化和排他性的分区制度将会削弱这些品质。事实上，正如Shelton（1999）所认为的那样，日本中心城区有着高混合利用度、高居住密度、高公共交通使用率，可以被视为可持续城市化的一种模式。因此，似乎有理由认为，日本对于土地用途分区所采取的极端包容的做法产生了一些非常积极的后果，就如Hohn（2000：548）所述："因此，日本城市空间的碎片化基本上具有了积极的意义，因为这保证了多样性、活力、色彩、可变性和对比度，同时整合到一个共有网络中，从而形成凝聚力。成功的关键在于灵活导向的包容性哲学，以及城镇规划对于新的想法和刺激的总体开放性。"

　　然而，这只是事情的一面。包容性分区制度的积极方面主要可见于商业、就业和居住用途互相促进的中心城区。也正是这些中心城区自明治时代以来不断引入了规划干预——逐步改善道路系统，提供人行道，建造地铁，安装下水道和供水系统等。对于这一薄弱的分区制度，问题更大的一个方面是要在重工业区内建造住房的持续意愿。虽然这可能使一些工人得以方便地步行上班，同时却极大地加剧了与工业污染相关并且在 20 世纪 60 年代普遍起来的严重健康问题。同样，在城市边缘区，不严格的土地利用管制造成了许多严重的问题。特别是，许多最糟糕的邻居，如工业废弃物处理厂和焚化炉、废旧汽车回收场和尘土飞扬的碎石机，都位于土地更加便宜的城市边缘区。诚然，"清洁"的高科技就业可能与中心城市的住宅和商业用途兼容，但许多被吸引到城市边缘区的低技术含量、空间密集型的功能，在与住宅用途混合利用时仍然存在严重问题。

　　此外，随着 20 世纪 80 年代后期土地价格的大幅上涨，其他人注意到，分区制的开放鼓励了这种价格上涨从商业区蔓延到居住区。有人认为，写字楼投机热潮所导致的价格上涨能够蔓延到居住区，因为开发商实际上可以预期居住用地被改划用途并开发为办公楼。也有人认为，一个更强大的分区制度可以极大地防止价格上涨蔓延到商业区之外（Hayakawa and Hirayama 1991：151–164）。

　　总之，1969 年引入的新规划制度为规划师提供了范围更大的工具，用以解决已成为快速经济增长时期副产品的城市规划问题。尽管在更广泛的意义上，新的分区制度和规划权的下放等一些新措施非常重要，新制度的主要重点仍然是大都市地区快速增长的郊区边缘地带，那里的城市和工业发展都很集中。与此同时，新制度也受到明显的限制，中央政府保留了重要的权力。真正的考验是该制度在 20 世纪70 年代的实施。

译者注：

① 即六氯环己烷，中文俗称"六六六"，英文简称为"BHC"。
② 即双对氯苯基三氯乙烷，中文俗称"滴滴涕"，英文简称为"DDT"。
③ 英文原文为 MMAs，即 Major Metropolitan Areas 的缩写。
④ 日文为"土地利用計画制度"。
⑤ 自由党与日本民主党通过缔结《保守合同》成立自由民主党，简称自民党。
⑥ 该市的名称为四日市，所以称为四日市市，原文为 Yokkaichi City。
⑦ 原文为 Toyoda LR Project Opposition League，由于未找到日文原词，此处根据英文直译。
⑧ 即日本社会党，英文为 Japan Socialist Party，简称 JSP。
⑨ 即日本协同党，英文为 Japan Cooperative Party，简称 JCP。

⑩ 原文为 National Conference of Progressive Mayors，由于未找到日文原词，此处根据英文直译。

⑪ "东京圈"或"东京都市圈"通常指南关东区域的"一都三县"，包括东京都、神奈川县、千叶县和埼玉县。"首都圈"一词则通常指根据 1956 年《首都圈整备法》而定义的整个关东地区（茨城县、栃木县、埼玉县、千叶县、东京都、神奈川县）以及山梨县，共"一都七县"。然而，在少数场合中，"首都圈"也会指"一都三县"的范围。

⑫ 这里指日本的参议院。

⑬ 应为《住宅地造成事业に関する法律》。

⑭ 英文为 Ministry of Home Affairs，不同于 1947 年被废除的内务省的英文名 Home Ministry。日本在内务省被废除后，先成立了临时性的内事局，后来又成立了地方自治厅，进而统合为自治厅，并在 1960 年升级为自治省。自治省于 2001 年并入总务省。

⑮ 即日本前首相中曾根康弘（Nakasone Yasuhiro）。

⑯ 原文为 Japan Housing and Urban Development Corporation（JHUDC）。

⑰ 原文为 Machizukuri no shuninkô wa jumin da，其中的 shuninkô 应为 shujinkô。

⑱ 日文称为"用途地域"。

⑲ 8 类土地用途的日文名称分别为：第一種住居専用地域、第二種住居専用地域、住居地域、近隣商業地域、商業地域、準工業地域、工業地域以及工業専用地域。

第7章 新城市规划制度的实施

20世纪50年代后半期开始的快速增长导致人口和工业过度集中在太平洋沿岸，将日本转变为一个独特的人口高密度社会。大城市饱受过度拥挤的痛苦和刺激，而农村地区则饱受年轻人外流以及由此导致的丧失增长活力之苦。快速的城市化孕育了越来越多的人，他们从未体验过乡村生活的乐趣——在山中追逐兔子，在溪流中捕捞鲫鱼，他们唯一的家就是某个大城市的某间小公寓。在这种情况下，我们如何将日本人民的素质和传统传给后代？

——田中角荣（Tanaka 1972：iii）

20世纪70年代初是日本对城市规划非常乐观的时期。一个新的城市规划制度刚刚启动，地方政府显然最终获得了城市规划的工具以及法定权力和责任，第一批规划正在制定和通过。在实施新制度的同时，地方政府和规划师被寄予厚望，希望他们现在能够来得及补救基础设施的落后，控制新开发的区位和品质，并普遍提供大家都认为所需要的更优质的城市环境。此外，在20世纪70年代初，进步派的地方政府将改善城市环境和尊重公民需要置于其政治议程的首位，其实力和选举成功率仍在不断扩大。1971年4月，进步派的东京都知事美浓部亮吉以三分之二的选票再次当选，而自民党在任的大阪知事败给了进步派挑战者黑田了一。这意味着日本的政治、经济和文化"首都"——东京、大阪和京都，都由社会主义/共产主义支持的知事来执政。1972年，冲绳县、埼玉县和冈山县也选举了进步派知事。同样，到1975年为止，日本大多数其他大城市都选举了进步派的市长，包括名古屋、横滨、京都和神户（MacDougall 1980）。在城市规划和社会福利服务领域，地方政府正在大幅扩大支出，人们对能够改善当地生活质量的城市规划的新时代已经开始寄予厚望。

1968年《都市计划法》、1969年《都市再开发法》和1970年《建筑基准法》的通过和实施只是20世纪70年代早期环境管理新立法倡议中大量安排的一部分。

在 1970 年的"污染议会"期间，还采取了其他重要措施，通过或修订了不少于 14 项与环境污染控制相关的法律，其中包括设立了新的环境厅①，以监控和实施新的环境法。1974 年，新的国土厅成立，并通过立法创建了新的国土规划制度，统一和协调各个大都市地区和各区域的多个现有机构和规划。

然而，到了 20 世纪 70 年代末，新的规划制度显然出现了严重问题。关键是它未能阻止最严重的城市蔓延问题，并且由于最初的实施结果和随后的政策修订而被削弱了。大都市地区的蔓延仍在继续，甚至在加速进行。对《都市计划法》和《建筑基准法》的重大修订也在准备中，以引入新的地区计划制度，旨在对城市地区进行更细致的规划控制。

本章回顾了 20 世纪 70 年代新规划工作的混乱期。第一部分简要回顾了 20 世纪 70 年代初不断变化的经济环境以及由汇率变化和油价飙升导致的快速增长终结所带来的主要"冲击"——人们总是这样称呼之，并描述了对于 1970 年所通过的污染控制新措施的引入。第二部分介绍了 20 世纪 70 年代初新城市规划制度的实施情况以及遇到的主要问题。第三部分介绍了 1974 年通过的国土规划中主要的新举措，以及国土厅的创建。最后一部分回顾了 20 世纪 70 年代城市变化的主要因素。

20 世纪 70 年代初不断变化的环境

如前一章所述，几十年经济快速增长的最重要成果之一是环境危机和公民行动热潮的兴起，旨在对抗污染和不受控制的城市工业增长所造成的不利影响。反对党利用这些广泛的关注，将危机归咎于大企业联盟和自民党，并承诺将优先事项从工业发展转向社会服务、环境改善和更好的城市规划，从而赢得了日本大部分主要城市的领导权。即使在国家政治层面上，自民党在整个 20 世纪 60 年代的得票率一直在稳步下降，到 20 世纪末也面临着失去多数席位的真正危险。

在前一章中，有人认为 1968 年新城市规划制度是为了应对这些不断变化的政治情况而通过；但危机并未就此结束。公众对于日益恶化的污染问题的担忧持续增加，公民动员的高峰实际上出现在 20 世纪 70 年代初，当时有数百个团体在活跃（McKean 1981）。1970 年 7 月，东京发生了严重的光化学烟雾事件，导致 8000 多人患病（McKean 1981：117），这似乎是对污染的政策方针的转折点。作为自民党应对选举压力以及日本官僚机构在起草立法方面有效性的最好实例之一，1970 年末，所谓的"污染国会"通过或修订了不少于 14 项有关环境污染控制的法律，第二年又通过了另一项法案，在总理办公室②下设立环境厅，以监督和协调环境改善工作。

新的污染控制体系创造了当时世界上最严格的环境污染标准。其中的一项法律创建了一套制度，迫使污染者为污染控制措施支付费用；另一项法律则为污染排放所造成的人类健康伤害制定了严格的惩罚规定，并允许使用流行病学的证据确定健康损害的责任（Barret and Therivel 1991：39）。

20 世纪 70 年代初，导致政府和企业对污染问题态度发生变化的另一个重要因素是原告在所有四大污染公害诉讼中都获胜了。这"四大公害病"包括九州水俣的汞中毒、镉中毒的"痛痛病"、空气污染所引起的四日市呼吸系统疾病以及新泻的水俣病。这些案件都对污染的受害者造成了重大损害，但更重要的是，它们创建了明确的法律先例，确认了污染公司对健康损害的责任以及证明污染所造成的健康损害的证据标准。新的污染控制法律架构非常成功，开创了一个在污染控制和预防措施方面进行巨额私人投资的时代，这些措施的投资占厂房和设备总投资的比例从 1965 年的 3% 增加到 1975 年的 18.6%（Tsuru 1993：137），这一比率远远高于任何其他发达国家。下文所讨论的油价上涨的影响以及由此带来的节能和经济增长速度放缓，这些因素结合在一起，促使在接下来的 10 年里污染排放大幅度下降。日本在成功地解决工业污染问题的同时，保持了明显高于其他发达国家的经济增长水平，因此获得了当之无愧的声誉。

20 世纪 70 年代初的"冲击"

20 世纪 70 年代初的另一个重大变化是一系列"冲击"的结果，这些冲击震动了日本社会，迫使人们重新思考日本在世界上的地位及其未来的经济前景。一共有两次"尼克松冲击"。第一次是 1971 年 7 月，他在没有事先通知日本的情况下突然与中国建立外交关系，这极大地改变了东亚的政治和战略格局，使日本感到孤立，不得不奋力追赶不断变化的局势。第二次是在 1971 年 8 月，美国突然单方面决定放弃美元与其他货币以及美元与黄金之间的固定汇率。这一变化适用于日元以及其他货币，但人们普遍认为，这一变化主要是为了解决人们所认为的日元价值过低的问题。在此期间，为了鼓励日本经济的重建，日元与美元的汇率一直固定在 360 日元兑换 1 美元的水平。都留重人（Tsuru 1993：120）认为，这类似于给康复中的高尔夫球手一个有利的让杆。到了 20 世纪 70 年代初，美国人认为不应确保这样的待遇，并且相信日元走低是日本对美贸易顺差不断扩大的一个重要因素。第三个主要的"冲击"是 1973 年由石油输出国组织（欧佩克）所策划的油价突然上涨。能源供应几乎完全依赖于进口石油的日本受到了沉重打击，特别是由于以石油为基本原材料的化学工业一直是日本经济增长的主要引擎。这些冲击结合在一起不仅导致了快速增长的终结，而且还大大强化了由于经济健康依赖于进口原材料和外国市场所造成的日本传统的不安全感。

尽管毫无疑问，日元兑美元汇率的升值，特别是油价的大幅上涨对于结束快速增长发挥了很大作用，但每年超过 10% 的增长不太可能持续更长时间。姑且不谈日益严重的环境问题以及日本人民越来越反对政府一心一意地关注产业促进政策，过去几十年中促成经济快速增长的许多因素也不太可能对进一步增长做出重大贡献。大多数可以迁移到大都市地区的工人已经迁走了，日本的经济已经在很大程度上吸收了现有的新技术并从其所带来的生产率的提高中受益，而大都市区附近最便利的海岸线基本上已经被工业综合体所填充和取代。最后，要沿着 20 世纪 60 年代的路线继续快速增长，还需要原材料和能源消耗以难以置信的规模增长。毕竟，这一状况与 1960 年大不相同，当时日本刚刚开始快速增长，还是一个相对较小的经济体。到 1970 年时，日本已经是资本主义世界最大的经济体之一。日本在 1969 年超过联邦德国后仅次于美国，如果排除 GDP 至少在形式上仍大于日本的苏联，日本将是世界第二大经济体（Calder 1988：103）。为了保持年经济增长率在 8.5% 到 10% 之间，日本的经济规划者们自信地预测，对于一次能源（primary energy）的需求到 1985 年将增大到 3 倍，还包含了对建设核电站的重大承诺。预计此种规模的增长需要相应地增加新的工厂用地，其中约 45% 将通过对沿海水域的填海造地提供。因此，尽管在 1969 年前的整个时期里共有 27184 公顷的土地被开垦，经济规划者们自信地公布了 1971—1975 年间 43200 公顷新填埋场的目标（Tsuru 1993：103）。同样，田中首相的国家规划（将在下文讨论）将通过建设新的交通线路在全国各地传播增长成果，并自信地预计日本 20% 的平地需要用于修建新的高速公路。之前的规划一直被现实的表现所超越，这一事实使得以此种速度预测持续的经济增长看上去完全合理。

无论如何，1973 年油价上涨近 3 倍很快就造成了 1974 年的衰退，当时的日本国内生产总值自 20 世纪 50 年代初以来首次出现下降。对于进口石油（大部分来自中东）的高度依赖，意味着日本经济比大多数国家更强烈地受到了价格上涨的影响。然而，从略微更长一些的时间来看，节能的努力、生产过程的合理化以及日本工业仍然具有的强大的国际竞争力意味着日本经济能够比大多数国家更快地从危机中复苏，尽管增长率比以前更低，下一个时期 GDP 的平均增速约为 5%。

"列岛改造"热潮

石油危机引发的通货膨胀和衰退的一个明显的受害者是田中首相的"日本列岛改造"规划。田中角荣于 1972 年任首相，承诺实施雄心勃勃的规划来重组日本的工业分布格局，通过投入巨资建设新干线、高速公路和连接主要岛屿的桥梁等新的国家网络，实现工业在全国各地的分散（见图7.1）。这项规划的目的是一举解决大都市地区过度拥挤和农村地区人口减少两大问题。根据每年持续增长10%的乐观预测，该规划预计需要建设数千公里的新高速公路来运输由于工业分散所产生的数十亿吨货物。田中规划在很大程度上借鉴了其担任通商产业省长官③期间制定的早期规划，并紧密遵循了第5章讨论的日本全国综合开发计划（CNDP）的国家规划传统。

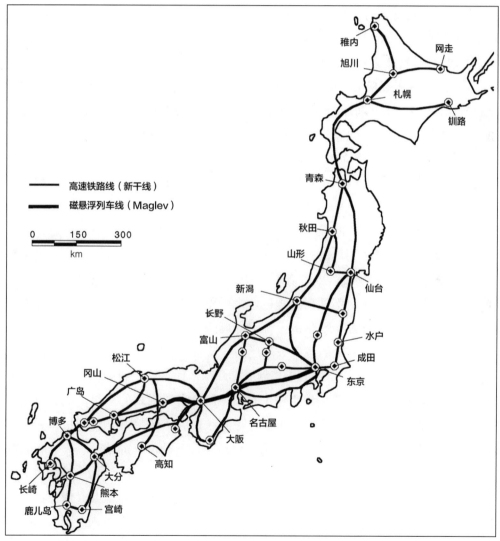

图7.1　田中角荣的新干线和高速公路规划。1972~1973年日本第二轮全国地价上涨的一个重要刺激因素是田中首相的"日本列岛改造"规划的公布。主要政策是建设新干线的综合网络和6000公里长的新高速公路。

资料来源：修订自田中（Tanaka 1972：123）。

　　该规划在政治上也是权宜之计,因为它承诺在自民党控制的农村和周边地区进行大量的公共投入,这些地区长期以来一直要求增加基础设施改善方面的公共支出,而以前的基础设施改善一直集中在太平洋带地区。田中规划中要修建的第一条线路——通往新潟的新干线,在 20 世纪 80 年代初完工,被广泛认为受到田中在国会代表新潟地区的影响,这可以从三座新干线车站都建在相对偏远的田中选区内推断出来(Calder 1988:281)。虽然到 20 世纪末,田中规划中提出的大量项目已经完成,随着 1974 年经济增长的放缓,该规划已经悄悄地从积极考虑的事项中退出。田中因为卷入了一场重大的贿赂丑闻,于 1974 年被迫辞去首相职务,尽管他在 1985 年2 月因突发严重心脏病而不得不退出公共生活,这之前他仍然保有国会的席位,并一直是政府中最有权势的人物之一。

　　该规划的主要影响之一是在新的铁路、公路和桥梁可达的地方引发了狂热的土地投机。在因新干线车站和高速公路而受青睐的地区进行的土地投机导致了战后第二次大规模土地价格上涨:1972 年和 1973 年,日本土地价格每年都上涨 30% 以上。与土地价格突然上涨相伴的是基本消费品的恐慌性通胀,厕纸、洗衣粉和食用油的普遍囤积和短缺都表明了人们的紧张,大家担心快速增长之前以前的艰难时期可能会再次出现。

　　20 世纪 70 年代早期的土地价格上涨有两个长期影响。第一个影响是,寻求在大都市地区购买居住用地的人为了能够找到他们负担得起的土地,被迫从大都市核心区向外走得越来越远。20 世纪 70 年代初是向这些地区大规模移民的高峰期,大量人口的涌入创造了对新住房用地的巨大需求。正当以控制城市蔓延为主要目的的新规划制度建立之际,地价的上涨对蔓延式发展造成了进一步的压力。下一节将更详细地回顾这一冲突的各种表现形式。1972—1973 年土地价格上涨的第二个产物,是 1974 年建立了新的国土规划制度和国土厅。这个新制度实际上已经处于规划阶段好几年了,并且是田中的"日本列岛改造"规划的必要组成部分,因此无论如何都可能会制定某种国土规划制度。为了应对 1974 年的土地危机,国土厅在立法机构的推动下接管了日本全国综合开发计划以及首都地区、大阪和名古屋三大都市圈的规划机构中的工作人员和规划职能。该机构还被赋予了监测土地价格和出台对策的责任,并建立了一个精心设计的系统来监测土地价格,在被认为价格过高时允许政府干预(Alden 1984;Kirwan 1987)。国土厅成立于土地价格大幅上涨之后的这一时机,有助于将该机构的优先事项从简单的大规模国家开发型规划转变为更具有监管型的规划。对于新的国土规划制度及其实施的描述详见于国土规划部分的内容。[④]

1968 年新城市规划制度的实施

如上所述，新的城市规划制度在 20 世纪 70 年代的实施过程中遇到了严重的问题。到 70 年代末时，人们了解到蔓延并未停止，无序的开发仍在快速延续，对规划制度的新的修订也在起草中。新的城市规划和国土规划制度几乎完全未能实现其既定目标，与日本政府和产业在控制污染、节能以及避免 20 世纪 70 年代的滞胀和 80 年代初期的严重衰退的显著成功形成了鲜明的对比，而这些问题当时几乎困扰着所有其他发达国家。值得质疑的是，为什么在这些不同的政策领域会有如此不同的结果。

如第 6 章所述，1968 年新《都市计划法》的主要目标是防止城市蔓延。20 世纪五六十年代，在对于城市边缘区新开发的控制极为薄弱的情况下，快速城市化导致在现有城市地区之外出现了大量的半城市化、无规划和无市政服务的开发。这个问题在人口增长最多的东京和大阪的郊外最为严重，但其他许多大中城市也在以更小的规模经历着类似的问题。如第 5 章所述，1950 年对《建筑基准法》的修订废除了建筑线制度。这意味着对城市边缘区的开发几乎没有了规划控制。虽然战后重建项目指定了一个主干道（都市计划道路）的基本网络，并且对现有建成区外的大片新开发用地进行了分区，但并没有提供管理快速增长的适当框架。首先，如第 4 章所述，分区制度相当包容，主要的限制是：最大的工厂只允许在工业区内建设，而卡巴莱表演厅和剧院等嘈杂的商业用途只允许存在于商业区内。在居住区，从小工厂到百货公司，几乎所有的用途都是允许的，并且住宅继续得以在重工业区建造。各分区之间的主要区别在于，居住区的容积率和建筑密度最低，而商业区的则最高。

其次，没有有效的制度来确保城市边缘区的道路和公园等公共用途的土地，在这些地区实现对新道路的规划开发或对私人道路建设的控制都极为困难。土地区划整理项目继续有助于形成大面积、有规划和有市政服务的开发，但在其他地区，除了由市政购买当地道路、公园或其他社区设施所需的土地外，几乎没有其他选择。考虑到新开发的规模，特别是在 20 世纪 70 年代初土地价格快速上涨之后，这种土地购买已贵得让人望而却步。在任何情况下，大多数地方和都道府县支出的重点都是建设主干道系统，以及为工业用地整理土地和提供服务，以创造就业机会和提高税收。

其结果是，绝大多数城市开发都是无规划、无市政服务的蔓延——沿着现有的农村小路和从中延伸出来的短小的死胡同上有着几处房屋的微小开发。"蔓延"一词在日本的含义与其他发达国家略有不同。在日本，这一术语指的是沿着现有农村小路进行的无序、无市政服务的开发。这也是二战前西方对这个词的普遍用法，但在随后的日子里这种开发已经基本上被消除，"蔓延"一词现在更常指由于低密度以及跨越大片未开发土地的蛙跳式开发而扩展到必要规模之外的大都市增长模式，或是会降低可达性并增加道路使用和拥堵的开发模式（Cervero 1989；Ewing 1997）。

有三个主要的观点反对这种不受监管的扩张式的城市化，所有这些观点都被用于支持 1968 年通过的新规划制度。第一，这种开发模式大大增加了基础设施供应的成本。下水道、供气、道路，甚至是邮件递送等许多公共服务，无论有多少用户，每英尺都会有一定的基础成本。在房屋的分布非常分散的地方，固定成本必须由较少的家庭分摊。在日本，最终的建成密度通常相对较高，但可能需要 30 到 50 年时间才能完全建成（Sorensen 2000b）。因此，在日本许多的蔓延式开发地区，只有在其大部分面积建成时才会提供基本服务，并且，用道路和下水道改进部分建成的地区会非常昂贵（Kurokawa, et al. 1995）。第二，如果允许不受管制的蔓延，而不留出道路和公园等公共设施用地，则此类土地必须在日后以完全城市化的价格购买，而不是以城市化前的农村土地价格购买或是作为土地开发的条件免费获得。土地成本高，以及需要拆除或移动许多建筑物才能建设基本的道路网或公园，是日本此类基础设施持续短缺的根本原因。反对在城市边缘进行无规划开发的第三个常见观点是，此类开发消除了多种设计的可能性，如通过有趣的道路布局或步行路线创造宜人的城市环境，或者充分地利用现有的自然特征并保留宝贵的宜居性，如山丘或溪流（Hough 1995；Unwin [1909] 1994）。

因此，不幸的是，尽管无序且缺乏市政服务的开发一开始几乎不会造成什么问题，甚至可以为第一批新移民提供高质量的生活环境，使其基本上仍然享受着农村环境，但在达到一定的人口密度阈值后，越来越严重的问题开始出现：人口密度的增加导致道路拥堵，这需要昂贵的道路升级；需要修建供水管和下水道；需要扩大学校和其他公共服务。许多地方政府正在努力追赶，在现有建成区修建下水道和改善道路网等基础设施，但随着大量新的无序蔓延区域扩展到附近的农村地区，它们发现自己越来越无法跟上。大都市边缘的市町村日益严重的基础设施赤字和不断增加的财政义务是引起恐慌的原因之一，也成为通过 1968 年新规划制度的主要动力。

如第 6 章所述，1968 年法律中引入的两项主要新规定旨在解决无市政服务的开发问题。开发许可旨在使地方政府能够要求土地开发商为提供道路系统、下水道设施和开放空间做出贡献，而划线旨在提供一个将城市开发控制在其内部的增长边界。增长边界可以每 5 年扩大一次，因此其目的不是在市街化调整区域（UCA）内创建一个永久性的农村保护区，而只是将新的建筑活动集中在现有建成区附近的较小区域内，并防止新的开发蔓延到过大的区域里。学校和住房等公共开发项目、在开发许可制度下与规划道路网保持一致并对基础设施贡献出公平份额的私人开发，以及土地区划整理项目这三者的结合，将能确保大部分新市街化区域（UPA）内的开发有充分的市政服务，而不是继续以缺少市政服务的方式蔓延。随着规划开发的进行，增长边界可以进一步向外移动，从而允许分阶段的可控开发。

　　问题是，鉴于新的规划制度明确要防止进一步地蔓延，为什么这种开发模式在 20 世纪 70 年代仍在继续？城市规划制度遭到破坏的主要方式有四种：1）市街化区域的过度指定；2）拟议土地税的改革失败；3）市街化区域（迷你开发[5]）和市街化调整区域（既存宅地[6]）都出现的蔓延式开发的重大漏洞；4）非划线地区非常宽松的规划控制。

市街化区域的过度指定

　　市街化区域的过度指定可能是导致后续问题的唯一重要原因。一个普遍的观点就是市街化区域在最初指定时规模过大。如表 7.1 所示，在每一个大都市地区，市街化区域的面积都比以人口集中地区（DID）为代表的现有建成区的面积要大得多。在埼玉、千叶、神户和名古屋等郊区地带的情况尤其如此；东京和大阪则不同，因为几乎整个地区都已建成。在 10 年内，似乎不大可能开发一个与所有现有的建成

1975年市街化区域与现有建成区的比率		表7.1
	人口集中地区（公顷）	市街化区域（公顷）	市街化区域面积 / 人口集中地区面积（%）
埼玉县	40810	65290	160
千叶县	32710	60765	186
东京都	91460	104124	114
神奈川县	67650	90788	134
东京都市圈	232630	320967	138
爱知县	52140	104490	200
三重县	11120	20867	188
名古屋都市圈	63260	125357	198
京都府	18100	24873	137
大阪府	72540	87589	121
神户市	38680	64481	167
大阪都市圈	129320	176943	137

资料来源：整理自《建设省都市计划年报》（MoC Toshikeikaku Nenpo 1979：10–11）。

区面积相等的地区。下面所描述的实际开发模式就证实了这一假设。

图 7.2 显示了 1968 年至 1991 年期间，在东京北部大宫新指定的市街化区域的实际建设形态。由于划定的面积远远大于土地开发所需的面积，因此总建成区面积占所有可开发用地的比例从 1968 年的 24.4% 增加到 1991 年的 51.2%。从 1979 年到 1991 年，每年仅有 1% 的可开发用地得到开发，这表明可能还需要 50 年才能把剩余的土地开发完。更糟糕的是，该地区比当地政府能够组织的土地区划整理项目要大得多，因此超过一半的地区是沿着现有车道随意蔓延开发的。新的市街化区域由土地区划整理以及住房和学校等公共开发项目，并通过开发许可全面开发并提供基础设施服务的希望破灭了（Sorensen 2000b：307）。

市街化区域被如此广泛地过度指定，主要原因似乎是来自农民和农业组织的压力——要求其包含尽可能多的土地，以及来自建设省的压力——确保有充足的

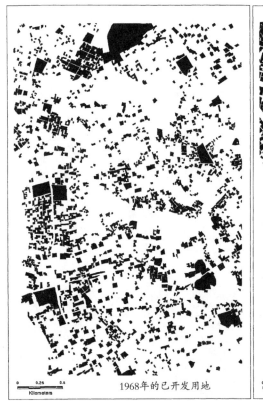 

图7.2 大宫东部分散的建设模式。图中所示区域位于东京北部郊外的大宫市，1968年主要是农田和林地，在1970年被指定为市街化区域，并将在10年内全面开发为城市地区。尽管在接下来的20年中进行了大量开发，但到1991年为止，只有不到一半的可开发土地得到了开发。该地区几乎没有下水道供应，道路系统仍然严重不足，无法满足人口增长的需求（Sorensen 2000b，2001a）。

未开发土地供应。例如，华山谦[7]（Hanayama 1986：101–103）记录了东京西郊的一座城市八王子最初的划线过程。东京都政府（TMG）于 1970 年 4 月公布的第一次基本规划草案，将八王子的 5748 公顷用地指定为市街化区域（占城市总面积的 31%），但几乎所有受影响地区的土地所有者都希望将其土地划为市街化区域。因此，他们组织了请愿活动，并直接游说八王子和东京都的地方政府官员。这些努力使得又有 1525 公顷的土地也被指定为市街化区域，最终使市街化区域的面积增加了 26.5%（为 7273 公顷或城市面积的 39%）。华山谦指出，几乎所有在最初提议中不属于陡峭山坡的市街化调整区域都加入了请愿。在第二份草案中，大部分缓坡土地都被划为市街化区域。

Hebbert（1994：77）还将市街化区域的过度指定描述为并不令人惊讶的政策冲突的结果，这种冲突发生在那些希望尽可能多地指定市街化区域和尽可能使其保持紧凑的人之间。一方包括不动产协会[8]、都市开发协会[9]、全国土地和建筑中介业协会联合会[10]在内的房地产开发行业、渴望在郊区保持强劲增长以缓解住房市场压力的都道府县政府，以及包含农民及其相关组织在内的土地所有者，他们显然有兴趣确保其土地被划为市街化区域。另一方是地方政府，他们主张将更小、更紧凑的地区划定为市街化区域。据 Hebbert 称，日本地方当局清楚地认识到分散开发所带来的额外成本。由于住宅扩张带来的额外税收不足以支付成本，而且所有城市都有大量的基础设施积压，因此城市往往更喜欢紧凑、高效的发展模式，而不是由过度指定市街化区域所形成的蔓延。然而，地方政府是这场竞争中是实力最弱的一方，导致最终指定了比实际需要大得多的市街化区域，这在接下来的几十年中变得十分明显。

市街化区域的农业土地税改革

20 世纪 70 年代影响划线制度实施的关键因素之一是未能按规划实施土地税制改革。作为期望于 1968 年引入新规划制度的一部分，新市街化区域内的所有土地将根据市场价值的评估来征税。1971 年 3 月，国民议会通过的税法修正案就旨在实现这一目标，但农场游说团通过对自民党议员的巧妙游说，成功地在新的税收中形成了大量漏洞，这使得市街化区域内几乎所有的农场土地都保留了税收优惠待遇——这意味着他们通常只需支付附近居住用地所缴税款的 1%—2%（Yamamura 1992：44）。

市街化区域内农业土地税改革的失败极为重要，因为日本农民倾向于尽可能长地保留土地，往往在土地开发成熟后很长的时间里积极保持土地的农业用途。由于农民倾向于保留城市边缘区农田的所有权，因此他们在日本的城市化进程中所扮演的角色要比其他发达国家重要得多。这种土地占有行为的原因是复杂的，并已得到了彻底的研究（Hanayama 1986；Noguchi 1992b；Sorensen 1998；Yamamura 1992）。对其的解释包括：不鼓励出售家庭土地资产的传统日本家庭制度等文化因素（Fukutake 1967）、出售农业土地的法律和行政障碍（Hayami 1988：61）、会刺激土地投机的昂贵且不断上涨的土地价格等市场因素（Yamamura 1992）、使农田资产成为极为有利的避税场所的税收激励（Noguchi 1994；Noguchi 1990；Noguchi 1992b），以及允许农民逐块分割并以完全城市化的价格出售土地而无须提供任何城市服务的薄弱的土地开发法规（Hanayama 1986；Mori 1998）。最后两个因素可以说是最重要的，与日本农民近乎传奇般的政治权力直接相关。

这种权力是众所周知的，从战后他们在日本政府那里得到了越来越有利的待遇就可见一斑（Calder 1988；Donnelly 1984；Yamamura 1992：44）。例如，到20世纪80年代末，日本大米价格是世界水平的8倍多，而日本继续严格控制进口外国大米，导致国际贸易摩擦加剧。长期以来，尽管大藏省和经济团体联合会反对，农业支持计划一直占日本预算的很大一部分（Calder 1988：231）。农民还得益于这样一个事实，即他们基于扩大了各种扣减的低得多的收入比例（20%—30%）来纳税，这远低于非农业个体经营者（60%—70%）或不幸的城市工人（90%—100%）（Hayami 1988：61）。

农地所有者成功地保留了城市地区农地的税收减免，这是农场游说团体对自民党和国家政府政策具有影响力的最好证明之一，也是自民党以牺牲公共利益为代价奖励其核心选民群体的最明显案例之一。虽然自20世纪60年代中期以来，取消城市地区农田特殊免税的尝试已经有很多次，这些努力一直被农场游说团体所挫败（如Hanayama 1986；Noguchi 1992b；Otake 1993；Yamamura 1992）。最后，在1992年通过了一项税收改革，允许农地所有者必须做出选择：或者继续按低税率纳税并放弃未来30年的土地开发权，或者开始按照与其他的市街化区域土地相同的高税率纳税并保留其全部开发权。继续指定为低税率农地的土地被称为"生产绿地"。在东京只有不到一半的人选择将他们的土地指定为生产绿地，保持低税率并放弃未来30年的开发权。在位于郊区的县里，被指定为生产绿地的用地比例要低得多（埼玉县24%，神奈川县23%，千叶县19.3%）。在其他大都市地区的情况也类似，中心城区被指定为生产绿地的农田比例较高：大阪府为40.8%，京都府为49.7，兵库县为36%，奈良县为28.2%，爱知县为17.4%。似乎郊区的农田所有者对于未来将土地开发为城市用途抱有更高的期待，然而，仍拥有大都市核心区土地的更大一部分人则满足于在可预见的未来里放弃开发，以保留他们的税收减免。

城市地区的农田所有者能够将税收改革推迟近 25 年的这一事实至关重要，因为正如华山谦所指出的，对市街化区域和市街化调整区域的差异化税收是 1968 年都市计划法的核心特征。如果市街化区域内的土地税基于市场价值且相当高，而市街化调整区域内对土地开发权有严格限制且税率较低，那么二者之间的差别将会是真实的，土地税作为在城市地区提供规划和基础设施特殊目的税的理由也很清楚。正如他所说，"这两个政策工具是土地政策的完整组成部分，将二者区分讨论可以被视为战后内务管理史上的最严重的错误之一"（Hanayama 1986：132）。当市街化区域内的农田免征市场价值税时，所有农民都希望将他们的土地划为市街化区域，并且在游说中基本上成功地获得了比实际需要大得多的市街化区域（Hebbert and Nakai 1988b：40；Ishida 1987：310）。这几个因素结合在一起，形成了一种对城市边缘区农田所有者非常有利的局面，而这反过来又成为土地供应短缺的一个主要因素，后者是造成大都市地区土地价格上涨的重要原因。

对于努力向大规模的市街化区域提供服务的地方政府而言，市街化区域内大片耕地的持续存在是一个严重问题，因为它促进了蛙跳式的新开发。这使得系统地提供新基础设施的成本变得难以想象，而大规模的农田免税也导致了地方税基被削弱。很难说究竟是市街化区域内耕地的持续存在、税收的损失，还是对于地价上涨的促进产生了最具破坏性的影响，导致地方政府土地税制改革的失败，以至于无法在新的市街化区域内实现有规划的城市化。当然，这些因素的结合是灾难性的，并进一步加强了地方政府在市街化区域内的土地开发对于土地区划整理的依赖，如下文所述。

开发许可制度的问题

虽然开发许可制度首次允许地方规划当局将开发商提供基础设施作为批准土地开发的条件，这的确大大提高了其管理开发的能力，该制度仍然存在大量的漏洞，使得越来越多的开发项目得以在无须开发许可的条件下顺利通过。这些漏洞中最重要的两个是迷你开发和既存宅地。从某种意义上说，他们是一个类似现象的两个方面，前者主要存在于市街化区域，后者仅存在于市街化调整区域。然而，在各自的区域内，每一个都为持续的分散、无序开发铺平了道路，从而使促进规划开发的努力失效。

迷你开发（见图 7.3）一直是日本居住区开发的一部分，但在 1968 年后，由于市街化区域内 1000 平方米或更小的开发无须获得开发许可这一漏洞，其重要性得以迅速提升（Katsumata 1993，1995）。根据 1968 年法律，都道府县有权选择将这

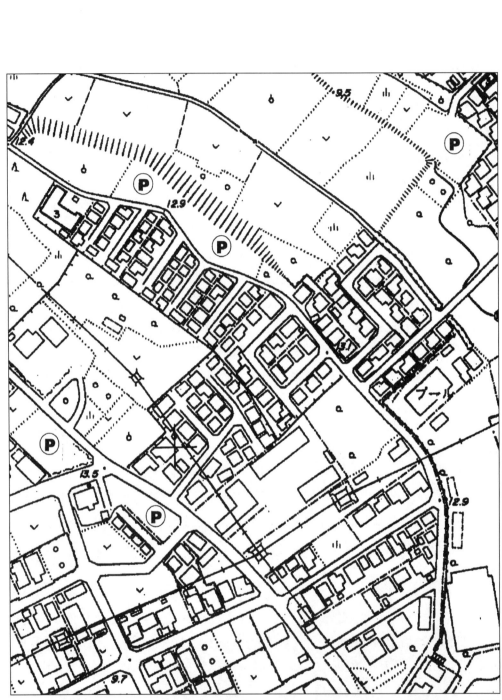

图7.3 浦和市的迷你开发项目。地图中央密集的住宅区是迷你开发的一个很好的例子。房屋建在与现有乡村道路成直角的死胡同上。这些房屋既没有下水道也没有管道煤气，依赖于必须定期抽取的化粪池和瓶装煤气。内部道路为私人所有，通常未铺设路面。注意主通道的狭窄、贯通式连接的缺乏、位于场地外的停车场，以及建造在高压线下的房屋。左下角是通过土地区划整理开发的一部分区域。

资料来源：修订自浦和城市规划调查的 1：2500 地图。

一限制降至 500 平方米，但只有少数几个县这样做，其中就包括东京以南的神奈川县。神奈川县是最早见证大量郊区开发的县之一，在控制蔓延方面有着长期的经验。在日本的小地块上建小房子的背景下，这确实是一个相当大的漏洞，特别是在 1992 年修订城市规划法之前，法律并未允许地方政府强制要求或实施最小地块面积。正如 Mori 最近指出的那样，在 1990 年转变为居住用地（包括独立式住宅和多单元住宅）的农业用地的平均面积仅为 423 平方米（Mori 1998 年）。一个典型的迷你开发是由 12 栋房屋组成，正面是一条狭窄的 4 米车道，与现有道路成直角。如果每栋房屋占地约 60 平方米，道路占地 176 平方米，则开发总面积将仅为 896 平方米，因此无须申请开发许可。还需要注意的是，第一章中所描述的传统土地单元，即"反"，是土地改良项目完成后稻田的一种极为常见的面积，其测量值正好为 300 坪或 991.7 平方米，这一面积正好可免除开发许可要求（见图 7.4）。很难想象没有人意识到大多数开发项目可以钻过这一漏洞，这也提出一个问题：为什么制度的设计使大多数开发项目能够规避要求？

当然，许多其他的开发项目仅仅包含一到三栋房屋，位于从某块田地切割出来的地块上，或者作为半建成区里的填充物。在 20 世纪 80 年代，许多小型开发项目都是在 20 世纪 60 年代首次被切割出来的大面积地块上的重建，可以在地块上建造二到四栋房屋而获利。在没有法定最小地块面积的情况下，此类地块细分的唯一限制是建造一栋房屋并将其售出的能力。

字面翻译为"现有建筑地块"的既存宅地，是 1975 年创建的针对市街化调整区域的开发控制条例中的一个漏洞，旨在维系 1968 年《都市计划法》中对于市街化调整区域建筑控制的例外情况。其中的一项条款定义了在指定市街化调整区域之前某些建筑地块就已经在该区域内存在的"既得权"。这似乎是一项合理的措施，尤其是针对某个建筑物在法律生效时就已存在但尚未重建的情况。土地所有者只需要在 1969 年法律生效后的五年内登记该地块的存在。但许多人并没有这样做，农民和他们的代表组织努力游说，希望在"既得权"的基础上重新获得建设的权利。作为回应，既存宅地的漏洞得以被创建。不幸的是，它的设计极为糟糕，允许产生出比最初的设想多得多的既存宅地。

尽管对既存宅地的精确定义在不同的都道府县都有所差异，例如在埼玉县，当符合以下条件时，一个地块可以被认定为既存宅地："1. 位于（a）居民点内，部分或全部在距离市街化区域边界 500 米范围内，并由 50 个以上间隔不到 50 米的住宅组成；或（b）居民点外，但距离该居民点边界 50 米范围内；2. 用土地登记册或其他证据可以证明，在市街化调整区域命名时该场地具有城市用途"（Hebbert and

图7.4 春日部市的迷你开发。虽然图7.3所示的迷你开发地区并不一定是恶劣的生活环境，因为它们被田野和森林所包围，但以这种方式开发大面积地区时，就会出现真正的问题。位于东京东北春日部市的这个地区以前是稻田，规则的地块和通道网是农地改良项目的遗产。通往主干道的死胡同前的8—12栋房屋开发，恰好使开发规模处于1000平方米的开发控制门槛以下，这通常被称为"1反开发"（one tan development）。

资料来源：胜又济[1] 提供（Wataru Katsumata 2001）。

Nakai 1988a：389）。由于日本城市边缘的农业区的人口密度高，且有分散开发的历史，该漏洞立即使市街化调整区域内出现了大量的开发。

　　不幸的是，正如 Morio、Sakamoto 和 Saito（1993：253-258）所指出的那样，真正的问题是，自 1975 年以来此类建筑用地一直都在成倍增加。原因是该条例并没有为既存宅地的登记设定任何时间限制。因此，当 20 世纪 70 年代开发了一些既存宅地时，这些新建筑有助于使新场地符合条件，例如通过消除拥有 50 个住宅的两个居民点之间的间隙，使第二个定居点全部成为市街化调整区域 500 米范围内居民点的一部分。通过这种方式，大量新地块符合了既存宅地的资格。类似地，整个市街化区域的任何扩张或市街化区域内新区域的创建，都可能通过创建了随后符合既存宅地状态的大型新区而引发多米诺骨牌效应。举例来说，在 1986 年至 1990 年的五年期间，埼玉县在其市街化区域内颁发了 147148 份建筑许可证，在其市街化调整区域内颁发了 50606 份建筑许可证。同期为既存宅地颁发了 14625 份许可证，约占市街化调整区域内许可证总数的 29%（Saitama ken 1992）。

　　以此种方式进行大量开发的结果是，在包含市街化区域和市街化调整区域在内的整个城市边缘区里，分散、无市政服务的开发都在持续出现。图 7.5 显示了千叶市稻毛区市街化调整区域的开发模式的实例。新的规划制度显然既不能确保在市街化区域内形成有规划和市政服务的开发，也不能防止在市街化调整区域内出现持续的蔓延。

未划线都市计划区域的规划问题

　　1968 年城市规划制度的另一个问题是，尽管都市计划区域（CPA）覆盖的面积非常大，比实际建成区要大得多，但只有大约一半的区域通过划线工作被划分为市街化区域和市街化调整区域。1999 年，未划线的都市计划区域的总面积为 43420 平方公里，占日本土地面积的 11.6%，还不到都市计划区域面积的一半。未划线的都市计划区域包含了许多城市地区，但没有包括最大的几个大都市地区。在 1968 年《都市计划法》通过时，人口和就业的增长主要集中在东京、大阪和名古屋的核心都市区，在人口保持稳定或下降的许多其他地区中并没有必要实施更严格的规划法，因此这些都市计划区域没有划分市街化区域和市街化调整区域。20 世纪 70 年代中期以后，向大都市地区移民的数量大幅下降，许多较小的城市开始面临严重的增长压力。这既是人口增长的结果，也由于日益富裕、机动化、家庭规模缩小以及零售模式的变化造成了对城市边缘土地的巨大需求。这些因素导致地方城市中未划线的都市计划区域的开发压力增加，并导致严重的城市蔓延问题。图 7.6 清晰地说明了这一问题。

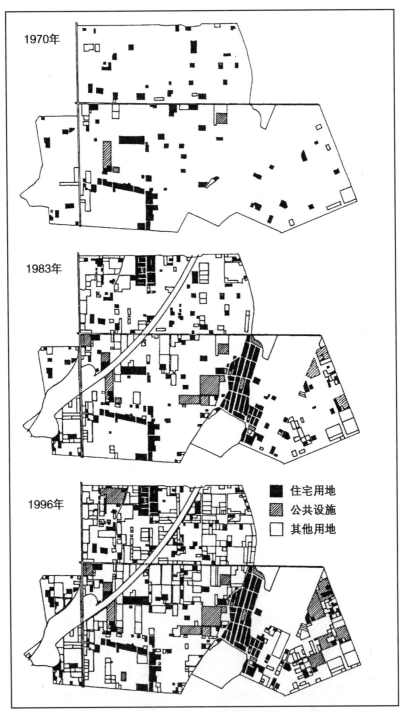

图7.5 千叶市市街化调整区域内的蔓延开发。市街化调整区域的最初概念是要严格限制土地开发为城市用途，并控制城市蔓延。然而，千叶市市街化调整区域内的这一地区清楚地表明，各种漏洞使开发能以相对不受限制的方式持续进行。

资料来源：Mikuni（1999：187）。

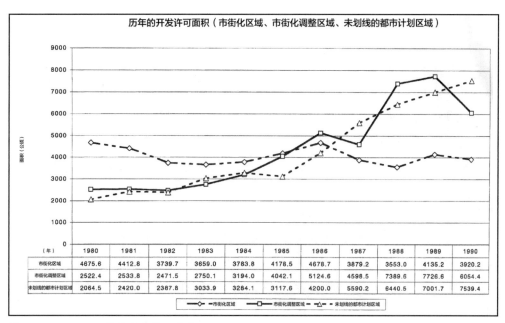

历年的开发许可面积（市街化区域、市街化调整区域、未划线的都市计划区域）

（年）	1980	1981	1982	1983	1984	1985	1986	1987	1988	1989	1990
市街化区域	4675.6	4412.8	3739.7	3659.0	3783.8	4178.5	4678.7	3879.2	3553.0	4135.2	3920.2
市街化调整区域	2522.4	2533.8	2471.5	2750.1	3194.0	4042.1	5124.6	4598.5	7389.6	7726.6	6054.4
未划线的都市计划区域	2064.5	2420.0	2387.8	3033.9	3284.1	3117.6	4200.0	5590.2	6440.5	7001.7	7539.4

图7.6　1980—1990年的开发许可面积。

资料来源：建设省建设白皮书（MoC Construction White Paper 1992：50）。

　　虽然在市街化区域内获得开发许可的面积保持稳定，每年约 4000 公顷，但在 20 世纪 80 年代，在市街化调整区域和未划线的都市计划区域内颁发的开发许可面积则有了大幅增加。应该记住的是，所有三个地区内都出现了大量无须开发许可的开发，特别是在市街化区域，因此这些数字并不表示每个区域内的开发总面积，只表示获得开发许可的区域面积（Japan Ministry of Construction 1992：250）。

　　未划线的都市计划区域内的现有城市地区，按照与大都市地区的市街化区域相同的分区代码进行分区。尽管这一制度并不完善，但还是作为这些地区的基本监管框架。问题是绝大多数的土地都在这些地区之外，包括许多城市的郊区，其监管确实非常宽松。这些被称为"白地地域"的区域需要获得开发许可，但对于未划线的都市计划区域，获得开发许可的要求比划线区域要弱得多，仅适用于 3000 平方米以上的开发，在市街化区域中则为 1000 平方米。

　　建筑控制也被统一应用于所有"白地地域"，其中包括上限为 0.7 的建蔽率和 4 的容积率（FAR）。统一适用于日本全国的建筑规范也适用于这些地区，但对开发地点则没有影响。部分由于法规薄弱，部分由于土地比大都市地区更便宜，许多这样的地区都经历了度假村分散开发、迷你住宅开发、弹珠机游戏厅和大型零售店所带来的严重问题，特别是自 20 世纪 80 年代后期以来。对于未划线地区薄弱的开发规定意味着许多地方城市和未划线都市计划区域的许多城镇在控制城市化方面遭遇了严重的问题（Uchida and Nakade 1997）。如何在这些地区提供更好的监管框架是目前日本的一个主要规划问题。

部分原因是这些监管不力，部分原因是土地比大都市地区便宜，特别是自20世纪80年代末以来，这些地区中的许多地区都经历了严重的问题，如度假村、迷你住宅开发、弹球赌场和大型零售店的分散开发。未划线的都市计划区域薄弱的开发法规意味着这些区域内的许多地方市镇在控制城市化方面会遇到严重问题（Uchida and Nakade 1997）。如何在这些地区提供更好的监管框架是目前日本的一个主要规划议题。

不幸的是，尽管新规划制度的首要任务是阻止蔓延式开发，实现城市边缘的新建成区的有规划和市政服务的开发，新城区中只有相对较小的一部分是通过有规划的方式开发的。大多数新开发的城市地区延续了分散且没有市政服务的旧开发模式，回避了开发控制所要求承担的义务。

国土规划

20世纪70年代初通过的一系列环境立法中的最后一个重要内容是《国土利用计划法》以及1974年国土厅的设立，作为日本土地资源行政和监管综合制度的基石。国土厅旨在对20世纪60年代末和70年代初修订和创设的各个环境管理和规划法律进行总体协调。

1974年通过《国土利用计划法》的直接动机是应对土地价格快速上涨的问题。1972年和1973年，随着田中首相提议建设新干线、高速公路和连接四大岛屿桥梁的庞大网络，引发了"列岛改造"热潮，土地价格的快速上涨蔓延到日本各地。有关这些新设施位置的详细方案的公布以及对于大幅度缩短前往东京的旅行时间的承诺，将投机性土地投资的狂热引入到了那些有望更便捷地到达大都市核心区的地区。

之所以需要《国土利用计划法》，是因为与英国的《城乡规划法》（Town and Country Planning Law）适用于城市及农村地区不同，日本的都市计划法仅适用于都市计划区域内的城市地区及其直接腹地。其他规划法律和机构负责农业区、森林区和国家公园。快速的城市化进程清楚地表明，不同规划之间的某种协调是必要的。此外，为纠正大都市地区过度集中和农村地区人口减少的关联问题而提出的越来越雄心勃勃的日本综合开发计划以及田中的"日本列岛改造"规划，强调了建立一个具有国家视角的协调性土地规划机构的必要性。

新的国土厅有三个主要功能。首先，它从经济企划厅接管了一些现有的政府规划职能，例如准备和制定全国综合开发计划的责任。它还吸收了首都建设委员会 [⑫]、近畿建设协会 [⑬]（大阪、京都和神户）和中部建设协会 [⑭]（名古屋）的人员和职能，这些机构迄今为止都拥有自己的地区总部。

国土厅的第二项职能是制定国家、都道府县和市町村各级的长期土地利用方案。国土利用计划将协调五个主要的土地规划法律的执行：《都市计划法》《农振法》[⑮]《森林法》《自然公园法》和《自然环境保全法》。1968 年的《都市计划法》在被划分为市街化区域（UPA）和市街化调整区域（UCA）的都市计划区域（CPA）内引入了开发许可制度，1974 年该制度被强化，被应用到所有的都市计划区域（包括未划线的区域）。1974 年还对《森林法》和《自然公园法》进行了修订，规范其规划区域内的开发许可制度。1975 年对《农振法》进行了类似的修正。

国土厅的第三个主要的最初任务是通过土地交易控制来监控土地销售并抑制土地价格上涨。土地交易控制包括要求所有超过一定面积的土地交易必须要发布通知（市街化区域内为 2000 平方米，市街化区域外且都市计划区域内为 5000 平方米，非都市计划区域则为 10000 平方米）。都道府县知事也有权将任何土地价格快速上涨的地区指定为"控制区"，在控制区内可以对任何特定土地出售的商定价格过高的状况提出建议。虽然在理论上知事有权取消被认为地价过高的土地交易，但实际上这一权力从未被行使过，因为该制度的制定者们认为，这一权力只应在紧急情况下使用（Fukuoka 1997：166）。取而代之的是协商和"行政指导"。

20 世纪 70 年代初颁布的国土规划制度是全面、系统且合理的，并在实施之后引起了来自世界各地的土地利用规划师们的赞赏和批评（Alden 1984；Dawson 1985；Hebbert 1989；OECD 1986）。根据国土利用方针 [⑯] 和由各都道府县管理的土地利用综合计划 [⑰]，启动了五个紧密关联的规划，涵盖城市地区、农业地区、森林地区、公园地区和自然保护区。这些规划由《国土利用计划法》授权，由国土利用计划机构 [⑱] 管理，该机构直接向总理办公室负责。从国家到地方的一系列紧密关联的规划，其广度和复杂程度令人印象深刻。很少有这样无所不包和深入彻底的尝试，来规划一个国家的国土。令人感叹的是，日本的制度也很好地说明了这样一个原则，即制度的有效性取决于其实施——"布丁好不好，吃了才知道"（the proof of the pudding is in the eating）。

实施这一制度存在两个主要问题。第一个问题源自三个不同的国家部委起草、管理和执行五项基本法律的复杂制度结构。作为日本漫长的官僚部门主义和竞争的历史产物，各部委都制定了一部与其管辖范围内的土地相关的法律，这一妥协意味着各部委都不必放弃任何行政领土。除了地方政府根据 1968 年《都市计划法》已经实施的城市土地的开发许可制度外，每个国家部委还建立了针对自己管辖范围内土地的通知/开发许可制度，并监督为运营该制度而设立的地方委员会。这意味着，在任何特定的市政区域内，有五个相互竞争的规划和监管框架适用于不同国家部委所管理的不同地区，这一问题一直持续到现在。这些地区的目的和管理方法各不相同，没有更高级别的系统将各自地区的各个单独的规划在市政层面整合在一起。这样一个更高级别的规划需要授予市政当局大量的行政权力来协调和管理这些规划，或者建立一个强大的国家机构来开展这些规划的协调工作。无论哪种方式，现有部委都将失去对其管辖区域内土地利用变化的直接控制。在一定程度上由于地方政府未能被授权制定自己具有约束力的总体规划以控制其辖区内的土地开发，地方政府独立制定了自己的地方开发规划 [19] 和开发控制制度。这些地方层面的努力并没有尝试协调五个国家级规划制度或是建立一个长期的总体规划，而只是试图有效地控制其全境范围的开发和重大土地利用变化。这些制度与国家级的土地规划制度无关，有时还会与之冲突。在许多情况下，国家的规划框架更多是在地方层面开展合理开发规划的障碍而非帮助。一个有趣的例外是神奈川县的津久井町，它利用《国土利用计划法》第 8 条所授予的允许制定地方性土地利用规划的权力制定了自己的土地利用总体规划，并通过一个地方的市政条例加以巩固。第 9 章对此类地方条例进行了更详细的讨论。

第二个主要的制度层面的问题是，五个不同系统的覆盖范围并不全面：未能协调各个规划，导致留下许多未被任何系统覆盖的"白地"。每个系统中还有大量监管非常松散的区域，难以防止开发。此外，很难对任何地区的建筑形态和设计等开发问题进行监管。这些不同的弱点结合在一起，导致了大量不适当的开发。下文将更详细地探讨这些问题。

五次国土利用计划法

如前所述，《国土利用计划法》的职能是协调五个附属法律的土地规划功能。为了实现这一目标，它制定了国家、都道府县和市町村的各类土地数量目标，来作为国土利用计划。尽管日文术语在字面上可以翻译为 National Land Use Plan，但在国家层面上，没有涉及不同地区的地图，只有土地面积的数字目标以及对都道府县规划工作的指导。《国土利用计划法》还要求指定都道府县的土地利用综合计划，在理论上它是协调五项独立的法律运行的上级规划。但实际上，它们只是有关部委工作人员所指定的五类地区的汇总和记录。都道府县规划者无权实际改变各部委指定的地区。

虽然国土利用方针和都道府县的土地利用总体规划似乎提出了强有力的政策来控制不同地区的土地利用，但在实践中，它们并不打算指定土地，而只是记录了每个部委规划体系所指定的内容，并在地区一级进行整理。因此，各部委在其管辖范围内保留着自治权。

表 7.2 显示了五部国家土地规划法所各自管理的区域，从中可以发现以下几点。第一，不同规划之间有相当大的重叠。五项规划所涵盖的总面积占国土面积的154%，还有 2390 平方公里用地没有被任何规划所涵盖。许多地区被两部法律覆盖，有些地区被三部法律覆盖。第二，只有大约一半的都市计划区域被划分为市街化区域和市街化调整区域，受到了相对严格的监管。另一半的都市计划区域未划线且相对不受监管。同样，只有三分之一的农业振兴地域、一半的森林地域和五分之三的自然公园地域受到相对严格的监管。对于剩余地区的监管非常薄弱，开展开发活动相当容易。以下详细讨论了该制度的主要弱点。

五项法律规定的官方规划区域　　　　表7.2

	面积（平方公里）	占国土比例（%）	年份（年）
1. 都市计划区域	96930	26	
市街化区域	38920	10.4	1996
市街化调整区域	14590	3.9	
未划线的都市计划区域	42420	11.7	
2. 农业振兴地域	172200	46.2	1998
指定的农用地区域（青地）[20]	51250	13.7	
3. 森林地域	251460	67.4	1996
国有林和保安林[21]	123350	33.1	
4. 自然公园地域	53350	14.3	1998
自然公园特别地域	33870	9.1	
5. 自然保全地域	1008	0.3	1998
不属于任何地域的白地	2390	0.6	
1、2、3、4、5 的总和	574948	154	
国土面积	372780	100	

资料来源：国土厅白皮书（National Land Agency White Paper 1998）。

为响应 1968 年《都市计划法》的通过，农林水产省起草了《农振法》，并于 1969 年通过。《农振法》的制定明显是为了保护农林水产省的地盘免受建设省的入侵，在其得以通过时也是这样被理解的。问题在于建设省将都市计划区域划分为市街化区域和市街化调整区域的新制度，为了防止城市蔓延，它在比现有建成区或用途分区大得多的区域里进行城市规划开发控制。在日本的地理环境中，城市和农业区都自然集中在狭窄的冲积平原，城市边缘地区几乎都被积极地耕种。农林水产省将市街化调整区域视为自己的领地，即使该区域在都市计划区域内。将这些主要农业区土地开发活动的控制权割让给建设省是无法接受的。因此，农林水产省设立了《农振法》，以建立自己对于土地从农业用途向城市用途转换的管控制度，进而加强其对市街化调整区域内耕地的控制。

通过允许指定农业振兴地域和农业整备计划（Agricultural Improvement Plans），《农振法》实现了以上目标。这些整备计划不仅是土地利用规划，也是每个地区农业发展的总体规划。每个农业整备计划都包含了一部分土地利用规划，将所有农田分为两类，即指定的"农用地"（通常称为"青地"，因为它们在地图上呈蓝色）和其他农地。青地原则上是最好的农地，不会转换为居住用地，也不会取得土地开发许可。农业振兴地域总面积为 172200 平方公里，占国土面积的 46.2%。青地面积为 51250 平方公里，略低于农业振兴地域面积的三分之一。未被指定为青地的农地可以开发。开发时只需获得都道府县政府的开发许可，通常并不难。

其他三部国土规划的法律工作方式与之类似。《森林法》（也由农林水产省管理）包括在地域森林规划中指定森林计划区的措施。与《农振法》一样，《森林法》将森林地域[22]分为两类，指定的保安林和其他类型。在指定的保安林内，基本上禁止开发活动；在其他森林地域，任何超过 1 公顷的开发都需要获得都道府县政府的开发许可。这意味着不到 1 公顷的开发很容易进行；而且如果保留一定比例的森林面积，即使超过 1 公顷的开发通常也会获得开发许可。因此，大部分林地的转用相对容易，只有国有林和被指定为保安林的森林才能得到很好的保护而免受开发。同样，《自然公园法》（由环境厅管理）允许环境厅指定自然公园地域，并编制公园规划。自然公园有两种类型：国立公园（National Parks）和国定公园（Quasi-National Parks）。国立公园由中央政府指定并直接管理，而国定公园则由各都道府县提出并经中央政府批准后，由都道府县在中央政府的监督下管理。在公园内可以指定特别地域、特别保护地区或海域公园，在这些指定的区域内进行任何开发都需要获得开发许可，并且开发的规模和位置可以受到严格限制。在特别指定的区域之外，获得土地开发许可并不十分困难。同样由环境厅管理的《自然环境保全法》，对环境的开发和改变则施加了或许称得上最严格的限制。它也是几个区域中最小的一个，面积为 1008 平方公里，仅占国土面积的 0.3%，不到不受任何法律保护的区域面积的一半。该法律规定保护荒野地区和自然保护区，并授权起草保护规划。根据该法律，可指定三类区域：原生自然环境保全地域、自然环境保全地域和都道府县自然环境保全地域。在根据该法律指定的特殊区域内，监管权力相当强；而在普通区域内，一些开发则得以通过开发许可进行。因此，在五大主要的土地规划法中，有些地区的监管相当严格，有些地区的监管则非常薄弱。

地方反应

多个国土规划框架与地方政府规划需求之间的联系很薄弱，这意味着地方政府必须制定自己的土地利用规划和管理制度。在市街化区域内部，以及某种程度上在市街化调整区域内部，地方政府都有一系列工具指导开发。因此，在这些区域以外问题最严重；未划线的都市计划区域、未指定区域的“白地”地域，以及森林、农用地和自然保护区内的监管薄弱部分。虽然并非所有地方政府都积极制定更全面的规划方法，但在一定程度上，所有地方政府都面临着压力，需要找到更有效的方法控制无序开发。现有开发控制制度的弱点，特别是允许在开发许可阈值以下进行大量的小型开发这一重大漏洞，导致基础设施的积压不断增加。回过头来再提供此类服务的巨大财政负担，一直是增长地区内的许多地方政府财政状况不佳的一个重要因素，因此，地方政府寻求避免城市边缘区进一步无序开发的方法和法律权力，以免永远落在后面。

从地方政府的角度来看，主要问题是：首先，市街化区域和市街化调整区域内的开发许可标准太低（特别是自 20 世纪 80 年代中期各种管制放松以来），以及完全不需要开发许可的开发（因此需要提供基础设施）数量太多。其次，没有指定土地用途的未划线“白地”地域引发了很多随意开发，特别是伴随着 20 世纪 80 年代机动化程度的提高。在狭窄的冲积平原上混杂着拥挤的城市和农业区这一日本地理背景下，国土规划的制度问题与城市规划和城市增长管理问题密切相关。正如第 9 章所述，20 世纪 90 年代规划活动一个新的主要焦点是制定地方条例，以管控市街化区域以外甚至都市计划区域以外的城市边缘区开发。

第三次全国综合开发计划

新成立的国土厅的最初成果之一是 1977 年的第三次全国综合开发计划。20 世纪 70 年代初，开始对第二次全国综合开发计划的无限经济增长假设进行了认真的检讨，随着当时大都市问题的升级，要求对规划方式进行较大改变的压力开始增大。特别是，1973年在东京地区发生的一些事件象征着城市的压力和冲突加剧。首先，当东京港的工人阶级工业区江东区——那里有东京湾的主要垃圾处理填埋场——决定阻止来自西郊富裕的杉并区的垃圾车进入时，在东京酝酿许久的"垃圾战争"引起了全国的关注。当地居民阻止建造垃圾焚烧炉（McKean 1981：102-8）。其次，同年3月，东京以北的上尾市火车站爆发了一场骚乱，乘客们对乘坐拥挤的长途通勤火车感到沮丧。再次，在首都各地的居住区里，当地居民团体强烈反对建造高层公寓楼，因其会阻挡周围房屋的阳光（Ishizuka and Ishida 1988b：30）。这些抗议最终导致了下文所讨论的日照条例。在更大的舞台上，经济、污染和政治危机的聚合使旧的经济增长和为工业扩张而建设大规模基础设施的方式声名扫地，并给城市和区域政策的新方法带来了压力。田中角荣曾因其广阔而乐观的未来愿景而一度成为日本有史以来最受欢迎的首相，但他受到石油危机和自身腐败的困扰，支持率从1972年上任时的62%下降到仅八个月后的27%（Pempel 1998：182-3）。面对民望下降和日益严重的城市问题，自民党需要对城市和区域问题采取新的方法，以解决20世纪70年代初期的选举危机（Calder 1988：05）。

因此，1977年的第三次全国综合开发计划采取了一种非常不同的国土规划方法，提出相比于建设以较短的出行时间连接整个国家的大型交通系统，更应着重发展当地的社会和服务型基础设施，以便使居民在不必迁往大都市地区的情况下享有高质量的生活。这一方案显然遵循了此前促进权力下放的许多建议，而石油冲击似乎改变了政治气候，使权力下放的想法似乎得到了更认真地对待。正如建设省后来解释的那样，该规划"旨在强化各地区的历史、传统和文化特征，并侧重于改善生活环境，而不是基础设施或工业项目的实施"（Japan Ministry of Construction 1996：30）。

这是一个相当重要的方向转变。政治和经济动荡显然给了国土厅中更具远见的规划者们所需的机会，就像战后重建东京的石川规划一样，有关日本未来发展道路的惊人的乌托邦愿景成为政府的官方政策。国土厅的高级规划师下河边淳建议，开发应以排水区域为基础，以鼓励提升社会可持续性和生活质量，并平衡水资源和工农业用水需求。命名以"定居圈"㉓这一概念，该规划混合了著名的美国新政中田纳西河谷管理局（Tennessee Valley Authority）的区域发展规划方法和傅立叶主义（Fourierist）乌托邦式的整合式可持续社区的愿景，并提议将日本划分为300个自然与人类住区可以实现平衡的规划区。这个想法甚至与日本的封建历史产生了共鸣，历史上大约有300个大致基于河流流域的封建领地，对供水的控制是可持续稻作农业和政治权力的来源。无论是否属于乌托邦，该规划很可能从一开始就注定没有意义，因为国土厅几乎没有预算或权力说服其他政府机构来遵从这一规划。其他部委有自己的项目和支撑资金；人烟稀少地区的地方政府可能对该规划的信息感兴趣，但它们过于依赖中央政府的建设项目，在这一问题上没有多少发言权。正如石川的东京战后重建方案一样，随着规划的实施，事态也发生了变化。当日本经济进入 20 世纪 80 年代以后，开始进一步加快转向高科技、精密制造业和管理日本企业投资在世界各地扩散的金融服务业，可持续河谷住区的愿景被规划世界城市东京的需求所取代。到 1983 年，一个新的全国综合开发计划（CNDP）已开始制定，但这是下一章的故事。

全国综合开发计划的非约束性以及不同部委规划的自主性，可以从同时期另一个完全不同的国家项目——连接本州岛和南面四国岛的主要桥梁——破土动工这一事实中看出。在整个战后时期，四国一直遭受着经济衰退和人口流失的痛苦。从 1955 年起，日本国有铁道公司一直在研究将四国与本州的经济增长地区连接起来的桥梁线路。1968 年，尽管存在对规划的强烈反对以及对三组桥梁的必要性和经济可行性的严重质疑，建设省和运输省[24] 还是决定修建三座通往该岛的桥梁，这显然是由于自民党高级别政客的政治压力，包括前首相三木武夫[25]、大平正芳[26] 和宫泽喜一[27]，他们的选区将从中受益（Barret and Therivel 1991：171）。本州四国连络桥公团[28]成立于 1970 年，三座桥的详细规划于 1972 年最终确定。桥梁的细节也包括在田中的"日本列岛改造"规划中（Tanaka 1972：134）。尽管该方案在 1973 年石油危机后被暂时搁置，但很快又回到了议事日程上。1976 年开始在大阪附近的淡路岛上建造最东端的桥梁，而最西端最靠近广岛的桥梁始建于 1977 年，中间一组桥梁则开始于 1978 年。具有重要意义的是，尽管在第二次全国综合开发计划和田中的规划中提出的这些新交通网络被第三次全国综合开发计划所放弃，但它们的建设仍在继续。

几乎无须指出，这两种国土开发方法正朝着相反的方向发展。通商产业省 / 田中角荣的方法是通过建设一个庞大的全国高速公路和高速铁路的交通系统，将工业发展分散到整个日本列岛的各个角落。相反，第三次全国综合开发计划正在促进基于河流流域的"定居圈"，其重点是可持续性和生活品质。这两种方法都有一个无可争议的目标，即鼓励边缘地区的就业增长，但实现这一增长的方式却截然不同。最能说明问题的是，交通网络在 20 世纪末仍在建设中，尽管速度比最初预计的慢得多，而"定居圈"概念则在 20 世纪 80 年代初被扔进了垃圾箱。

20 世纪 70 年代的城市变化模式

随着经济增长、国家财富的增加以及最紧迫的战后重建任务的完成，对 20 世纪 70 年代城市变化的主要模式进行简要总结变得更加困难，任何此类总结都必然是对更复杂变化模式的极大简化。即便如此，最重要的变化或许还是人口从中心城区加速转移至郊区。本节探讨了这一过程的三个方面，即铁路网的关键作用、大面积无规划蔓延模式的持续，以及在现有城区开始重建高层建筑并控制其对周边住宅影响相关的矛盾冲突。

铁路在郊区化中的重要作用

虽然 1974 年后经济增长放缓，向大都市地区的净移民在 70 年代的后半段完全停止了，但城市地区的增长在 70 年代仍在持续甚至在加速。这种情况可能出现，既是因为在快速增长时期居住在大都市核心区的大量人口现在正迁往郊区去寻找更好的住房，也是因为大都市地区的自然增长率很高。地方城市也出现了显著的人口增长和面积扩大，这是由于向大都市地区净迁入人口的减少以及快速郊区化的共同作用。这一人口的郊区化进程在其他很多发达国家也类似地经历过（Champion 1989）。

日本郊区化与大多数其他发达国家的一大区别是，在日本，郊区开发几乎完全由铁路通勤所组织。郊区通勤铁路在郊区化中的强大作用主要是由三个因素造成的。第一，在 20 世纪 70 年代之前，私家车的拥有率一直很低，直到 20 世纪 80 年代后半期，汽车的拥有才真正得到普及。这在一定程度上是由于政府的政策限制私人汽车的拥有，以确保更多的财政资源可用于产业的资本投资。1960 年，日本的汽车拥有率仅为 16‰，远低于当时贫穷得多的新加坡或吉隆坡（Barter 1999：275）。第二，就业仍然主要集中在中心城区，铁路和地铁系统为这些地区提供了良好的服务。在美国所看到的大规模就业分散化并未出现。如人们经常争论的那样，正是就业和居住两大要素的分散才与对私家车更高的依赖度最为密切相关（Cervero 1989，1995）。第三，道路网很差，中心城区都非常拥挤，停车位也很少，这使得大多数通勤者乘坐私家车前往中心地区的就业地点既昂贵又耗时。因此，郊区化主要是通过广阔的国家铁路网进行的铁路通行，在大都市地区也基于私人通勤铁路。在整个二战后，每一种出行服务都得到了稳步升级，特别是通过电气化和双轨制，但 20 世纪 60 年代初以来郊区人口增长的速度已经证明，长期的过度拥挤已成为常态。

基于铁路的郊区化对城市化模式产生了深远的影响。首先，开发通常沿着径向铁路线从中心到外围开展。私人通勤线路的典型开发模式是，铁路运营商在市中心的站点旁修建一家大型百货公司，并在线路位于农村一端修建一座大型游乐园。铁路沿线的社区倾向于以铁路来进行自我识别，术语"沿线"开发得以逐渐演变并被用来描述这种现象。其次，铁路在大都市旅游中的主导地位带来了典型的密集商业区模式，这些商业区聚集在每个火车站周围，为过境贸易服务，而居住区则分布在每个火车站的步行距离内。最后，铁路网很可能促使了新住宅开发区的分散化，因为与乘坐私家车相比，铁路出行相对容易，而且公司可以通过补贴员工的通勤成本获得税收优惠。很少有通勤者支付通勤的全部财务费用，这通常被认为是导致城市分散开发的一大原因。

有规划和无规划的郊区开发

如上所述，1968 年规划制度的主要优先事项之一是确保城市边缘区的规划开发。不幸的是，由于本章第二节讨论的许多因素，城市蔓延在 20 世纪 70 年代仍在继续甚至还在加速。大面积无规划的城市边缘区开发与有规划的开发交织在一起的旧模式仍在继续。显然，1968 年《都市计划法》所开创的针对大规模私人开发的新开发许可制度确实极大地提高了地方政府确保此类开发达到适当标准的能力。公园、下水道系统、道路宽度和其他公共设施的最低规定得以制定，在拟议开发不符合规定的情况下地方政府有权不颁发开发许可。许多地方政府也采用了开发许可制度，编制自己的开发指导要纲，规定了比国家法律更高的标准。虽然这些做法在法律上不具效力，但地方政府可以而且确实在与开发商的谈判中有效地加以使用了。第 8 章将更详细地讨论这些开发指导要纲。

然而，Ben-Ari（1991）对 20 世纪 70 年代京都附近郊区住宅区开发的案例研究清楚地表明，新制度并没有消除大型规划住宅开发中的严重问题。他所研究的郊区房地产是从 20 世纪 60 年代末到 70 年代中期开发的，共有不到 2000 户家庭居住。研究发现，在新的制度下，许多以前的开发不达标的问题仍在继续。不仅给都道府县政府高级官员的贿赂使开发商以大幅降低的开发标准获批进行该地区的开发，而且在许多情况下的实际建设中甚至没有遵循这些较低的标准。修建的道路比通常允许的要窄，道路铺装很薄，导致路面开裂并在几年内就坑坑洼洼。下水道系统的管道太窄，经常造成堵塞，而净水厂不足以在土地完全开发后处理大量的废水。最初没有为公园、操场或学校分配土地，这些土地是在 20 世纪 70 年代中期通过积极的住民运动组织与开发商和地方政府进行了长期谈判才获得的（Ben Ari 1991：

79）。Ben-Ari 认为，这种腐败现象在整个建筑行业都很普遍，主要是因为长期执政的自民党对开发许可制度的监管相当灵活，再加上对公共基础设施建设的"分肥"（pork-barrel）做法。随后的调查发现，京都府的知事、主要建筑公司和其他一些利益方都参与了大规模的系统性腐败，并有一人被定罪入狱。这些问题是 20 世纪 70 年代公民运动和进步派地方政府扩张的一个主要原因。

Ben-Ari 的研究中最有趣的一个方面是他研究了当地居民的政治化过程以及作为邻里组织的自治会在游说开发商和当地政府作出补救的作用，包括修建公园、学校和社区中心。似乎到了最后，随着反污染公民运动的成功以及住民运动的日益自信，当地居民环境行动主义的合法性正在确立。公民社会运动的成长以改善生活条件的形式争取和赢得了让步，并开始改变了城市规划所开展的环境。

显然，1968 年规划制度的通过是保护和改善城市生活质量的必要条件，但并不是充分条件。虽然开发许可条例所规定的对大型开发施加更严格的管控标准是住民运动可以推动的支点，但在没有住民运动的组织压力的情况下，似乎许多城市开发仍在继续。地方政府之间也存在着相当大的差异，一些政府率先以积极的方式使用新的规划权力，而其他政府在改变其做法之前则需要外部压力。正如日照权规则的案例所示，已经有案例表明保护居住质量的全新条例是公民运动的产物。

高层建筑开发与日照权

20 世纪 70 年代建筑法规的两次修正[29]对日本城市产生了重大的长期影响。第一个是根据 1968 年《都市计划法》的修正条款进行的对 1970 年《建筑基准法》的重大修正，其中调整了建筑高度的限制。建筑技术的改进使建造抗震高层建筑在技术上成为可能。直到 1968 年，日本整个城市地区都严格执行了 30 米的高度限制，住宅区的高度限制则为 10 米，但在 1970 年，商业和工业区完全取消了绝对高度限制。只有在第一种住居专用地域内才保留了 10 米的限制。所允许的建筑高度仍然受到斜面约束、相邻道路宽度和容积率的限制，但 1970 年修订允许了更高的建筑高度，尤其在商业区，在涵盖了战前大部分城区的住居地域和第二种住居专用地域内也是如此。这一变化产生了重大影响，因为商业区遍布日本城市地区，并经常沿主要道路两侧呈长条状分布。因此，商业区的高层建筑可能会影响到许多住宅。

继这一修正之后的第二个主要变化是对日照权的法律保护，这是抗议高层建筑阻挡阳光照射到邻近建筑的结果。因此，其影响的不是本章中我们最关心的城市边缘区的城市增长模式，而是现有建成区的建筑形态模式。围绕"日照权"的冲突也是 20 世纪 70 年代针对城市重建的公民抗议和动员以及政府对此类抗议的反应模式的典型特征。

问题的根源在于，地方政府没有法律途径反对任何符合分区和建筑标准法律的开发项目，这意味着在旧邻里内不可预测变化很常见。由于土地用途分区允许在大多数地区采用多种土地用途，而且容积率相当慷慨，开发商在现有邻里购买土地并建造大型高层公寓变得非常普遍，导致在 20 世纪 70 年代早期出现了公寓开发的繁荣（Manshon Boom[30]）。这造成了现有的邻里居民与正在建造高层公寓大楼的开发商之间激烈的冲突。有人抱怨此类重建项目带来的各种负面影响，包括交通拥堵加剧、视线受阻等，但没有哪一项比高层建筑遮挡阳光更令人痛恨。日本的房屋几乎都是朝南的，家庭主妇们的日常习惯是在阳光下晾干被褥和洗过的衣服。在直射阳光被遮挡的荫蔽处，生活质量就永久地恶化了。

在东京都西部的武藏野（Musashino）市，抗议高层建筑开发的房主们说服了市长——一位被日本社会党（JSP）和日本协同党（JCP）等左翼政党支持的改革派政治家，支持新的城市指南，要求任何高度 10 米以上建筑的规划必须首先获得周围居民的同意。此种要求背后的支持是，城市可以拒绝允许建筑连接到城市供水和排水网的权力。此外，还成立了一个在东京范围内的日照权团体的联络组织，赢得了一系列针对建筑商的诉讼。这些建筑商的开发阻挡了阳光照射到其他邻近建筑物，因而向申诉人支付了各种赔偿金。1972 年，最高法院裁定，规定要保障"健康和文化生活的最低标准"的宪法第 25 条会保护日照权，侵犯日照权者应承担赔偿损害的责任（McKean 1981：113）。1973 年，公民运动起草并向东京都政府提交了他们自己的《日照条例》提案。正如石田赖房和石塚裕道所言，"这是公民运动的一次划时代的发展，因为它从简单地反对事物到积极地提出政策"（Ishizuka and Ishida 1988b：30）。在 20 世纪 70 年代，针对违规建筑商甚至是高架高速公路案例中的政府，大量的阳光权案件获得了胜诉。

在这样的背景下，政府迅速修订建筑法规也就不足为奇了。有关什么被允许以及什么会导致支付损害赔偿责任，不确定性是极大的，以至于建筑商即使遵守了现行法规，在与邻居的法庭诉讼中失败的风险也高得令人无法接受。建设省起草了一份《建筑基准法》修正案，其中包括公民运动的许多提案，这些修正案于 1976 年生效。该修正要求所有地方政府起草自己的日照标准，规定在太阳最低的冬至日时，新建筑北面无遮挡日照的最小时数。

修订《建筑基准法》以保护日照，不仅需要公民动员，还需要政客们的政治支持，也许更重要的是对土地开发项目可行性的威胁。在本案中，最高法院的判决极大地提高了风险水平，因为要求哪些开发项目对邻居加以赔偿以及赔偿多少都变得非常不确定。立法机构的应对是迅速的，在这种情况下，任何其他发达国家肯定也会如此。

　　日照权运动之所以意义重大，部分原因在于这些运动是成功地动员公民来改变《都市计划法》的首批案例之一。从长远来看，也许更重要的是，自 20 世纪 70 年代以来，这种针对当地环境和生活质量问题的基层组织在塑造日本城市地区方面发挥了越来越突出的作用。当地市民在 20 世纪 70 年代的环境运动，特别是日照权运动，标志着公民社会的行动者开始更积极地参与到日本城市变革进程中。

译者注：

① 环境厅在 2001 年改名为环境省。

② 1949 年设立总理府，2001 年被整合至内阁府，中文都称为总理办公室，即首相的办公室。

③ 即通商产业大臣。

④ 即本章的第三节内容，在英文原作中开始于第 243 页。

⑤ 原文为 minikaihatsu，对应日文"ミニ開発"。

⑥ 原文为 kisontakuchi，对应日文"既存宅地"。

⑦ 華山謙（Hanayama Yuzuru）。

⑧ 英文原文为 Real Estate Association，日文应为"不動産協会"。

⑨ 英文原文为 Urban Development Association，日文应为"都市開発協会"。

⑩ 英文原文为 National Federation of Land and Building Agents，日文应为"全国宅地建物取引業協会連合会"。

⑪ 日文为"勝又済"，曾就读于东京大学工学系研究科，后就职于日本国土交通省。

⑫ 英文原文为 National Capital Region Development Agency，日文应为"首都建設委員会"。

⑬ 英文原文为 Kinki Region Development Agency，日文应为"近畿建設協会"。

⑭ 英文原文为 Chubu Region Development Agency，日文应为"中部建設協会"。

⑮ 英文原文为 Agricultural Promotion Areas Law，对应日文的"農振法"，全称为"農業振興地域の整備に関する法律"。

⑯ 此处并没有找到对应的日文，根据英文原文 National Land Use Guideline 直接翻译为"国土利用方针"。

⑰ 英文原文为 General Land Use Plan，此处对应的日文应为"土地利用総合計画"。

⑱ 此处英文原文为 National Land Use Planning Agency，对应的日文可能为"国土利用計画審議会"，但由于无法准确确认，因而翻译为"国土利用计画机构"。

⑲ 此处并没有找到对应的日文，根据英文原文 Municipal Development Plan，直接翻译为"地方开发规划"。

⑳ 青地是指"農業振興地域内農用地区域内農地"，简称为"農振農用地"。

㉑ 日文为"保安林"，是《森林法》中规定的一种森林类型，保安林区域内强调森林在涵养水源、预防泥沙灾害和改善生活环境方面的公益功能，而非木材生产功能。其概念类似于中国的防

护林。

㉒ 此处应指国有林以外的森林地域。

㉓ 英文原文为 settlement zone。

㉔ 运输省是日本在 2001 年 1 月 5 日之前的中央省厅兼交通部门，管辖陆海空运输行政、海上保安、气象等。

㉕ 日本前首相三木武夫，英文为 Miki Takeo，生于四国的德岛县，1974—1976 年担任日本首相。

㉖ 日本前首相大平正芳，英文为 Ôhira Masayoshi，生于四国的香川县，1978—1980 年担任日本首相。

㉗ 日本前首相宫泽喜一，日文为"宮澤喜一"，英文为 Miyazawa Kiichi，户籍地在广岛县，1991—1993 年担任日本首相。

㉘ 1970 年成立"本州四国連絡橋公団"，英文为 Honshu-Shikoku Bridge Authority。2005 年，业务移交至"本州四国連絡高速道路株式会社"，英文为 Honshu-Shikoku Bridge Expressway Company Limited。

㉙ 日文称为"改正"。

㉚ 日文为"マンションブーム"，对应英文的 Mansion Boom。

第8章 从放松规划管制到泡沫经济

　　东京已经成为一个怪物城市。它似乎给自己设定了要超越地球上所有其他城市的任务，却没有真正弄清楚这意味着什么——就像微宇宙（microcosm）中的国家，如果那是世界上最大的集合城市（conurbation）的正确术语。东京已经变得如此庞大，如此吞噬资源，以至于它将其最棘手的问题推到了大都市边界之外，更重要的是，推到了国家边界之外。换言之，"Tokyo Mondai"，即"东京问题"，正迅速成为日本以外人们关注的问题。这一问题的形成源于东京所具有的严重扭曲。我认为，在整个国家变得比以往任何时候都更加富有、更加强大的时候，这些都表现在生活水平的恶化上。在缺乏对东京应该成为何种城市的严肃公众辩论而形成的真空中，商业和行政操纵者可以制定自己的战略。其前提是，无论公开发表什么声明，都绝不能允许房价下跌；拒绝干预复杂的监管环境，声称这样做将侵犯个人权利。来自高处的操纵者们虚情假意地评论和公众普遍愤怒地紧握双手，似乎正引领人们接受本应不可接受的情况。

——Waley（1991：viii-ix）

　　20世纪80年代初，日本出现了截然不同的政治和经济气候，对日本的城市规划产生了深远的影响。本章回顾了自1980年大选直至1990年前几个月泡沫经济破裂的这一时期。在1980年大选中，自民党自1963年以来首次在下议院选举中重新获得多数选票（50.9%）和多数席位（57.9%）。这一时期对于城市规划、环境和公共福利问题的处理方式与20世纪70年代截然不同。20世纪70年代的特点是对土地开发和环境污染的监管日益加强，社会福利支出迅速扩大；而80年代则出现了扭转所有这些趋势的尝试，其中一些尝试比其他的更为成功。

　　如上所述，为了应对20世纪60年代选举财富（electoral fortunes）的逐步下降，自民党在60年代末期开始积极争取城市选民，1968年新《都市计划法》的通过只是一系列立法举措的第一步，这些举措旨在将自民党重新定位为积极的环境和社会福利政策的拥护者，以及商业和农村地区的党。20 世纪 60 年代末和 70 年代初，面对大规模抗议城市环境恶化和社会基础设施不足的公民运动，自民党积极且基本上成功地处理了一些问题——这些问题已被证明是进步派政客的热门话题，他们通过将环境问题恶化、城市规划制度薄弱以及社会福利和医疗支出不足归咎于自民党而成功当选。自民党采取了一系列新的立法举措，从 1968 年的新城市规划制度，到 20 世纪 70 年代初针对污染的立法，再到 1974 年建立的国土规划制度。随着中央政府扩大国家福利的计划和支出，1973 年甚至被宣布为"福祉元年"。[①]一些新政策只是从改革派城市和都道府县政府的政策中借用来的，而其他政策则是在官僚机构和执政党内部产生。Calder（1988）认为，正是这种面对选举压力的反应能力以及将新团体和问题纳入其轨道的能力，才是自民党在战后日本政府中占据主导地位的关键。其他政治学家认为，这一时期出现了自民党统治下的多元化决策形式（Muramatsu and Krauss 1987）。但很明显的是，主要通过采取了更有利于环境和城市居民需求的政策，自民党才成功地恢复了其选举命运。

然而，20 世纪 70 年代的新政策方向给执政党[②]带来了两个重要问题。第一个是如何为日益增长的政府福利项目支出进行融资的问题。20 世纪 70 年代，各种福利支出大幅增加，但执政党不愿意增加税收，特别是在他们几乎失去政府多数席位的情况下，因此大部分新支出只是通过赤字财政这一简单的政治选择加以解决。到 20 世纪 70 年代末，政府整体的债务水平大幅上升，自民党内部的保守派开始推进财政纪律。正如 Pempel 所描述的政党思维转变：

> 赤字财政的明显优势在于，与大幅增税相比，公众对赤字财政的关注度要低得多。但随着公共赤字的增加，效仿西方福利计划的想法受到了猛烈的抨击，特别是来自商业部门和大藏省。此外，政策的转变使反对党失去了利用污染或福利作为问题来攻击保守派的能力。事实上，在 1979 年的下议院选举中，自民党终于遏制了其 20 年来选票份额的下降。然后在 1980 年著名的"双重选举"中，其席位比例从 49.3% 跃升至 57.9%，而反对党实际上被边缘化了。保守派的扭转选举使"生活方式政治"回归为"财政约束"。
>
> ——Pempel（1998：188）

选举的成功、反对党的混乱以及公民运动的衰落使得自民党在 20 世纪 80 年代初通过中曾根康弘的"行政改革"政策结束了短期的福利扩张。行政改革的主要目的是以减少自动获得福利形式的方案来削减政府赤字。日本并不是要成为一个"福利国家"，而是要努力建成一个"福利社会"，其老年人、病人和其他无法工作的人的福利服务将由家庭而非国家负担（Goodman and Peng，1996 年）。在此方面，自民党回应了商界主要赞助者的要求，即削减政府支出，恢复相对严格的财政政策（Pempel 1998：190）。20 世纪 80 年代成为自民党主导地位不受挑战的 10 年，而主要的反对党仍然存在分歧，无法可靠地替代自民党执政。

第二个政治问题产生于 20 世纪 70 年代初，自民党试图通过更好的规划政策和更严格的城市开发法律来拉拢城市选民。问题是，任何认真改进城市规划法律特别是管理城市边缘增长的尝试，都需要通过政策来限制土地所有者的开发权以及土地投机和开发的盈利能力。这种改变只能以自民党在农业和土地开发行业的核心支持团体为代价。自民党没有真正认真地试图解决城市增长问题，这一点可以从开发控制制度最初留下的关键漏洞、20 世纪 70 年代引入的新漏洞以及上一章所述的土地税改革的失败中看出。然而，更能说明问题的是，当自民党的政治命运在 20 世纪 70 年代末和 80 年代初有所改善时，该党的首要任务之一就是削弱前十年建立的规划制度。

本章考察了 20 世纪 80 年代这一动荡时期的一些特征。第一部分着眼于与全球化和日本经济国际化相伴的更广泛的经济变化背景，以及东京作为这一变化过程中日益主要的核心的崛起。第二部分介绍了 1980 年引入的新地区计划制度，该制度在许多方面延续了 20 世纪 70 年代城市规划权力的增长，并对 20 世纪 80 年代和 90 年代日本的城市规划产生了深远的影响。第三部分描述了中曾根康弘政府为刺激私营部门活动而采取的放松管制政策。第四部分概述了 20 世纪 80 年代日本城市地区的一些主要变化。结论部分简要介绍了泡沫经济时代的灾难。

东京的"一极集中"

在 20 世纪 90 年代初泡沫经济破裂之前的整个时期里，日本的经济增长率明显高于工业化世界的任何主要竞争对手。在 1973 年石油危机之后的 70 年代里，日本经济在经历了短暂的急剧下滑后又恢复了增长，避免了在 20 世纪 70 年代困扰其他发达国家的近 10 年的"滞胀"以及在 20 世纪 80 年代初最终以深度衰退为代价结束通货膨胀的一轮破坏性高利率。结果是，1970 年至 1990 年期间，日本的经济增长一直超过其主要竞争对手。到 1988 年，日本人均 GDP 达到 19905 美元（自 1970 年以来增长了 10 倍），高于美国的 18570 美元（增长 3.75 倍）和联邦德国的 18373 美元（增长 6 倍）（Tsuru 1993：182）。

与此同时，日本经济在 20 世纪 70 年代末和 80 年代初发生了巨大变化，增长部门从原有的重工业和化学工业转变为新的精密机械、电子、汽车和金融。20 世纪 70 年代，造船业等一度占主导地位的重工业衰落，部分原因是石油危机导致新超级油轮的订单大幅减少，部分原因是日本日益严格的污染管制，这使得在日本进一步投资污染严重的化学和铝工业变得毫无吸引力。然而从长期来看，日元升值是导致日本经济脱离重工业的结构性转移的主要因素，因为它使韩国等新兴竞争者成为相对便宜的重型工程生产地点。与此同时，日元升值促使日本对韩国、中国台湾、东南亚、美国和欧洲的外国直接投资（FDI）不断增加。在快速增长时期，日本的大部分外国直接投资用于开发重要原材料资源；而在 20 世纪 80 年代，大部分外国直接投资用于发展海外制造和组装业务。这些投资利用日元走强以及海外的工资和污染标准较低的优势，使日本的主要制造商得以回避一些主要市场日益增加的保护主义。

日本企业投资在世界各地的传播是东京成为世界金融之都的一个重要因素，因为需要有不断完善的金融服务业为遥远的海外企业投资网络提供服务。东京经济实力的第二个支柱来自日本贸易顺差的稳步增长，这些顺差主要回流到美国政府国债中，从而间接为美国不断增加的贸易逆差融资，并直接为里根政府减税和增兵所导致的日益增加的联邦财政赤字提供资金。20 世纪 80 年代，日本的角色从一个内向型经济和金融制度国家（尽管有着重要的出口盈余）转变为一个日益与全球资本和金融市场联结在一起的国家，其不断变化的投资状况正说明了这一点。20 世纪 70 年代末，"日本投资者只占主要工业国直接投资外流量的 6%、股票外流量的 2%、债券外流量的 15% 和短期银行资金外流量的 12%。到 20 世纪 80 年代末，这些数字已膨胀到 20%、25%、55% 和 50%"（Pempel 1998：147）。日本的大多数国际金融和管理活动都在东京进行，直接导致东京成为世界经济的指挥和控制中心之一，以及与纽约和伦敦并列的三大"全球城市"之一（Sassen 1991）。

在 20 世纪 80 年代，有大量的文献沿着弗里德曼和沃尔夫（Friedmann and Wolff 1982）首次提出的研究议程，研究了关于日益全球化对"世界城市"的影响。在东京的案例中，Fujita（1992）和町村敬志[③]（1994）的工作寻求理解在东京重构中全球资本日益重要的作用所带来的变化。尽管事实证明，很难确定哪些变化应该归因于全球化而非其他因素，但人们普遍认为 20 世纪 80 年代推动日本城市变化的关键因素是东京商业功能的集中。通常被称为"东京一极性集中"的这种现象被归咎于一系列问题，包括日益恶化的交通拥堵和空气污染、不断上涨的土地价格，以及与之相关的城市结构调整和日益加剧的财富不均（Fujita 1992；Hatta and Tabuchi

1995：86；Rimmer 1986）。

　　20 世纪 80 年代，东京作为日本经济增长的主要引擎对日本的城市化和规划产生了深远的影响。从 1980 年到 1985 年，80% 以上的新工作岗位位于包含了金融业的服务业里，约一半的新的服务业工作岗位是在东京地区创造的（Miyao 1991：132）。20 世纪 80 年代，东京作为日本企业总部的首要位置，其主导地位大大增强。到 1990 年，所有的公司中有一半在东京设有总部或主要的分支机构，按价值统计有 80% 的清算都位于东京，85% 的外国公司办事处也位于东京（Iwata 1994：41）。东京扩大了其对于大阪的经济领先地位，在 20 世纪 80 年代甚至吸引了许多大阪著名公司的总部（Miyamoto 1993）。

　　许多人强调，中央政府的职能在东京集中是其经济占主导地位的一个重要因素，因为企业需要靠近中央部委才能获得关键的合同和信息（Miyakawa and Wada 1987）。类似地，地方政府的一项日益重要的工作就是吸引中央政府在本地区进行开支。Hatta 和 Tabuchi（1995：86）甚至认为，德川时代的"参勤交代"制度在 20 世纪 80 年代再度出现了，地方政府高级官员被迫将大部分工作时间花在访问东京上，以争取中央政府在其辖区内的支出。在 20 世纪 90 年代，这些做法受到越来越多的批评，因为许多当地公民团体将自己的地方政府告上法庭，起诉他们在东京的高档俱乐部中花费数百万元"宴请"中央政府官员以及相互之间进行"宴请"。

　　在日本国内，东京日益增长的主导地位产生了深远的影响。在快速增长时期，日本有三个主要的工业区：大阪和东京的份额差不多相等，而名古屋的份额稍小。从 20 世纪 80 年代开始，随着大阪经济的停滞和东京的飞速发展，这种结构开始发生变化（Miyamoto 1993）。大阪地区的经济主要基于传统的大型重型工程和化学工业，而东京地区主要由数千家小企业组成，其中许多企业在 20 世纪 80 年代转向高科技、灵活的生产方法。20 世纪 80 年代，东京地区成为高速发展的高科技产业中心，特别是在首都以南的神奈川县（Obayashi 1993）。国际金融和管理职能在上述地区的集中，以及东京在教育、文化和媒体制作方面主导地位的持续增长，进一步推动了东京作为主要经济中心的崛起（Cybriwsky 1998）。

　　东京经济居于主导的一个直接后果是，由于经济放缓和地区差距的缩小，在 20 世纪 70 年代末地区之间移民大幅减少后，80 年代又恢复了向首都地区的净迁入（Mera 1989）。因此，在整个 20 世纪 80 年代，东京是唯一一个出现人口显著净迁入的地区。Ishikawa 和 Fielding（1998）认为，日本的移民模式在 20 世纪 80 年代发生了根本性的变化，虽然在快速增长时期向三大都市区的大量净人口迁入是由经济扩张和数百万个新工作岗位的创造所驱动的，20 世纪 80 年代的大量净人口迁入则仅出现在东京地区，主要是由东京转变为世界城市的结构变化所导致，包括产业结构调整和住宅地价的变化。向东京圈（东京都、神奈川县、埼玉县和千叶县）的净人口迁入在 20 世纪 80 年代稳步增加，1987 年达到每年略高于 16 万人的峰值，到 1994 年则再次出现人口净迁出。

所有这些进程都促成了在日本所称的"东京一极集中"现象（Hatta and Tabuchi 1995），东京巩固了其在各个领域国家生活中的主导地位——从政府到企业决策、金融资本、国际贸易、教育和媒体制作。与以往任何时候相比，在 20 世纪 80 年代，一个人的成功愈加体现为在东京地区生活和工作，尽管这通常意味着更高的生活成本、更长的通勤时间和更低的住房质量。

区域规划与科技城 ④ 建设

"一极集中"现象的一个产物是对全国综合开发计划的修订。第四次全国综合开发计划于 1987 年获得批准，其主要目的是解决东京地区就业和人口的再次集中以及随之产生的在各个地区的人口下降和就业短缺，并于 1986 年至 2000 年得到实施。有趣的是，1986 年公布的规划初稿强调了东京作为世界城市和金融中心的重要性，并建议加强其国际功能。这引起了各地区的强烈反对，以至于在最终批准的规划中几乎没有提及加强东京的功能。相反，东京的主导地位被确定是规划中要解决的一个主要问题。

在最终的版本中，该规划的基本目标是：

1. "通过地方的居民点和地区间的互动来振兴每个地区"；
2. "全球城市功能的国际整合和重组"；
3. "为国家提供高质量、安全的环境"（Japan National Land Agency 1987：4-5）。

振兴周边地区的主要手段是改善交通网络，培育区域科技和旅游中心，通商产业省的科技城规划将在其中发挥重要作用。"全球城市功能重组"（reorganisation of global city functions）一词指的是将国际功能从东京分散到名古屋和大阪的政策。然而，与试图限制东京作为全球城市的作用不同，全球功能将在所有三个主要的大都市区中得到支撑。全国综合开发计划被寄希望于帮助创建"一个国家，在确保国土安全、宜人的基础上，多个具有各自特色功能的集中发展地区共存，人口和经济、行政，以及其他功能不会过度集中；而且每个地区都与其他地区以及外国互动，以便相互补充和激励（原文如此）"（Japan National Land Agency 1987：6）。许多评论者认为这只是一种粉饰，认为该规划的主旨实际上是鼓励东京的增长和重构，使其成为国际信息和金融活动的中心（见 Machimura 1992；Watanabe 1992）。

　　20 世纪 80 年代大范围的国家和区域发展规划中较为具体的一项是通商产业省的科技城项目。该规划再次受到主要大都市地区人口过度集中的影响，旨在创建一些高科技社区，部分地模仿了加利福尼亚州的硅谷。在为世界各地的技术发展创造创新环境的众多尝试中，日本的这个项目是广受关注和报道的一个（Castells and Hall 1994；Edgington 1994；Masser 1990；Stohr and Pönighaus 1992）。当时的想法是，每个科技城都将成为一个拥有约 5 万人口的高科技工业城市，在一个拥有至少 15 万人口的"母城"的附近，拥有可以在一天内往返东京、大阪或名古屋的高速交通设施。候选地还必须有大片可供开发的土地，并且其附近已有针对高科技教育或研究的大学。科技城旨在创造一个舒适的居住环境，吸引和留住创新型高科技人才，并提供测试和培训设施等公共基础设施，鼓励研究者之间的学术和私人联系。人们还希望，这些高科技城的建立将鼓励日本企业迁往日本周边地区，而不是迁往中国台湾、韩国和东南亚。

　　因此，科技城的概念是日本开发规划的三个关键要素的有趣组合：20 世纪二三十年代高舒适度郊区住宅环境的花园城市概念，将通过主要基础设施的供应与高速增长时期的指示性经济规划相关联，以及通过促进全国各定居圈本土技术的发展与 70 年代的区域发展理念相关联。最终，在主要大都市地区以外的几乎所有县里共指定了 26 个地点（见图 8.1），这引发了许多批评，认为地点太多会非常不利于该项目的传播，而且通商产业省屈从于政治压力，允许设立了一些不符合初始标准的地点。当地政客们渴望在他们的地区获得一个科技城是可以理解的，因为他们想创造大量的高薪工作岗位，并吸引大量的中央政府投资。最初的意图是由地方政府和都道府县政府提供大部分资金，中央政府负责大部分硬件基础设施，但建设省的报告称，到 1990 年该规划仅仅部分完成时，中央政府对 11 个科技城平均每个的投资就已达 2 亿美元（Castells and Hall 1994：117）。

　　受人尊敬的欧洲区域科学家沃尔特·斯托尔（Walter Stöhr）和理查德·庞尼豪斯（Richard Pönighaus）评估了科技城的发展对高科技工厂形成过程中区域差异的影响。结果表明，科技城项目确实在扩大周边地区高科技发展方面产生了积极的初始效应。在高速新干线的沿线建立了科技城并易于到达东京的县中，这种影响最为明显（Stöhr and Pönighaus 1992：618）。该项目最初的成功部分与 20 世纪 80 年代后半期的"泡沫经济"时期对新厂房和设备的巨大投资浪潮有关。通商产业省对该项目的第一次审查表明，在 1984 年至 1989 年间，最初 14 个科技城中有 2500 多家工厂，这使该项目被宣布已经成功（Edgington 1994：137）。然而，在 1991 年泡沫破灭后，新工厂的建立迅速减少，使人们更加难以识别其明显的积极影响，一些评估对于该政策的长期影响相当悲观。例如，Castells 和 Hall（1994：141-2）认为，从该项目的一系列研究中可以得出两个主要结论。首先，他们认为从长远来看，大多数科技城似乎不太可能取得成功。他们预测只有距离东京 300 公里范围内的八个科技城可能产生更多新的活动。其次，他们认为，由于分散的选址主要鼓励了那些没有强大研发能力的分支工厂，因此创建许多小型硅谷的概念是有缺陷的，主要创新区域将继续位于东京。

在目前的情况下，无论是否成功促进了日本边缘地区的高科技繁荣，科技城项目都具有重要意义。这是中央政府首次尝试鼓励高质量的综合新城开发，其中不仅提供了大量住房，还提供了工作场所、高舒适度的居住区以及教育和娱乐设施。以前的新城主要是为快速发展的大都市地区服务的大型宿舍楼项目，其设计往往功能

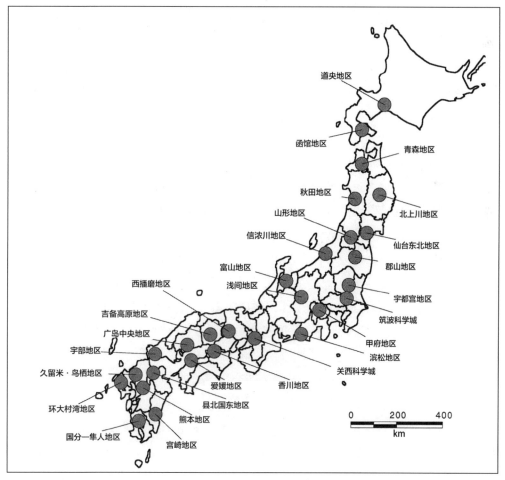

图8.1　遍布日本的科技城的区位。虽然最初的概念建议只指定少量的地点，但由于各个县政府的大力游说，在20世纪80年代中期，全国共指定了26个科技城地区。

单调。即使是位于东京东北部的学术新城筑波 ⑤，虽然在许多方面都是科技城项目的典范，有许多廉价的预制公寓楼供迁往那里的政府研究人员居住，但也不是一个真正适合居住的好地方。许多新科技城的设计非常完善，公共和私人设施标准很高，提供了高质量的城市环境。这当然在很大程度上是国家财富大幅增加和泡沫时期国库膨胀的产物，并且需要记住的是，该方案归根结底还是为了经济发展。然而事实却是，中央政府各部委最终承认了高质量的居住环境是值得投资的，即使只是为了在与硅谷竞争中引领国家的关键高科技工人。

地区计划

1980 年引入的地区计划制度可能是自 1968 年引入日本城市规划制度以来最为重要的一个补充。地区计划仿自德国的 Bebauungs 规划（B 规划）制度，20 世纪 70 年代后半期，人们认识到 1968 年制度有助于从根本上改善城市环境和防止进一步无序和无市政服务的蔓延，但这一理念并未实现。从这个意义上讲，地区计划制度是在 20 世纪 60 年代末和 70 年代初向着更高的环境意识、更强的污染控制和更有效的城市规划方向的延续推进。具体而言，1968 年城市规划制度在 20 世纪 70 年代不断出现问题，新的地区计划制度旨在应对该制度中产生这些问题的一个根本弱点：没有法律依据对城市开发或重建进行详细控制。除了要求道路宽度至少为 4 米，规划当局在控制新地方道路的布局或设计方面有非常大的困难。即使拟议的开发项目在分区和建筑标准制度所规定的相对宽松的范围内，他们也无法控制建筑物的大小、形式、朝向或设计。也没有任何法律依据来阻止现有城市地块的细分和重建。这些缺点在城市边缘区和现有城区产生了截然不同的规划问题。

在城市边缘区，主要问题是 1968 年的制度无法对新建地区所修建的私人道路进行总体设计。这一弱点的部分原因是在 1950 年用更简单的最小道路宽度规定（第 5 章所述）取代了建筑线制度。虽然建筑线制度在 20 世纪三四十年代允许通过简单的规划编制和批准，对新道路系统进行相对详细的规划，但在 1950 年后，除了仅应用于最大主干道的都市计划道路指定，地方的规划师对当地道路布局或地块大小几乎没有控制权。这与开发许可制度中的各种漏洞相结合，导致了前一章中所示的无规划扩张式开发和迷你开发的泛滥。然而，即使在规模更大、服务更好的开发项目中，也无法要求单独的项目符合整个地区的更大规划。结果是，许多新开发地区最终形成了支离破碎的地方道路系统，无法提供最低程度的通道，因而几乎不可能实现可以有效利用自然特征、保护绿色地区或产生有吸引力地区的良好城市设计（Sorensen 2001b）。通过允许起草具有法律约束力的规划来控制未开发地区将来的道路布局，地区计划被寄希望以解决这些问题。从这个意义上讲，地区计划制度是为了取代 1919 年《市街地建筑物法》中规定的建筑线制度而设计的。

现有建成区的问题则大不相同。那里的主要问题是，地方政府没有法律手段反对任何符合分区和建筑标准法律的开发，这意味着旧邻里中不可预测的变化很常见。由于大多数地区的土地用途分区允许广泛的用途，且容积率相当慷慨，开发商在现有邻里购买土地并建造大型高层公寓变得非常普遍，从而导致了高层公寓开发的繁荣（Manshon Boom）。这就造成了邻里现有居民与建造高层公寓楼的开发商之间的激烈冲突，如上一章所述。由于对现有建筑地块的细分实际上也没有任何限制，因此对现有地块的重建也相当普遍。许多旧的大房子被拆除，取而代之的是三四间小房子。这种微型重建无法通过规划制度来阻止，这意味着无法保护现有邻里免受过度拥挤所带来的环境逐渐恶化的影响。这些弱点实际上限制了改善和保护现有城市地区免受不适当或破坏性重建的可能性。这在历史地区尤其成为一个问题，那里关于建筑限制的具体规定非常薄弱，基本上只有高度限制略强于普通地区。虽然可以指定特定的个别建筑由国家保护，但没有法律手段来规范附近新建筑的风格或形式。这意味着实际上不可能保护历史城区免遭破坏。地区计划将大大加强此类历史保护工作的法律框架，第 9 章将对此进行更详细的研究。

地区计划的最后一个被期盼的效果是，由于其允许有选择地加强特定地区的分区法律，因此有可能修改全国性《都市计划法》的分区制度，以适应各个城市的具体情况。在地区计划产生之前，地方政府只能使用国家立法中预先设定好的土地用途区。如前几章所述，这些土地用途区作为最小公分母发挥了作用，主要适用于几个最重要的大都市地区。地区计划承诺将在法律上最终允许对单个地区进行更详细、更具个性化的规划，包括起草适用于特定地区的分区条例。

地区计划制度的基本特征

受德国 Bebauungs 规划制度的启发，地区计划制度于 1979 年由建设省的都市计划和建筑委员会⑥提出，并于 1980 年作为《都市计划法》和《建筑基准法》的重大修正案被写入法律。正如建设省所描述的那样，地区计划"旨在通过提出整备与详细控制、包含设计要素在内的建筑施工、场地规划，以及区域内的建筑设计和开放空间选址等政策方针，强化所定义地区的特征"（Japan Ministry of Construction 1996：41）。在地区计划区内，一系列新的规划限制成为可能，包括对新道路布局、地块大小、建筑设计、建筑后退距离和建筑材料的控制。除了私人建筑契约的使用外，这种限制对日本来说都是新的，日本迄今为止一直非常不情愿以这种方式限制开发商的自由。地区计划将由地方政府负责，提供只有几公顷面积较小的详细规划。虽然日本的地区计划看起来以及运行起来与它们所模仿的德国 B 规划非常相似，但主要不同之处在于，B 规划在德国的使用要广泛得多。在德国，未经特殊的建筑许可，不能在 B 规划区域之外建造任何东西。在日本，地区计划区域仍然是例外而非规则。虽然在德国对土地权利进行严格限制是有效的，但在日本，政治上几乎是不可行的。

地区计划分为两部分，政策意向声明和地区整备规划。政策声明类似于一个地区的总体规划，概述了该地区的目标及对于未来状态的愿景。这可以包括对该地区未来可能形态的描绘等视觉要素。政策声明可以包括"未来形象；土地利用；包含了进场道路、小型公园和其他公共开放空间在内的设施整备；后退距离和建筑设计，以及景观美化"（Japan Ministry of Construction 1996：42）。许多地区计划只通过了政策声明，却没有通过随后的地区整备规划，因为政策声明没有限制私人建筑活动的法律权力，相对容易获得市政府的批准，即使是在当地居民不同意的情况下也能通过。

地区整备规划文件包括将用于执行规划规定的具体条例。它由两部分组成：一部分与公共设施有关，另一部分详细规定了规划区内的私人开发。对于地区设施的规划可以包括详细的道路规划、公园等其他公共空间以及地区内居民要使用的其他设施等要素。重点是小型的地区设施，这些设施将进一步实现政策声明中概述的未来的地区愿景。而主要道路等较大的基础设施即使被包含在该地区内，仍受正常的《都市计划法》管辖。

地区计划制度真正的初始意图在于，地方政府首次拥有法律权力，对私人开发活动施加比分区和建筑标准制度更为详细的限制。关于私人建筑活动的规定可能包括土地用途；最大和最小建筑密度、建筑高度和容积率；房产线的后退距离；建筑造型与设计；建筑材料、颜色和风格；以及围栏的设计和现有树木的保护等景观细节。

由于对这些规划的监管权可以非常强，立法还要求公众大量参与规划制定和批准。特别是，居民和土地所有者之间必须达成非常高水平的协议，这实际上意味着规划必须获得 90% 以上人的同意才能获得批准。因此，在试图通过规划之前，地方政府将付出巨大努力来争取当地民众对于规划的支持。可以想象，这一要求使得大面积应用地区计划变得相当困难，并且极大地限制了地区计划在实践中的应用。有趣的是，尽管《都市计划法》中没有具体规定，但在正式通过地区计划之前，对于地区计划极高接受度的要求几乎被普遍遵守。

在 1980 年引入新制度的时间安排也影响到新制度的实施。如上所述，20 世纪

70 年代是政府加强城市开发监管、大幅增加社会福利支出的十年。到 20 世纪 80 年代初，整个氛围发生了巨大变化，重点是削减政府开支和放松管制，如下文所述。这不可能不影响新制度的实施方式，不久以后地区计划制度被修订。虽然最初起草的地区计划制度只用于使现有的分区法规更严格，1988 年的修订则允许更灵活地使用地区计划，例如放宽所允许的容积率或建蔽率的限制。

虽然这在某种程度上只是 20 世纪 80 年代早期受意识形态激发的放松管制运动的一部分，但在某些方面，这些修订加强和改进了地区计划制度，并扩大了其可能性。特别是，"再开发特别地区计划"⑦ 制度自那时以来已被广泛用于重建废弃工厂场地。随着许多制造业向海外转移，这些废弃的工厂场地在 20 世纪 80 年代变得越来越普遍。下文关于放松管制的章节将对此进行了更为详细的分析。同样地，在建筑密集且道路不足的旧邻里里，如果土地所有者贡献一定数量的土地进行道路拓宽，就可以给予他们一定的容积率和额外的高度奖励。另一项重要的修正案是允许在市街化调整区域内开展地区计划，而不是像最初允许的那样仅在市街化区域内。如果放松管制可以允许在一定程度上降低现有标准以换取所需要的公共产品，并帮助说服土地所有者和开发商接受设计控制，那么将会给公众带来净收益。

地区计划的四个主要应用已经形成：第一，在新的郊区开发中，地区计划被广泛用于防止地区特征在未来发生变化。由于现有的规划法规不包括对土地细分的监管，而且对土地利用的监管非常薄弱，即使在最好的城市地区，将住宅地块重新开发为公寓或商店也很常见。通过地区计划允许对未来的重建、土地利用和建筑形态进行详细规定，并可以为业主提供一定程度的安全保障，确保他们的邻里不会发生不必要的城市重建。地区计划也很容易实施，因为它们被应用于该地区出现大量人口之前的最初开发时期。令人惊讶的是，除了很难执行的私人契约限制外，这一制度还为日本的居住区提供了首个此类的规划保护。第二，在邻近历史地区的邻里内所开展的历史保护区地区计划⑧ 和开发控制也很重要，将在下一章中讨论。第三，特定地区⑨ 的重建项目，如上文所讨论的废弃工厂场地。第四，现有建成区的逐步改善。

从一个角度来看，地区计划制度有些令人失望，因为此类规划所涵盖的总面积相当小。在许多城市只占一两个小区域，原因是很难达成其所要求的高水平协议。另一方面，地方政府获得了新的详细规划的重要权力，这对城市规划实践产生了深远的长期影响。地方政府现在可以根据其当地情况制定详细规划，制定可实施的设计指南，并防止在地区计划已获得批准的现有邻里进行不必要的重建。这些新的权力使一些地方政府能够在 20 世纪 80 年代早期制定基于社区的规划和公众参与新方法。这些方法虽然多种多样，但通常被称为"社区营造"（machizukuri）⑩，并在20世纪80年代和90年代发展成为日本城市规划史上强化地方规划的最重要且基础广泛的一场运动。虽然日文中"まちづくり"一词的字面意思是"城市建造"，但它具有"社区建设"或"社区发展"的强烈含义。由于日文中"まちづくり"的概念要比任何英文翻译都要丰富和复杂得多，我们将在这里使用日文术语。⑪

认为地区计划制度创造了"社区营造"的观点是错误的。相反，地区计划制度提供了一个法律框架，使各类规划活动能够更有效地进行。在许多情况下，地方政府利用"开发手册"⑫，将开发许可制度作为谈判的基础，从开发商那里获得地方的收益（Uchiumi 1999）。实际上，他们结合采用法定的许可审批程序以及非法定的谈判和咨询程序，实现高于《都市计划法》要求的公共利益。地区计划制度为这些谈判提供了更强有力的法律基础，因为其潜在的监管权力要大得多。

"社区营造"的另一个最典型的特征是制定了当地居民参与详细的当地规划以及开发控制的制度。这在一定程度上是法律产物。1980年《都市计划法》修正案创建了地区计划制度，要求使用该制度的地方政府通过两项地方条例。一项是在规划过程中建立公众参与程序，另一项是在地区计划区内制定能够根据《建筑基准法》依法执行的特定的建筑法规。然而，众所周知，针对公众参与的法律要求很容易在未赋予当地居民任何有意义角色的情况下得到满足，而且肯定有许多地区计划是在公众敷衍参与的情况下通过的。太子堂和真野的案例对于"社区营造"发展的重要性在于，这是两个非常成功的早期地区计划案例，真正的公众参与成为其地区计划过程的核心。

太子堂和真野的社区营造条例

早期最具影响力的两个社区营造条例分别制定于东京世田谷区的太子堂地区和神户的真野地区。这些条例的重要意义在于，它们能够全面应对市中心的问题地区改造升级的严峻挑战，满足当地居民参与规划制定和实施程度的要求，并使人们普遍认为其在实现目标方面取得了巨大成功。

世田谷区是位于东京都中心的23个区中面积最大、人口最多的一个，位于东京的中央商务区（CBD）西南部。它在传统上被视为东京的高级住宅区之一，包括田园调布，即在第4章中讨论过的20世纪20年代开发的早期花园郊区。在经济快速增长时期，世田谷区的人口迅速增长。尽管该区目前仍有许多未开发的农田，但距离中央商务区最近的旧城区正经历严重的过度拥挤问题，并成为由位于山手环线两侧的简陋租赁房屋所构成的臭名昭著的"木制公寓带"的一部分（见图9.2）。

1975 年，世田谷区地方政府进行了改革，以前任命的区长被直选的区长所取代。新制度下的首任区长是一位名叫大场启二⑬的民粹主义者，对他来说改善当地环境是头等大事，他赢得了多次连任并一直任职至今。大场启二在上一章所述的日照权之争最激烈的时候当选，他的一个早期举措是在 1978 年通过了一项地方条例，旨在以要求开发商直接与受其规划影响的当地居民谈判的方式来控制大型公寓的开发。这些地方条例缺乏强制的法律权力，但地方政府以道德权威对其加以支撑，并有权让不合作的开发商日子不好过。

另一个导致《世田谷社区营造条例》⑭制定的关键因素是由东京都政府领导的城市更新计划。20 世纪 70 年代中期，东京都政府启动了一个新项目，旨在对木制公寓带地区进行补贴式的城市更新。依据人口密度、危险木制住宅的数量和不达标狭窄道路的百分比，世田谷区有两个地区符合更新的条件。这些更新计划的主要目标是在发生地震时使这些地区更加安全，因为预计东京在 20 世纪 90 年代会发生具有 1923 年灾难规模的大地震。1979 年，世田谷区的北泽和太子堂地区被指定为防灾城市更新地区，并启动了更新计划。随后由于在 1980 年引入了地区计划制度，世田谷区决定使用新制度来实施城市更新项目。

世田谷地方政府立即开始制定一项地方条例，将新的地区计划制度与其先前参与社区规划制定以及与开发商谈判方面的努力联系起来。其结果是在 1982 年通过了《世田谷社区营造条例》。该条例看似简单，只包括了五个条款，却成为一个极具影响力的模式，后来的规划活动就是以此为基础的。本质上，该条例允许区长与当地居民协商指定社区营造推进地域。该地域的指定必须得到当地议会的正式批准，然后必须公布所指定的内容。随后成立了一个社区营造协议会来代表当地居民。协议会的成员应自愿服务，必须对当地需求和条件有深入了解，并且必须得到指定地区大多数居民的支持。虽然一些社区营造协议会是民主选举产生的，但其他许多协议会则是非正式选定或自选产生的。这种非正式的方法遵循了町内会等当地社区组织的长期惯例，并以"一致同意"的决策方式作为规则。社区营造协议会成员一旦被选定，将会由区长加以认定，并作为当地居民的代表获得正式的法律地位。

该方法的主旨内容记载于《太子堂社区营造条例》的第 2 条中，其中规定，为了实现安全和高质量的生活环境，区长和社区营造协议会可以达成协议，要求对于任何土地买卖、建筑项目或指定区域内的其他开发活动，开发商都必须发布通知并与当地政府协商。这使得地方政府通过咨询协议会，对此类活动进行审查。直至且除非该地区的地区计划获得批准——在许多后来的"社区营造"项目中，正式的地区计划并未获得批准——否则法律不会强制要求开发商必须遵守通知和咨询的要求。然而如上所述，开发商并不容易忽视当地政府的意愿，特别是在指定的社区营造推进地域内。在太子堂地区的案例中，地区计划也获得了通过，这为通知和咨询过程提供了更强有力的法律依据，因为它赋予地方政府以法律权力拒绝批准不符合该规划的开发项目。《太子堂社区营造条例》第 3 条概述了地区计划通过前的公众参与程序，第 4 条授权地方政府聘用私人规划顾问与当地社区营造协议会合作，并为其活动提供补贴。补贴金额虽然通常很少，但使协议会更容易开展工作（Setagaya Ward Branch Office Machizukuri Section 1993）。

《世田谷社区营造条例》的一个基本特征是，在使用地区计划的制度框架来构想和实施"社区营造"项目时创立了当地的公民们的角色。在确定项目的优先顺序时似乎较多地考虑了当地居民，如创建更多的口袋公园和游乐场地，而东京都政府最初优先考虑的是道路拓宽和大规模重建。另一个关键因素是赋予社区营造协议会以正式的角色，以及建立与潜在的开发商进行谈判的通知 / 咨询系统，这使得社区对该地区的开发控制有了一些实质性的投入。基于说服的"社区营造"规划和法律强制执行的地区计划所构成的双层体系已经得到了广泛复制。更常见的是简单的"社区营造"模式，没有通过地区计划，执行只依赖于说服。

在太子堂的案例中，规划的实施取得了重大进展，这得益于东京都政府提供的大量补贴，用于购买口袋公园的土地、翻新木制公寓和拓宽道路，如图 8.2 所示。不应低估在世田谷所采用的方法对于公民参与以及正式承认社区营造协议会的重要作用，因为在东京市中心被指定为地震预防更新地区[⑮]的很多其他地区里，地方政府的高压手段和顽固的地方反抗形成了 20 年的僵局（Cibla 2000）。

1981 年通过的真野地区的《社区营造条例》在起源上有很大不同，但最终采取了非常类似的方法，通过公民参与来逐步改善市中心地区。真野区位于神户的内城区，靠近大阪，是一个占地约 40 公顷、人口约 9000 人的工业居住混合区。20 世纪 60 年代初至中期，居民开始动员起来反对该地区日益严重的污染问题。从 20 世纪 70 年代初开始，这些团体越来越关注当地的生活质量问题，包括邻里绿化以及公园和老年人社区中心等当地社区设施的获取。1971 年成立的第一个"社区营造"组织就是在这些工作的基础上诞生的，直至 1978 年，该组织基本上一直是一个地方性的社区组织。然后，在富有同情心的市议会的协助以及京都大学学者们的建议下，开始了一个更具雄心的举措，组织构建一个改善该地区的物质和社会品质的长期愿景，以及一个实现这一目标的战略。1978 年成立了一个名为"社区营造检讨会议"的研究小组，其中包括 27 名来自当地社区的成员（15 名来自邻里组织，8 名来自店主和行业组织，4 名来自其他当地组织）。有四名学者和四名神户市政府

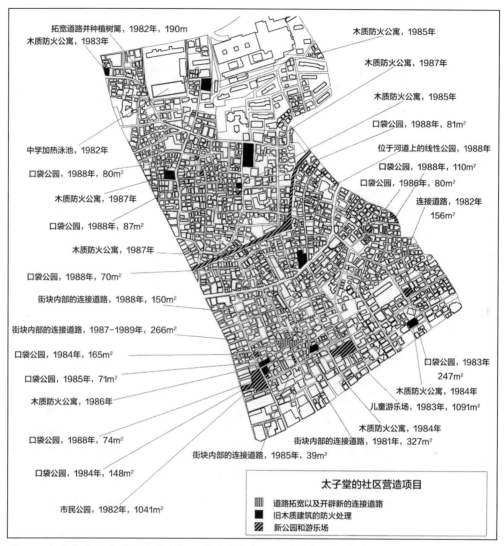

拓宽道路并种植树篱，1982年，190m
木质防火公寓，1983年

木质防火公寓，1985年

木质防火公寓，1987年

木质防火公寓，1985年

口袋公园，1988年，81m²

位于河道上的线性公园，1988年

口袋公园，1988年，110m²

口袋公园，1986年，80m²

连接道路，1982年
156m²

中学加热泳池，1982年

口袋公园，1988年，80m²

木质防火公寓，1987年

口袋公园，1988年，87m²

木质防火公寓，1987年

口袋公园，1988年，70m²

街块内部的连接道路，1988年，150m²

街块内部的连接道路，1987-1989年，266m²

口袋公园，1984年，165m²

口袋公园，1985年，71m²

木质防火公寓，1986年

口袋公园，1983年
247m²

木质防火公寓，1984年

儿童游乐场，1983年，1091m²

木质防火公寓，1984年

口袋公园，1988年，74m²

街块内部的连接道路，1981年，327m²

街块内部的连接道路，1985年，39m²

口袋公园，1984年，148m²

市民公园，1982年，1041m²

太子堂的社区营造项目

▥　道路拓宽以及开辟新的连接道路
■　旧木质建筑的防火处理
▧　新公园和游乐场

图8.2　太子堂地区的"社区营造"。作为东京臭名昭著的木制公寓带的一小部分，太子堂地区的典型特征是集中分布的密集木质住宅和公寓，许多住宅建在私人所有的狭窄死胡同上，公园空间严重缺乏。太子堂地区通过公园建设、道路改善和危险建筑防火处理进行了渐进式的改进，现在作为公民参与式"社区营造"的成功案例而闻名。

资料来源：修改自世田谷区的"社区营造"部门（Setagaya Ward Branch Office Machizukuri Section 1993）。

官员（Kodama 2000；Nakamura 1997：29）来协助该小组。因此，真野的"社区营造"运动是从早期的社区组织中内生而来，而不是由政府创建（Evans 2001；Takamizawa 1999）。高见泽实 [⑯]（Takamizawa 1999）认为，这构成了太子堂和真野之间的主要区别。在真野，现有城市改善的公民运动得到了社区营造条例的积极支持；而在太子堂，地方政府根据东京都政府的防灾规划定义了这一地区并有效地创建了公民组织。真野是一个自下而上的过程，而太子堂则是一个自上而下的过程，这一事实有助于强调一点，即"社区营造"的最典型特征是公众的密集参与，而非自上而下或自下而上的问题。此外，尽管日本的规划文献普遍认为真野是自下而上的城市规划的真正模式，但 Evans（2001）指出，这种真正的自下而上的规划极为罕见，真野的独特性可能是其在日本规划学者中广受欢迎的一个重要原因。

无论如何，真野的社区营造组织开始实施了一项雄心勃勃的方案，审查其所在地区的主要问题，并制定一项长期的社区改善计划。三个主要的目标是：稳定该地区不断减少的人口、创建更好的当地环境，以及改善与附近工业雇主的友好共处。主要建议是鼓励将工业用地迁往该区的南部，从而使居住用地和工业用地分得更开；拓宽主要道路，以便使紧急车辆更容易通行；为儿童上学提供更安全的通道；以及一系列其他空间改善措施，如将最差的租赁住房单元重新开发为公共住房并建设社区中心（Kodama 2000：44）。与太子堂一样，地区计划制度的创建为真正实现前面的一些目标创造了机会，真野地区的"社区营造"地区计划过程产生了相当客观的成果，这将在第 9 章中详细讨论。

放松管制

虽然正在努力制定一个更有效的详细地方规划和地方环境改善制度，城市规划制度的另一个重大的变革浪潮正在形成。从 20 世纪 80 年代初开始，在中曾根康弘担任首相的五年（1982—1987）中达到顶峰，放松管制和"行政改革"（指实行小政府）对规划制度产生了重大影响，这与地区计划参与者的努力大相径庭。虽然地区计划制度旨在提高对城市地区开发和重建的监管程度，但放松监管的倡导者在推动城市开发项目方面拥有更大的自由。虽然从长远来看，地区计划似乎更具影响力，但放松管制对 20 世纪 80 年代的规划制度产生了重要影响。

放松管制的政治支持

毫无疑问，日本保守派政党的复兴以及推动放松管制和小政府受到了自由市场斗士们的影响，如英国的玛格丽特·撒切尔（Margaret Thatcher）和美国的罗纳德·里根（Ronald Reagan）。然而，国内政治变化也很重要，特别是前文所述的 20 世纪 70 年代中央政府财政赤字的不断增加，以及 1980 年后自民党多数党实力的大大增强。然而，20 世纪 80 年代中期日本放松管制的努力并不是简单地模仿英美同行，而是复杂的国内政治和经济压力的产物。导致城市土地利用规划放松管制的三大主要影响值得更仔细地加以研究。第一个因素是那个时代保守的反监管或亲商业思想，第二个因素是日本巨大且不断增长的对外贸易顺差以及国际社会要求日本增加内需以减少顺差所产生的日益加剧的摩擦，第三个因素是要求扩大分肥式公共工程项目支出的国内政治和经济压力。

重要的是不要低估 20 世纪 70 年代末和 80 年代初全球意识形态氛围变化的影响。尽管新保守主义革命在英国的撒切尔和美国的里根政权时期可能最具影响力，但其影响却更为广泛。20 世纪 70 年代的 10 年滞胀伴随着经济增长的下降和破坏性的通货膨胀，使许多发达国家深感震惊，并且极大地削弱了人们对凯恩斯主义福利国家模式（主张增加政府的经济干预以及增加国家支出，以提供社会安全保障和减少社会不平等）的信心。许多人相信，尽管这一模式在战后繁荣的几十年中似乎运作良好，但这些方法已不再可行，更小的政府和更大程度地依赖自由市场是解决过去 10 年经济问题的方法。

在日本，尽管经济增长持续高于其他工业化国家，通胀得到了更快的遏制，但在保守派中确实存在一种担忧，即如果日本继续走上增加福利支出的道路，那么未来的经济衰退和道德败坏将不可避免。这一可怕的未来在公开辩论中被巧妙地包装为"英国病"（English disease），即大政府、过度慷慨的福利支出以及明显的少数族裔移民所导致的日渐暗淡的经济前景、社会冲突升级和市中心衰退。这显然意味着必须采取断然措施防止这种疾病传染给日本。尽管毫无疑问，这一幽灵的出现部分是出于简单的党派政治原因和推行主要的保守主义政策方针，但很显然，许多人真的相信增加政府支出的旧模式已不再可行，20 世纪 70 年代不断变化的经济氛围也似乎有力地支持了这些观点。1973 年开始积极实施的建设福利国家的项目在 20 世纪 80 年代初结束，日本政府还是要保持小的规模。

对于放松管制的态度则更加矛盾，因为尽管日本无疑是发达工业国家中管制最严格的国家之一，许多人认为过度管制正在扼杀经济增长，其他人仍然相信政府在促进经济快速增长和经济繁荣方面发挥着积极的作用。特别是，尽管许多自民党政客和商界领袖都在推动放松监管，但官僚机构却很少致力于削减自己的权力，而是缓慢地解除自己的控制，并且受益于政府干预的农业和小企业等其他部门也在毫不迟疑地捍卫现状。在城市规划领域，主要的冲突是由土地开发和建筑行业所支持的中央政府改革者与试图捍卫其规划权力的地方政府之间的冲突，如下文所述。

争论的第二个主要内容是对于日本巨额外贸顺差越来越多的国际批评。乍一看，城市土地利用规划放松管制与对外贸易问题之间的联系并不明显。而其联系在于，日本的贸易伙伴所反复推荐的补救措施之一是刺激内需，以减少日本经济对出口拉动型增长的依赖，并增加从其他国家的进口。人们一再敦促日本从出口拉动型增长转向内需拉动型增长。问题在于，制约日本国内需求的一个关键因素一直是高昂的住房成本和狭小的住房面积。Hebbert 和 Nakai 简洁地解释了对于将城市开发和放松管制作为刺激内需手段的关注：

> 除了直接的乘数效应外，城市重建被认为是解决日本国内经济市场饱和这一独特问题的关键。大多数普通耐用消费品（汽车除外）的家庭拥有率已经接近 100%。进一步的消费增长只能依靠改进和更新产品，这要受到技术创新速度的制约；或者依赖于扩大住房（基本上是耐用消费品的容器）的实际容量，而在日本，这当然比与之生活水平相当的任何其他国家都要小。换句话说，住房是刺激内需的关键战略变量。
>
> ——Hebbert and Nakai（1988a：385）

这种联系让中曾根康弘及其支持者们提出了一个极具吸引力的观点，即通过改善人民住房质量这一简单而广受欢迎的权宜之计来减少与日本主要贸易伙伴（特别是美国）的贸易摩擦。经济增长可以扩大，生活质量也可以提高，所有这些都可以实现。谁又能不同意呢？

不出所料，实现这些目标的实际手段更具争议性。中曾根康弘政府提出，阻碍住房条件改善的主要罪魁祸首是过于严格的土地利用和分区规定。1982 年，中曾根康弘政府上任后的第一个行动就是指示建设省审查东京市中心所有被划为第一种住居专用地域的地区，以便将其改划为可以建造高层建筑的第二种住居专用地域，而东京可能会开始更像纽约（Hebbert and Nakai 1988a：386；Miyao 1991：132）。这是对地方政府规划权力的一个高度公开和有争议的挑战，因为分区是他们能够完全控制的少数领域之一。这一点尤其具有争议性，因为东京市中心的许多区在广泛的公众参与下准备了 20 世纪 70 年代的分区修订，而第一种住居专用地域的指定和选址一直是新分区中最有争议的方面之一。

在详细讨论各种城市规划管制的放松之前，值得一提的是 20 世纪 80 年代中期形成中曾根康弘城市政策的第三个重要因素：通过增加公共工程开支来扩大内需的计划。尽管中曾根康弘政府的"行政改革"努力在 20 世纪 80 年代中期主要通过大幅削减福利支出实现了公共支出总额的大幅削减，但同时也大幅增加了公共工程支出。公共工程支出激增的一个重要资金来源是日本国有铁道（JNR）和日本电信电话（NTT）等大型公营公司私有化所产生的暴利。主要策略是耍花招，通过被称为财投（Zaito）的财政投资和贷款计划（Fiscal Investment and Loan Programme, FILP），严重地依赖公共工程支出。财政投资和贷款计划将邮政储蓄系统中的储蓄存款借给地方政府和日本住宅公团（JHC）等中央政府的行政机构，用于投资包括下水道、港口、桥梁和公共住房在内的公共基础设施项目。该计划在基础设施方面的支出规模巨大，因此经常被称为日本的"第二预算"。虽然这一计划为在快速增长阶段弥补关键基础设施的短缺提供了有效手段，但许多人现在批评该计划缺乏对于支出的有效控制。特别是，如此巨大的支出实际上避开了立法程序，直接由官僚机构进行控制，加上支出资金的会计和决策的过程都缺乏透明度，导致了改革这一制度的当前举措（Yoshida and Naito 2001）。

有人认为，这种公共工程支出可以有效地振兴国内经济，因为它通过在国内生产的建筑材料、机械、相对较高的劳动力成本支出，以及通过刺激在土地和建筑上的私人投资，具有很高的乘数效应。更重要的是，这类支出承诺改善日本臭名昭著的基础设施状况，正如经合组织（OECD 1986）所记录的那样，基础设施是制约日本城市生活质量和更密集城市开发可能性的主要因素。例如，正如后来所明确的那样，在东京市中心进行新建设的一个比分区条例更重要的实际限制是道路、下水道和供水的短缺（Onishi 1994）。

公共工程支出的增加也是对国际政治压力的直接反应，特别是来自美国的压力。1986 年 10 月的《美日经济合作协定》[17]明确要求日本政府增加基础设施支出，并于 1986 年和 1987 年通过了补充预算，拨款约 86 亿日元用于额外的公共工程支出，以安抚美国谈判代表（Hebbert and Nakai 1988a: 385）。在 20 世纪 80 年代末和 90 年代初的《日美结构问题协议》[18]会谈期间，也做出了类似的巨额支出承诺。

公共工程支出的增加给执政党带来了额外的好处，即在全国各地的选区中分肥式支出的机会大大增加。与其他许多国家一样，这种出于政治动机的公共工程支出长期以来一直是日本政治的一个显著特征，但在 20 世纪八九十年代，这种支出的规模大幅度增加。中央政府支出成为当地国会议员通往支出金额巨大的那些部委的重要"管道"，自民党政客总是很快就能因其所在地区的支出而赢得赞誉（McGill 1998；Woodall 1996）。同样重要的是，直到 20 世纪 70 年代中期，中央政府的基础设施支出一直集中在有大都市的太平洋带地区（Glickman 1979），而从 20 世纪 70 年代中期开始，特别是在 80 年代，支出主要集中在了外围地区（Calder 1988）。

增加公共工程支出的一个主要支持方是日本项目产业协议会，该协议会成立于 1979 年，是一个游说联盟，由 160 多家主要的日本公司组成，其中包括大型总承包公司以及包含了钢铁生产商和主要贸易公司在内的主要的产业集团。日本项目产业协议会在 20 世纪 80 年代中期变得如此庞大和有影响力,以至于人们开始称它为"第二经团联"[19](Otake 1993:249)。日本项目产业协议会为第 7 章中所述的田中角荣"日本列岛改造"规划所构想的许多大型开发项目进行游说,包括连接四国(日本四个主要岛屿中最小的一个)与本州(日本最大的岛屿)的一系列桥梁,大阪附近人造岛上的关西国际机场,现在被称为"アクアライン"(Aqualine)的东京湾跨海大桥和隧道项目[20],以及许多新高速公路和新干线项目(Barret and Therivel 1991;Oizumi 1994;Otake 1993;Samuels 1983)。第 9 章对大型基础设施项目的支出进行了更详细的讨论,其中许多项目都是在 20 世纪 90 年代完成的,而且作为尝试重振停滞经济的一部分,此类支出达到了峰点。这里值得注意的是,在 20 世纪 90 年代,这些项目中的许多都被证明相对于其成本而言效益并不太好,为建设和管理这些项目而成立的公共公司需要注入大量新的公共资金来减少其债务负担,因为使用率(以及通行费的收入)比预计的要低得多。

同样重要的是,尽管公共工程支出在 20 世纪 80 年代大幅增加,但日本城市基础设施的严重不足依然存在。这在一定程度上是因为持续开发了一些新的无市政服务的蔓延区域而导致基础设施短缺,如下文所述。然而,也许更重要的是,大部分新的资金都被用于大型建设项目,如通往四国的大桥和东京湾隧道,而在建设下水道、地方道路等地方基础设施以及托儿所、图书馆及康乐设施等其他社区设施时,仍任由地方政府自行解决。对大型项目的关注遵循了日本项目产业协议会的议程,并为其成员带来了可观的收入,这当然绝非巧合。对桥梁和隧道等大型项目的优先考虑也反映了这样一个事实,即此类项目在中央政府及其机构的直接控制下最容易设计和实施。他们还避免了许多涉及土地购买的杂乱且耗时的谈判以及对地方政府实施的依赖。不幸的是,公共工程支出计划也促进了土地开发投资的增加,并在下文所述的灾难性的"泡沫经济"时期达到顶峰。

城市规划管制的放松

城市规划管制的放松是在整个 20 世纪 80 年代通过一系列的举措开展的。第一个举措尝试放宽东京市中心的分区规定,以允许更密集的开发。中曾根康弘的放松管制运动的一个早期的核心行动是 1983 年 3 月建设省向地方政府发出命令,通过放松管制来鼓励开发。具体而言,地方政府会提高建筑面积与地块面积的比值,将居住区重新划分为商业区,并削弱对市街化调整区域内开发的各种限制(Hayakawa and Hirayama 1991:153;Otake 1993:243)。中央政府还强烈要求地方政府削弱或废除其非法定的"开发指导要纲",因为其中规定了获得开发许可所需的公共空间和下水道设施的贡献水平。

中曾根康弘任内的放松城市规划管制极具争议，一系列行动者支持放松管制，另一群体则反对削弱城市规划制度——该制度才刚刚开始通过新实施的地区计划制度等方式实现对城市开发的某种程度的控制。放松管制的支持者中，有一群人包括了中曾根康弘及其政治顾问，他们公开表示其动机主要是对于自由市场和小政府的意识形态承诺。可能更重要的是他们在土地开发和建筑行业的政治支持者，他们寻求放松土地规划法规以增加土地开发的利润。特别是不动产协会（大型开发商）、都市开发协会（私人铁路公司拥有的开发商）和全国土地和建筑中介联合会（中小开发商）强烈主张放松规划管制（Hebbert and Nakai 1988a）。这些组织的许多成员拥有大量土地，并期望通过放宽市街化调整区域内的具体建筑法规或东京市中心的高度限制等，以获得更高的利润。

放松管制也得到了许多城市经济学家的支持，他们认为城市规划法规是城市开发模式低效的原因。与以往一样，尽管规划法的改变将影响全国的城市地区，这些争论的焦点还是集中在东京地区。特别是，与发达国家的其他主要的城市相比，东京市中心的土地利用强度相对较低，这被视为一个问题。例如，日本筑波大学经济学家宫尾尊弘认为，东京的一个关键的城市问题是规划约束限制了东京市中心的建筑高度，而对于土地交易的控制使中心城区难以被重新开发为高层公寓等更密集的用途。因此，他主张进一步放松管制，建议私营部门的活力需要从过度的规划管制中解放出来，以"充分利用大都市区的活力"（Miyao 1987：58–59）。具体而言，放松管制应确保"地方市政当局的居住区开发指南中所规定的过度限制将得到纠正"（Miyao 1987：59）。在后来的一篇论文中，他认为"要解决日本的土地问题，必须取消对土地交易和土地利用的过度监管。现在是时候采取大胆的放松管制措施了，这是早该采取的"（Miyao 1991）。

大岳秀夫（Otake 1993）[21] 认为，在放松管制的辩论中，建设省内部存在严重的分歧，一群人强烈支持放松管制，以便在东京市中心建造高层建筑；由城市规划师所代表的另一群人则反对放松管制，认为这不仅会造成严重的问题，而且也不太可能带来增加高层建筑的预期结果，因为规划法规以外的其他因素在阻止高层建筑的重建方面可能更为重要。他认为，中曾根康弘直接且具体的放松管制的指示可能是打破平衡并支持放松管制的决定性因素。

放松规划管制的主要反对者是地方政府。中心城区的市民和居民支持地方政府，他们游说地方政府加强保护，使其免受并不想接受的高层建筑开发的影响，并支持更好的城市规划规则和更强有力的住房政策。地方政府反对放松管制似乎主要是出于对市政服务的担忧，特别是在城市边缘区。在那里，地方政府努力提高限制城市蔓延的能力，并迫使土地开发商支付必要的城市基础设施成本的公平份额。如第 6 章所述，1968 年开始实施的开发许可制度在设计中主要考虑了这种关联性。许多地方政府通过其非法定的开发手册加强了这一制度，其中详细规定了预计用于不同开发类型和规模的基础设施贡献（或相当于"开发费用"）。这些手册[22] 几乎都规定了比《都市计划法》更高的市政服务水平，虽然没有法律约束力，但通过地方政府对许可流程、供水和下水道连接的控制而得到了支持。大多数开发商发现，相比于试图直接挑战地方政府的指导，与其合作和协商更加容易。这一规则的例外情况是开发商不妥协的几个著名案例，这些案例也突显了当开发商拒绝遵守时，地方政府法律地位的薄弱（Ruoff 1993）。

　　1980 年，开发手册开始成为中央政府审查的对象，当时建设省和自治省对所有 1007 本现有的开发手册进行了调查。中曾根康弘政府随后通过一系列部长级通告，要求对开发手册进行具体修改，其中包括建议"减少对私营部门征收的'开发费'（development charges）的规模；澄清此类收费的目的；限制对开发商应提供的基础设施的要求；缩短地方政府与开发商之间的咨询期；缩短考古调查所需的时间；以及取消对于开发商与拟建开发项目的邻居之间签订正式第三方协议的要求"（Hebbert and Nakai 1988a：389）。值得注意的是，世田谷地方政府和其他机构创建了《社区营造条例》作为地区计划制度的一个部分，而这些要求正是他们在《社区营造条例》中正在制定和加强的内容。削弱开发手册的努力虽然在某些情况下取得了成功，但遭到了地方政府的强烈抵制，许多地方政府至今仍继续采用原有版本的开发手册来开展工作。尽管这种规划方法在 20 世纪 80 年代受到了来自中央政府的压力，它们在 20 世纪 90 年代持续激增，并成为规划活动的主要内容之一，如下一章所述。

　　其他放松管制的努力更为有效。城市边缘区的土地开发管制就特别有针对性。有三项解除划线制度（将都市计划区域划分为市街化区域和市街化调整区域）管制的主要努力。第一项，在 1980 年建设省发布了一份通知，首次详细说明了在 1968 年《都市计划法》所规定的五年一次的划线审查期间内允许从市街化调整区域变更为市街化区域，以及反向变更的具体条件。主要的标准是，提供自身基础设施的大规模规划开发项目（如土地区划整理项目）将要实施时，允许将市街化调整区域变更为市街化区域。第二项干预措施同样针对市街化调整区域 / 市街化区域的变更，引入了可以被指定到任何控制区的"保留人口"（reserved population）的概念，并允许在计算住房需求和土地要求时具有更大的灵活性。实际上，这允许在任何时候将市街化调整区域变更为市街化区域，而不仅仅是在每五年进行一次划线审查期间。

这些变化使得"灵活划线"制度得以发展，如下文所述。1987年进行了最后一次放松管制，这一次比以往更为激烈，允许人口减少了的地方城市完全放弃划线，尽管迄今为止只有九州的都城（Miyakonojo）一个城市这样做（Wada 1998）。这次修订还将市街化区域所要求的最低总人口密度从每公顷60人降至40人，以便更容易地将市街化调整区域改划为市街化区域（Hebbert and Nakai 1988a：388）。

这些放松管制的实际影响好坏参半。尽管一些放松管制措施被认为造成了后来严重的城市问题，特别是有各种漏洞允许市街化调整区域内持续的蔓延式开发，但另一些改变被当地规划者创造性地利用并转化为优势，如"灵活划线"。其他改变被规划师作为对规划制度的改进而积极地加以支持，这些制度改进为积极管理城市的变化提供了更大的自由度，例如针对大型城市重建项目的"再开发地区计划"㉓制度。1988年通过的《都市计划法》修正案承认了这一制度，允许远高于分区法规规定的容积率额度，以换取私人投资来补偿公共设施。它通常被认为是放松管制进程的一部分，因为它允许违反以前严格的分区制度限制。另一方面，许多规划师支持这一制度，认为它是一项具有创造性和有益的进步，有助于实现公共目标。

再开发地区计划制度最常见的用途是重建市中心的大型工厂场地。开发商有真正的动机承诺在重建中提供巨大的公共利益，因为根据工业分区，最大准许的容积率为200%、300%或400%，而地区计划可以允许采用适用于商业区（600%甚至更高）的更高的容积率。再开发地区计划包括私人支付的公共福利，如公共广场和开放空间、宽敞的道路系统和街道设施，以此来换取规划获批。在日本，为公共道路系统提供私人土地尤为重要，因为城市土地成本高昂，地方当局几乎不可能买得起土地。值得注意的是，由于该制度仅适用于将要重新开发的特定大型场地，因此其他地区正常的分区制度保持不变，尽管一些更加激进的放松管制支持者建议应更普遍地削弱分区。另一方面，对于一些观察者来说，再开发地区计划制度中最有问题的一个方面是，在地区计划的区域内，分区限制被完全取消，因此结果在很大程度上取决于规划当局的谈判能力。公共收益与公共损失的可能的风险同在。

许多地方政府的规划师欢迎有机会在特定地区内更灵活地使用分区，因为这使他们有更多的谈判空间，以允许增加特定的可开发建筑面积的方式来换取地方的规划收益。在放松管制的这一阶段，基本的分区制度保持不变，放松管制只适用于正在进行全面重建的特定地区。直到20世纪90年代经济衰退时，人们才进行更激进的尝试，进一步削弱分区制度中的基本限制，但这是下一章的主题。

人们普遍认为，放松管制加剧了一些严重的问题。许多人认为，这是导致泡沫经济过度发展的一个重要因素，对日本经济造成了非常严重的破坏性影响（Hayakawa and Hirayama 1991；Hebbert and Nakai 1988a：394；Oizumi 1994）。虽然刺激土地开发活动的各种尝试可能是导致地价上涨的重要因素，但很明显，放松管制只是导致泡沫现象的众多因素之一。例如，国有企业私有化和国有土地出售也被广泛地批评为泡沫经济时代地价上涨的关键因素（Hayakawa and Hirayama 1991：161）。放松管制更为重要的可能之处在于泡沫对特定社区和穷人的影响的恶化。例如，早川和男（Hayakawa 1991）详细介绍了 20 世纪 80 年代后半期的内城社区土地开发实践的一些不利影响。许多强硬的房地产开发商雇用匪徒和暴徒殴打房客并迫使他们搬出房屋的事例令人震惊，但更普遍的问题是，土地价格上涨如此之快，以至于大都市地区内的大多数新住房已经令普通工薪家庭无法负担，本来就很差的住房条件变得更糟（另见 Noguchi 1994；Seko 1994a）。放松管制政策也因穷人和老年人住房问题恶化而受到批评（Hayakawa and Hirayama 1991：160）。

　　这些状况也导致了日本社会不平等的显著扩大，因为那些已经拥有土地资产的人获得了巨大的利润，而那些没有房地产的人在购买房屋时则面临着越来越大的障碍（Tachibanaki 1992，1994）。未来的购房者被迫越来越远离大都市中心区，从而增加了城市蔓延的趋势。他们还被迫借越来越多的钱，导致出现了两代抵押贷款，因为他们工作一生也不可能一次性还清如此大的一笔钱。更糟糕的是，随着 20 世纪 90 年代泡沫的破灭，许多这样的住房贷款是由价值低于贷款的房地产所担保的。放松管制对城市边缘区的一些影响值得进行更详细的研究。灵活划线的例子提供了对城市边缘区城市开发议题的有用一瞥，也是都道府县和市町村的规划者将原本打算进行的放松管制变为优势的一个案例。

灵活划线

　　20 世纪 70 年代末的第一次划线审查完成后，新制度显然没有按照预期方式运行。虽然划线的主要目的是防止蔓延和促进规划开发，但在新制度的第一个 10 年中，市街化区域中的迷你开发和市街化调整区域中的持续无序开发趋势都在扩大。地方政府仍然挣扎于努力弥补大量基础设施的积压，在许多情况下甚至落后得更多。正是在这种背景下，灵活的划线制度应运而生。很明显，在当前放松管制的情况下，地方政府不太可能获得更大的监管权力或更多的财政支持，因此必须更具创造性地利用现有的权力。划线的权力可以被用于收买土地所有者加入土地区划整理项目——这是以低成本来实现某些有规划和市政服务城市化措施的一种土地开发方法。

　　如上文所述，放松管制的一项早期进展是建设省的通告，该通告首次详细说明了在划线审查期间允许将市街化调整区域变更为市街化区域以及反向变更的具

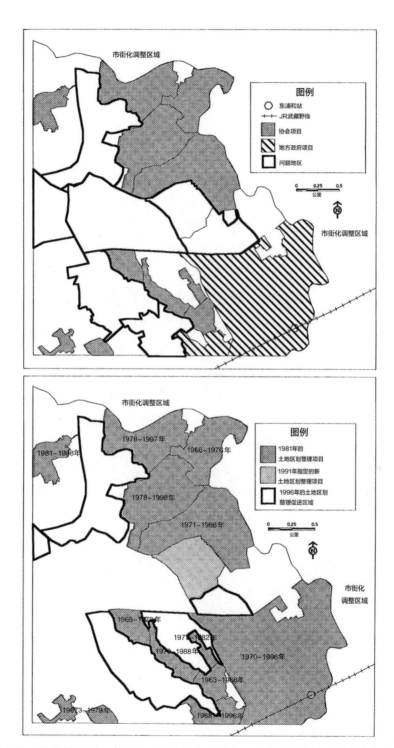

图8.3　浦和的问题指摘地区。在上图所示的浦和市区内，地方政府努力说服当地土地所有者同意开展土地区划整理项目，但直至1996年，只有一个小型的新项目启动，许多规划中的项目都被放弃或缩小规模。

体条件。主要标准是，在自己提供基础设施的大型规划开发案例中，例如土地区划整理项目中，基本上允许将市街化调整区域变更为市街化区域。在建设省的支持和鼓励下，东京周边的三个郊区县（神奈川县、埼玉县和千叶县）开始使用划线制度作为鼓励大型规划开发的一种方式。由于没有通过新的国家法律，每个县的具体做法各不相同（Capital Region Comprehensive Planning Institute 1987；Narai，et al. 1991）。

在埼玉县的案例中，通过 1983 年的埼玉县都市基本计划策定调查，该县审查了其长期战略。为了鼓励更多的规划开发并实现基础设施的目标，埼玉县开发了两种新技术来对划线制度的运行加以修正，即预定划线计划开发方式，下文简称为预定划线方式；以及暂定逆划线方式，下文简称为逆划线方式。这两种技术在 1984 年就可供使用了。市街化调整区域采用预定划线方式，市街化区域采用逆划线方式。如果预定划线方式可以被描述为"胡萝卜"，那么逆划线方式就是"大棒"。

简言之，预定划线方式是通过给予分区奖励来鼓励大型规划开发项目的一种方式。在合法申请之后，市街化调整区域内能够提供自己的道路、下水道和公园等其他公共设施的开发将可以变更为市街化区域。尽管大量的大型私人开发也被批准划分到市街化区域内，这一奖励主要是为了鼓励土地区划整理项目的启动。例如，埼玉县在 1984 年至 1990 年（含当年）的 7 年间，共有 2104 公顷土地以这种方法变更为市街化区域，其中 485 公顷为私人开发，其余 1619 公顷为土地区划整理项目。因此，土地区划整理项目占总数的 77%。在同一个七年期间，埼玉县启动了总计 3297 公顷的新土地区划整理项目，因此，在此期间启动的所有新土地区划整理项目中，略低于一半是通过预定划线方式进行的（Narai，et al. 1991：701；Saitama ken 1994）。

逆划线方式的部分则要稍微复杂一些，但遵循同样的逻辑，即用划线作为工具来说服土地所有者同意土地区划整理项目。该政策的实质是，如果无法就启动土地区划整理项目达成协议，指定的问题区域将从市街化区域变更至市街化调整区域。由于市街化调整区域地区的土地价值明显较低且允许的开发比市街化区域更为有限，因此这种区域变更的影响可能很大。

1977—1979 年第一次划线审查后，县规划部门将现有约 10000 公顷的市街化区域土地指定为"问题指摘地区"，占 1970 年不属于人口集中地区的市街化区域的 27%。这些是市街化区域内主要用于农业用途的地区，既没有土地区划整理等有规划的综合开发，也没有最低限度的住宅开发。因此，"问题地区"[24] 是指如果不进行全面开发，将来就可能出现蔓延式开发的地区。已经大量开发的地区，即使是以随意、无市政服务的方式进行，也不能变更为市街化调整区域，并且在任何情况下都很难通过土地区划整理来开发。这些地区往往相当广阔，留待在未来采取其他补救措施。

在实践中，防止划线区域变更所需的"综合开发协议"（agreement on comprehensive development）[25] 被定义为：每一个成立了土地区划整理发起人会的地区内一群较大的土地所有者的一致同意。需要注意的是，所要求的是成立一个启动土地区划整理的委员会，而不是真正合法地启动一个项目，因为人们认为这需要一些时间。这将在以后产生重要的后果。通过谈判取得土地所有者一致同意的工作落在了市町村规划部门的身上，因为这些部门负有城市规划责任，并与问题地区的单个土地所有者们保持着联系（Narai, et al. 1991：701）。在实践中，很难获得土地所有者的一致同意来继续开展许多有规划的土地区划整理项目。至 1995 年，所有规划项目中只有不到三分之一已经开始。浦和市的目标区域如图 8.3 所示，至 1995 年，只有覆盖了其中一块问题地区的部分面积的一个新项目得以启动，而许多项目都已被放弃，大量的其他项目仍处于组织阶段中。

在最初指定的 10000 公顷问题地区中，地方政府能够为总共 7500 公顷（占该区域的 75%）设立土地区划整理发起人会。另外 1550 公顷的土地被认为已经有了足够的开发量，可以避免被变更为"既成市街地区"，其余的 950 公顷土地被划为市街化调整区域。然而重要的是，截至 1995 年，即土地区划整理发起人会成立整整 10 年以后，土地区划整理在不到 40%（2800 公顷）的地区内[26]得以合法启动，这些地区通过同意这样做来逃脱被变更区域的命运（由埼玉县都市计划科[27]提供的未公开数据）。此外，尽管相关的地方政府尽了最大努力，但似乎越来越大的可能性是，剩余的大部分地区将永远不会转变为土地区划整理项目，因为许多小型开发项目已经在此期间被同时建成，最容易组织的地区总是首先启动，留下一些由于某些原因较难解决的地区。

因灵活的划线政策而启动的土地区划整理项目在政策实施期间占新土地区划整理项目总量的相当大一部分。在 1980 年至 1995 年期间启动的 6758 公顷新土地区划整理项目中，约 4600 公顷（接近 70%）是这两项政策[28]的直接结果。因此，这两项政策似乎非常成功，促进了在土地开发中更多地采用土地区划整理项目。然而根据定义，所有通过预定划线方式所开发的项目都会导致市街化调整区域的土地变更为市街化区域，这极大地促进了大都市地区蔓延式开发的扩张（Sorensen 2000b）。

似乎大多数"问题区域"都感受到了划线区域变更的威胁，因而都成立了土地区划整理发起人会。然而，在能够避免逆划线的大多数最初的问题区域中，事实已经证明，无法得到足够的同意数量来启动土地区划整理项目。据埼玉县的官员说，将不会再使用逆划线方式，因为"它招致了太多的反对，再次这样做真的就像用棍子去打土地所有者们一样，不会再生效了"（1995 年 7 月 15 日对埼玉县都市计划科的采访）。另外，预计未来将会越来越多地使用预定划线方式来鼓励采用土地区划整理（Sorensen 2000b 1999）。

　　虽然中央政府的意图显然是允许市街化调整区域更容易地转换为市街化区域，但埼玉县所实施的政策很难被称为放松管制。事实上，虽然在土地区划整理项目和其他规划开发中，市街化调整区域向市街化区域的转化明显促进了以前未开发地区的城市开发，但这至少是有良好基础设施配套的城市化。尽管并非所有的已规划项目都已成功启动，比起强横地用逆划线的威胁来说服土地所有者们加入土地区划整理项目，市街化区域的扩展可能带来的负面影响似乎要小于其贡献。

泡沫经济

　　20 世纪 80 年代日本强劲的经济，特别是 1986 年至 1990 年土地和股票价格与众不同的急速上涨，一起激发了人们对日本经济无敌的信心，这与日本缺乏基本资源和依赖世界市场的传统不安全感相去甚远。Pempel 非常恰当地描述了这种情况：

　　　　日本对于石油冲击和劳动力短缺的处理要比其他国家成功得多。主要的制造业公司已经变得更加强大。日元的迅速升值促使他们中的许多人将注意力从"出口者"转向"投资者"。因此，尽管出现了石油危机、日元的惊人升值以及海外保护主义的抬头，许多日本企业仍然兴旺发达。资产持有者尤其在受益。1986 年至 1990 年间，土地价格和东京股票交易价值飙升。日本游客带着大量越来越值钱的日元漫游世界，在他们的路易·威登（Louis Vitton[29]）[原文如此] 手提箱里装满外国商品。光彩夺目的银座茶叶店为迎合新富阶级的需求，提供了洒上真金的巧克力。日本记者高兴地注意到，日本皇宫 5 公里半径范围内的土地账面价值甚至高于整个加利福尼亚州。日本人掀起了世界范围内的纪念品购买浪潮。1985 年至 1989 年间，日本的年均实际经济增长率为 4.5%，比任何其他工业化民主国家都要高出整整一个百分点甚至更多。日本的贸易繁荣，现金账户激增，外汇储备也呈几何级增长。世界十大银行中有九家是日本的银行。资金充裕的日本成为世界最大的债权国。日本的经济状况似乎与比较经济的经验和商业周期背道而驰。必胜主义的信念席卷整个日本。

——Pempel（1998：196）

20 世纪 80 年代，日本的大型综合性一般型建筑公司的利润和技术能力大幅提升，在这些公司的成长的推动下，日本规划的远见卓识的一面也重新浮出水面。在地价大幅上涨的背景下，主要总承包商的工程和设计人员开展了一系列富有远见的新项目来重构和再造日本的城市——特别是东京，其规模和胆量与 20 世纪 50 年代的"新东京规划"不相上下。Golany、Hanaki 和 Koide（1998）的《日本城市环境》（*Japanese Urban Environment*）一书展示了许多此类项目。值得注意的是，尾岛俊雄提议建立一个深埋地下的服务隧道网络，用于容纳远程控制的货物配送与垃圾处理车辆、石油汽油和煤油管道、供水和污水干管，以及电缆、光缆和其他线缆，该网络在东京地下呈密集格子状分布，总长 312 公里（Ojima 1998）。更奇妙的是大林组公司提出的拉普塔⑩规划方案，该方案将建设一系列 1 公里见方的平台城市，以缓解东京的拥挤和公园空间的不足。新的地面标高将位于现有地面标高以上约 6 至 8 层（31 米）处，上面广阔的开放空间都经过了景观美化。可容纳 40000 名工人的住宅和 53000 名工人的工作场所将在高层建筑内以及有自然光的结构边缘处提供。交通设施、停车场、基础设施、电影院、工厂、仓库和室内运动中心将被安置在平台下巨大的黑暗空间中（Obitsu and Nagase 1998：325-327）。类似的规划是在东京湾建造一座 800 米高（150 层加上无线电天线的高度）的塔楼，该塔楼内部的总建筑面积为 100 万平方米，规模相当于一座大型的中心城市（Obitsu and Nagase 1998：328-331）。最奢侈的部分是该规划拟将东京中心区的大部分工厂迁入多个 30 米高、20 米宽的隧道中，这些隧道位于海底的大陆架下，还没有任何土地权属。该规划要求机器人制造设施装满 505 条隧道，每条隧道长 15 公里，隧道总长 8475 公里，建筑面积约 1.7 亿平方米（Obitsu and Nagase 1998：330-5）。这些提议使"新东京规划"都显得相当温和，但遵循了与之相同的总体理念。无限的城市工业增长，加上无限的能源、原材料和高科技工程专业技术供应，激发了杰出的工程思维幻想。

所有这些项目的两个统一的特征是，假定土地价格会不断上涨（这将使超高的成本变得合理）以及用工程方法来解决城市问题（较为忽视其社会影响）。除了成本收益方面的某些问题外，可以公平地说，这些提议在大多数西方国家里将立即遭到很多人坚决的政治反对，他们仍然记得或仍在处理与柯布西耶现代主义项目有关的各种问题，而这些项目的典型特征是用公园中的塔楼取代现有的城市地区。例如，拉普塔方案与 1925 年勒·柯布西耶的巴黎市中心瓦赞规划（Plan Voision）非常相似，今天则几乎不会有人严肃地提出此种规划。

　　不幸或者也可能幸运的是，泡沫时代的狂妄自大和宏伟愿景很短暂。1990 年股票价格暴跌，此后不久，土地价值不可避免地下跌了，表现为地价在逐渐、持续地下降。截至 2001 年，日本的经济仍未复苏，20 世纪 90 年代被称为日本"失去的 10 年"，几乎没有经济增长，在泡沫时期沉重的负债压力下，企业普遍倒闭。泡沫经济的原因和问题已经在其他文献中被充分地研究过（Noguchi 1992a；Oizumi 1994：204；Wood 1992）。人们普遍认为，造成泡沫的原因之一是在 1985 年广场协议（Plaza Accord）后为应对日元升值而降低利率，对以土地为抵押的银行贷款放松监管，以及放松管制所造成的土地监管薄弱。这些因素结合在一起，使得许多企业可以借钱投机购买土地，同时将土地作为主要的贷款抵押品（Noguchi 1994：18）。泡沫对日本经济影响深远。即使在 20 世纪 90 年代末注入数十万亿日元帮助银行从房地产泡沫破裂所留下的坏账中恢复，日本的金融系统仍处于崩溃边缘。在 20 世纪 80 年代末曾拥有世界上最大资产额的曾经强大的日本保险业，现在已经为负净值，预计只有少数公司能够生存下来。许多其他的公司被外国公司（主要来自美国）以超低的价格收购。金融部门疲软是整个 20 世纪 90 年代经济的一大拖累因素，因为大多数银行实际上停止了贷款，严重地打击了将银行贷款作为经营资本的中小企业。

　　房地产价格的繁荣和萧条也对城市地区产生了一系列破坏性的影响。与土地价格上涨的早期阶段一样，20 世纪 80 年代后期土地价格的急剧上涨导致土地开发距城市核心区越来越远，而在更近的地区仍有许多土地未开发。土地价格如此之高，以至于大多数家庭买不起房子，这被视为日本民众不平等的一个日益严重的根源，因为那些土地资产拥有者的净财富大幅增加（Seko 1994b；Tachibanki 1992）。据渡边洋三报道，1989 年上半年，东京站 10 公里范围内的住宅公寓平均价格为白领工人平均年收入的 15.6 倍，10-20 公里的范围内则为 10.7 倍（Watanabe 1992：31）。在其他发达国家里，一般家庭被认为可以负担得起年收入 3 到 4 倍价格的住房。住房贫困作为一个紧迫的公共问题开始得到越来越积极的讨论。地方政府同样发现，购买公共设施所需用地变得越来越困难，即使基础设施的完工率在下降，基础设施预算中用于购买土地的份额也在不断变大。

　　城市规划发展的一个重要后果是，随着地价上涨问题变得愈发严重和普遍，中曾根康弘政府推出的放松管制举措受到了越来越多的批评。许多人的结论是，为了控制土地投机和阻止地价上涨，需要有更强有力的土地法律和土地管制，而不是放松管制。争论的结果之一是在 1989 年 12 月通过了《土地基本法》，宣布公共福利在土地利用中至关重要，对土地利用必须进行规划，以及土地所有权也意味着在土地利用中的责任（Otake 1993；Ishi 1991；Fukuoka 1997；Anchordoguy 1992）。虽然许多人认为，20 世纪 80 年代末和 90 年代初所颁布的土地政策措施太少且太晚，但到了 80 年代末，钟摆显然已经从放松管制摆向重新支持加强对土地开发和规划的控制。

译者注：

① 英文为 First Year of the Welfare State，意思是"福利国家元年"。

② 日本自民党在 1955 年至 1993 年间一直为执政党，所以此处的执政党就是指自民党。

③ 町村敬志（Takashi Machimura）为日本著名社会学家。

④ 通商产业省在 1983 年制定并实施了《高度技术工业集積地域開発促進法》，通称《テクノポリス法》，"テクノポリス"即为英文 technopolis 的日文直译。本文采用"科技城"作为其中文翻译。

⑤ 即中文文献中经常提及的"筑波科学城"，日文通常称为"筑波研究学園都市"。

⑥ 包括建设省所管辖的"都市計画中央審議会"和"建築審查会"。"都市計画中央審議会"在 1919—1949 年之间的名称为"都市計画中央委員会"，在 2000 年之后则改称为"社会资本整備審議会"。

⑦ 英文原文为 Special District Plan for Redevelopment，应是对应日文的"再開発等促進区を定める地区計画"，此处翻译为"再开发特别地区计划"。

⑧ 英文原文为 District Plans for Historical Preservation，日文为"歴史的風致維持向上地区計画"。

⑨ 对应日文的"特別用途地区"。

⑩ 日文的"まちづくり"的意思非常多元和复杂，很难严格对应某一个中文词，为了读者理解方便，译者在此处翻译为"社区营造"，但读者应注意区分其与中文里"社区营造"原有含义的差别。

⑪ 下文中，将全部采用"社区营造"一词指代"まちづくり"，对应英文原文中的"machizukuri"。

⑫ 即开发许可制度中所采用的"开发指导要纲"（開発指導要綱，kaihatsu shidôyôkô）。

⑬ 大场启二（大場啓二，Oba Keiji）于 1975 至 2003 年担任世田谷区区长。

⑭ 原文为 Setagaya Machizukuri Ordinance，此处翻译为"世田谷社区营造条例"。

⑮ 此处未找到对应的日文词，因此根据英文原文 Earthquake Prevention Renewal Areas 直译。

⑯ 即高見沢实，曾任横滨国立大学教授，他的 1999 年这篇文献的日文信息为：高見沢实（1999）「地区まちづくり系まちづくり条例」、小林重敬編著『地方分権時代のまちづくり条例』、pp166–175、学芸出版社。

⑰ 英文原文为 US‐Japan Economic Cooperation Agreement，未找到日文原文，因此中文直接翻译为"美日经济合作协定"。

⑱ 英文原文为 Strategic Impediment Initiative/SII，实际应为 Structural Impediment Initiative/SII，日文为"日米構造問題協議"，中文翻译为"日美结构问题协议"。

⑲ 经团联的全称为日本经济团体联合会（日本経済団体連合会）。

⑳ 日文正式名称为"東京湾アクアライン・東京湾アクアライン連絡道"，或"東京湾横断道路・東京湾横断道路連絡道"。

㉑ 此处的 Otake 对应的全名应为 Otake Hideo，即日本京都大学和东北大学教授、政治学家大岳秀夫（大嶽秀夫）。

㉒ 即上文提到的"开发指导要纲"（開発指導要綱，kaihatsu shidôyôkô）。

㉓ 英文原文为 Special District Plan for Redevelopment（Saikaihatsu Chiku Keikaku）。

㉔ 即指代上文的"问题指摘地区"。

㉕ 此处未找到对应的日文，根据英文原文直接翻译。

㉖ 此处指设立了土地区划整理发起人会的 7500 公顷地区的 40%。

㉗ 英文原文为 Saitama Prefecture City Planning Department，对应的日文应为"埼玉県都市計画課"。

㉘ 指的是"预定划线方式"和"逆划线方式"。

㉙ 该品牌的法文或英文名称为 Louis Vuitton，但按照日本人的发音方式，则为 Louis Vitton，在此应是强调日本人对该品牌的称呼。

㉚ 拉普塔（Laputa）最初是乔纳森·斯威夫特写作于 1726 年的《格列佛游记》中出现的一个飞行岛。

第9章 地方权力的时代：总体规划、社区营造和历史保护

> 据说，在日本3万条河流中，只有三条没有筑堤，甚至这些河流的河床和河岸也被混凝土包裹起来。混凝土砌块现在占日本全国数千公里海岸线的百分之三十以上。然后是电线！日本是世界上唯一一个不在城镇埋设电线的发达国家，这是造成其城市地区肮脏视觉印象的主要因素。在郊区，电线的使用情况更加糟糕。有一次，我被带去参观了横滨的一个新住宅区港北新城（港北二ュータウン），随处可见的巨大钢塔和小一些的电线杆令我惊讶不已——一个地狱般的电线网遮住了头顶的天空。这里被视为城市开发的一处模范区。
>
> ——Kerr（1996：49-50）

20世纪90年代，日本规划和城市发展所处的经济、政治和城市环境发生了巨大变化。这些变化在很大程度上是由泡沫经济的破裂引发的，从1990年第一个交易日的股票价格暴跌开始，并被1992年以来的土地价格下跌所加速。然而，泡沫的破裂只是麻烦的开始，因为当过度膨胀的资产价格退潮时，经济泡沫掩盖了一堆令人遗憾的坏账和浪费性支出。这些因素极大地推动了日本经济增长在20世纪90年代的下滑，使其一直低于其他发达国家。

因此，泡沫的破裂给日本带来了10年的严峻挑战。经济增长的停滞、公共工程合同中大规模腐败的曝光、官僚主义无能的感受、自民党多数党统治的崩溃以及未能找到新的政治平衡，这些都导致人们经常将20世纪90年代描述为日本"失去的10年"。在这10年中，这些问题对城市规划实践产生了巨大而多样的影响。其中一个影响来自中央政府为重启经济增长在大型基础设施项目上的巨额支出。第二个影响是中央和地方政府财政状况明显恶化，其中一部分原因是来自税收的收入下降，同时经济刺激措施的支出又大幅度增加。特别是，许多地方政府糟糕的财政状况已经使扩大城市规划的支出变得极其困难。此外，中央政府的失信导致人们普遍要求更彻底地下放规划权，最终导致1999年规划法发生重大变化。与此同时，要

求提高城市地区生活质量和采取更有效的城市规划措施的压力越来越大。志愿活动、非营利和非政府组织以及旨在改善环境的公民运动的大量增加，为 20 世纪 90 年代公民社会的发展做出了主要贡献。本章第一部分概述了这一变化背景的主要轮廓。

本章的主要部分介绍了三种重要的新规划实践。总体规划、社区营造和历史保护（英文原书第 300 至 325 页）。这些新的规划方法越来越普遍和流行，代表着日本城市规划实践的重大转变。它们都基于地方政府行动，并在规划制定过程中涉及大量公众参与。与旧的自上而下的中央政府主导的规划风格相比，它们还代表了更广泛的公共物品（public good）和合法公共利益（public interest）概念。尽管许多新方法仍处于形成阶段，但在城市规划和公民社会领域，20 世纪 90 年代绝不是失去的 10 年。这些新的城市规划方法和活力是否会被经济和政治体系的深层次问题所淹没，仍然有待观察，但它们至少构成了一个令人沮丧的前景中的亮点。本章的最后一部分总结了 20 世纪最后 10 年的一些主要城市变化。

经济和政治危机 —— "失去的 10 年"

泡沫经济时代的资产通胀危机最终在 1990 年被刺破，当时大藏省介入进来以减少金融流动性，并对用于房地产购置和开发的贷款施加了严格的新限制。除了股票市场，泡沫并没有真正"破裂"，而是呈现为 1992 年以后资产价值的长期通缩。具有讽刺意味的是，尽管 20 世纪 70 年代国土厅建立的土地价格监测和控制制度并没有在 1985 年到 1989 年防止破坏性的土地价格上涨，1987 年强化后的这一制度至少相当有效地使 1992 年后土地价格呈现有序下降的迹象。虽然所有人都同意必须阻止土地价格上涨，但 1992 年土地价格的突然下降更令人担忧，因为相当巨大的贷款量助长了泡沫，以至于土地价值的严重下跌威胁到了金融系统本身，因为几乎所有贷款都以土地作为抵押。随着股市的崩溃，日本银行的资本基础已经受到侵蚀，大量的不良贷款减记将威胁其生存。因此，1992 年后，土地政策的一个关键目标是防止土地价格骤然暴跌，以保护金融系统。1974 年为控制价格快速上涨而建立的土地价格监测和报告制度被反向使用，帮助促进土地价值逐渐下降。事实上，更准确的说法可能是，出现了逐渐下降的迹象，因为正如 Wood（1992：51）所说，由于土地购买者严重不足，土地市场变得高度缺乏流动性，所以公布的土地价格在很大程度上是虚构的。如果监测区域内没有土地交易，也就没有土地价格变化的记录，而且许多有记录的购买仅为内幕交易——大公司出于会计原因以官方价格（远高于实际市场价格）将房地产出售给子公司。20 世纪 90 年代初，地方政府也购买了大量土地。由于这些购买通常是以"官方"价格进行的，远高于今天的价格，也远高于当时的实际市场价格，因此这些购买行为让地方政府面临指责，认为它们只是在帮助受惠的公司，而不是在实现合理的土地储备战略。

不幸的是，土地价格的逐渐下跌似乎让许多金融机构只是推迟采取痛苦的措施以修复泡沫所造成的损害。坏账被掩盖，金融重建被延迟，这些都大大增强了对于金融系统和资本市场的最终破坏。而在美国，在 20 世纪 80 年代末房地产的繁荣崩溃后，储蓄和贷款行业也遭遇了类似的危机，在最初的犹豫和不作为之后，一个有效的救援计划出台了，最糟糕的情况在 1995 年结束。至 20 世纪 90 年代末，日本金融系统陷入严重危机，政府被迫用 30 万亿日元的金融支持来拯救，其中 7.5 万亿日元用于加强主要城市银行的资本金。日本保险业在 20 世纪 80 年代曾拥有世界最大的资产，而其净资产到 90 年代末已经为负，破产变得越来越频繁。即使到了2001 年，金融业仍在崩溃的边缘摇摇欲坠，在撰写本书时，政府正在考虑再次注入几万亿日元。Pempel 还指出，由于日本储蓄账户的利息在过去十年的大部分时间里一直处于历史最低水平，日本银行的超低利率政策实际上是一种将巨额资金从日本储户转移到金融系统的救助手段（Pempel 1998：143）。

泡沫的结束以及对于金融系统的破坏对日本经济产生了重大影响，并留下了20 世纪 90 年代经济增长乏力的后遗症。前一个五年的年均增长率仅为 1.9%。后一个五年则不到 1%。坏账的积压极大地阻碍了经济复苏，因为银行根本不愿意放贷，而提供大部分就业和产值且高度依赖银行贷款来获取营运资本的中小企业们发现，它们再也无法借贷。对于一个已经习惯于更高增长水平的日本经济和社会来说，这产生了严重的影响，许多人预测"终身就业制度"（lifetime employment system）将终结，失业率和无家可归率将创历史新高，中央和地方政府的财政状况都将恶化。经济增长放缓主要从两个方面影响了政府财政；税收大幅减少和支出大幅增加，其中大部分支出用于凯恩斯主义的经济复苏努力。1992 年至 1999 年期间，政府在刺激经济的政府投资措施上花费了超过 120 万亿日元，其中约 70 万亿日元用于公共工程项目。在美元兑日元的汇率实际上在 80 至 145 日元兑换 1 美元之间大幅波动的这段时期内，100 日元兑换 1 美元可以被视为一个方便的汇率，这将意味着公共工程方面投资大约为 7000 亿美元。

甚至在最近的公共工程投资热潮之前，日本媒体就经常将日本称为"土建国家"，因为日本建筑业规模庞大，政治实力雄厚，约占 GDP 的 20%，是其他发达国家的两倍（McCormack 1996）。大部分建筑业都依赖于公共工程支出。1997 年，公共固定投资相当于日本国内生产总值的 7.8%，是美国和法国份额（均为 2.8%）的两倍多，德国或英国份额（德国为 1.9%，英国为 1.6%）的三倍多（Kase 1999：19；Pempel 1998：183）。在日本，约 680 万建筑工人及其家庭成员代表着 20% 的选民（McGill 1998：45）。即使在 20 世纪 90 年代的经济衰退中，建筑业仍然是一个巨大的产业，部分原因是为了恢复经济活力而在公共工程上投入了巨资。尽管在 1990 年繁荣的高峰期，私人和公共部门的建筑业总金额达到了 82.4 万亿日元，这一数字在 1997 年已下降至 70.4 亿日元。与此同时，公共建设的份额从 29.4% 上升到 43.3%，这表明公共支出的大幅增加有助于防止更大幅度的下降（Kase 1999：19）。

可悲的是，只有部分支出能够真正为日本经济或日本公众带来好处。除了下文所述的系统性腐败导致的成本膨胀外，还有一个事实就是，大部分资金都花在了大型项目上，如日本项目产业协议会（JAPIC）所推动的项目——包括东京湾隧道、通往四国的桥梁，以及关西机场——这往往限制了普通纳税人的真正利益。虽然快速增长期的许多项目通过产生其他经济活动而带来了高乘数效应，满足了实际需求，但许多近期的项目几乎完全没有用处，主要是为了花费越来越多的公共工程资金。在大型项目上花费大量的资金要简单得多。

这导致在预测主要项目的需求和收入时出现了一些严重错误。一个引人注目的案例是现在被称为 Aqualine 的东京湾跨海大桥和隧道项目，其起源在第 5 章中有所描述。该项目在 20 世纪 80 年代重新启动，9.5 公里长的隧道和 4.4 公里长的系列桥梁由日本道路公团在 1997 年完成，造价为 1.44 万亿日元（McGill 1998：47）。运营第一年的总需求仅为最初预测的一半以上，此后的总出行量每年都在下降，这使得 Aqualine 几乎不可能用收入来支付成本。需求预测中持续存在的严重误差表明，在日本，未来的交通需求实际上不是项目规划的重要因素。正如日本道路公团的执行理事、Aqualine 的规划者之一 Ogasawara Tsunesuke[①] 向《朝日新闻》解释的那样，"你必须明白，项目的目标不是满足需求"（McGill 1998：48）。这是一份非常坦率的声明，与 Samuels（1983）对该项目政治起源的描述非常吻合。

另一个无用或有害开销的实例是对海岸侵蚀的防御。人们常常沮丧地注意到，日本大段的海岸线都被消波块[②]（重达数吨的有四个尖的混凝土块）所覆盖。虽然日本确实经常遭受台风袭击，当然也需要坚固的港口，但无论如何，用混凝土消波块来环绕岩石众多的海岸线一直被普遍批评为多余、破坏生态且丑陋。事实证明，此类支出的一个主要原因是，尽管城市地区的大型建设项目经常遭到当地居民的反对并造成延误，农村地区的土地改良（improvement）项目也需要与农民进行深入协商才能获得他们的同意，但几乎没有人反对沿海"改良"，而且预算还可以快速使用，因此完成率比其他类型的项目高得多（Kase 1999：17）。类似的原因导致了大型桥梁和隧道项目广受欢迎。唯一需要的土地是用于引道建设的，主要的成本产生自横跨水面铺设钢架或在山内钻孔，而这两种方式都不需要昂贵且耗时的土地购买。

中央和地方政府的财政困境

然而，随着日本政府债务膨胀到前所未有的程度，20 世纪 90 年代的消费狂潮留下了破坏性的遗产。截至 2001 年 3 月底，中央和地方政府持有的未偿长期债务总额预计为 642 万亿日元，约占国内生产总值的 125%（Yoshida and Naito 2001）。这是一个令人震惊的数字，也是经合组织中迄今为止的最高值，甚至超过了长期以来一直被认为是受政府赤字和巨额长期债务威胁最大的发达经济体意大利。尽管大部分债务由日本储蓄者和金融机构持有，这意味着外国对日本金融稳定的威胁很小，但日本金融工具的低利率也意味着日本投资者的资本回报率很低。

即使是这些数字也掩盖了更大的债务总额，因为过去 20 年的大部分基础设施支出都来自非政府账户。例如建造了连接四国和本州昂贵桥梁的本州四国连络桥公团，就属于特殊的公营公司，其账目和债务不包括在上述政府债务的计算中。然而，连络桥公团陷入了严重的财务困境，预计其债务将不得不由日本道路公团（JHPC）承担，因为它永远无法用自己的收入支付不断膨胀的利息费用。连络桥公团现在有 4.37 万亿日元的债务，但只有 3.53 万亿日元的非流通资产，每 200 日元的支出只产生 100 日元的收入，其中大部分用于支付利息（Yoshida and Naito 2001）。这场金融灾难的部分原因是对交通预测过于乐观，部分原因为建设成本超出预期，还有部分原因则是可能一开始就根本不需要三座通往四国的桥梁。正如第 7 章所讨论的，这些桥梁是由三位自民党高级政客的政治需求所驱动的，他们每个人都为自己的选区修建了一座桥梁。令人惊讶的是，尽管现有三座桥的交通量远低于预期，通往四国的另外两座桥梁仍在积极考虑之中。由具有影响力的政客所组成的一个游说团体发誓要确保在九州和四国之间的丰予海峡、从淡路岛到大阪，以及在名古屋附近的伊势湾上建造桥梁。正如由 72 名成员所组成这一团体的秘书长、前防卫厅长官卫藤征士郎在代表大分县佐伯市（位于拟议的九州四国大桥的一侧）时所确认的那样，"建造这些桥梁将拯救日本经济。即使我们不得不诉诸立法，我们也会确保它们被建成"（McGill 1998：44）。

虽然将破产的本州四国连络桥公团的债务转移给日本道路公团显然可以解决连络桥公团的财务问题，但日本道路公团也有自己的困难。截至 1998 年，其债务已达 23.67 万亿日元。尽管如此，日本道路公团不太可能拖欠贷款，因为它从日本各地的收费公路和汽油税中获得了巨额收入。自 20 世纪 50 年代成立以来，汽油税一直专门用于修建新的公路。其他公营公司也积累了巨额债务，如在私有化后承担了国有铁道债务的日本国有铁道清算事业团，以及北海道东北开发公库③。后者开发了北海道的苫小牧和以惨败而收场的位于青森县陆奥—小川原的工业用地开发项目，这两个项目都是最初在田中"日本列岛改造"规划中指定的。

　　问题尤其突出的是在 20 世纪 90 年代急剧恶化的地方政府财政状况。这是税收收入下降和中央政府支出需求提升的结果。后者的部分原因是新的重大公共工程支出，因为中央政府敦促地方政府大幅增加其自身的基础设施支出，以此作为刺激经济的政府投资工作的一部分。被中央政府更多地允许地方政府发行债券所推动，地方政府项目支出随后以高于中央政府的支出速度增长（Jinno 1999：7）。其结果是地方政府债务急剧增加。在 1990 年，地方政府债务总额占国内生产总值的 15%；到 2000 年，这一数字已增至 37%（Schebath 2000：3）。这对地方政府偿债成本产生了预期影响，地方政府的偿债费用从平均占地方收入的 11.2%（地方税加上中央政府的总补贴）增至 16.4%（Schebath 2000：3）。中央政府传统上认为，偿债成本超过15% 是一个危险信号。同样，随着偿债费用的增加，地方预算的灵活性也在稳步下降。强制性支出（人员费、社会福利费和偿债费用）占地方收入（地方税加总补贴）的比例从 1990 年的 70.2% 上升至 1998 年的 89.4%（Schebath 2000：4）。在 1998年，大多数日本地方政府都超过了公认的 75% 的危险上限，包括 47 个都道府县中的 46 个，以及所有市町村的 85%。大都市地区尤其困难，特别是大阪府和神奈川县,1997 年被迫将其地方收入的 112% 和 106% 用于强制性支出（Schebath 2000：5）。也就是说，他们不得不借款以满足基本的运营费用，更不用说其他各种费用了（其他费用在 10 年前就占总支出的 30%）。

公共工程腐败与谈合制度

　　在价值存疑的项目上的巨额支出至少可以得到辩护，理由是它创造了就业机会，为经济增长的复苏奠定了基础。当公共工程支出中导致成本大幅上涨的系统性和普遍性腐败被揭露出来时，就没什么可以站得住脚的了。被揭露出的腐败规模十分巨大。1993 年 3 月，自民党副总裁金丸信因为收取了快递公司佐川急便的 5 亿日元贿赂而被捕，并辞去了党内职务，从而引发了一轮极具破坏性的丑闻。检察官随后在金丸信的办公室和家中发现了 100 公斤金条、数千万日元现金和约 30 亿日元的匿名债券（Pempel 1998：140；Woodall 1996：12）。随后调查中所收集到的证据显示，全国各地的公共工程合同中存在大规模和系统性的腐败，并导致一场涉及许多主导建筑业的大型总承包公司的更大丑闻。被称为"ゼネコン"（Zenecon，指总承包商）④

丑闻，在 1993 年春夏期间暴露出了普遍存在的对于公共工程合同投标的操纵以及承包商向政客的大量行贿。最终，八家主要建筑公司的高管、仙台市长和三和町长、茨城县和宫城县的知事，以及一名国会议员都因腐败指控而被捕（Woodall 1996：13；McCormack 1996：36）。

事实上，后来的披露表明，该案中的逮捕实际上只触及了问题的表面，因为这一时期几乎所有公共工程合同都是以串通投标的方式操纵的。谈合制度源自这样一个事实，即日本几乎所有公共工程合同都是在"指定投标人"（designated bidder）制度下进行的，该制度允许指定有限数量的承包商来投标。这些承包商于是轮流提交中标，从而消除了竞争性招标。在绝大多数情况下，中标金额刚好低于指定的最高允许金额，因为公共工程官僚经常将此类信息泄露给投标人。作为回报，这些官僚在从政府部门提前退休后经常可以在大公司获得收入丰厚的工作，这就是所谓的"天降"。[5] 这些虚增利润中的一部分随后被引向自民党，以确保对这些项目持续的资金投入，通常针对特定地区。在公路、隧道、铁路、垃圾填埋场、下水道、机场和港口等公共工程项目上的巨额支出成为自民党主导的政府制度的核心（McCormack 1996：35）。正如 Woodall 所说，"谈合制度与日本经济中的政治权力机制紧密交织在了一起。建筑承包商获得了充盈的利润，政府官员获得了行政权力和退休后的保障，立法者获得了政治捐款和竞选支持。当然，输家是纳税人：据各种估算，投标操纵和政治回报使日本公共建设的成本增加了 30%-50%"（Woodall 1996：48）。这是巨大的公共工程支出总额的 30%-50%，是对纳税人资金的巨大浪费。

国家和地方的官僚与政客中也存在腐败。20 世纪 90 年代中期，公民团体利用新的《情报公开法》[6] 强制披露都道府县和地方政府的账户。到 1996 年，47 个都道府县中有 25 个已经被揭露出有腐败和伪造账目。据透露，地方官员们在东京花费了约 78 亿日元"宴请"中央政府官员以及相互"宴请"（Yoshida 1999：41）。正如 Pempel 所指出，"捏造和虚报的开支账户、虚假旅行以及员工领空饷被披露已经成了根深蒂固的'规范'。至少有三位知事辞职，大约有 13000 名官员受到纪律处分"（Pempel 1998：143）。在过去几年中，心怀不满的地方纳税人发起了大量诉讼，希望迫使地方政府官员偿还浪费的金钱，并为地方政府制定透明的会计准则，以防止此类超额行为再次被允许。同样值得注意的是，公民团体动员起来强制公布数据，并进行宣传以及公开羞辱都道府县和地方政府官员，这一事实体现出日本人态度的巨大变化。此种景象在上一代人中是难以想象的，那时对官场的尊重和顺从仍然是普遍现象。

　　所有这些对于系统性腐败的披露中最令人惊讶的一个方面是，公共和私人的会计制度都太过宽松，以至于如此巨额的资金消失了这么久却未引起注意。一种方法是在纳税申报中设立一个被称为"未核算支出"（unaccounted-for expenditures）的无所不包的项目，只要支付更高的税率，日本的公司就可以使用该项目来避免对支出进行详细核算。建筑业通常占这些不明支出的 60%-75%，在 1990 至 1991 年，三大总承包商清水、大成和鹿岛报告有 1500 亿日元的此类支出（Woodall 1996：47）。虽然这并不意味着所有这些金额都一定用于贿赂，但这表明隐藏大量的私下付款有多么容易。公营公司的所有报告都显示其账目更加不透明，并且使用了令人吃惊的简单方法来掩盖恶化的问题。例如，尽管北海道东北开发公库斥巨资开发了北海道苫小牧东部的工业用地，事实却证明对于这些土地的需求很少，销售量也可以忽略不计。随着现金用完以及利息支付增加，开发公司采取了简单的权宜之计，任意增加其土地资产的重新评估价值，以允许针对升值的土地资产开展新的借贷。新的贷款随后被用于支付现有贷款的利息。具有讽刺意味的是，随着土地账面价值的上升，出售变得越来越困难。令人惊讶的是，直到 1998 年北海道拓殖银行倒闭，而不是通过例行的政府监督，才最终让这条死胡同引起了公众的注意。

阪神大地震 [7]

　　发生于 1995 年 1 月 17 日的灾难性的阪神大地震进一步打击了日本民众对政府的信心。阪神大地震造成 6400 多人死亡，摧毁或破坏了 25 万栋房屋，使数十万人无家可归并缺少水、电和其他基本服务。缺乏明确的应急响应系统的中央政府甚至花了半天时间才意识到问题的严重性，并用了更多的时间来有效地动员援助。中央政府后来解释说，没有召集军队是因为受影响的都道府县政府没有提出请求。更糟糕的是，官僚机构表现出他们的傲慢和无能，即使在数百人仍被活埋在废墟下，仍坚持要求外国紧急救援人员的搜救犬在进入日本之前被隔离六个月，并拒绝了在救援工作中使用免费手机的提议，因为这些手机未经神户地区使用认证（Pempel 1998：141）。正如 Sassa（1995：23）所说，"政府在危机管理中最失败的地方在于，它甚至没有挥棒就"出局" [8] 了。最可耻的莫过于最初应对灾难时所表现出的无所作为、犹豫不决和惰性。"如果我们考虑到在日本大地震非常频繁，以至于备灾会被视为政府职能的常规内容，那么这种无所作为和混乱就更加令人惊讶了。

　　除了阪神大地震所造成的人员和物质损失之外，地震的两个主要后果是：对中央政府官僚机构的尊重大大削弱，以及对志愿自助活动重要性的认识大大增强。Sassa（1995：25）认为"阪神大地震不仅摧毁了一座大城市 [9]；还毁掉了人民对中央政府应对危机能力的信心"。地震还大大加强了志愿者和志愿活动的地位，因为在灾后对灾区的秩序恢复影响最大的是私人援助以及当地邻里的齐心协力，而非政府。来自日本其他地区和世界各地的大量援助，以及数十万志愿者所表现出的关心和帮助意愿，在使地震受害者振奋的同时，也给日本的其他地区以及世界的其他地区留下了深刻印象。

对志愿活动的新的尊重感，以及愈发认为中央政府不值得信赖的感觉，对于强化日本公民社会作用的倡导者们起到极大的推动作用。一个例子是一项放宽非营利组织注册限制的运动最近取得了成功（Kawashima 2001）。正如山本正所说，阪神大地震"激发了已经在努力建设更强大公民社会的力量。很大程度上，由于 130多万志愿者和大量非政府组织的大力支持，公民社会突然受到了关注，这为促进这些组织的成立进程以及提供免税捐助激励的立法议案铺平了道路"（Yamamoto 1999b：8）。20 世纪 90 年代对公民社会、自愿主义和权力下放的新的关注将在下文中进一步加以讨论。

政治不稳定和变革

毋庸置疑，对于腐败、无能和官僚主义的冷漠的曝光已经严重破坏了公众对于政府和官僚机构的信任，并对政治制度产生了重大影响。从某种意义上讲，腐败丑闻并不是什么新鲜事，因为在整个二战后，人们或多或少看到了一系列此类关于政客的披露，并且在某种程度上，将其接受为快速增长时期政治中不可避免的一个方面。官僚主义腐败的一再曝光则更让人震惊，因为长期以来，官僚主义一直被视为防止政客们的特殊主义和政治分肥做法的保障。随着 20 世纪 90 年代初的经济崩溃，日本的选民们似乎变得不那么宽容了。1993 年 7 月的选举前佐川急便和"ゼネコン"丑闻的爆发令自民党的状况很糟糕，并自 1955 年成立首次失去了国会主要政党的地位。具有讽刺意味的是，权力的丧失只是投票变化的部分结果，因为保守派的投票结果几乎没有变化，而实际上受害最大的是社会党，失去了近一半的席位。对于自民党来说，更具破坏性的是该党内部的分裂以及被保守派分裂派系的抛弃，这些派系担心自民党已经无法当选。

自民党的分裂导致了 1993 年到 1996 年间的混乱，联盟不断变化，内阁也很短命。最初是由八个反自民党的政党所组成的联盟，包括社会党、公明党和前自民党分裂的集团，由细川护熙首相领导的内阁组成。尽管细川政府执政时间还不到一年，却成功地通过了选举制度改革，以 300 个新的单一成员选区和 200 个席位取代了以前的多成员选区，这些席位由政党名单中的比例代表来填补。人们希望这一新制度将有助于削弱自民党的主导地位，减少选举期间的巨额支出需求，而这种需求被认为是导致金钱政治长期存在的一个主要因素。

最终，自民党只是短暂地失去了权力。在 1994 年夏天，自民党与其长期的主要敌人社会党结成联盟，由社会党首相村山富市担任首脑。1996 年 1 月，村山被桥本龙太郎取代。在 1996 年的选举中，自民党赢得了多数选票，几乎获得了绝对多数席位。社会党人为其短暂的执政付出了沉重代价，在选举中失去了许多席位。而且随着社会党议员转向其他政党，立法机关也越来越被一系列保守的政党和派系所主导。1996 年，一些反对党联手成立了日本民主党。到 1996 年，三大保守政党——自民党（239 席）、新进党（156 席）和民主党（52 席）在议会中占据了主导地位，而日本社会党（JSP）和日本协同党（JCP）等旧的左翼政党则已经沦为少数党。因此，竞争主要在保守派系之间进行。自 1996 年以来，自民党一直保持着对政府的控制，尽管与其组成联盟的年轻同盟伙伴在不断变化。新进党在 1998 年分裂，大部分成员退出后加入了民主党，自此民主党成为主要的反对党。但反对党仍然处于分裂状态，无法针对长期执政的执政党提出一个可靠的替代方案，左翼政党尤其已被边缘化。通过所有这些变化，20 世纪 90 年代主要政策的连续性是通过不断增加赤字支出来刺激经济，这导致了当前的债务危机。

地方权利的时代

在 20 世纪 90 年代不断变化的政治环境中，最后一个也是更具有希望的一个方面必须要提及，这就是要求实现更多的地方分权、地方政府更大的立法和财政独立性，以及非营利组织更多的自由的压力越来越大。这一运动范围广泛，其中一个重要的因素是公民组织要求在地方政府层面获得更大的城市规划权力。主张加强公民社会在日本治理中作用的人士宣称这是"地方分权时代"（Kobayashi 1999；Local Rights Promotion Committee[⑩]1997）。主要的观点是，尽管一个高度集权的政府在战后重建和快速增长时期是有效率的，由于日本现在已经发展成为一个发达国家，中央政府官僚机构的中央集权则主要拖累了日本的社会、政治和经济发展。正如五百旗头真最近所说：

> 二战结束后，日本社会原则上充分承认了对于私人领域的尊重，但这并不意味着官僚机构所领导的专制统治传统已经消失。官僚机构颁发许可和证明、自行处理事务以及广泛垄断信息的权力仍继续盛行。官僚机构在超出民主控制的半独立王国内仍然拥有很多特权。官僚机构中的许多官员相信，他们的机构

是拥有为公共利益制定国家政策的资格和能力的唯一合法机构。然而到了今天，这种官僚主义的优越心态已经极大地动摇了。官僚机构规划的以发展为导向的政策以及实施这些政策所需的巨大权力几乎已成为过去……当社会变得更先进时，社会的重心将不得不从公共部门转移到私人部门。现在，国家已经变得太大，以至于无法照顾个人的需要；同时也太小，无法处理更大的与全球相关的问题。取而代之的是，具有自助精神和公益责任感的公民和私人组织应该发挥更大的作用。

——五百旗头真（Iokibe 1999：91-92）

在这场运动中，地方政府一直在推动一个不受中央政府控制的具有更大独立权限的关键领域，即城市规划。这并不奇怪，因为长期以来，人们对中央政府立法所允许的有限的规划权力范围感到沮丧。为了制定和实施独立的规划政策而争取更大的地方权利的斗争，在很大程度上延续了 20 世纪 80 年代利用地方开发手册和社区营造条例实现地方规划和城市改善优先事项的努力。然而，这些制度相当薄弱，由国家控制的规划制度限制了地方规划师的选择。20 世纪 90 年代，关于地方自治的辩论变得越来越引人注目。1992 年的《都市计划法》修正案就是最初的重大进展之一。该法案所带来的主要变化在总体规划制度一节[11] 进行了讨论。在这里值得注意的有趣一点是，反对党首次提交了对于修订《都市计划法》的完整草案，主要由积极参与城市规划事务的志愿者们编写，包括律师、城市规划师、私营部门规划顾问、地方政府官员、学者和积极参与城市规划事务的市民。其他的一些变化还包括，草案建议地方议会有批准城市规划的权力（Ishida 2000：11）。迄今为止，城镇的规划和条例仅由市町村长在都道府县政府的许可下批准，而民选议会在此类决定中没有发言权。自民党在基本上忽视了反对党的草案，但该草案开创了一个重要的先例，有关地方分权的一些提议最终在 1999 年和 2000 年所通过的法律修正案中得以制定，下文将对此进行讨论。

1992 年法律的主要变化之一是引入了新的分区类型。由于居民主动迁往郊区或因居住区重建为办公区而被挤出原有地区，东京中心商务区的人口在下降，因而东京都政府要求获得新的分区权力来应对这一问题。它坚持认为，地方政府应当拥有法定权力来根据当地条件起草和批准自己的特别地方分区。石田赖房指出，建设省仍然坚决反对地方政府拥有这种独立性，认为"关于城市规划用地的规定应根据《宪法》第 29 条规定的'产权应由法律界定'的精神，通过国家法律来制定"（Ishida 2000：11）。这种以法律为准绳的观点认为，所有影响财产权的立法只能以国家立法的形式通过。这一观点实际上远早于占领期间颁布的现行宪法，而是源于明治时代的法律权威中央集权化，并且长期以来一直是建设省拒绝在规划问题上实行地方自治的主要辩护理由。

尽管 1992 年的修正案否定了地方政府创建特别类型地区的独立权力，但随着1999 年和 2000 年《都市计划法》重要修正案的通过，20 世纪 90 年代的分权运动最终取得了成果。1999 年的根本变化是废除了旧的"机关委任事务"制度，该制度通过让地方政府成为中央政府执行规划职能的"代理"，极大地限制了地方政府的自由。如前几章所述，这一规定产生了有害的影响，使地方城市的市长在履行城市规划职责时对中央政府负有法律责任，并剥夺了地方政府除中央政府授权之外任何独立的管控公民活动的法律权力。这一限制是中央政府对于地方规划夙愿的第一线防御，因为无论是市町村议会还是都道府县议会正式通过的地方条例，都不能由警察或法院强制执行。1999 年修正案后，规划成为地方政府的自治事务，而不是委任事务。"委任给知事的职能"变成了"由知事发起的职能"（Ishida 2000：12）。尽管这些转变毫无疑问会导致当地的规划实践发生真正的变化，但现在就知道这些变化将以何种方式体现还为时过早。此外，石田赖房还指出，需要谨慎地对根本性变化的前景加以评估，这主要由于以下两个原因。首先，他解释说，修订后的法案要求"下级政府'与上级政府协商并获得其同意'。尽管'协商'（consult）一词意味着所有政府都是平等的，但'同意'（agreement）意味着前自上而下的关系将得到保留"（Ishida 2000：13）。其次，可能更重要的是，他指出，中央政府仍然控制着钱袋子，地方政府也没有得到比以前更多的财政自主权。他们仍将严重依赖中央政府的补贴，特别是考虑到大多数地方政府在过去 10 年中都深陷财政漏洞。尽管如此，并非所有的城市规划活动都需要支出，而且考虑到许多地方政府能够在以往的制度下发挥创造力来扩大其有限的法律权力，也许他过于悲观了。另一方面，中央政府官员在维护其权威方面也很有创造力并很顽强，现在下结论还为时过早。

2000 年 6 月通过的接下来一轮《都市计划法》修正案，试图进一步促进规划制度运作的地方分权，赋予地方政府以更大的权力采用当地的方法来处理规划问题。有两个主要的变化，一个是使自下而上的投入能够形成规划法制度本身，它包括一个正式的被称为申出制度的"建议制度"，规定公民、组织或地方政府可以就规划问题向更高级别的政府提出建议。由于还没有对这些建议采取行动或做出回应的要求，因此仍不清楚将会产生什么影响。第二个重要的变化是，修正案允许地方政府"灵活操作"城市规划制度，其中允许大都市地区以外的地方政府在有愿意时可以放弃使用划线方式。它还特别授权地方政府针对广泛的议题通过自己的条例，包括在土地利用控制、开发许可和公民参与等方面（Ishida 2000：14）。因此，地方政府通过不具法律约束的社区营造条例开展的各种活动和规划举措现在都可以在《都市计划法》的法律授权下开展和实施。毋庸置疑，这是向地方分权迈出的一大步，如社区营造条例一节的内容所要明确表达的那样，在这一最新变化之前地方政府规划权力的法律权威显然受到了严格的限制。

总体规划

市町村总体规划制度是泡沫经济时代的间接产物。在 1986 年和 1987 年地价上涨达到峰值后，土地利用规划制度的弱点在媒体和公众辩论中受到越来越多的批评。尤为普遍的指责是，对于居住区的分区控制不力，造成东京市中心的写字楼短缺和商业地产投机，进而导致附近居住区的土地价格迅速攀升，因为开发商可以合理预期将居住用地转为办公用地（Hayakawa and Hirayama 1991）。随着总体上对于新《土地基本法》的支持和对于土地投机行为控制的强化，人们呼吁制定更好的土地利用规划法律。此外，如上所述，东京都一直在大力推动在中心城区建立自己的特别地区，以应对那里的人口减少。作为回应，建设省的相关委员会建议将分区制度从 1968 年法律允许的 8 个类别修改为表 9.1 中所示的 12 个类别。新增的 4 个类别均为居住区的变体，旨在进一步区分不同类型的居住区。特别是旧的住居地域被分成了三类。需要记住的是，根据 1968 年法律，住居地域内允许几乎所有的用途，尽管所允许的容积率和建筑密度都低于商业区。在 1968 年，多数日本城市的大部分现有建成区都被划为住居地域，中央商务区被划为商业地域，大型工业区被划为工业地域，位于城市边缘的未来的居住区被划为住居专用地域。

因此，被划为住居地域的地区包括了大部分旧城区，这些旧城区的特点是混合利用程度高、道路和公园等基本基础设施的供应则通常最低。在 20 世纪 80 年代末，邻近中央商务区的部分地区面临着越来越大的投机压力，表 9.1 将居住用途划分为三个新的土地用途区，旨在允许地方政府保护某些旧居住区，使其长期用于住宅使用，同时明确将其余部分用于商业／居住的混合开发。建设省没有授予东京起草自己的分区条例的权利，而是增加了四个适用于全国的新用途分区，延续了将东京问题的解决方案应用于全国所有城市的既定传统，同时剥夺了个别城市采用单独解决方案的权利。

市町村的总体规划制度同样是作为《都市计划法》修正案的一部分内容而被创设，因为审议会的几位成员认为，如果没有一个全面的规划来指导此类决策，《都

日本土地用途分区的类别演变 表9.1

1919 年	1950 年	1968 年	1992 年	目的
住居地域	住居地域	第一种住居专用地域	第一种低层住居专用地域	保护低层住宅（高度 10 米以下、允许有面积 50 平方米以内的小店铺和办公室）的居住环境
			第二种低层住居专用地域	保护低层住宅（高度 10 米以下、允许有 150 平方米以内的店铺和办公室）的居住环境
		第二种住居专用地域	第一种中高层住居专用地域	保护中高层公寓（允许有面积 500 平方米以内特定类型的店铺和办公室）的居住环境
			第二种中高层住居专用地域	保护中高层公寓（允许有面积 1500 平方米以内特定类型的店铺和办公室）的居住环境
		住居地域	第一种住居地域	保护居住环境（允许有面积 3000 平方米以内特定类型的店铺和办公室）
			第二种住居地域	保护以居住为主的环境
			准住居地域	确保与道路沿线的住宅和机动车相关设施等相协调
商业地域	商业地域	商业地域	商业地域	促进商业和经营活动
		近邻商业地域	近邻商业地域	为邻里居民配置商店（禁止剧院和舞厅）
工业地域	工业地域	工业地域	工业地域	促进工业功能
	准工业地域	准工业地域	准工业地域	与住宅混杂在一起时，允许建设不会造成严重危害的小型工厂
		工业专用地域	工业专用地域	专门为大型工业区（不允许有住宅）所设置的区域

资料来源：日本建设省都市局（Japan Ministry of Construction City Bureau 1996：18）。

市计划法》所允许的日益详细的土地利用规划就毫无意义。事实上，这样一个总体规划制度一直是许多规划倡导者的长期目标，他们对用来规划城市地区长期结构变化的分区的局限感到失望。1992 年的《都市计划法》修正案提供了将这一制度写入法律的机会。

　　不幸的是，对于这样一个制度应意味着什么、它应该如何运作或者总体规划应该是什么样子，几乎没有达成一致意见。因此，创建新的总体规划制度的立法相当模糊。该制度是根据《都市计划法》第 18-2 条建立的，包括了四项条款：第一，城市规划区的地方政府必须为其整个管辖范围制定都市计划基本方针。第二，地方政府必须通过采取具体措施，如公众听证会或其他公众参与措施，确保地方公众的意见体现在该方针中。第三，地方政府必须宣传这项方针，并将其通知到所在的都道府县政府。第四，未来的城市规划决策必须符合这一基本方针。都市计划区域内的所有地方政府都必须编制此类规划，不作为是不允许的。同样重要的是，未来的规划政策和规划方案必须符合总体规划中所包含的基本方针。这表明，如果它们[12]规定了详细的目标和政策，就可能会对未来的活动产生重大影响。

显然，这些指示可以用多种不同的方式来解释。例如，"都市计划基本方针"可以用几行文字表达，而无须借助地图或图表——事实上，《都市计划法》中没有提及规划方案或图表。有趣的是，该制度立即被称为总体规划制度，这一名词几乎一直被解释为需要有一张标有基本政策的市区地图，并附有对这些政策的书面声明。大多数都道府县很快发布了指南，以帮助地方政府制定新的总体规划。此外，1993年，建设省向地方政府分发了一份关于新总体规划制度的相当理想化的通知，强调了确保公众参与和制定一个易于理解的基本方针的责任。人们普遍认为，建设省将东京市中心世田谷区的总体规划和参与过程视为一个典范（Morimura 1998）。世田谷总体规划的方法是根据第8章中所述的太子堂和北泽的"社区营造"过程制定的。

正如事前所料，制定出的规划多种多样，其中一些地方政府——如下文讨论的镰仓市政府——非常重视新制度，在制定详细的长期目标时进行广泛的公众咨询，而其他的一些地方政府则制定了一份仅满足法定要求的简易文件，其中包含最模糊、争议最小的"基本方针"。地方政府在准备第一轮规划时也比预期要慢，这在一定程度上是因为1992年的立法要求所有地方政府在1995年的最后期限内准备好对其市政区域进行全面重新分区，因而分区的工作得到了优先考虑。截至1999年12月，约有608个地方政府（占有都市计划区域的地方政府数量的30.1%）完成了总体规划（Ishida 2000：12）。

实践中的多样性一点也不奇怪，但一些主张进一步强化规划制度的人公开对因此造成的规划质量感到失望。一位著名的总体规划倡导者森村道美（Morimura 1998：299-300）认为，总体规划的理想与大多数城市的实践之间存在着巨大的差距。他指出了总体规划制度在实践中存在的三个主要问题：第一，大多数地方政府在协助编制此类规划方面缺乏所需的经验或内行专业知识。这在一定程度上是由于大都市地区以外的许多地方政府人口很少，规划部门也很小。当然，缺乏规划经验也是因为中央各部委对权力的控制非常严格，几乎没有把重要的决定留给地方一级。总体规划也是日本城市规划的一个全新起点，包括针对城市变化的长期愿景和适应城市变化的基本政策的要求，以及对公众参与制定此类政策的法定要求。这与僵化、自上而下且主要关注公共设施指定和分区规划的城市规划传统形成了巨大的反差。因此，许多地方政府在编制第一轮总体规划时经历了一段陡峭的学习曲线。第二，缺乏编制新规划的预算。对许多地方政府而言，这只是中央政府自上而下强加的又一项资金不足的义务，而预算已经很紧张的地方政府几乎不允许为规划编制、公众参与或出版工作划拨新的资金。第三，有一个非常难以解决的问题，即公众参与究竟应该包括哪些内容以及如何才能在规划过程或文件中真正地反映公众意愿。森村道美（Morimura 1998：300）认为，所提议的制度可能过于理想化，并且在此类规划编制中缺乏已有的模型或经验。

　　另一个问题是，尽管地方政府负责总体规划，但它们执行总体规划的有效权力却非常有限。地方政府的主要职责是分区、地区计划、土地区划整理和城市重建。这些类型的项目主要用于改进相对较小的区域。分区在过去一直是主要的结构规划工具，但它相对缺乏灵活性，因为通常只能进行微小的更改，而且在任何情况下都相当容易出现漏洞。所有能够强烈影响长期城市变化的主要规划决策都由其他级别的政府控制。其中包括划线，它用于划分市街化区域和市街化调整区域、大型基础设施项目和主要的新交通系统。所有这些决策都可能对总体规划所要塑造的城市化模式的长期变化产生重大影响，但既不受地方政府控制，也不需要考虑总体规划。另一方面，该制度仍然很新，一开始应预计到会面临一些初期磨合的问题。许多人仍然乐观地认为，从长远来看，新制度将大大有助于日本的城市规划。地方政府应该制定这些基本政策方针并让当地人民参与其编制工作，这一基本理念已经得到了广泛支持。正如石田赖房所言，总体规划制度最终可能发挥"城市规划地方分权和公民参与的学校"的作用（Ishida 2000：12）。其对未来城市变化的影响还有待观察。

镰仓总体规划

　　20世纪90年代初在镰仓制定的总体规划在许多方面都是成功的总体规划过程的典范，尽管镰仓本身并不是一个典型的日本城镇——它既有丰富的历史遗产，又有高于日本平均水平的财政资源。镰仓位于东京南侧的神奈川县，战后成为东京—横滨大都市地区的郊区之一，该市有很大一部分人每天前往大都市地区的中心区工作。镰仓从1192年到1333年是日本的首都，是日本和海外游客的主要旅游目的地，它拥有众多古老的佛教寺庙和神社，吸引了大量游客。镰仓还有一个悠久的可以追溯至1963年的公民环保主义传统，当时当地政府要将著名的鹤冈八幡宫神社后面的一片树林开发成住宅的规划被公开了。当地居民按照英国国民信托（British National Trust）的方针成立了镰仓市景观审议会，该审议会成功地购买了部分规划开发用地并阻止了较大的开发。这一成功的干预被认为是此类运动得以扩大的原因，镰仓的公民组织还参与了日后成立的日本国民信托协会[13]（Hohn 1997：218）。这种有效的公民行动主义历史和当地人对该地区历史遗产的自豪感意味着镰仓很难被视为典型的日本城镇，特别是在保护该市免遭不当开发的普遍意愿方面。因此，应将该案例理解为第一轮总体规划中较为成功的一个参与式规划过程。当然，要断定它在构建长期城市发展模式方面会取得多大成功还为时过早。

制定该规划所遵循的公众参与过程值得回顾，因为它正在其他地方复制。创建该规划的正式过程始于 1994 年，持续了四年，最终于 1998 年获得批准。除了新的强制性规划责任刚刚被移交给地方政府之外，还有两个主要因素促进了规划的制定过程。首先，1993 年年初，地方政府城市规划部门开始审查其开发手册，目的是修订该手册，以促进位于该市西北部的大船地区的发展。其次，在那一年秋天，训练有素的土木工程师竹内谦当选为镰仓市的新市长。竹内的主要规划重点之一是在修订当地开发手册的同时制定社区营造条例，以保护市街化区域内的绿地并指导大船等地区的重建。镰仓案例的一个显著的特点是，总体规划的制定与社区营造条例的通过同时进行。公众参与是规划制定过程的核心，涉及公民在几个阶段中的投入，如下文所述。

在 1994 年成立了一个小型指导委员会来管理这一进程。该委员会由 5 名学术型规划师、3 名县规划工作人员和 14 名镰仓市规划部门工作人员组成，负责管理公众参与的进程、收集必要的材料并准备提案的草案。1994 年，指导委员会与民间组织举行了一系列初步会议，对公民意见进行了调查，并起草了一份初步政策声明，概述了规划过程的基本方法及目标。该规划预计在两年后有一份初稿供讨论，然后再用两年时间进行更详细的讨论，并编写和批准一份最终文件。

在 1995 年秋季开始的第二年活动中，主要是举办四个公民研讨会（citizens' workshop）作为一个系列活动，共有 290 名公民参加。每次研讨会后都会发布研讨会的新闻简报，指导委员会发布了第一套提案草案以供讨论。在其中的一个研讨会上，来自镰仓市 11 个不同地区的参与者被分成地区小组，讨论各自地区特有的问题。另一个研讨会则组织了一次城市步行游览以及随后的讨论。

从 1996 年 12 月，即活动的第三年年初，开始准备制定一份总体规划草案。成立了一个新的、规模更大且更基于市民的镰仓市城市总体规划策定委员会。其中包括 15 名当地居民、5 名来自当地商会和农民合作社等民间组织的代表，以及 6 名规划学者——包括建筑师、交通规划师、公园规划师、土木工程师、环境专家和零售专家各一人。该小组举行了九次会议来编写规划草案，所有会议都向公众开放，每次会议后都会出版一份委员会通讯。1997 年在该委员会下成立了 7 个小组委员会，镰仓市的每个区都有一个小组委员会，负责审议各地区的具体问题。这些小组委员会共举行了 32 次会议，每次会议持续约 4 小时。他们采取了一系列方法来宣传总体规划策定委员会的活动和讨论内容。委员会制作的讨论材料被出版，并作为报纸的插页分发给该市几乎所有家庭（大多数日本家庭都阅读报纸）。其中还包含了一张意见回复卡，委员会共收到了几百份填好的回复。委员会还创建了一个互联网网页，用于发布讨论材料并接收电子邮件评论；并在全市不同地区举行了五次公开会议，共有 164 人参加并讨论这些建议。

1997 年 10 月，竹内谦再次当选市长。11 月，作为镰仓市通讯的特刊，最终的总体规划草案得以出版并分发给所有家庭。11 月底，又召开了五次会议讨论最终的规划草案，并在主要火车站附近安装了一个规划的公共显示器。1998 年 1 月，策定委员会举行了最后一次会议，并向市议会提交了最终报告和规划草案。3 月时，该规划得到了市议会的批准和市长的授权。可以公平地说，为了让当地居民了解规划过程和内容，反映公民意愿，并提供让人们以各种方式参与和评论的机会，镰仓市做出了真诚的努力。镰仓的这次"演习"似乎相当成功。

规划中所采纳的主要目标包括：保护古都地区周边的绿色丘陵地带，限制该地带内机动车交通的增加，建立停车换乘系统以减少机动车交通，以及在大船地区附近建立一个远离历史悠久的首都区的主要发展轴（见图 9.1）。有趣的是，前两个目标，即保护绿色丘陵地区和停车换乘系统，是在 20 世纪 70 年代的早期规划中提出的，该规划也是在公众参与下制定的。此外，自 1966 年通过《古都保存法》[14] 以来，古都周围主要的树木繁茂的山丘一直受到保护，这在一定程度上是由于上述公民运动以及 20 世纪 60 年代初京都和奈良的两次类似运动。不幸的是，该法律只保护了市区范围内不到一半的林地，使很大一部分地区面临开发风险。总体规划的主要优先事项之一是指定更大的保护区。所采取的策略是沿着环绕古都的主要山脉环指定一条绿色脊柱，并从中延伸出许多次一级的山脊线。虽然主要山脉环已经得到 1966 年法律的保护，但延伸到城市主要居住区并构成其结构一部分的次要山脊线却没有得到保护。总体规划的目标是沿着这些大部分为私人所有的次要山脊线创造一块新的、更大面积的受保护的林地。总体规划中这种简单的指定并未规定针对开发的法律制裁，但作为地方政府的政策和公民的意愿，它具有相当大的道德权威。目前尚不清楚镰仓市在保护这些较大的区域免受开发方面会取得多大成功，因为在日本，对土地所有者开发权的严格限制仍然相当困难，而且几乎肯定会遭到强烈反对，即使在历史和环境意识很高的镰仓等城市里也是如此。

第二项主要政策是试图减少古都中心地区的交通拥堵。该地区是一个主要的旅游目的地，道路通行能力非常有限，周末和节假日时交通拥堵严重。拥堵给当地居民带来了严重的不便和健康问题，也是破坏城市美观的一个主要因素。总体规划提出的主要解决方案是建立一个停车换乘系统，允许游客将小汽车停在中心城区外，

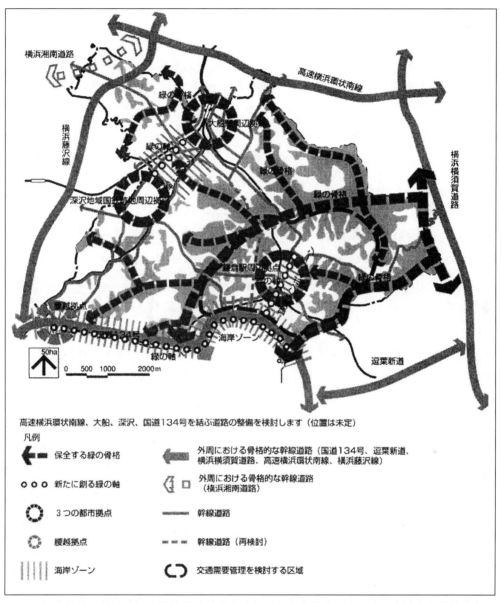

图9.1　镰仓市总体规划将树木繁茂的主要山丘地区（浅灰色区域）确定为该市的主要结构特征，并将从这些地区延伸出来的主要和次要山脊线（深色虚线）作为需要保护的绿色框架。规划中确定了三个主要的城市中心，主要增长轴位于西北部的大船和深泽（深沢）这两个中心之间，而第三个中心镰仓的发展将受到抑制。该地区东南角镰仓古城周围的黑色肺形线代表交通隔离区。

资料来源：镰仓市（Kamakura City 1998）。

并乘坐往返中心的班车。这是一个很合理的想法，但吸引乘坐小汽车的游客转乘公交车绝非易事，这一政策的有效性还有待观察。停车换乘政策确实有效地说明了上述总体规划的一个主要问题，即相关规划权力实际上很少由地方政府一级控制。例如，在 20 世纪 60 年代，神奈川县批准了一条主要的新主干道，从北部的大船穿过古都地区到达海边，作为通往严重拥堵的现有路线的旁路。尽管自最初被指定以来这条道路就遭到当地居民的强烈反对，但当地政府别无选择，只能将其纳入官方总体规划，因为它是一条合法指定的"都市计划道路"。他们所能做的只是将其标记为"审查中"，并在规划中用虚线表示，尽管修建一条穿过古都中心的新主干道似乎只会破坏中心区机动车量减少的目标。

第三个主要的政策方向是促进新的重大城市开发沿着大船的主火车站到附近深泽次中心的南北轴线开展。鼓励这条轴线的开发似乎也有助于保护历史悠久的古都地区和树木繁茂的山坡免遭开发。然而困难在于，几乎没有权力来真正限制其他地区的开发。简单地指定增长轴并不会降低其他地区的土地所有者对于土地开发获利的期望。地方政府实现总体规划目标的权力仍然十分有限，这一事实可能会令那些对该制度寄予厚望的人感到失望。

此外，镰仓的总体规划过程有许多非常积极的方面，公民参与的程度令人钦佩。甚至可以说，所制定的总体规划是恰当的，并设定了高标准。鉴于镰仓丰富的历史遗产和公民行动主义的传统，它无疑是一个特例。但至少在这里，新的总体规划政策可能不仅起到了"城市规划地方分权与公民参与的学校"的作用，而且实际上可能会在当地产生一些积极的影响。全国所有的市町村都被要求编制总体规划并开展公众参与活动，即使并非所有这样编制的规划都十分重要，也并非所有地方政府随后都采取了持续参与的方式，这一事实似乎仍极大地促进了日本的参与式规划。

社区营造

日本规划师们普遍认为，近期对于地方环境改善工作和规划过程广泛的公民参与是日本规划领域多年来最有希望的进展。诸多此种做法都被归入"社区营造"（まちづくり）这一概念中。不幸的是，"社区营造"一词被用来描述在过去 20 年左右的时间里日本的各类活动。事实上，这个词的多样性是如此之大，以至于它已经成为一个相当模糊的"包罗万象"的概念，更容易令人混淆而非令人清晰。"まちづくり"由名词"まち"和动词"づくり"组合而成，名词"まち"的意思是城镇、邻里、街区或社区，动词"づくり"的意思是建造（make）或建设（build），"まちづくり"通常被翻译为"社区建设"（community building）或"城镇建造"（town-making），但也可以被翻译为具有更多政治和社会含义的"社区发展"（community development ）。令人困惑的是，这个词在日本被用来描述各种各样的城市规划技术，从土地区划整理到市区重建、历史保护乃至小规模的地方改进工作。甚至在更远的地方，这一术语也在纯粹的"社区发展"意义上被广泛采用，指自 20 世纪 80 年代初以来建立日本式福利制度的尝试，该制度依靠家庭、志愿者和邻里组织，在老龄化社会中提供基本的社会福利服务（Sakano 1995）。与战前的社会管理实践相呼应，这些政策的主旨是加强社区组织和被称为民生委员的志愿性社区福利指导官员，以及鼓励志愿者自助组织协助承担日益增长的老年人社会福利服务的负担，1994 年，厚生省向地方政府发出通知，鼓励创建和支持志愿者组织与公民参与被称为"まちづくり"的"福利活动"（Sakano 1995：249-260）。甚至当地社区的经济发展和地方营销工作也被称为"まちづくり"，有时候也采用其更为怀旧和旅游化的名称（故乡づくり，furusatozukuri），或"故乡建造"（hometown-making）（Robertson 1991）。近年来，日本积累了大量关于"まちづくり"发展的文献（Kobayashi 1999；Nakai 1998；Nakamura 1997；Okata 1994；Takamizawa 1999；Watanabe 1999）。

　　即使我们对"まちづくり"采用更加严格的定义，即与当地民众相关的小型城市规划项目，此类项目仍然种类繁多。例如，很多地方政府将土地区划整理描述为"まちづくり"，尽管土地区划整理项目是日本城市规划制度的传统部分，很少由当地民众发起，通常是由地方政府的土地区划整理部门通过密集的组织工作来实现（Sorensen 2000a）。同样重要的是，对于土地区划整理项目的参与并非面向所有当地居民，而是只针对土地所有者和土地承租人，因这一参与模式比最近一波的参与式方法更具有局限性。为了将这些传统的城市规划项目与最近的参与式规划工作区分开来，"市民参加的社区营造"（市民参加のまちづくり）一词最近变得很流行（Watanabe 1999）。这一区分很有用，因为 20 世纪 90 年代日本规划实践主要变化的典型特点是，向着公民更多地参与城市规划这一方向转变。为方便起见，本章其余部分所使用的术语"まちづくり"仅指基于公民参与的"社区营造"项目和当地的城市环境改进过程，而非土地区划整理、社区经济发展项目或传统的自上而下的城市规划举措。

　　通过当地民众的参与来制定有效的城市规划措施，了解这样一些近期尝试是有用的，主要有以下四个原因。首先，对于许多直接参与日本城市规划工作的人来说，"社区营造"是发展出有效的城市规划实践的主要希望。尽管它仍然在实践发展中，人们仍普遍认为它将成为日本城市规划未来发展的核心。其次，"社区营造"强调地方控制和公民参与，本质上否定了过去 80 年中以自上而下的中央政府官僚控制为典型特点的日本城市规划。因此，了解"社区营造"以及它为何被认为很重要，将有助于透视日本城市规划的历史。再次，"社区营造"的发展代表了日本城市规划目标的重大扩展，从提供生产者基础设施来促进经济增长的传统的狭隘角色，转变到包括改善城市生活质量和城市居住环境质量在内的一套以人为本的新目标。最后，如前几章所示，长期以来，日本城市规划的一个重要特点是公众支持的基础非常薄弱。有人认为，这在很大程度上是因为，城市规划是为了进一步实现国家发展目标自上而下强加的，而非为了满足人民的需要并由地方控制的。其结果是，即使被视为符合公众利益，城市规划工作还是经常遭到抵制以及有组织的反对。似乎有可能的是，随着"社区营造"进程迅速蔓延到全国各地的城镇中，相关的市民和邻居参与并确定他们改善和保护社区的目标及希望，最后可能会为致力于改善公共利益和地方环境的城市规划建立广泛的支持基础。如果这种情况真的发生，那么将是自明治维新以来日本城市规划的一个最大的变化。

从开发手册到社区营造

公平地说，"社区营造"的发展始于1968年通过的《都市计划法》，该法将规划权部分下放给地方政府，并引入了开发许可制度（Uchiumi 1999）。依据为大型开发颁发开发许可的权力，许多地方政府都在20世纪70年代通过了自己的开发手册（如第7章和第8章所述），这些手册编纂并制定了明确的地方政府标准，其中规定开发商对地方基础设施的贡献，以便对拟议开发项目所可能带来的额外负担进行补偿。通常规定的是开发地区内部地方道路的最低标准，以及对于改进外部道路、附近的学校和下水道系统的贡献。针对土地开发商，这些手册规定了比《都市计划法》和《建筑基准法》要求更高的开发许可标准。因此，它们在法律上不具备执行效力，而是建立在"建议"和"说服"制度的基础上，这是日本著名的"行政指导"或法外官僚主义施压（arm-twisting）和开便门（back-scratching）的变体。

地方政府被夹在当地选民和中央政府的越来越大的压力之间，前者要求加强地方对工业污染、高层公寓重建和不受欢迎的城市边缘区开发等活动的规划控制，后者则拒绝给予地方政府以足够的法律权力或财政资源来满足这些要求。地方政府的一个主要回应是发展出一系列最初基于开发许可权力的说服技巧。即使在1968年的制度下，地方政府的说服力也并非微不足道。特别是由于地方政府控制了建筑许可和开发许可过程以及供水和下水道管网连接，开发商通常发现，较之与地方政府斗争，与之合作更易且更快地获得许可。尽管如此，这一制度仍存在许多弱点。一个重要的问题是，由于在都市计划区域之外不需要开发许可，地方政府在非都市计划区域的说服效果要差得多。此外，由于 1968 年法律对土地开发的特殊定义——"主要在建造建筑物或修建高尔夫球场、混凝土工厂和其他特定构筑物时的土地界线和轮廓的改变"（第 6 章），许多类型的土地用途变更不属于开发许可制度的管理范围。例如，将农田转换为停车场、砾石开采坑、废物处理设施、废车堆放场等用途不一定会涉及建筑施工，因此不需要开发许可。此外，大多数的小型地方政府并没有批准开发许可的责任，因为都道府县政府通常在人口不到 20 万的市町村直接运行开发控制和建筑许可流程，许多通过了开发手册的小型地方政府几乎没有权力来执行这些手册。该制度的最后一个问题是，它将单一标准统一应用于每一个市政区域的整个都市计划区域，而很难针对个别地区特点来匹配个别标准。出于所有这些原因，有必要以地方政府社区营造条例的形式通过一些法规和通知 / 指导制度，以便加强开发控制制度、填补这一制度应用中的众多漏洞，并在其操作中赋予一定的灵活性。

广泛采用社区营造条例来强化开发控制制度的第二个主要原因是可以将其作为动员地方支持城市规划和开发控制的手段。人们发现，为了使地方的详细规划发挥作用，必须获得当地民众的合作和参与。在很大程度上，这正是因为相关地方政府试图实施比国家法律更加严格的开发许可标准。通过组织当地居民来推动实现更好的地方环境宜居性和开发控制，地方政府能够占据道德制高点，反对希望降低开发标准的开发商和土地所有者。建立公众参与程序也有助益，因为开发商发现当他们被迫与当地居民直接谈判时，是很难拒绝合作的。特别是，在位于城市边缘区的市町村里，问题不仅包括了要实施比开发手册更高的开发和设计标准，而且还包括抑制特定地区某些类型的开发。由于比起简单地要求有更高的开发和设计标准，阻止开发属于更强的控制方式，地方政府需要获得当地民众的有力支持。在受影响居民的参与下制定开发控制条例，已成为动员公众支持的一个主要工具。

20 世纪 70 年代,开发手册主要基于 1968 年《都市计划法》确立的开发许可制度，而 1980 年通过的地区计划制度为更严格的地方开发控制方法提供了更坚实的法律基础。两个开创性的案例位于神户市真野区和东京都世田谷区的太子堂地区。如第 8 章中所述，在上述每一种情况下，都通过了一项当地的社区营造条例，同时还通过了其地区计划。社区营造条例为公众参与的目标制定和规划实施（包括开发控制的实施）提供了一种机制，而地区计划可以提供实质性的法律权威，因为它以适用于全国的《都市计划法》为基础。在 20 世纪 80 和 90 年代，社区营造条例的多样性和复杂性逐渐增加，此类活动在 20 世纪 90 年代后半期出现了真正的爆炸式增长。

20 世纪 90 年代初，中央政府的"行政改革"进一步推动了地方政府以条例的形式正式通过规划政策。针对政府"行政指导"制度曾有大量的诉讼，作为对这些诉讼所确立的法律先例的回应，《行政手续法》首次明确，行政指导只是政府的要求，并不具有法律约束力。由于开发商拒绝与地方政府的行政指导进行合作的权力大大增强，通知/指导程序亟须在条例中被合法化（Okata 2001）。尽管如此，在1999至2000年的法律改革之前，薄弱的土地开发控制制度以及缺乏用以执行比国家法律规定更严格的法律权力是影响"社区营造"技术发展的关键因素。

三种类型的社区营造条例

在日本，有两类地方规划条例。第一类是在国家法律授权下通过的条例，如第7章所述的《日照条例》。由于是《建筑基准法》授权，因此可以由警方强制执行，并在法庭上进行辩护。第二类仅在地方市政细则的授权下通过。大多数社区营造条例属于后一类。在上述1999年和2000年《都市计划法》的重要修正案最终授予地方政府以独立的城市规划法律权力之前，根据地方市政细则通过的社区营造条例并没有警察权的支持，很难在法庭上辩护。自20世纪80年代初以来，社区营造条例发展出了三种主要类型：地区计划型、土地利用控制型和历史保护型。

地区计划型社区营造条例

地区计划型社区营造条例与1980年地区计划制度相关联，该制度允许地方政府根据《都市计划法》和《建筑基准法》通过条例。神户市真野区和东京都世田谷区的太子堂地区具有先例创设意义的条例都是在1982年通过的，这是对第8章所述的地区计划制度本意的扩展。虽然此类社区营造条例在为目标地区新的开发和重建制定详细标准方面与地区计划在根本上是相似的，它们还是超越了地区计划，在监督和批准该地区开发的过程中，确立了公民参与的社区营造协议会（Machizukuri Council）不断完善的法定角色。此类条例基于一个针对该地区的社区营造规划，由当地居民所组织的社区营造协议会讨论和批准，然后作为一项条例由地方政府通过。在规划区内，对土地开发活动有一定程度的控制，尽管这种控制并不特别强烈，因为任何超出《都市计划法》所允许的相当严格的措施只能通过说服来执行。在实际的地区计划也获得通过的地方，开发控制的法律基础要强大得多，但在许多情况下，只有社区营造条例获得通过。

根据神户和世田谷的先例，通过地区计划型社区营造条例的一般程序如下。市长指定一个目标地区，当地居民和领导人共同组成当地的社区营造住民协议会。一旦该协议会成立，市长就会对其正式加以承认。这就赋予了该协议会一个法律身份，允许其获得少量的杂费资助。接下来是正式指定社区营造推进地域的程序，住民协议会可以据此向当地政府提交社区营造提案书。市长（有时也包括当地议会）审查并批准该提案。一旦规划获得批准，任何想要在该规划指定区域内开发的人都必须在着手进行开发之前"通知"和"咨询"当地政府并听取当地政府的"劝告"。地方政府必须对通知做出回应，可能会也可能不会给出劝告。在进行开发之前的某些情况下，住民协议会也必须被通知和咨询。对不合作或不遵循劝告的开发商的制裁相当薄弱。在这种情况下，地方政府基本只能公布开发商的名字，让他们难堪。

在 20 世纪 90 年代，地区计划型社区营造条例最广泛的应用之一是逐步改善密集的市中心区域，如神户的真野和世田谷的太子堂。许多这样的城市中心区最初都是在二战前开发的，几乎没有对于开发的规划控制。结果是街道非常狭窄，公园或其他公共开放空间很少，人口密度极高。二战后，这些地区大部分是按照现有的模式用廉价木屋重建的，特别是在东京和大阪，仍然保留着面积最大的此类问题地区。如图 9.2 所示。东京的大片区域被认为会在早就应该发生的大地震中面临高风险。日本城市所面临的最严重问题之一是旧有建成区的街道狭窄。1939 年的《市街

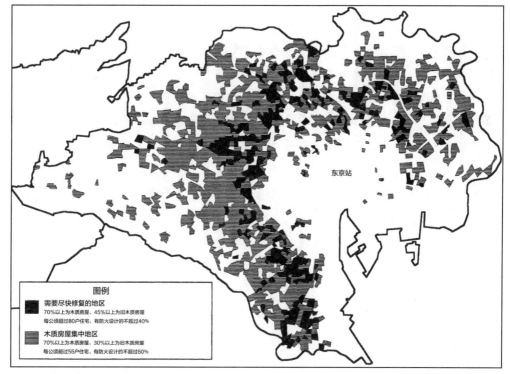

图9.2　东京高风险、密集的木质住房区。通常被称为"木制公寓带"，这些地区一直是东京都政府防灾工作的主要目标之一，最近也是许多社区营造和重建工作的重点。

资料来源：修订自东京都政府（Tokyo Metropolitan Government 1997：19）。

地建筑物法》规定，住宅地块的基本最低标准是必须面向 4 米或更宽的道路，临街宽度至少为 2 米，事实上，全国约 40% 的住宅地块面向宽度小于 4 米的狭窄道路（Kato 1988：448）。1995 年的阪神大地震提醒人们，除了拥挤、供老人和儿童使用的人行道的缺乏、交通拥堵问题以及停车位和行道树空间不足等生活质量问题外，这些地区在灾难发生时是最危险的。火灾在街道狭窄的地区内容易蔓延，因而造成的损失要大得多，而且由于应急车辆无法进入，许多火灾根本无法扑灭。阪神大地震的 6000 多名受害者中，90% 以上的人生活在那些老旧且建筑密集的地区。

不难想象，改进这些问题区域是极为困难的。由于公共空间缺乏、地块狭小、人口密度高、地价昂贵以及这些问题的程度严重，简单的购买和清理方式几乎是不可行的。此外，这些历史悠久且邻里关系紧密的社区强烈抵制将要铲除和重建社区的规划，因而这些问题的持续存在就变得更容易理解了。20 世纪 70 年代中期，东京都政府启动了将很多此类地区完全重建为高层建筑的防灾都市更新地区项目，在社区的反对声中，这些项目大多停滞不前（Cibla 2000）。太子堂和真野的公民参与式社区营造项目成功地引导了一条走出僵局的道路，在 20 世纪 90 年代，当地居民控制的项目中所实施的渐进式改进方法逐渐成为改进这些地区公认的最佳做法。这种渐进式方法虽然需要极为密集的劳动投入，但优点是可以在不破坏现有城市肌理的情况下激活当地社区活动，并可以解决未规划城市地区一些更严重的缺点，如道路狭窄、缺乏人行道，以及缺乏当地公园和开放空间。

结合社区营造条例使用地区计划来逐步改善街道狭窄地区的一个最近的实例，位于东京都杉并区的蚕丝试验场迹地[15]地区。在那里通过了一个地区计划，其中增加了建筑高度上限、容积率和建蔽率，同时要求土地所有者在重建建筑时，需要沿着被指定拓宽至 6 米的道路后退 1 米或更多。如第 8 章所述，20 世纪 80 年代中期放松管制的措施之一，是允许地区计划削弱或加强对于建筑密度、建筑高度和容积率的法定限制。使用这些奖励来说服土地所有者自愿为道路拓宽放弃一部分的宝贵土地，避免了大量购买土地的需要，而购买土地将会使此类项目的成本变得难以想象。社区营造方法的主要问题是它往往非常缓慢，而且这种渐进式的改进存在着风险，在灾难发生时关键的改进可能仍不完整。尽管如此，由于缺乏更好的替代方案，这些地区计划型社区营造项目是 20 世纪 90 年代最广泛使用的项目之一。

土地利用控制型社区营造条例

第二种非常常见的社区营造条例是土地利用控制型社区营造条例，它特别常见于城市边缘区和远郊地区。由于 1968 年《都市计划法》的两个根本性的缺陷，土地利用控制型社区营造条例得以发展起来。首先，如第 7 章所述，法律对城市规划"白地"⑯的开发几乎没有法律控制，这类白地位于都市计划区域内，但在市街化区域和市街化调整区域以及已划为土地用途区的居民点之外。在这些城市规划的白地中，只有面积超过 3000 平方米的开发项目才需要开发许可。另一类白地位于都市计划区域外，控制该类白地中土地开发的法律权力极为薄弱，没有容积率或建筑密度的限制，并且仅对面积超过 20 公顷的开发项目要求有开发许可。这使得在远郊地区出现了相对不受限制的开发。其次，如上所述，由于《都市计划法》中对于"土地开发"的特殊定义，许多土地在转换为停车场、垃圾处理场、废车堆放场、砾石加工场等用途时，甚至在原则上受到土地开发严格控制的市街化调整区域内，也无法通过开发控制制度加以控制。因此，1968 年法律通过后不久，许多都市计划区域以外的地方政府开始制定自己的《开发事业基准条例》，以控制无法实施开发许可制度的地区内的土地开发。这些条例基本上类似于都市计划区域的开发手册。主要区别在于，它们没有开发许可制度的法定权力作为后盾。有的实例中已经建立了开发许可类型的制度，也有一些实例中建立了"通知、咨询和劝告"制度。许多早期的条例主要针对砾石提取设施和工业废物处理设施。由于大量的混凝土浇筑，砾石采石场已成为日本农村里日益常见的缺陷（McGill 1998）。大多数土地利用控制条例都要求，希望开发超过规定限制的开发面积的开发商通知并咨询当地政府。许多条例还要求开发商在与当地政府协商的同时，还要举办对当地居民的解释会，有些条例还要求在开发前获得住民协议会的同意。地方政府有向开发商提供"劝告"的自由裁量权，如果不遵守这些建议，通常地方政府所能做的也就是公布他们的姓名以使其难堪（Matsumoto 1999）。

冈山县是土地利用控制型社区营造条例的最早实例之一。20 世纪 70 年代初，位于濑户内海大阪和广岛之间的冈山，由于山阳新干线和中国高速公路的修建，正在经历快速的增长。投资资金从大阪地区涌入，特别是进入了水岛新工业城市周围的地区，导致了蔓延式开发的迅速扩展。位于都市计划区域之外的该县北部情况尤其糟糕（Okata 1999：125）。1973 年，县政府通过了一项条例，在全县实施了两级开发控制制度。超过 10 公顷的开发都需要在购买土地之前与县政府协商，而超过 1 公顷的开发则需要遵守开发许可制度，主要用来确保公共服务和消防设施有充足的供应。与此同时，县政府通过了一项示范性"开发控制"条例供各个地方政府复制，许多地方政府以此为基础制定了自己的开发控制条例（Okata 1999：127）。一个例子是位于都市计划区域之外的赤坂町，那里有大量的无序开发，尤其是砾石开采坑，因为那里生产的砾石质量很高。该町通过了一项土地利用控制条例，要求几乎所有

开发项目都符合道路、公园、停车场等的特定开发标准，并且超过 1000 平方米（0.1
公顷）的开发项目需要与当地政府协商，以确保符合当地的土地利用规划。未通知
（或做出虚假声明）的开发商可能被处以最高 30000 日元的罚款，但不遵守地方政
府劝告的开发商不会受到处罚。该条例通常难以执行，许多分散的开发项目都出现
了，一些开发商干脆无视通知当地政府的要求（Wada 1999：153）。

　　20 世纪 80 年代后半期，当度假区开发热潮[⑰]开始出现，度假区公寓[⑱]和度
假区、酒店、高尔夫球场的开发，以及远离主城区的非划线和非都市计划区域的度
假屋开发迅速增加，土地利用控制条例的数量也大幅增长。随着汽车的普及使小型
开发项目和路边购物区在越来越远离主城区的地方出现，这些问题在 20 世纪 90 年
代进一步加剧。许多以旅游业为主要经济来源的风景区的地方政府开始意识到，不
受限制的开发对其经济的未来发展会造成危险。

　　面对无法阻止的破坏性开发，许多度假区（温泉、滑雪区、海滨和高山草甸区）
的小型地方政府开始通过了土地开发控制条例，对这些新的开发模式进行某种控制。
在 20 世纪 80 年代中期至 90 年代中期，这些开发控制条例通常通过社区咨询程序
和当地的社区营造规划来制定，其指定程序类似于地区计划型社区营造条例（Okata
1999：134）。在整个地方政府的辖区，建立了通知/咨询制度，以控制公寓、办公
楼和工厂等大型建筑，并控制建筑形式和设计，特别是建筑高度、颜色和材料。这
些条例允许地方政府指定景观保护地区，并制定景观保护规划和景观保护标准。这
些条例通常规定，在该地区进行任何新的建设或改变建筑物外观之前，开发商有义
务通知当地政府。不符合标准的开发项目将收到当地政府的劝告，但如果不遵守劝
告，当地政府所能做的也就是公开开发商的名称。

　　最新一轮景观保护型社区营造条例的一个突出实例是在穗高，一个一直在努力
采用各种方法控制开发和保护美丽自然环境的乡村型的町。穗高町位于日本北部长
野县的中部山岳[⑲]地区，距离松本市这一不断发展的区域中心很近，并通过便捷的
铁路与之相连。在 20 世纪 80 年代末和 90 年代初，该町受到滑雪场、郊区通勤住
房和富人的第二住房，以及路边零售开发等各种远郊开发压力的影响。从 1985 年
到 1999 年，该町的人口从大约 20000 人增加到 30000 人，新开发项目的很大一部
分是沿农村公路进行的小型开发，这些开发项目通常采取"1 反开发"的形式，在
面积 997.1 平方米的 1 反土地上种植水稻，这刚好低于开发许可所需的 1000 平方
米阈值，正如第 1 章和第 7 章所述。在此情况下，可以看到景观保护型社区营造过
程与早期的土地利用控制条例相比有了多大的进步，后者仅试图限制最差类型的砾
石提取和废物处理设施。在穗高町，已尝试采用了借鉴自早期社区营造过程的经验

和总体规划制度的综合方法。该条例的目标不仅是防止不当的开发，而且还致力于构建积极的开发模式，以提高"丰富的绿色环境和城镇生活质量"[20]（Hotaka Town 1999）。

起草社区营造条例的项目始于 1995 年，当时对当地居民进行了一次调查，以确定他们对改进土地利用规划控制必要性的意见。很多人在回答中都对最近的土地开发活动表示担忧，认为需要进行某种形式的控制。1996 年，穗高町获得了国土厅和长野县的资助，在整个町的范围内进行了彻底的土地利用框架调查。这项调查涉及与当地居民进行的解释会议、对每户居民的调查以及土地利用规划的制定，并被认为开启了针对开发控制制度的当地居民合意形成过程。1997 年，国土厅中为城市规划"白地"这一薄弱控制领域制定新规划政策的部门，选定穗高为试验案例并给予其大量资金支持，用以制定当地的土地利用控制基本规划和地区土地利用控制规划。这一资金非常重要，因为大多数的小型地方政府根本没有资金承担雄心勃勃的新项目，只能在管理当前职责的工作中苦苦挣扎。

根据资助条件，成立了一个由地方和县的官员、学术人员和公民代表组成的委员会来制定政策。町长和副町长在该町 23 个区的每个区内都举办了一系列密集的讨论。该委员会编制了一份土地利用控制总体规划，并将其公布和展示。1998 年，成立了包含众多公民代表的另一个委员会，起草社区营造条例，以促进基本的土地利用控制规划。条例草案已经完成并公布，町长在接近年底时也再次当选。1999 年年初，该条例获得批准，并于当年 10 月生效（Okata 1999：141–142）。

该条例所应对的主要问题是，在覆盖大部分穗高町行政区域的城市规划"白地"中，几乎没有土地利用的控制或政策，几乎所有地方都允许将农田随意开发为居住用途。当务之急是控制城镇周边的农业区内出现的小型住宅开发项目。其次，考虑到最近的人口快速增长，该町现有的供水和污水处理能力仅能容纳约 40000 人，这大大地激励了人们引入总体控制政策，将未来人口增长限制在 10000 人。最后，通过引导组团式开发，希望可以保护现有的大片农田，并为形成高品质的居住区奠定基础。由于都市计划区域内"白地"面积广阔，所有面积超过 3000 平方米的开发项目均自动受到开发许可的控制。现有的开发手册还规定了与地方政府就所有超过 1000 平方米的开发项目进行协商的义务。不幸的是，仍然有许多面积不足 1000 平方米的开发项目基本上无法控制。此类的迷你开发是一个问题，因为它们往往是很小的地块，不可能保留大型树木，也不可能形成符合绿色城市理念的景观。作为回应，该条例将开发控制的标准降低至针对整个町行政区域内所有超过 500 平方米的开发，并规定了最小地块面积和更严格的建筑密度（Okata 1999：143）。

　　根据社区营造条例制定的土地利用基本规划的主要特点是将整个町区划分为小的区。每个区都举行公开会议，鼓励当地团体成立社区营造协议会。这些协议会由町长批准，并负责制定一项通过一系列公众参与和咨询研讨会创建的地区社区营造规划。为了使其成为正式的地区社区营造规划，必须有三分之二的当地居民批准该规划（Hotaka Town 1999：5）。一旦规划得到批准，在提出新的开发或重建建议时，必须对其加以考虑。开发商在进行开发之前还必须获得当地政府的批准。尽管并非总是需要获得当地居民的同意，但当地政府通常不会在当地居民未同意的情况下批准。在地区社区营造规划已得到批准的区，地区社区营造协议会被认为代表当地居民。但是，在穗高町传统的农村社会结构下，地区社区营造协议会实际上是地区自治会。因此，当地居民通过参与每个区内的自治会或社区营造协议会，有权拒绝一定规模的土地开发项目。在地区社区营造规划的区域内，更小的开发项目需要通过"地区社区营造事业要纲"所规定的一个相似但更为简单的流程，但这一工作仍在进行中。

　　穗高景观保护型社区营造条例最后一个有趣的方面是被称为土地利用调整基本计划（字面上可翻译为土地利用总体管理规划）的土地利用规划和设计指南。事实上，旧城区以外整个町的行政区域已经根据《都市计划法》划分为九个新的区域。每个区域都有像田园风景保护区、集落居住区或文化设施区㉑这样的一个概念和一个设计理念，如图9.3㉒所示。社区营造条例还提供了一份表格，说明了每个区域内适合的开发类型。在以前未分区的农村地区建立一套新分区的想法，似乎恰当地回应了不断增加的机动车交通所造成的开发的扩散，而这一设计理念似乎已经引起了共鸣，因为它最近也被其他的乡村型的町加以复制。然而，穗高町所采取的方法有许多弱点。特别是，由于土地所有者反对强力地禁止在特定地区的开发，该条例并未明确禁止特定区域内的许多更具争议性土地利用，而是表示必须"通过协商来决定"，从而避免了针对夺取土地权利与土地所有者的直接对抗（Yasutani 2001）。

　　穗高社区营造条例的重要意义在于，其目标比早期的土地利用控制措施更具雄心，这些措施主要为了规范最具侵害性的土地利用。在穗高，目标是在整个町的行政区域内提出新的开发模式和标准，并试图通过说服和提供最佳做法的样貌来改进开发模式。与20世纪90年代的其他社区营造条例一样，分区规定和设计指南都不具备法律效力，地方政府对于不符合规定的开发项目唯一制裁方式就是公布违反该条例的开发商的名称。新的社区营造方法将如何在实践中发挥作用，以及能否获得足够的公众和土地所有者的支持，以便能利用最近的地方分权所提供的新法律权力，使社区营造条例的条款在未来具有法律约束力，这还有待进一步观察。

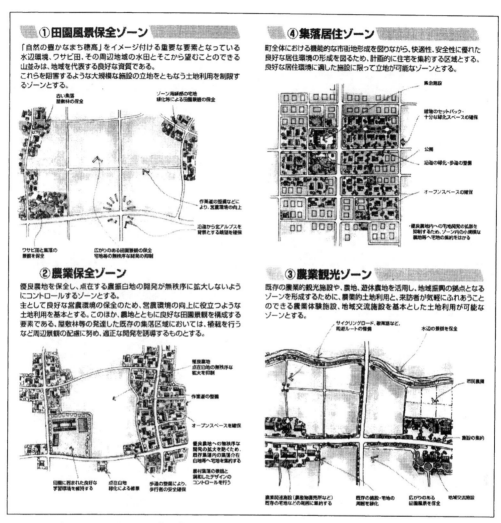

图9.3　穗高町的分区概念。《穗高景观保护条例》的一项关键内容是在根据《都市计划法》划定的村庄区域外创建九个新的区域，其中包括"田园风景保护区"[23]（上图①）、"农业保护区"[24]（上图②）、"集落居住区"[25]（上图④）和"农业观光区"[26]（上图③）。

资料来源：穗高町（Hotaka Town 1999）。

历史保护型社区营造条例

　　第三种主要类型的社区营造条例是历史保护型社区营造条例，它们与地区计划型和土地利用控制型的条例有许多共同之处，但起源和特点不同。日本的历史保护实践起源于二战前，在 20 世纪二三十年代利用 1919 年《都市计划法》规定的风致地区开展了有限的历史保护工作。例如，东京的明治神宫在 1920 年被指定为历史遗迹，京都的 34 平方公里范围在 1930 年被指定为风致地区（Hohn 1997：219）。

1950 年的《文化财保护法》允许指定特定的建造物，并设置文化财保护委员会，以执行法律、开展研究和确定保护的优先事项。这一阶段的主要重点是保护重要的历史建造物[27]，如寺庙、神社和城堡，很少关注私人建筑、城区或 1868 年明治时代以后修建的建筑。优先事项也在逐渐演变，自 1962 年到 1965 年，文化财保护委员会对重要的传统民宅进行了调查；1968 年，文化财保护委员会与文部省文化局合并为拥有更大权力的外局——文化厅。

随着 20 世纪 60 年代经济增长的加快，城区开始出现迅速的变化，大量传统建筑遭到破坏，公众日益关注和推动更加积极的历史保护举措。越来越多的人开始担心传统的日本城区将被完全摧毁，取而代之的是现代的混凝土和钢结构建筑。人们意识到，不仅需要保护单个的著名建筑，而且需要保护整个传统建筑地区，即使其中的单个建筑并不知名。日本仍然没有保护历史城区的法律制度，而城市规划制度事实上一直是破坏传统建筑的一个重要原因，因为消防法规使得对旧建筑的翻新和再利用几乎不可能实现。相反，消防法规要求用防火材料、不同的屋顶线和从狭窄道路向外的后退来取代旧的建筑。由于缺乏指定和保护传统城区的国家立法，拥有丰富历史城市价值的金泽和仓敷于 1968 年分别通过了各自的历史地区保护条例[28]作为地方细则（Koide 1999：74）。

1975 年，随着作为国家法律的"重要传统建筑群保存地区"制度获得通过，历史城区的保护变得更加容易。这项法律是对早期立法的一大改进，因为它允许保护城区，而不仅仅是单个建筑。有趣的是，该法律的通过实际上大大促进了地方的社区营造条例被用于历史保护。这在一定程度上是由于国家法律规定的"重要保存地区"[29]数量很少，到 1994 年只有 40 个（Hohn 1997：224）。同时也由于重要保存地区制度对开发进行了极其严格的控制而非慷慨的财政支持，这种指定常常遭到当地土地所有者的反对。因此，在许多历史街区里，社区营造条例反而获得了通过，因为相对较弱的管控更容易被接受。此外，即使指定了重要保存地区，这些地区通常也是紧紧围绕核心的历史街区来划定。例如在仓敷，重要保存地区制度指定了核心的历史街区，并通过一项条例保护重要保存地区周边更大的区域。在 20 世纪 80 年代，保护历史地区和地标（如城堡和寺庙）周围广大山地和风景的社区营造条例数量得到了显著增加。

古商业城市仓敷是最著名的历史保护实例之一（见图 9.4）。仓敷位于濑户内海边的冈山县，在大阪与广岛之间的中点。它是最早针对其大部分历史保护区使用社区营造条例的地区之一，并已成为极受欢迎的旅游目的地——在重要保存地区中排名第一，1991 年游客数达到 450 万人（Hohn 1997：227）。有趣的是，尽管仓敷在

图9.4　濑户内海旁仓敷的旧商业区。仓敷是根据市政条例开展历史城镇景观保护的领导者之一，1968年指定了第一个保护地区，1979年被指定了一个重要保存地区。仓敷在史迹旅游景点排行榜上位列榜首，1991年有450万人次来访。

安德烈·索伦森拍摄，2000 年。

1968 年通过了日本最早的两个城镇景观保护条例，但直至 1979 年它才被指定为重要保存地区，部分原因是它曾是一个商业城镇而非武士区，而大部分早期被指定的重要保存地区曾经都属于武士区（Hohn 1997：222）。

　　仓敷的保护区目前包含两个部分，一个是被指定为重要保存地区的核心区，有严格的保护标准并且可以在法律上强制执行；另一个是受社区营造条例保护的更大的周边区域——社区营造条例并不很严格，而且主要通过说服来执行。社区营造条例指定了一个景观形成地区，其中应用了一个规划和一套开发标准。开发标准包括高度限制、屋顶样式、建筑材料等。共有两套开发标准：基于地区计划的一套可供法定实施的最低标准，以及基于通知和劝告等行政指导的一套景观指南。在景观形成地区内，开发商必须通知其开发规划，并咨询当地政府，而当地政府又会咨询当地的住民协议会。当地政府可以向开发商提供官方劝告，并在他们不遵守时公开他们的违法行为（Koide 1999：80）。在北海道南部的早期殖民港口函馆，可以看到仓敷制度的进一步发展。在仓敷所采用的双环结构中增加了第三个环。它覆盖了历史街区周围更广阔的区域，旨在防止大规模的高层开发，以保护重要保存地区的视觉背景。这一地区被称为"大型建筑通知地区"，同样依赖于社区营造条例和通知 /

咨询制度。

公民为保护城市遗产而组织的另一场早期的历史保护运动，发生于图 1.4 所展示的奈良县今井町。今井町是一座古老的寺庙 / 商业城镇，其历史可以追溯到德川时代以前。在保护地区内，约 60% 的建筑是非常古老的传统风格木制建筑。20 世纪 70 年代中期开始了一场地方保护运动，1983 年成功地获得了地方议会对历史保护的支持。在阻止修建一条穿过社区中心的都市计划道路以及敦促支持保护传统建筑方面，当地社区发挥了重要作用。保护工作由当地的自治会、今井町城镇景观保存会、今井町城镇景观保存住民审议会和今井町青年会领导（Koide 1997：114）。共通过了三个社区营造条例：分别为 1989 年通过的《传统建筑保护地区保存条例》[30]、1993 年通过的《今井町传统建筑保存地区建筑基准法限制缓和条例》[31]和《传统建筑保存地区税收减免（及改造的财政支持）》[32]（Koide 1999：91）。建筑标准的放宽至关重要，因为就如上文所述，《建筑基准法》一直是阻碍传统建筑保护的一个主要因素。

今井町社区营造条例有六条主要的条款。第 1 条定义了保护地区。第 2 条建立了针对该地区所有建筑物变更的通知 / 许可制度，由町长和市教育委员会[33]管理。第 3 条规定了地区保护规划和许可制度的标准。第 4 条设立了一个咨询机构来监督该条例。第 5 条授权为部分改造费用提供财政支持，以达到条例规定的标准。第 6 条授权建立一个向潜在的开发商提供劝告 / 指导的制度，并允许对妨碍地区保护的项目施加撤销许可、罚款等惩罚。因此，社区营造条例遵循了现在已经确立的社区营造准则，即确定目标地区，授权给一个委员会，并建立一个基于行政指导的许可制度来控制地区内的变化。除这些地方条例外，该地区于 1993 年被文化厅指定为重要保存地区，并于同年被指定为城镇景观环境改善项目。这两项指定提供了重要的额外资金，用于以传统方式重建许多地方道路和其他的公共设施，并资助开展抗震和防火工作（Koide 1997：114）。

社区营造和城市规划

上述所有社区营造条例有三个主要的特点。首先，它们是由地方政府通过的，目的是填补国家规划立法中的空白和漏洞。由于这些空白和漏洞，广大的城市地区和各种类型的开发监管相对薄弱，并严重限制了地方政府试图提高历史保护或开发控制标准的法律权威。其次，所有社区营造条例的制定都有相当大程度的公众参与。最后，这些社区营造条例强制要求开发商遵守的权力往往很弱，因为即使该条例已由地方议会正式通过，如果开发商拒绝遵守，它们也无法通过法庭诉讼得到强制执行。这在少数情况下导致了激烈的冲突，而在大多数情况下则促成了大量合作。

社区营造方法似乎非常适合地方环境改善和历史保护项目，因为它提供了可以调动当地民众能量的工具，如果最终没有当地居民和土地所有者的大力支持，这些项目注定会失败。显然，社区动员将继续成为未来的关键问题。社区营造条例最终为当地民众提供了一条积极参与保护和改善当地环境的途径，许多社区居民紧紧地抓住了这个机会，并正在与之前进。似乎在许多西方国家中，社区营造条例相对薄弱的监管权力会酿成灾难，因为违背社区意愿所带来的社会耻辱不太可能影响房地产开发或重建的决策。看一下社区营造会继续主要依赖于说服，还是在地方政府获得法律授权并通过有约束力的地方条例之后，逐渐转为建立更强有力的监管，将是一件有趣的事情。

显然，日本现在正在经历"社区营造繁荣"。全国各城市中的各类城市居民参与了大量不同的社区营造规划项目。遵照传统，精明的规划师们邀请了一些来自西方的最杰出的公众参与实践者来介绍新的技术和想法（Sanoff 2000：250–274）。公民参与式社区营造显然极为重要，因为它是日本第一个明确基于当地居民所表达的意愿的规划方法。当地居民更多地参与制定自己邻里的目标和优先事项，也有助于公众更多地支持能够提高当地生活质量的规划和开发控制措施。与完全由中央政府主导的旧制度相比，将规划权力下放给地方政府似乎也有可能促进建立更善于考虑城市居民、纳税人和选民需求的规划方法。然而，正如石田赖房（Ishida 2000：13）所指出，如果没有地方财政资源的改善，地方政府可能很难实现规划法律权力下放的承诺。鉴于逐步开展地方分权的悠久历史，有理由认为中央政府对于财政的持续控制仍然会是地方自治的重要障碍。

也许更具决定性的，是社区营造如何从此进一步发展的问题。如第8章所述，关键问题不在于该进程是由当地居民还是地方政府发起，而在于所实现的公众参与的质量和性质。大多数参与式社区营造进程将继续主要由地方政府和其他公共机构发起，其中的原因很多，尤其是公众参与制定总体规划的法定要求以及振兴和改造许多旧城区的迫切需要，不可避免地要进行某种形式的密集公众参与。真正的问题将是在哪里制定社区营造的议程和优先事项，如何选择社区营造协议会的参与者，如何在协议会中做出决定，以及这些决定是否会对更高级别机构的政策产生影响。

如果以普遍服从地方政府和其他上级机构指示为特征的旧式邻里组织继续下去，那么很难想象社区营造的承诺会被实现。地方的社区营造协议会是否能够制定与政府截然不同甚至相反的优先事项？即使能够，他们是否还能在执行上取得任何进展？选择社区营造协议会的过程似乎肯定会成为一个关键问题。选择成员的方法多种多样，但似乎大多数成员都由地方政府任命，或者出于公共服务或个人利益自愿加入。在许多情况下，当地的町内会或自治会半自动地承担了社区营造协议会的角色。虽然社区营造组织仍然处于边缘地位，但感兴趣者的自荐可能会非常有效。如果社区营造条例和规划过程实际上已经开始对城市变化模式产生重大影响，社区营造协议会的选择过程似乎可能会成为一个日益重要且有争议的问题。目前看来，社区营造协议会的大多数决策都是通过悠久的共识建立过程做出。然而，如第 10章所述，日本社区组织的共识决策通常主要有助于维持在当地有影响力的少数人的主导地位，在许多社区中这些人都能够牢牢控制住町内会和自治会。似乎社区营造组织未来面临的主要挑战之一，特别是如果他们能在社区环境改善活动中发挥更有效和更强大的作用时，将是制定和加强选择参与者的方式以及这些方式内部运作和决策的程序。

也许社区营造的最大问题是它的作用将通过何种方式与城市规划关联。到目前为止，社区营造已经开展了一系列几乎被日本传统城市规划所忽视的活动。这些活动包括：拓宽狭窄的道路，提供公园、游乐场和行道树，建造社区中心和类似的地方设施，对城市边缘控制松散的蔓延地区进行开发控制，以及历史保护，进而改善现有居住区。问题是，城市规划本身什么时候会开始受到新社区营造实践中一些较为可取的方面的影响，比如优先考虑人们的需求和生活质量？城市规划似乎基本上还没有受到新方法的影响。一个很好的例子是神户市，它被广泛认为是社区营造的领导者之一，并且非常支持采用新的方法。然而神户的城市规划仍然专注于主干道和大型项目等旧的优先事项。40 年前规划的都市计划道路仍要穿过现有的邻里，而这些邻里的社区营造组织强烈反对这些道路。尽管神户纳税人一再发起大规模的请愿活动，神户市还是继续推进在大阪湾一个新的填埋场上建造一个耗资巨大的国际机场的规划。鉴于位于海湾对岸新的关西机场[34]需求持续乏力以及债务急剧上升，该机场的财务可行性及修建的必要性都受到了质疑。更为愤世嫉俗的观察者可能会认为城市规划根本就没有改变，城市规划从未优先考虑的一系列问题——如生活居住质量、景观保护和历史保护——都被哄骗给志愿者团体了。

另一方面，这只是一个漫长发展过程的开始。在这一点上，可能更为恰当的是，与参与社区营造组织工作的许多人分享乐观情绪，希望有公民参与规划制定和开发控制的社区营造过程能够继续成长和发展，并且这些社区营造过程对当地的影响也会继续增强。

20 世纪 90 年代的主要城市变化

持续存在的二元城市结构——规划区和扩展区

复杂的城市变化模式是很难用几段文字总结出来的，因为日本的城市发展仍然具有极大的多样性。在 20 世纪 90 年代，泡沫时期的遗留问题开始变得越来越明显，壮观而昂贵的建筑在繁荣时期开始大量出现，而随着开发公司破产以及其资产被债权人接管，空置的城市地段也扩展开来。新的城市高架快速路和地铁开发在继续快速进行。随着地价下跌，新的住房单元再次变得可以支付，市中心重建区的高层公寓建设又恢复起来。以主要火车站附近的大型百货公司和小型零售区内数万家小型家庭商店为模式的旧的零售业，正在持续转变为郊区高速公路上无处不在的便利店和品类杀手式的大卖场。2001 年，日本最大的便利连锁店首次超越最大的超市 / 百货公司，成为最大的零售商。

在这里，似乎值得要继续关注城市边缘区的开发，因为正是这些新的城市增长领域会对长期的城市模式和生活质量产生最重要的边际影响。在城市边缘区，日本城市化和规划的主要显著特征是，一些规划和再规划片区内的二元城市结构不断再现，与大面积的无规划蔓延混合。在二战后，所有规划过并提供了道路和主要服务的城市开发比例逐渐扩大，但仍仅占所有新开发的三分之一到一半。规划过的开发项目种类繁多，包括新城、科技城项目、各种工业园区和货物配送中心、众多土地区划整理项目，以及依据开发许可制度所开展的相当多的大型私人开发项目。规划开发中最明显的领域是"新城"。自快速增长时期的沉闷住宅区出现以来，新城的数量大幅度增加，设计也有了很大的改进。大规模规划开发的另一个杰出实例是位于东京以南神奈川县的多摩田园都市地区，由东急电铁[35]下属的土地开发和百货集团在 50 年内开发了数十个土地区划整理项目。然而这些仍然是例外情况，因为随意、无服务供应且渐进式的开发仍然主导着城市边缘区的发展。

蔓延区域继续扩大

如第 7 章所述，绝大多数新的城市开发仍然是无规划、随意地蔓延。为了清楚地展示日本最近的无序开发实际上是何种样子，值得研究一下东京北面的前埼玉县首府浦和市的一个案例地区。该地区自 2001 年起成为由浦和市、与野市和大宫市合并而成的埼玉县新首府埼玉市的一部分。可以公平地说，本文所调查的案例地区代表了 1970 年以后创建的绝大部分大都市的郊区。图 9.5 显示了到 1995年为止浦和市主干道网的完工状态。显然，浦和市在完成其规划的主干道系统时

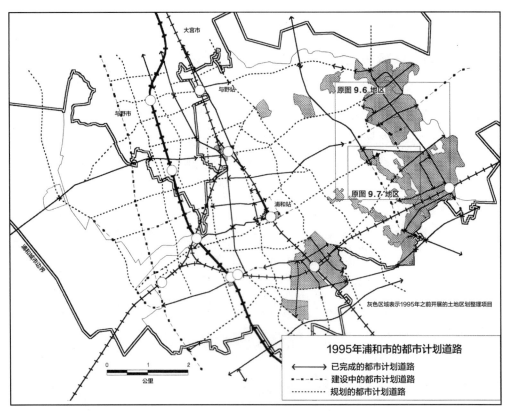

图9.5　1995年浦和市的规划道路。虽然浦和在20世纪60年代规划了一个综合的都市计划道路网，但直至1995年道路的修建都进展甚微，尽管整个城市地区都已进行了大量的开发。对土地区划整理的依赖是非常明显的，因为只有在土地区划整理项目和市中心火车站附近才基本建成了道路系统。请注意图中的两个方框区域，在图9.6和图9.7中更详细地展示了其城市化模式。

资料来源：安德烈·索伦森（Sorensen 2001b）。

遇到了巨大困难。仅修建了一小部分规划主干道，道路改善主要出现在土地区划整理区域内，其次是针对通往市中心的主要道路。由于城市化进程在道路建设之前就已经开始，规划路网的建成显然将是一项长期而昂贵的工作。由于人口和汽车保有量的增长，道路的使用急剧增多，因而现有的直通道路也不足为奇地出现了严重拥堵。

　　图9.6给出了浦和东部部分新城区更为详细的视图，显示了截至1992年时的道路网和建成地块。该区域包括浦和市最大的土地区划整理项目集中区。在土地区划整理区域内，建设了经改造的地方路网和主干道网；而在土地区划整理项目外，旧的农村道路系统则清晰可见。土地区划整理区域并不总是连在一起，这意味着主干道网已建成的部分是支离破碎的。此外，虽然仅有的大块未开发土地位于土地区划整理区域之外，但土地区划整理区域内仍有大量未建成的土地；在土地区划整理区

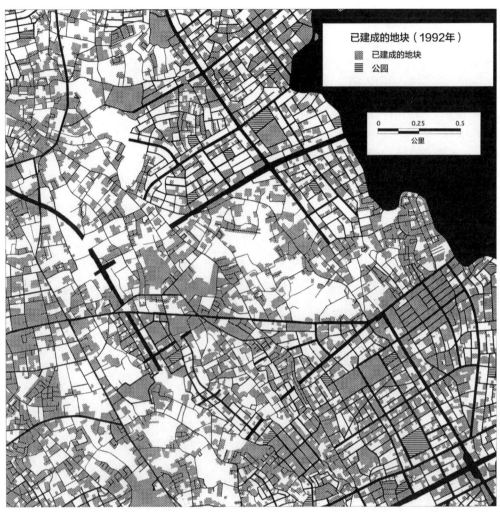

图9.6　浦和市的道路和土地开发模式。从20世纪60年代末开始，浦和市试图通过土地区划整理项目开发其新市街化区域的整个东部，在20世纪80年代初，几乎所有尚未成为土地区划整理的区域都被用灵活划线的方法指定为土地区划整理促进区域[36]（图8.3）。到20世纪90年代初，只有一个新的小型土地区划整理项目得以启动，大多数规划的项目要么被放弃，要么缩小了规模。其结果是一个支离破碎的道路系统，少数新的主干道分散建设在该区域内，而大部分增加的交通量则使用旧的乡村道路网络。

资料来源：安德烈·索伦森（Sorensen 2001b）。

域外，沿着现有农村道路网及其较短的延伸段也出现了大量建筑。1990年，浦和市 32% 住宅的宅前道路宽度不足 4 米（Saitama ken 1992）。日本的许多城市地区都以此种方式得以完全建成：通过这里拓宽一点、那里再拓宽一点的方式逐步改善道路网，以及在建成某个区域之后再回头提供下水道和其他服务。尽管绝大部分地区都是在二战后修建的，外国的观察者们还是经常会错误地将这些地区视为日本古代的城市传统遗迹。这种沿最窄道路逐步建造的模式正是导致规划主干道极难完成的原因。在大多数情况下，需要进行大量且昂贵的建设用地购买和住房拆除工作。此外还值得注意的一点是，在图 9.6 的区域中，唯一的下水道服务区属于土地区划整理项目。项目外的开发则采用了必须要被定期泵入罐车的化粪池。

浦和东侧新城区仅有的公园位于土地区划整理项目区内，必须有至少 3% 的面积作为公园，该项目区才有资格获得中央和县政府的补贴。与道路用地一样，公园不足的原因也是土地难以获取。公共绿地的匮乏并不是未来的一个好兆头，因为该地区已经完全建成，人口密度也在增加。特别不幸的是，该地区的自然环境特别丰富，如果采用不同的规划制度则可能会形成非常高质量的城市环境。事实上，溪流、树木茂密的悬崖和许多小块林地正在逐渐被建设所侵蚀。

与其他发达国家的郊区住宅开发相比，日本在某个地区建成之后自然特征被保留下来的可能性很小。无论土地已基本水平还是在陡峭的山坡上，新的城市土地开发总是开始于清除所有植被并通过系统地使用挡土墙来形成绝对水平的建筑地块。小型住宅区本身都是由高地价所形成的，这意味着即使是相对较小的房子，通常也会建在三面地块线的一米范围内，在建筑物的南侧会留下一个小花园，无论它是在地块的一边、街道一边还是在房子后面。这些小块土地没有种植大树的空间，只有主干道足够宽，可以把树种植在路边。因此，如果没有绿地保护措施，最终似乎不可避免会出现一个完全建成、缺乏大量绿地的城市地区，尽管在长达数十年的建设过程中，农民的菜地和树木繁茂的山坡上经常会留下大量的绿地。人们常说，日本人迁往郊区是为了获得更好、更绿色的环境，但正如华山谦（Hanayama 1986）在日本案例中评价，或者像西方郊区住宅开发批评者长期以来哀叹的那样——这样的绿色环境只是暂时的好处，很快就失去了进一步发展的机会。事实上，搬到无论多么远、无论服务和规划有多么糟糕的郊区，主要原因显然都是为了能够买得起房子，因为城市边缘区的土地比较便宜。从一个角度来看，城市边缘区允许相对不受限制的开发似乎可能促成了日本的高房屋拥有率，在 1993 年这一比率达到了 59.8%，与美国和英国相当（Oizumi 2002）。另一方面，到目前为止，日本住房成本高的最大因素是高昂的土地成本，许多人认为这是政府政策的结果，例如土地开发法规的薄弱（Haley and Yamamura 1992；Noguchi 1992b；Wegener 1994）。

针对政府政策对于日本住房负担能力的净影响，要得出一个简单的结论并非易事，但显然，缺乏开发控制在持续地造成严重的城市问题。图 9.7 说明了在 1968 年至 1992 年期间，案例研究区域的一部分（包括土地区划整理和非土地区划整理区

图9.7　1968—1992年间逐步进行的分散的城市开发。浦和市的这一地区是许多大都市郊区的一个典型实例。该地区已经被指定为市街化区域20多年，并计划通过土地区划整理项目和开发许可控制在10年内进行全面开发，然而目前建成的土地面积还不到一半，而且新的主干道系统很零碎，大多数住宅既没有下水道系统也缺少管道燃气。

资料来源：安德烈·索伦森（Sorensen 2001b）。

域）逐步建设的过程。新房子和新企业在整个地区分布得相当均匀。虽然仅在土地区划整理区域内建成了新的道路系统，但非土地区划整理区域的旧乡村车道沿线已出现大量新建筑。

　　可以想象，在这一地区，道路拥堵是一个严重问题，因为唯一的直通道路承载着增量巨大的交通负荷，以前的乡村车道也被越来越多地使用，尽管它们只允许两辆车相互挤着通过。图 9.7 左上角的宽阔道路是一条新国家高速公路的一部分，从北部的大宫通往位于南部的东京。这里所显示的地区作为土地区划整理项目的一部分于 20 世纪 70 年代中期完成。图中所有尚未通过土地区划整理开发的区域实际上都是官方规划中的"土地区划整理指定区域[37]"，只有城市获得土地所有者的一致同意时才能开始进行全面重建。然而，如其他地区的情况所示（Sorensen 2000a），一致同意并不总是很容易获得。同时，随意的土地细分和开发，意味着需要更多土地所有者的一致同意才能进行全面重建，即使最终能够获得一致同意，项目执行的费用也会更加高昂。

　　正如浦和所展示的那样，日本新居住区的一个最显著的特点，就是持续不断的大规模变化。这不仅仅是在已建立的道路和地籍系统的空白地块上填充新房屋的问题，而且是一个逐渐改变该地区特征的问题，主要的新干道穿过现有的邻里，形成高速公路沿线的公寓和新商业用地街区的带状开发。最重要的变化包括道路网络和出行模式的改变、人口和建筑密度的增加、土地利用范围和数量的增加，以及从主要是农村的住宅区向住宅 / 商业混合区逐步且基本缺少规划的转变（见图 9.8）。即使在主要基础设施尚未建成的地区，逐个地块的零散开发、规划路网的逐步形成以及分区控制下的合法建设，也意味着这些地区会一直建设数十年。

图9.8　现有道路上繁忙的交通。城市边缘区无规划建设的一个重要后果是交通拥堵加剧。随着日益增高的机动车化，过去相当成功的每个人普遍使用自行车和火车的策略在当前则面临严重问题。现有的大小乡村道路承载着大部分交通，而由于需要进行大规模的拆除，新主干道网的建设非常缓慢且花费巨大。

安德烈·索伦森拍摄，2000 年。

这并不是该地区是否会变成贫民窟的问题。土地价格太高，以至于该地区变为贫民窟是不可能的。问题在于，新居民的投资将获得何种居住环境，以及采用不同的规划制度是否会更好或更便宜。少数的郊区开发项目，如经过周密规划且不受规划外变化影响的"新城"，就非常受欢迎且价格昂贵，这表明许多日本购房者喜欢更为稳定的居住环境。在 20 世纪 90 年代，以公民为基础、通过地方的社区营造条例来保护社区的事例激增也表明了这一点。虽然 1992 年和 2000 年对城市规划立法的重大修订大大加强了对于开发的控制，但本文所探讨的那些巨大的半建成区，似乎必定会在未来的许多年里吸收不成比例的规划资源。

即使没有像战后英国那样强有力的规划法，也不应认为没有其他的可选方案。1968 年，当新的规划制度被制定时，浦和的案例研究区内几乎全部为乡村土地利用形态。如果当时做出了不同的选择，无论是实施略为严格的开发许可条件或严格控制规划主干道上的建设、购买此类土地的开发权，甚至直接购买土地，从长远来看似乎都会便宜得多。

在回顾这些郊区的逐步开发时，可以得到这样一个印象：在这种情况下，对于城市规划的负责人来说，最终建成的城市环境概念必须要多么狭隘。一个完整的主干道网的愿景一定会在负责的规划师的梦想中舞动，但连这一点都无法实现就必然扼杀更具雄心的想法，如自行车道、体面的公园，或者通过城市设计有效地利用该地区丘陵和山谷，或者是允许众多的溪流通过绿色走廊在地面上流动，而不是流入路旁的混凝土沟渠中。

最后，日本战后城市化和规划最令人惊讶的是，在防止无序、无市政服务的蔓延方面不断地失败。虽然科技城和新城等规划开发的面积已大幅度增加，但由于政府不愿意对土地开发进行更严格的控制，蔓延仍然是城市增长的主要形式。尽管正在开发出越来越复杂的回头改善现有城市地区的方法，尤其是社区营造，但很难不发出这样的疑问——是否从一开始就更好地监管城市开发会更加容易一些？当然，有足够的工作让社区营造活动家和顾问们在未来很长一段时间里忙碌了。

因此，20 世纪 90 年代见证了日本城市规划的重大变化，这令人确信，未来将会有相当乐观的发展。当地民众通过行动在全国的城市地区传播社区营造，总体规划方法得以发展并得到当地民众的积极参与，对历史保护重要性的认知迅速提升，以及在 90 年代末期出现了规划权力的重大地方分权，这些都是未来的好兆头。另一方面，地方政府财政独立性的持续不足，以及它们在严重财政危机时期获得了更多自主权的事实，似乎限制了它们制定新方法的自由。可能更重要的是，正如上文讨论的浦和案例所显示的那样，日本城市规划的根本问题仍然存在。限制土地所有者开发其土地的权力仍然极为薄弱。相反，有规划、有市政服务的城市开发目标仍然主要通过给予奖励（如提升分区和容积率奖励）和积极的方法（如基础设施建设以及新城和土地区划整理等土地开发项目）来实现。这些策略在得到了实施的地方往往相当成功。问题是，大片区域仍然在几乎没有任何控制的情况下继续开发。随着对大面积新城市用地的需求下降，这一方法在未来可能会变得更加难以维系，如下一章所述。

译者注：

① 日文可能为"小笠原常資"，此处并不是完全确定，所以用原文中提供的英文名。

② 英文原文为 tetrapods，通常译为消波块，又称为防护块或弱波石。

③ 该机构的正式英文名为 Hokkaido–Tohoku Development Finance Public Corporation，原著中则为 Hokkaido–Tohoku Development Finance Corporation。

④ "ゼネコン"为日文"ゼネラル・コントラクター"（general contractor）的简写。

⑤ "天下り"或"天降る"，原为日本神道教用语，指天神下凡。后来通常有两种用法：一是上对下或官方对民间的单方、硬性的命令或安排，二是高官退休后又到企业中高薪就职。本文中为第二种用法。

⑥ 书中英文原文为 new public information disclosure laws，指的应是平成 11 年（1999 年）颁布的《行政機関の保有する情報の公開に関する法律》（简称《情報公開法》）。

⑦ 日本气象厅将该次地震命名为"平成 7 年（1995 年）兵庫県南部地震"，不过也通常称为"阪神・淡路大震災"。英文为 The 1995 Southern Hyogo Prefecture Earthquake 或 Kobe earthquake。中文的翻译为阪神大地震、神户大地震或关西大地震。本书中，译者将其统一翻译为"阪神大地震"。

⑧ 原文为 struck out，指棒球比赛中的三击不中而出局。

⑨ 地震的受灾范围以兵库县的神户市、淡路岛，以及神户至大阪之间的城市为主，文中的一座大城市是指神户。

⑩ 对应的日文为"地方分権推進委員会"（ChihôBunken Suishin Iinkai）。

⑪ 原书第 300 页中。

⑫ 此处应指上文中提到的"总体规划"。

⑬ 此处的英文原文为 The Japanese Association of National Trust Movements，而 The Association of National Trusts in Japan 对应的日文为"社団法人日本ナショナル・トラスト協会"，因此此处中文译作"日本国民信托协会"。

⑭ 1966 年通过的该法律全称为"古都における歴史的風土の保存に関する特別措置法"，通称为"古都保存法"。本书英文原文为 Ancient Capitals Law，翻译时还是主要依据日文的法律名称，翻译为"古都保存法"。

⑮ 该地名的中文意思是"蚕丝试验场旧址"。

⑯ 英文为 city planning white areas，日本一般称为"都市計画区域内の白地地域"。

⑰ 此处原文为 rezôto kaihatsu bumu，有误，应为 rizôto kaihatsu bumu。

⑱ 此处原文为 rezôto manshon，有误，应为 rizôto manshon。

⑲ 原文为 Japan Alps，对应的日文为"日本アルプス"，即"日本阿尔卑斯"，又称中部山岳，是位于日本中部的飞驒山脉、木曽山脉、赤石山脉三个山脉的总称。

⑳ 此处的英文原文为 midori yutakana sumiyoi machi。根据相关的日文文献，此处的"まち"可以采用汉字"街"或"町"，也可以直接用平假名表示，本文选择直接用平假名"まち"。

㉑ 此处未找到对应的日文，根据英文原文 Cultural Facilities Zone 直译为"文化设施区"。

㉒ 英文原文为 Figure 9.4，有误，应为图 9.3。

㉓ 田園風景保全ゾーン，Rural Landscape Protection Zone。

㉔ 農業保全ゾーン，Agriculture Protection Zone。

㉕ 集落居住ゾーン，Village Residential Zone。

㉖ 農業観光ゾーン，Agriculture Tourism Zone。

㉗ 英文原文为 structure，对应的日文为"建造物"，所以此处按照"建造物"来翻译。

㉘ 分别为《金沢市伝統環境保存条例》和《倉敷市伝統美観保存条例》。

㉙ 英文原文为 Important Preservation Districts（IPDs），应是指上文中提到的"重要传统建筑群保存地区"（重要伝統的建造物群保存地区），此处翻译为"重要保存地区"，下文也都采用这一翻译。

㉚ 该条例正式名称应为："伝統的建造物群保存地区保存条例"，书中的英文原文为 Traditional Building Protection Area Ordinance。

㉛ 该条例正式名称为"橿原市今井町伝統的建造物群保存地区における建築基準法の制限の緩和に関する条例"，书中的英文原文为 Imaichô Traditional Building Protection Area Relaxation of Building Standards Law。

㉜ 书中的英文原文为 Traditional Building Protection Area Tax Reduction（and financial support for renovations），日文原文并未查找到。

㉝ 这里指的是"橿原市教育委员会"，今井町隶属于橿原市。

㉞ 指的是关西国际机场，于 1994 年 9 月 4 日完工启用。

㉟ 公司名称为"東急電鉄株式会社"。

㊱ 此处英文原文为 LR designated area，未找到对应日文，因此根据英文原文直接翻译。

第10章 日本的城市化和规划

前面章节追溯了在 20 世纪日本非凡的城市工业增长的起伏，勾勒了其众多成就中的一些成就的轮廓，考察了一些突出的问题，并苦苦思索了其进步过程中各种令人困惑的方面。最后一章将回顾日本的城市化和规划模式，询问有哪些教训可以从了解日本的经验中吸取，并简要推测日本未来的主要城市规划问题。

日本的城市化和规划模式

日本的经验在许多层面上都是独一无二的，因此它似乎有理由被视为一种独特的模式。在谈到"日本模式"时，目的是提请注意日本城市化和规划的五个显著特征：国家资源持续集中用于经济发展、规划与公民社会的关系薄弱、中央政府的主导地位、对公共建筑项目的偏好一直超过对私人开发活动的监管，以及城市邻里有自力更生的悠久传统。

集中资源用于经济增长

日本城市化和规划模式的基本特征是，大部分资源始终用于国民经济发展，而最低限度的资源用于社会间接资本。日本人民则被敦促努力工作、勤俭节约，以支持建设国家的总体目标。在战前的工业化时期，经济增长和军事实力是为帝国野心服务的；而在战后，经济增长本身就是目的。优先考虑生产者基础设施；规划和开发控制薄弱，以使私人投资获得最大的自由。国家投入了最低限度的社会间接资本，却将所有可用资源用于工业增长，同时让私营部门来自由决定住房、污水处理和地方道路的支出。

重要的是，优先发展经济不仅适用于中央政府支出，而且也尽可能地适用于其他行为者和部门。例如，在快速增长时期，银行不允许将资金用于住房抵押贷款，这样住房就不会与其他产业争夺稀缺的资金。同样，为了鼓励储蓄，通过高税收和牌照费阻碍私家车的拥有。通过对允许征税内容的限制、中央政府对地方债券发行的控制以及对规划项目许可的行政限制，地方政府的支出也受到了严格控制。可能同样重要的是，政府政策免除了污染行业对其产生的负外部性的责任，以及严格限制地方政府独立制定更积极的土地开发方法的能力。毫无疑问，这些政策为经济快速增长的"奇迹"做出了巨大贡献。

尽管战后经济的快速持续增长加之与美国等国家相比收入分配的相对平等，确实大大提高了几乎所有日本人的生活水平，而且这些至少在最初得到了广泛支持，但这一战略还是造成了相当大的社会和环境代价。其中最重要的是：环境污染及其相关的健康成本，以及对人类健康和自然生态系统造成长期影响的环境破坏；区域发展的不平衡导致一些地区衰败，而其他地区则出现不可持续的发展；以重建的方式破坏大部分已建成的城市遗产（见图 10.1）；以及建设了这样的城区——居民需要忍受贫穷和昂贵的住房、漫长的出行时间以及与低水平服务相对应的高税收。

将这些政策视为日本人民的选择并不罕见。例如，长峰晴夫认为，就日本而言，它无法承担城市规划及相关的社会间接投资，因为追赶型工业化需要所有的经济资源。正如他所说，"日本经济繁荣的一个主要因素是她的人民选择了容忍，不管这

图10.1　城镇历史景观的丧失。对许多来到日本的外国游客来说，最大的惊讶之一就是老建筑的稀缺。如上图所示，尽管由于躲过了战时轰炸，京都保留的传统建筑比日本其他任何一个主要城市都要多，但它还是成为传统城市景观迅速消失的一个极好的例证。

安德烈·索伦森拍摄，2001 年。

是对还是错。分配给他们生活的资源非常贫乏，从而留下最大数量的资源用于工业发展"（Nagamine 1986：52）。这一论点提出了一个问题，即日本人民是否真的选择了仅将微薄的资源用于生活。

尽管日本强大的社会凝聚力和协商共识的方法在很大程度上得到了体现，但城市规划的经验表明，这是一种极大的过度简化。诚然，大多数日本人都愿意跟随政府，特别是在战前和战后重建时期，但也一直有很多人积极反对政府的政策。这导致了 20 世纪六七十年代由反对党控制的地方政府浪潮，以及 90 年代迅速高涨的试图掌管城市规划事宜的草根运动兴起。直到 20 世纪 70 年代，这种反对声音对政府政策的影响都还极小。政府对人民意愿的反应自那时起逐渐增强，对公民需求的敏感度也有所提高，这与地方环境政策和城市生活质量需求之间的冲突日益加剧密切相关。

认为这种冲突在日本社会中很重要的观点并不新鲜。它产生于对以下观点的批判，即在 20 世纪 80 年代以前日本和西方观察家普遍将日本描述为一个社会和谐且共识度极高的国家：缺少重大的社会分歧，并能够通过有包容性且基于共识的决策过程相对轻松地解决许多冲突（Nakane 1970；Vogel 1979）。然而，随着人们越来越认识到冲突也是日本社会的组成部分，尽管通常以日本特有的方式加以表现，这种刻板的印象在 20 世纪 80 年代受到了越来越多的挑战（Krauss，et al. 1984）。杉本良夫特别批评了日本作为一个"共识"社会的概念，认为"共识"一词在一个社会控制专制基础如此强大的国家中有着完全不同的含义，而实际上日本的"群体主义"只是一种有效的社会控制体系的表现。他认为，重要的问题是"谁定义了共识的内容，达成共识是为了谁的利益？"（Sugimoto 1986：67）。Reich 同样建议，"除非定义准确，否则共识就是一个模糊的、几乎毫无意义的词。是哪些群体间的共识？共识的边界是什么？维持共识需要进行多少强制？如果不去回答或者至少提出这样的问题，这个概念对解释社会过程几乎没有帮助"（Reich 1983b：200）。因此，达成共识的压力只会导致隐藏群体内部的权力关系，而不是真正参与决策。就城市规划而言，共识的神话主要是为了掩盖这样一个事实，即对城市政策的看法一直存在相当大的差异，至少自 20 世纪 60 年代中期以来，对政府规划的反对一直是常态，而非例外。然而直到最近，特别是在中央政府的项目中，这种反对意见都很少被倾听，而不属于经济增长的优先事项也经常被忽视。反对修建高压输电线路、高速公路、水坝和垃圾场的抗议运动往往是肯定会被忽视的（见图 10.2）。然而，即使中央政府的项目也在一些备受瞩目的案例中成功地遭到反对，如 1966 年被首次批准、此后又被东京西郊激烈的反对运动所阻挠的东京外环高速公路。[①] 地方政府往往对

图10.2　位于池袋的首都高速道路。所有主要大都市地区的一个重要特征是高架高速公路系统。安德烈·索伦森拍摄，2001 年。

地方抗议更加敏感，有许多大大小小的项目被地方反对派拖延或完全阻挠。这并不是说地方政府总是对选民做出反应。例如，神户经常被视为有一个高度支持社区营造和公民运动的地方政府，但在面对当地纳税人的大规模反对时，神户仍继续推进昂贵的填埋工程和新国际机场的建设。

　　由于第 6 章中所详细讨论的那些原因，自民党、官僚机构和大企业的"铁三角"在很大程度上忽视了对城市问题日益增长的公众关注，并在整个快速增长时期继续奉行以增长为导向的公共政策。20 世纪 70 年代初，选举的弱势促使政府采取了一系列政策，旨在更强烈地吸引城市选民，但随着 1980 年选举实力的恢复，这种做法基本上被抛弃，政府又回到了生产者优先的政策上。可以肯定地说，城市居民的生活质量从来都不是日本政府一个重要的优先事项，日本政府一直坚定不移地将主要精力放在满足工业需求上。决策者们一心一意地认为，为了经济增长，应该牺牲大多数人民的生活水平，这是 20 世纪日本社会的一个显著特征，并对日本的城市化和城市规划产生了深远的影响。正如本章末尾所讨论的，由于最近出现了城市环境管理的广泛的改善行动，未来的主要问题是能否制定和实施优先考虑生活质量的一项新战略。

公民社会发展乏力

　　对日本城市化和城市规划产生广泛影响的第二个显著特征是日本极其脆弱的公民社会。冒着过度概括的风险，可以公平地说，在其他发达国家里，城市规划源于由住房活动家、卫生改革者、专业协会、记者、慈善住房提供者、慈善实业家、房地产开发商和地方政府所组成的基础广泛且不断变化的联盟的活动。也就是说，国际城市规划运动的价值观和理想在很大程度上是在公民社会的制度内部产生的，不同于在中央国家内部产生的倾向于跟随而非领导的价值观。尽管在 20 世纪上半叶，随着规划的专业化及其作为地方政府法定责任的确立，早期的大部分多元化已经丧失，但早期的理想主义仍然作为规划核心价值观的一部分被嵌入，并周期性地在运动中重新出现，如 20 世纪 60 年代的倡导性规划[②]（Davidoff 1965）、80 年代的社区规划运动[③]（Friedmann 1987；Marris 1982）和 90 年代的沟通式规划[④]（Healy 1996；Sanoff 2000）。

　　然而，在很大的程度上，日本早期的规划发展是内务省的一小群精英官僚、东京大学教授（也是国家公务员）和其他一些人的工作。根据西方的最佳实践，建立了一个完善的城市规划制度，随后作为一个国家制度来运作，由地方政府在国家部委的直接和密切监督下实施。这种自上而下强加的城市规划，至今仍在影响着人们对城市规划的态度。城市规划已经发展成为一种需要被抵制而非社区可以用来争取更好城市环境的东西，直到 20 世纪 90 年代，人们对城市规划的支持和期望都非常少。即使在今天，公民为了自身利益而融入规划的过程也才刚刚开始。虽然大正时代早期发展起来的公民社会可能会及时地造就更广泛的选民来支持城市规划，但随着 1919 年内务省将所有城市规划活动国有化，并最终由于极权主义在两次世界大战之间的兴起导致了公民社会自身被消灭，这条道路实际上被封闭了。1919 年以后，地方政府在规划活动中几乎没有什么独立性，甚至曾经有自己城市规划传统的那些城市也逐渐受到中央政府的有效控制。在许多西方国家，城市规划的建立是由不同群体的规划倡导者通过长期运动施加政治压力的结果，而在日本，此类活动所需的政治空间在两次世界大战之间消失了，只是在二战后才逐渐得到恢复。一个结果就是，在日本从未牢固建立过这一概念，即城市规划和开发控制法规以及对于私有财产权的限制是保护公共福利的必需之物。相反，城市规划被视为一项主要旨在促进国家利益的活动，而这些利益往往是与商业利益息息相关的。在这样的背景下，抵制对私人财产权的公共侵犯是合乎逻辑的，与土地所有权相关的权利仍然非常强大，对改善城市环境的努力形成了强大的障碍。

　　显然，日本早期自上而下强加的成熟的规划制度抑制了公众对规划的大力支持，因为对于更好或不同的城市规划方法的游说不太可能产生多大影响。由于缺乏公众对于规划更广泛的支持，内务省和地方政府的规划倡导者力量薄弱。主张改善城市规划立法的内务省技术官僚精英团体几乎无法得到外界对其提案的支持，并且在政府内部和后来的实施过程中，每当规划提案与地方利益相抵触时都会遭到反对。没有地方政府广泛的成组织的支持，也没有大量的公民团体和专业组织不断将环境问题推上西方那样的公共议程，大藏省很容易阻止可能赋予 1919 年城市规划以实质内容的财政措施。即使是像改进土地利用监管或更严格地要求土地和建筑开发商尊重规划道路网等几乎不需要政府直接财政支出的措施，也难以得到实施，因为它们遭到既得利益者的反对，而所获得的潜在受益者的支持却很少。

　　缺乏基于公民社会的有效的规划运动，也意味着与西方当代发展相比，很少有关于规划得益的公共教育。西方规划倡导者最重要的职能之一是教育公众了解不同城市未来的可取性和可能性。诸如住房活动家、卫生改革者、定居点工人、市政公用事业所有权倡导者，以及公园系统或市政扩建计划的资产阶级倡导者等不同利益群体，都分享并传播了他们的信念：对于他们所喜欢的城市问题的解决方案是由地方政府管理的更有效的集体行动（Rodgers，1998）。这种集体行动不一定是针对"进步"理想，尽管有很大一部分是这样。正如有关增长联盟的文献所显示的那样，地方土地开发的利益相关者希望利用地方政府的规划权力来促进自身利益，因此集体行动也很容易被这些利益相关者所驱动（Logan and Molotch 1987）。无论是哪种方式，结果都是倡导地方规划的权力归地方所有。

　　在日本，几乎没有看到规划思想和价值观的普及，这在西方国家里为形成更具干涉主义的规划制度奠定了重要的基础。相反，有效的政府运动创建了邻里协会，并提倡当地人负责清洁和维护当地设施、废物的分类和清除、当地治安，甚至支持穷人。在二战后的日本，地方政府应负责一系列公共物品（如提供下水道、人行道和地方道路、当地公园或游乐场，以及儿童保育中心和图书馆等设施）的想法的确立过程极为缓慢。即使在今天，应该由地方政府负责高质量的城市生活环境和最低标准住房的想法也才刚刚开始形成。城市规划保持了其早期的形象，即属于中央政府强加给人民的东西，而不是为了当地需要由地方行动来创造和塑造的一种工具。

　　最后，缺乏一个独立于国家、家庭和商业世界的切实可行的公共领域，可以在很大程度上解释日本城市居民对于经常出现问题的城市环境的独特被动性。在公共领域中，一系列利益集团通常可以就可能的城市未来交换意见，并制定出不同于国家所制定的规划和管理的优先事项。从 20 世纪六七十年代的污染灾害中可以看出，当地社区只有在别无选择时才会开始反击。即便如此，正如 Broadbent（1998）所有力展示的那样，真正的反对内容和真正不同的优先事项往往很快就被现有的政治表达结构所压制和吸纳。即使是在极为严重的污染问题和冲突案例中，动员的手段也往往是通过邻里组织、工会和 / 或合作社等现有的结构，在这一结构中一个强大而坚定的领导人能够打破现有自上而下的联系，并抵制被吸纳。因此，许多这样的反对派运动并不是公民社会发展的真正标志，而是旧的嵌套等级体系的分离部分，极易被吸纳并崩溃。另一方面，20 世纪六七十年代的环境运动，毫无疑问是始于 70 年代并在整个八九十年代繁荣起来的社区营造组织工作的一个重要先例。其中许多团体，如神户真野的团体，已经制定了更加复杂和独立的战略以及新的基层结构，并且能够阐明自己的目标和优先事项。他们有时与地方当局和规划人员合作，有时与之对立。

在 20 世纪 90 年代，日本公民社会的重生与支持地方环境改善的社区营造运动的诞生联系在一起，其意义重大。虽然公民社会的发展远远超出了城市规划运动，已经包含了国际援助和社会服务等志愿和倡导组织的发展，但许多人认为，地方环境运动在公民社会的发展中发挥了核心作用（Yamamoto 1999a；Yoshida 1999）。一个以地方环境的政治和政策争论为组成部分的多元化公民社会是否会发展起来，或者其他一些具有日本特色的安排是否会流行起来，还有待观察。无论哪种方式，日本城市居民对当地环境重大变化所表现出的特有的消极态度似乎正在改变。

强中央——弱地方的政府

日本模式的第三个基本要素是强大的中央政府和软弱的地方政府。在早期，中央对地方政府的严格控制有助于统一新的民族国家以及有效地镇压新政权的反对者。在明治时代确立的政治权力和规划权威的极度中央集权，对日本的城市规划产生了重大的长期影响，包括自上而下强加的规划和法规，以及国家对地方的目标和优先事项的支配。明治时代建立的政府体系将权力归于中央，并建立了中央政府官僚机构——特别是内务省——作为日本规划制度发展的主导力量。这种中央集权促进了中央部委快速发展出高水平的专业技术，并帮助日本迅速实现现代化和工业化。中央控制还促进了新政策的迅速传播，使国家能够集中有限的资源来发展工业和军事力量。特别是，中央对地方政府的控制使国家部委能够严格控制地方支出，并将可用资源更有效地集中用于关键的国家目标。在城市规划方面，最优先考虑的是公路、铁路和港口的建设，这将促进国家一体化和工业发展。较少受到重视的是城市环境质量、住房问题或当地的公园、道路或下水道系统等居住区的宜居设施。强大的中央集权也起到了阻碍日本民主发展的预期效果，建立权力非常有限的地方民选议会则可以使其承担公众对政府政策不满的很大一部分负担。

1919 年日本第一部《都市计划法》确立了对城市规划政策实行强有力中央控制的趋势。石田赖房（Ishida 2000）认为，这一法律最深刻的一个影响正是规划权力的中央集权。根据该法律，所有设施规划和分区规划以及每年的城市规划预算都必须得到内务大臣的批准。这使中央政府对全国规划政策的各个方面都进行了详细的控制。随着 1919 年制度得以通过，中央政府官员大大扩大了他们对地方城市规划工作的权力，这些临时且不受监管的工作之前一直不受他们控制。在拥有了更大的城市规划法律权力的同时，东京的官僚们也加强了对城市规划的控制。此外，国家立法不允许在城市模式和城市问题差异较大的区域间存在土地利用分区或建筑法规的差异，并因试图将东京问题的解决方案强行推广至全国而遭受痛苦。

在两次世界大战之间，规划权力的中央集权对城市规划的发展产生了广泛的影响，有些是积极的，有些则是消极的。中央集权使日本能够有效地玩起追赶最先进西方国家的游戏。特别是，向国外案例学习的积极传统意味着，规划制定和立法起草方面的高水平技术专长很快就集中在中央部委。例如，1923 年关东大地震后重建东京至横滨、建设国家铁路系统以及建立军事和工业实力等国家项目都以极快的速度推进。然而与此同时，中央集权也有真正的缺点，特别是它阻碍了地方一级的规划专业知识的发展，并阻碍了规划问题的替选方法的形成。这也使得中央政府忽视了对有助于提高城市生活质量的公共产品进行规划和投资的必要性。地方政府本可以对这些需求做出更积极的反应，但却没有法律权力或资金来采用与不同于国家法律要求的规划标准。

因此，日本案例支持这样一种观点，即各级政府之间的规划职责划分会对正在发展的规划制度的性质产生深远影响。由于地方政府与民众的关系更为密切，因此它们往往对纯粹地方性的环境问题更为敏感，而且比中央政府更有可能对改善或维护地方环境的努力做出积极回应。这种对地方问题的回应，当然正是明治地方政府体系的设计者们不相信地方政府主要以国家利益为出发点的原因，也是中央控制的重要理由。

从明治时代早期到 20 世纪 60 年代末或 70 年代，中央国家变得越来越强大，而真正的规划权力下放直到 20 世纪 90 年代才开始。由于中央政府从经济增长和官僚权力的扩大中获得了更多的资源，地方政府的自主权越来越弱，直到 20 世纪 60

年代末，地方政府基本上作为中央部委的地方分支机构运作。中央政府的官僚机构对地方政府有着根深蒂固的不信任，因为地方政府主要关心的是地方而非国家利益，因此故意让地方政府保持软弱。因此，城市规划制度基本上是自上而下的，新的规划法规完全从上部开始实施，不同城市之间的差异很小。日本几乎没有看到在许多西方国家中涌现出的小规模实验和地方创新，地方政府本可以更开放地应对改善城市环境和服务的要求，却几乎没有可以遵从的权力。

开发项目而非监管

日本规划的第四个持久特征是，自明治时代以来，政府一直倾向于使用具体项目，如道路和桥梁建设、港口和机场建设、土地开发以及住房建设，而不是制定控制私人开发活动的监管制度。诚然，分区制度由来已久，但与美国的大多数分区条例相比，该制度的限制相对较轻。《建筑基准法》对建筑结构方面的规定和执行都较为严格，但却没有最低住房标准，对建造缺乏市政服务的贫民区的限制较弱，对单个住宅的防火标准要求也普遍偏低（见图10.3）。在1968年修订规划制度以前，没有任何制度限制新的土地开发或确保提供最低限度的服务。如第7章所述，即使在通过了开发许可制度之后，众多且不断扩大的漏洞仍然允许大多数开发项目逃避制度的规定。直到1992年修订《都市计划法》之前，地方政府尚缺少确定最低城

图10.3 位于京都的临时长屋式楼房。在日本，为城市贫民建造小型住房单元的活动从未真正停止过，正如这座当代长屋式出租楼房所展示的那样。缺乏最低住房标准以及土地价格大幅上涨，有助于确保此类公寓继续成为住房市场的重要组成部分。在这里，一块几乎无法停放四辆汽车的土地上挤满了16个住房单元。

安德烈·索伦森拍摄，2001年。

市地块面积或限制土地细分的法定权力。政府没有限制城市边缘地区土地的随意开发，而是一直在推动土地区划整理项目的使用。国家没有强制执行最低住房标准，而是建造了大型的住宅区，尽管这些住宅区通常面积很大，但它们在住房市场中所占的份额却只有很小一部分。政府没有令土地开发商承担应有的义务，也没有限制某些地方的开发，而是一直依靠越来越大的激励和补贴，以及大规模的交通改进来鼓励有规划的开发模式。

加强监管的问题主要不是通过更严格的分区来实现更严格的土地用途分离。主要问题是开发成本和收益的分配。如上文所述，在日本，通过城市化提高土地价值的大部分收益流向了土地所有者和开发商，而提供服务的成本则由纳税人，或者自己提供或者未提供服务的居民们承担。在 20 世纪八九十年代，监管框架和奖金被越来越多地用实现公共利益，例如第 8 章讨论的"再开发特别地区计划"，通过分区奖励获得公共广场和道路。20 世纪 80 年代在划线方面引入灵活划线，以及 90 年代通过使用容积率奖励拓宽狭窄道路的地区计划，都属于类似的应用。所有这些情况下，薄弱监管的基本框架都被保留了下来，以选择性地削弱监管为代价实现了公共利益。该策略带来了可观的公共收益，但也明确了一个基本假定，即加强对私人土地利用和开发活动的监管在政治上是不可能的。私人土地所有者在认为合适的情况下使用其土地的这一强大权利得以保留，而国家应为了公共利益限制私人土地开发权的概念从未被真正确立。虽然 1989 年《土地基本法》规定，公共利益在土地利用中是至高无上的，但实际上几乎没有什么变化。事实上，20 世纪 90 年代出现了越来越大的压力，要求削弱各种土地法规，以鼓励经济活动。

薄弱的监管框架和对项目的依赖非常适合于中央政府主导的制度。由于巨大的行政负担，中央难以对土地利用和开发法规进行更严格的管理，但却可以对分散的开发项目进行控制。不幸的是，中央政府各部委在全国各地的建设项目上投入越来越多经费的制度，是专门为鼓励特殊主义和腐败制定的。自民党长期以来一直有效地利用其对开支计划的影响力来增强其选举实力，并从主要的土地开发和建设公司获得了财政支持，这些公司一直是自民党的主要财政支持者。如第 9 章所示，公共工程招标中的系统性串通意味着，日本中央和地方政府项目的成本通常比竞争性招标的过程高出 30% 至 50%，这大大增加了总成本，甚至在一部分预算分给执政党之后，也为建筑公司提供了有保证的利润。纳税人为这类项目付出的代价要高得多，得到的回报却比他们本应得到的要少得多。更糟糕的是，这一制度已经开始自我生存，维持建设项目资金流的需要导致了无用项目的激增和毫无理由的混凝土浇筑。当我们考虑到一直缺乏资金来提供城市急需的投资时，数十亿立方米混凝土被用于河流衬砌、山体护坡和海岸线铺设所造成的环境破坏则更为不幸。

自力更生的传统

日本模式的最后一个方面必须应加以关注：通过参与邻里组织（町内会和自治会）来实现邻里自力更生的强大传统。虽然理论上是自愿的，但这些组织的成员几乎遍布城市地区。它们提供的服务包括：通过定期发布的公告板传播信息；组织当地垃圾收集和回收、每半年一次的邻里清洁运动和当地公园维护，以及邻里守望活动；组织当地节日和邻里聚会，以及在特定地区开展的一系列其他活动。当然，自力更生在一定程度上是由于政府一直不愿将资源用于居住区的建设或服务供应，但也使这种节俭的做法成为可能。它还表现出相当大的历史连续性：从德川时代针对地方需求的委派责任制，到最初在大正时代自发发展、后来被内务省用于战时动员的町内会制度，再到二战后被占领当局废除不久又重新建立的町内会和自治会。邻里组织在日本城市社会中的确切作用是社会学家和人类学家们研究的一个问题，但似乎很清楚的是，邻里组织绝不仅是一种自上而下的现象，它们还满足了日本城市居民的实际需求，在很大程度上是自组织的。

同样明显的是，邻里组织对日本城市的宜居性做出了巨大贡献，并且与日本的城市生活的几个非常积极的方面密切相关。尤其是日本城市中高水平的人身安全、清洁以及普遍的友好和文明，被日本和外国居民普遍视为日本城市最令人钦佩的品质之一（见图10.4）。所有这些都与强烈的社区责任感有关，这种责任感有助于创造邻里组织，并反过来被邻里组织所强化。日本的邻里令人钦佩地体现了简·雅各布斯的"街道眼"理念或邻里守望的原则。这种睦邻关系的例子比比皆是。邻居们总是热衷于遇到后聊天，当你不在的时候，还会很快给你的植物浇水。一个新来的外国人把可回收垃圾用错误颜色的塑料袋里放在路边，一群妇女邻居们会轻轻地用手拿起塑料袋，向他解释当地的规定，然后把他的空塑料饮料瓶和啤酒罐分别放到她们自己正确颜色的袋子中。

社区团结也因几乎所有人都热衷于有组织的社区活动而得到加强，这些活动在较老的地区已经发展成为非常复杂的节日。活动自然涉及多个层面，包括组织者、参与者、赞助商和观众，组织和参与此类活动会需要大量时间。毫无疑问，这种共同的活动和责任对于加强日本城市中明显的社区意识大有帮助。邻里警察室的制度也有助于加强人们的意识，即对所发生的一切都留意和监测。当你搬到一个新的邻里时，和蔼可亲的当地警察会在第一周不请自来，让你知道当地警察室（交番）在全心全意为你服务，以及该地区最近发生了入室盗窃事件，并向你传递了一个不言

图10.4　城市绿化。日本城市对宜居性贡献巨大的一个特点是，在住所外面的道路和人行道上普遍种植了盆栽植物。在除了公园和寺庙区之外几乎没有大型树木的城市中，点点绿地可以起到重要的视觉放松效果。

安德烈·索伦森拍摄，2000 年。

而明的信息——当地警察知道在巡逻中所发生的一切事情。

　　鉴于邻里组织几乎无所不在，在这个强大的组织基础上，居然没有更快地发展出一个能为建立更高城市服务和规划标准进行游说的更强大的公民社会，这着实有点令人惊讶。然而，老町内会的基本特征似乎是作为一个自上而下的信息和指导的传递者，而非底层需求的组织者。从 20 世纪 60 年代中期开始，这种组织者的职能在一些新成立的邻里组织中得到了发展，与成立时间较长的组织倾向于支持现状不同，这些邻里组织会游说改善地方政府的服务。虽然邻里组织持续发挥着作用，并在某些情况下采取了为邻里需要进行游说的战略，但对许多人来说其基本作用似乎基本上并未改变。

　　以当地社区为基础、试图改善当地状况的社区营造组织工作的近期传播，对町内会和自治会等邻里组织的未来作用和结构提出了重要的疑问。他们是否会成为组织社区营造进程的主要参与者（到目前为止这种情况屡见不鲜）？如果是这样，地方政府通过当地有影响力者所实行的旧有的吸纳模式是否能继续？或者，随着出现新的、更民主的决策方法和社区代表选择方法，其他类型的运作或其他组织是否会得以发展？类似地，目前尚不清楚此类地方组织活动是否能够超越将日益繁重的组织、开发监测和谈判的负担压在当地社区上的战略，以及是否开始对地方政府开展法定城市规划的方式产生了重大影响。社区营造活动在动员地方行动方面极为重要，但迄今为止，来自法定规划制度的支持相对较少。这在任何情况下都是困难的，直到在最近的变化中将更大的权力移交给地方规划当局；但未来的一个大的问题是，法定规划制度是否会转变为一个更加强有力的工具，通过社区营造支持来当地的城市改善活动，或者社区营造是否会维持在当地志愿活动的水平上。

日本城市的相对安全、清洁和文明极大地提高了居民的生活质量。可以公平地说，日本的城市化和规划的故事中真正的英雄（如果有的话）是日本城市居民自己，他们通过自力更生、团结一致和对于城市生活的明显天赋，成功地弥补了许多城市设施的缺陷。目前尚不清楚的是，最近兴起的通过社区营造运动来组织地方环境改善活动是否会超越传统形式的城市自力更生，转向规划制度本身的转型，以便更好地考虑当地的需要和要求。

公平地说，日本代表了一种独特的城市化和规划模式，尽管与其他国家相比，日本模式的更全面发展必须在其他地方进行。这里的重点是，日本的城市规划如何影响日本的城市化，以及从日本的经验中可以吸取哪些教训。

日本独特的城市问题

对许多日本城市居民来说，不幸的是，塑造日本城市化的那些鲜明特征导致了成本和收益分配的巨大不平等。在现有的城市地区，一个严重的问题是，在基础设施不足和建筑监管薄弱的情况下大面积的区域被允许建成。许多居住区的道路宽度不足4米，这意味着缺少人行道空间，并且垃圾车和消防车等服务车辆无法通行。在这些地区中，许多建筑紧密地挤在一起，几乎无法阻止火灾，最近发生于1995年的阪神大地震就是明证。许多较老的城市邻里被允许在相对不受规划管制的情况下开发，这些邻里在发生灾难时简直就是死亡陷阱。公园和其他紧急避难区经常不够用。对于所有这些亏欠的补救都昂贵且耗时，但随着日本社会的老龄化，在这些老年居民比例通常高于平均水平的旧城区内，尤其最需要人行道、优质的地方服务和公园空间。

现有建成区的第二个严重问题是，薄弱的规划制度对不必要的城市改变几乎没有保护作用。居住密度的增加等逐步的变化普遍存在，因为几乎没有将现有地块细分为两个、三个或四个新住宅的限制。这意味着，随着时间的推移，即使是一开始拥有大量绿色植被和开放空间的良好居住环境，某个地区也会以危险的建筑密度慢慢重建。类似地，高层公寓可以建在除第一种住居专用地域以外的任何地方，这意味着将小房子重建为高层建筑非常普遍。由于高楼大厦带来人口密度急剧增加、交通拥挤和当地环境的变化，这种"公寓"的重建一直是支持社区营造条例的居民组织得以产生一个主要原因。不幸的是，完善这些条例还有很多工作要做，它们仍然只覆盖一小部分城市地区，而且无法确保对邻里的保护。

另一个有害变化的重要来源是大型城市项目。这些项目通常由政府主导，包括易受灾害影响的高密度居住区等重大重建项目、焚化炉或垃圾处理设施等大型公共设施，以及新建的高速公路。与其他国家一样，受影响的居民强烈反对垃圾焚烧厂和垃圾填埋场。同样，高速公路的建设往往遭到居住在被规划为高速公路用地或其附近的当地居民的强烈反对。在许多情况下，规划的高速公路网多年以来一直被公民反对所阻碍，例如将要穿过东京西郊密集居住区的首都高速道路系统的二环路和三环路。然而，在大多数情况下，这类项目似乎都是在面对坚决反对的情况下进行的。

在城市边缘区则普遍存在着另一组问题。最严重的问题源于城市边缘区的土地所有者能够分割、开发或出售城市用途的土地，而无需提供城市服务或道路。这样，这些开发者就获得了城市化带来的最大好处，同时避免承担开发或出售土地时强加给他人的外部成本。正如森宏所说，他们得到的是买房者购买房屋用地的净款项，而让市政府随后提供基本的公共服务（Mori 1998）。因此，地方政府及其纳税人被迫支付高昂的成本，在以这种方式开发的城市地区内重新提供城市服务。边缘地区的新购房者不仅要为那些没有市政服务的小块房产支付高昂的费用，而且还要通过地方税支付改造道路和下水道等基本城市服务设施的费用。在日本，不受管制城市化的其他社会成本来自相邻地区互不相容的无规划蔓延普遍存在、高昂的出行成本以及糟糕的学校和公园等地方服务。而在美国，尽管大多数城市都实行了相对严格的制度，当地纳税人认为他们必须支付更高的税收才能为新来者提供市政服务，因而出现了积极的运动，以确保新开发项目能够支付其全部成本（Porter 1986）。在日本，自 1968 年新《都市计划法》通过以来，形成了大量缺少市政服务的新城市开发地区，这似乎可以被铭记为二战后公共政策的一个重大失败。

对工业增长的关注，以及由于担心推高房价而不愿要求开发商承担义务，被普遍视为追求经济扩张的必要条件；而更高标准的住房和公共品将在经济安全实现后才能再获得资助。与此同时，鼓励土地资产增值的战略为工业投资和扩张创造了一个不断增长的资本基础，其效果是助长了土地价格的通货膨胀。在 1985 年泡沫经济的投机交易开始推高土地价格之前，日本城市地区的土地价格就远高于其他发达国家的城市；即使自 1992 年以来土地价格在一直下降，情况也仍然如此。这样的高地价主要是为了少数的净土地卖家牺牲了包括新郊区居民在内的净土地买家和郊区地方政府的利益，这些地方政府必须为不断增长的人口获取新的公共空间。

不幸的是，疯狂的土地交易和泡沫投机，以及泡沫破裂所产生的巨额坏账实际上摧毁了日本金融系统的大部分资本基础。20 世纪 80 年代曾拥有全球最大资产的日本各银行在 20 世纪 90 年代中期发现自己的不良贷款不断膨胀，在 1998 年和 1999 年不得不接受日本中央政府数十万亿日元注资纾困。2001 年，人们再次严重担心银行系统会由于负担此前未报告的坏账而崩溃。庞大的资产基础曾经为不干涉城市开发政策提供了部分的正当性，如今已转化为堆积如山的公共债务，用来为银行系统进行再融资。

因此，日本的城市居民就成了世界上最糟糕的居民。作为快速经济增长模式的一部分，鼓励公共支出最小化、土地所有者和土地开发商利润最大化以及资产增长的城市开发政策，给城市居民和政府带来了沉重的负担，形成大量未建成的基础设施积压，需要几代人的时间和巨大的回溯性投资才能弥补。即便如此，如果公共产品在城市化发生之前建造，无论是由地方政府直接建造，还是作为土地开发商的义务，那么标准几乎不可避免要比实际情况低得多。尽管毫无疑问，由于战后经历了快速的经济增长，日本成为一个比以前富得多的国家，但其城区条件恶化、出行时间长、道路系统不完善和拥挤、缺乏公共服务和公共空间，以及地方政府资金短缺且开支巨大，似乎都极大地削弱了将这种财富快速转化为大多数日本城市居民更高的生活质量的可能性。显然，单独关注经济增长而忽视其他的政策优先事项、中央政府对于几乎所有决策的压倒性主导地位，以及缺少发展的公民社会实际上没有提供任何可以挑战中央政府优先事项的基础，这些最终导致了日本独特的城市环境质量问题的产生。

向日本学习

20 世纪 80 年代，在日本经济繁荣的鼎盛时期，其他国家可以学习日本快速经济增长和企业管理实践成功经验的想法有很大的市场。由于繁荣已经不在，经济增长已经停滞了 10 年，很少有人还在兜售日本模式。然而，这并不意味着日本能教给其他国家的东西比十年前少。相反，随着一些经济泡沫的消散，也许现在可以更有效地思考日本在城市经济增长的非凡世纪里一些更深层的教训。没有必要相信日本经验的任何特定方面一定会在其他地方重复，从而认为理解日本案例会有用。

关注发展中国家的城市问题和规划议题，所得到的教训与发达国家大不相同，因此需要分别加以论述。也许最重要的教训是发展中国家的规划师，特别是那些正在经历快速城市经济增长的亚洲国家的规划师。毫无疑问，许多重要的社会、经济、政治和历史因素将这些国家与日本以及它们相互之间区分开来，但被确定为日本城市化和城市规划特征的上述关键要素中，至少有三个（将国家资源集中用于经济发展、公民社会发展薄弱、中央政府占主导地位）在一些亚洲的发展中国家里或多或少都可以看到。这一点尤为重要，因为一些亚洲国家有意遵循由日本首创的中央政府主导的"发展型国家"战略（Cumings 1987）。尽管这些因素是否会在其他国家导致类似的结果还有待观察，并且不能保证它们一定会有，但至少值得考虑是否存在可供比较之处。牢记这些条件，从这里介绍的日本城市化和规划分析中就可以看出以下六项要点。处于快速经济增长中的亚洲国家主要会对前四项感兴趣，而发达国家则主要会关注后两项。

第一，日本的城市化进程清楚地表明，有效控制城市边缘区的土地开发是多么重要，即使这些控制只是为了确保长期的公共空间需求，而不需要完整地建设道路、公园和下水道等公共基础设施。日本的经验已经表明，随着社会变得更加富裕，公共空间用地会变得越来越难以负担，而修建下水道、铺设路面和提供其他社区设施则会越来越容易负担。自 20 世纪 80 年代以来，日本花费了大量资金试图解决紧迫的城市问题，然而，尽管有许多成功的创新项目，城市的整体状况的改善却收效甚微，城市边缘也仍在出现新的问题区域。以当前的开支水平来改善城市问题收效甚微的一个主要因素，就是许多城市地区公共空间不足以及土地购买成本极高。

因此，通过土地开发控制制度要求所有土地开发活动必须将一定比例的土地分配给道路和其他公共需求，对于实现良好的城市长期发展至关重要。此外，在城市化之前采用某种制度来设计未来的道路和公共空间系统是必要的。日本 1950 年废除的建筑线制度中就有这样一个制度。在 20 世纪 30 年代得到应用的地区内，该制度合理有效地组织了新的开发项目，尽管与德国模式相比它被一个关键的弱点所困扰，即所有超过最小宽度的道路（而不仅是市政设计的道路）在日本都被视为建筑线。这一漏洞允许在许多狭窄的现有车道上进行建设，1950 年取消连边缘区城市开发的薄弱监管之后，情况变得更糟。

在土地开发过程中，日本规划师所采用的强制将私人土地贡献给公共用途的主要方法是土地区划整理。它确实是获得公共空间用地的一种非常有效的方法，因为土地所有者将其原有土地的大约 30% 用于公园和道路等公共用途，以及用于出售，以支付项目管理和建设费用。此外，在日本，农田往往高度分散成许多小块，而通过将许多小块土地集合成大块进行开发，此类项目可以实现比单独开发小地块更合理的道路布局和更好的总体设计。然而，正如日本案例清楚地表明那样，使用土地区划整理方法实现全面开发是极其困难的。结果就是，许多日本郊区里都出现了通过土地区划整理或其他大型开发项目创建的小块的规划开发区，而整体的大背景则是随意的蔓延式开发。在此情况下，名古屋则的确通过土地区划整理实现了全面开发和重建，成为这一规则证明的例外。由于对土地区划整理项目之外的开发没有全面限制，在城市边缘区没有普遍应用的建筑线制度，小型开发也仍然存在漏洞，因此日本郊区的无序蔓延开发仍在继续。这将带来长期的城市问题，使后代们要承受高昂的补救成本。

第二，将公共支出集中用于生产性基础设施，并推迟对道路、公园和充足的公共空间等城市社会间接资本进行投资，这一发展型国家模式显然是一种高风险的战略。对于这一点有两个方面。一个与城市规划以及实现高质量的城市生活和工作环境有关，另一个是经济可持续发展的问题。日本案例清晰地表明了专门致力于经济增长的战略所带来的城市问题，在这种情况下，城市宜居性的优先级总是被置于生产能力的提升之后。因此，城市附近的沿海海滩被改造成了炼油厂和钢铁厂，大都市中心地区为数不多的宽阔大道和运河被高架高速公路所覆盖，郊区的随意扩张也允许继续进行。为了让私营部门以最便宜的方式最自由地开发住房，土地开发法规一直很薄弱，而公共资金则主要被用于居住区以外的其他地方。问题在于，实现长期、良好的城市开发模式的最佳时机——有人会说这是唯一的时机——是在城市最初开始建设的时候。现代城市规划的两个基本前提是：在农村土地向城市用途转变时正确地确定基本的城市模式很重要，以及从长远来看，允许私人市场决定土地利用模式和公共设施的供应不太可能会产生高效或高质量的城市地区。不幸的是，日本案例有力地证实了这两个命题。

经常有人认为，日本几乎没有什么选择，因为在战后非常贫穷，经济重建的需求巨大。这一观点显然是有道理的，大多数日本人毫无疑问从经济增长中受益匪浅。日本政府的政策，包括在此讨论的城市政策，显然促进了经济的快速增长。日本抓住机会，到1972年已经成为世界第二大经济体。然而，更多地关注快速增长的各种社会和环境成本是否会显著抑制增长，这是无法确认的。当然，20世纪70年代的经验表明，日本许多污染受害者的痛苦和死亡并不是快速增长的必要代价，仅仅是对人类苦难的无情漠视。当时日本突然实施了世界上最严格的污染控制制度，而经济增长放缓的代价却微乎其微。

同样也不可能确认的是，一个略微严格的城市边缘区土地开发的控制制度会如何影响经济增长。中央政府一贯反对加强土地开发控制，并且为了促进土地和建筑投资反对最低的住房标准，希望供应量的增加能使价格保持在低位，并从长远来看能弥补质量问题。然而目前尚不清楚，如果施加更严格的开发控制，价格是否一定会变得更高。推动房价上涨的主要因素一直是土地价格的快速上涨，可以说，此种上涨主要是由土地开发监管薄弱所导致的投机行为所驱使（Hebbert 1994；Yamamura 1992）。

事后看来，迄今为止最大的损害显然来自放松管制和刺激房地产开发所促成的过度投资的狂热和泡沫期的形成。一个监管更严格的土地开发制度虽然不太可能阻碍作为世界性现象的房地产开发行业的繁荣和萧条，但却可以缓和其影响。它还能确保城市投资的繁荣有助于提高城市的宜居度和生活质量，而不是在未来制造更多的问题。

人们不禁要怀疑，如果日本政府不是只专注于鼓励经济增长，而是采取了一种更平衡的方法，那么长期来看经济增长方式可能会不一样，快速增长战略带给个人、社区和环境的巨大成本可能会更少出现。同样，人们不禁要问，如果 1968 年城市规划制度中更严格的开发标准如期得到实施，导致城市持续蔓延的各种漏洞被消除，那么与过去 30 年中的制度相比，是否住房不会更加便宜、更加宽敞，郊区的环境不会变得更好。

第三，日本的经验强烈地支持了这一命题，即将规划权力下放给民主的地方政府对于实现良好的城市规划至关重要。在日本，一直软弱的地方政府是制定更积极的城市规划和土地开发控制方法的一个主要障碍。即使地方政府及其选民明确要求加强规划和改善城市环境，由于中央政府对法律权力的垄断，他们在法律上受到了阻碍，还是无法建立更强大的开发控制制度。中央政府一贯拒绝允许地方政府采用独立的城市规划方法，可能是阻碍日本城市规划发展的最大因素。在某种程度上，不愿允许规划分权是官僚机构不断扩大其管辖范围的一种表现，而高度部门化和竞争性的中央政府官僚机构正因此而闻名。这也是对当地政客不信任的结果，因为他们被认为容易腐败并服从于特殊利益。由于规划设计的改变会导致土地价值大幅上升，腐败在任何地方都是一种风险。然而在许多其他国家里，已经建立了令规划决策具有一定透明度的制度，使售卖市政规划许可的罪责难以逃脱。毫无疑问，腐败总是一种危险，但恰当的制度可以确保涉案者付出选举失败或刑事起诉的代价。

中央政府不愿给予地方政府更多自由的另一个因素，可能是担心地方政府容易受到选民的压力，并将更多的支出分配给社会间接资本，因为这样就偏离了中央政府只在生产性基础设施上支出的战略。也就是说，担心的不仅仅是地方腐败，而是地方政府可能会像 20 世纪 60 年代末和 70 年代进步派地方政府想要的那样，真正满足那些迫切要求改善公共服务的选民的意愿。虽然地方公共服务的改善已经取得了相当大的进展，尤其是在提供社会福利和创造更开放的规划过程方面，但阻止土地利用规划发生真正改变的决定性因素是地方政府几乎没有行动自由。事实证明，中央政府能够更有效地将自己屏蔽在公众对更好的服务的需求之外，并可以采取更具技术官僚主义的开发方式。然而如上文所述，虽然这在国家重建的早期阶段可能是一个优势，但长期的成本似乎非常高昂。

无论如何，很难将地方政府官员会出现腐败作为在日本实行严格的规划权力中央集权的理由。当我们考虑到中央政府层面长期而肮脏的腐败记录，特别是自民党在执政期间几乎连续不断地卷入腐败丑闻时，这一观点尤其显得空洞。尽管中央政府官员长期以来一直被誉为公共利益的忠实保护者，但越来越多的贿赂丑闻、无能和官僚机构的部门内讧也破坏了其公众信任。如第 9 章所述，这些因素最终在 20 世纪 90 年代形成了要求将规划权真正下放给地方政府的广泛压力。只有在规划法律权力最近进行地方分权之后，地方政府才开始有制定自己规划方法的自由，这有助于释放出大量可用于城市环境改善的公共能量。因此，日本的经验表明，强大而独立的地方政府是中央政府在城市规划事务中的必要制衡力量。即使中央政府奉行狭隘的经济发展战略，地方的资源和能源仍然可以被调动起来改善当地的城市环境。

第四，强大而活跃的民间组织和充满活力的公民社会似乎对城市治理和城市规划非常重要。与单个的地方政府可以对中央政府施加调节性的影响类似，公民社会可以帮助地方政府关注地方需求。即使地方政府拥有有效的法律和财政权力来推动实施地方的规划方案，如果没有来自强大的民间组织的支持和压力，他们就不可能持续满足当地人民的需求。这是因为地方层面的城市规划本质上是一个政治过程，需要对相互冲突的需要和要求加以平衡。因此，表达这些不同利益的公民组织，是开展有效的城市规划民主进程的重要组成部分。在公民社会薄弱的地方，地方政府和地方规划决策更有可能主要去满足土地所有者和房地产开发行业的意愿，因为他们具有影响规划决策的最大动机。

以公民社会为基础所建立的组织也最有可能支持开放和民主的规划过程，并在当地居民中增强对于城市规划问题重要性的意识。如果没有来自有效的民间组织的压力，政府不太可能自己主动去实现，因为与依照民主进程的公开做法相比，单方面秘密进行规划和管理总是更简单且更快。在日本，公民社会在 20 世纪 30 年代实际上消失了，二战后也恢复得极为缓慢，直到 20 世纪 90 年代才最终在地方环境政治中恢复了真正有意义的作用。这种情况的一个后果就是，要求在城市化进程中实现更大社会正义或者更高环境标准的呼声大大减弱。重要的是，20 世纪 90 年代日本日益活跃的公民社会中一个主要活动领域就是通过社区营造组织开展的地方环境管理，对城市生活质量问题的日益关注也是公民社会自身重生的一个重要推动因素。

日本案例有益地向发展中国家的规划者证明了最后一点，即良好的公共交通系统可以缓解许多其他严重的城市问题。对城市内部和城市间大运量客运系统的持续投资，为日本城市和城市居民们带来了大量的好处。尽管汽车拥有率与大多数其他发达国家一样高或者更高，日本的汽车使用量和汽油消耗量却要低得多（Cervero 1998）。因而，城市中汽车的污染相对较低，尽管该问题仍然存在并且正在变得更加严重。乘坐公共交通几乎可以旅行至日本任何地方，这对于所有不会开车或没有车的人来说都是一个巨大的益处。其中涉及的并不是一个小的群体，因为年轻人、老年人、穷人和许多残疾人都被包含在内。此外，有效的城市公共交通通过统一就业市场和减少货车拥堵提高了经济竞争力。发达国家的规划师们还应该注意到，日本一直在稳步改善其城市交通系统，新的地铁线路频繁开通，新的和扩建的铁路线路也开始启动。因此，尽管汽车使用率在不断提升，但公共交通仍能在所有出行中占据很大的份额，甚至在某些地区有所增加。

对于发达国家的规划师和城市专家来说，日本提供了两个主要的经验教训。首先，日本案例有助于提醒人们城市边缘土地开发控制的重要性。在大多数其他发达国家中，城市边缘区开发控制等基本的规划法规在二战后发挥了相当有效的作用，消除了无序、无市政服务的蔓延等最严重的问题。尽管城市蔓延仍然是一个问题，尤其是在美国，新开发项目的建设密度非常低且过于分散，往往会跨越相当多的未开发土地。有人认为，这种模式造成了较高的长期市政服务成本，增加了出行需求，并带来了环境和社会成本。虽然许多人认为这是一个非常严重的问题（Ewing 1997；Kunstler 1993），但美国的问题远没有仍然允许随意且无市政服务开发的日本严重，正如上文所讨论的那样。最近流行的关于进一步放松规划管制的观点是站得住脚的，主要是因为在日本所看到的无序城市蔓延中最糟糕的方面都已被其他的发达国家消除。对日本案例的仔细理解支持了传统的规划假设，即土地开发控制和监管对于公共利益是必要的，不受监管的城市开发不可能实现高效、公平或令人满意的城市。

也许西方规划师和城市专家可以从日本得到的最重要的积极经验是，在中心城市地区，高强度的混合利用可以成为保持城市地区活力和趣味性的积极力量。

混合利用所产生的问题看上去当然远不如西方粗粒度城市土地利用结构的倡导者们所想象的那样严重。日本许多中心城市地区的生机、活力和雅致得到广泛的认可，这证实了零售、办公和居住用途的集约和高密度混合有助于形成生机勃勃的城市区域。尽管显然仍需要保护居民区，在必要的情况下实现历史保护，并确保污染工厂或高速公路等一些有害的土地用途被仔细地确定位置，然而在邻近交通设施的高密度节点中，似乎仍有足够的空间鼓励广泛的用途混合。在许多日本城市中，位于主中心和次中心的自由用途混合区提供了日本城市所能提供的一些最佳服务。

郊区和城市边缘区的情况则更加困难，因为由于土地价格较低，重污染工厂、垃圾处理设施和汽车报废设施等最令人讨厌的用地往往位于这些地区。似乎仍有充分的理由限制一些有害用地的选址，并严格控制焚烧炉等设施的位置和排放。因此，鼓励混合利用并不一定意味着放弃土地利用规划，而只是承认并非所有的用地都需要分开。

21 世纪的日本城市

我们对 19 世纪和 20 世纪日本城市化和规划的考察已经走到了这一步，很难不再对 21 世纪可能会发生什么做一个简短的推测。虽然要准确预测像经济系统和城市系统这样复杂的系统变化显然是不可能的，但我们已经知道了一些会影响未来变化的主要因素，并且可以提出一些重大的问题。

毫无疑问，影响日本未来城市发展的主要因素将是人口的变化。除非出现难以置信的大规模外国移民涌入或者出生率的突然大幅上升，否则日本人口将在 2007 年左右达到峰值，并随后稳步下降，到 21 世纪末下降至目前近 1.3 亿人口的一半。日本社会已经开始快速老龄化，并还将持续下去。在 1999 年有 15.6% 的人口超过 65 岁，预计到 2050 年将增至 32.3%。抚养比目前为每 1 名老人对应 4.4 名劳动人口，到 2050 年时这一比值将增至 1:1.7。到 2025 年，老年人口超过三分之一的城镇比例将从目前的 10% 上升到 60%，几乎包括大都市地区以外的所有城镇（Japan Ministry of Health and Welfare 2000）。所有这些因素都表明，未来的城市化进程将迅速放缓，对新住房和其他城市投资的需求将下降。即使能够结束当前的衰退并且恢复经济增长，由于人口减少以及劳动力更快地减少，未来也不太可能出现很高的经济增速。新家庭的形成直到 20 世纪 90 年代一直是推动经济增长和住房需求的主要因素，却不再会提供激励了。

因此，似乎可以肯定的是，日本城市体系发生最大变化的时代已经过去。人口下降、经济增长放缓、对新住房或所有类型建筑的需求减少，表明城市投资在未来将真正地放缓。这意味着解决现有的城市问题和改善城市环境将变得越来越困难，但这并不意味着城市的变化会在明天突然结束。事实上，在未来 20 年左右的时间里，似乎很有可能会继续在城市地区进行大量投资，主要是为了满足曾被压抑的、对于更大和更好住房的需求。在英国和荷兰的案例中，即使人口仅有适度增长，家庭规模的缩小也意味着需要更多的住房来容纳这些家庭，以及对住房的期望也在不断提高，因为财富的增加在过去 10 年中创造了对住房用地巨大的新需求。日本是一个富裕的国家，对于更好的住房和城市环境有着极大的被压抑的需求，即使经济仅有缓慢增长，这些需求也会推动产生重大的新开发。然而，随着人口开始加速减少，在城市地区进行重大的新投资似乎越来越不会有利可图。因此，一个大的问题是，在未来 20 年左右的时间里实现何种城市开发。似乎可以公平地说，未来 20 或 30 年将是塑造日本长期城市格局的最后一次重大机会。接下来的也许是最后一个主要的城市投资时期里，是否会出现有助于解决以往城市问题的政策？或者，新的问题地区是否会继续蔓延？当然，在低速增长的背景下，允许各种无规划、无市政服务的开发，并期望日后加以解决的传统日本城市化战略，似乎已经越来越成问题。

影响未来城市开发的第二个主要因素（可能比第一个因素更不确定，但由其直接产生），是未来的土地价格似乎不太可能大幅度上涨，至少不会达到 19 世纪的上涨幅度。更有可能的是，土地价格将保持稳定或者持续下降，部分原因是经济增长放缓，但主要原因是人口的减少。如果土地价格的稳定真的在日本实现，它将代表日本政治经济的深刻变化，在城市地区尤其会产生巨大的影响。在二战后的大部分时间里，日本最持久的神话之一是土地价格永远会上涨（Noguchi 1992b），土地开发产业的整个架构和其余经济行业的很大一部分架构都建立在这一神话之上。任何对城市房地产的投资——无论多么乐观，任何对城市边缘土地开发的投资——无论多么遥远，最终都将通过不断上涨的土地价值获得回报。当然，这种普遍的信念在某种程度上是自我实现的，而同样明显的是，它不可能永远持续下去。土地神话对城市开发产生了许多有害的影响，这种城市开发在未来将会发生变化。首先，随着人们越来越不可能接受未来土地价格大幅上涨的预期，主要为了投机目的而耕种或空置的城市内部土地将不得不用于更高回报的用途，即使只是用以支付不断上涨的税收。此外，只要银行和其他放款者意识到此类开发的风险在增大，非常偏远地区的土地开发方案可能需要接受更多的审查。这两种可能性如果发生的话，都将有助于减少大都市地区新的城市蔓延，并可能会鼓励现有建成区的整合。

　　也许更重要的是，一个稳定的地价制度似乎会鼓励大小各类土地所有者更加关注当地环境对其自身财产价值的正面和负面影响。也就是说，许多日本土地所有者在过去似乎有可能对其土地价值的不断上升充满信心，能够忽视附近的土地利用，而在北美或欧洲，邻居们会怒吼着抗议这些土地利用。邻避（not-in-my-back-yard，NIMBY）运动中肯定存在一系列对此类行为有见地的批评，毫无疑问，这些批评有助于提高对当地环境问题的认识，并使决策者更加关注当地的意见。因此，价格的稳定可能会以前所未有的程度将西方关于负外部性和正外部性的讨论带到城市日本的前沿。这一进程甚至可能已经开始于 20 世纪 90 年代，并且是公民参与式社区营造运动爆发背后的一个因素。更广泛而言，这一变化可能有助于提高地方规划问题在地方政治中的重要性。对于日本的地方政府来说，这些问题偶尔也很突出，但其规模远不及其他许多发达国家。

　　三个方面的未来城市政策似乎对接下来 20 年的成就至关重要：公共支出、规划制度的变化以及城市边缘增长模式的控制战略。

　　基础设施方面的公共支出几乎肯定会从过去 10 年的天文数字降下来，因为利用建筑产业快速启动经济的尝试已经形成了巨额公共债务，肯定无法持续，而且在任何情况下都无法成功地重启经济增长。然而，大量的公共支出仍不可避免。最大的问题是，这些支出是否会从昂贵的高架高速公路、新水坝和桥梁，以及为神户和名古屋规划的新机场等大型项目转移至对人们的生活质量产生更大影响的小型干预措施，如改善当地的购物区、翻新旧城区的住房、修建更好的自行车道和步行路线，或创建小型公园。建设省最近对所有规划项目支出的审查向正确方向迈出了一步，但尚不清楚它将对实际支出产生何种影响。建设的游说团仍然非常强大，在几个大项目上花钱比在许多对城市生活质量有实际影响的小项目上花钱要容易得多，即使这些项目完全没有必要。市中心旧的高风险地区的小型改造项目一直无法获得足够的资金。例如，正如 Evans（2001：291）指出，即使在阪神大地震后的重建项目中，用于重建私人住房的典型的联合重建⑤计划也只能通过整合一系列的补贴和拨款获得约 17% 的费用。因此，许多贫穷的老年家庭根本没有能力重建。Evans 将这一情况与英国的案例做了对比，英国在住房行动地区（Housing Action Areas）的标准补贴约为 75%，而改善不合标准住房的补贴通常可以达到 90%。日本的中央政府坚决不愿意将公共资金用于改进现有的私人住房，这是大都市地区高风险木质住房区持续存在的一个主要因素（Nakamura，2001 年）。

　　20 世纪 90 年代城市规划实践的重要发展，包括基于公民的社区营造的传播、参与式总体规划的实施，以及将规划权力下放给地方政府的举措，使人们相当乐观地感到日本规划的新时代即将到来。然而，目前还不清楚这些变化是否会真正导致城市规划实践的根本性变化。大多数社区营造条例本质上仍然是防卫式的，几乎没有支持其决定的法律权力，并且要有高度的公众参与才会有效，而这种程度的公众参与最终可能无法持续。来自于法定的城市规划制度的支持仍然很弱，这一制度仍然是官僚的专利。最近，将已经广泛应用的社区营造与整个市区的总体规划联系起来的努力似乎很有希望，因为这试图将社区营造正式纳入法定城市规划，但此种尝试仍然只在少数地方出现。总的来说，尽管存在着真正乐观的空间，城市规划实践的变化仍然相当缓慢。

未来 20 年的最后一个关键问题是，过去 20 年城市边缘区粗放式增长的基本模式将会继续还是逆转。在 20 世纪八九十年代，即使在内城地区取得了许多创新性的成果，边缘区也还是出现了大量新的城市蔓延。这些边缘区的特点是：分散于各处的城市用途的土地开发以及许多地块尚未得到开发，道路和下水道基础设施也很差。随着人口减少，新的城市开发放缓，许多此类地区似乎仍将保持半开发的状态；并且随着外来投资的枯竭以及通过新开发来增加税基的可能性变得更加渺茫，将不得不放弃成本高昂的补救性改善过程。现在的问题是，人口从现有建成区向外分散的趋势是否会继续助长边缘区的无序开发，这些开发离中心地区越来越远，从而在现有市区留下了越来越多的空置住房和地产；或者，这最后一波要拥有更新和更大住房的压力是否可以用来强化和改善现有的半建成状态的郊区。并非所有土地都必须被建成，但至少任何外来投资都应该被用于完成基本的基础设施网络，以免这些在将来无法实现。考虑到近年来在远离中心城市的地区开始出现许多新的大规模土地开发，但仍依赖于中心城市来获得就业和服务，前一个过程似乎更有可能发生（Sorensen 2000b）。如果新的建设进程确实在未来大幅减缓，这似乎肯定会导致越来越严重的问题。

关于子孙后代将享受什么样的生活环境，日本人民仍然面临着重大选择。20世纪城市化和规划的模式与实践同时提供了保持乐观和担忧的理由。日本人民的强大能力和纪律使其能够建立世界上有史以来最富有的一个社会。公共和私营部门都已被动员起来采取行动，以出色地实现经济增长和生活水平的大幅提升，同时确保与其他国家相比其收入的分配相对平等。另一方面，持续存在的城市问题破坏了经济增长所带来的收益。高地价、低住房标准、长出行时间、城市的环境污染和其余地区的环境破坏常常限制了日本原本预期在经济增长后能够改善的生活质量。日本是否能成功地将其大量的人才和资源重新用于应对这些挑战，或者是否继续会在当前方向上蹒跚前行，仍有待进一步观察。

译者注:

① 英文原文为 Tokyo Outer Orbital Expressway,应指日文"東京外環自動車道",通常表述的英文为 Tokyo Gaikan Expressway。

② 原文为 advocacy planning。

③ 原文为 community planning movements。

④ 原文为 communicative planning。

⑤ 英文原文为 kyôdô tatekai,有误。实际应为 kyôdô tatekae,对应日文"共同建替え"。

词汇对照表

人名

安部矶雄（安部磯雄，Abe Isoo）

安谷觉（安谷覚，Yasutani Satoru）

坂野润治（坂野潤治，Banno Junji）

浜英彦（濱英彦，Hama Hidehiko）

长峰晴夫（長峯晴夫，Nagamine Haruo）

长与专斋（長与専斎，Nagayo Sensai）

池田宏（池田宏，Ikeda Hiroshi）

池田孝之（池田孝之，Ikeda Takayuki）

村山显人（村山顕人，Murayama Akito）

村田路人（村田路人，Murata Michihito）

村田喜代治（村田喜代治，Murata Kiyoji）

村山富市（村山富市，Murayama Tomiichi）

大场启二（大場啓二，Oba Keiji）

大方润一郎（大方潤一郎，Okata Junichiro）

大来佐武郎（大来佐武郎，Saburo Okita）

大久保利通（大久保利通，Ôkubo Toshimichi）

大平正芳（大平正芳，Ôhira Masayoshi）

大隈重信（大隈重信，Ôkuma Shigenobu）

大岳秀夫（大嶽秀夫，Otake Hideo）

丹下健三（丹下健三，Tange Kenzo）

德川家康（德川家康，Tokugawa Ieyasu）

都留重人（都留重人，Tsuru Shigeto）

渡边俊一（渡辺俊一，Watanabe Shun-ichi）

渡边洋三（渡辺洋三，Watanabe Yozo）

饭岛伸子（飯島伸子，Iijima Nobuko）

饭沼一省（飯沼一省，Inuma Issei/Inuma Ichisho）

芳川显正（芳川顕正，Yoshikawa Akimasa）

冈本哲志（岡本哲志，Okamoto Satoshi）

冈义武（岡義武，Yoshitake Oka）

高见泽实（高見沢実，Takamizawa Minoru）

高山英华（高山英華，Takayama Eika）

宫川泰夫（宮川泰夫，Miyakawa Yasuo）

宫尾尊弘（宮尾尊弘，Miyao Takahiro）

宫泽喜一（宮澤喜一，Miyazawa Kiichi）

谷崎润一郎（谷崎潤一郎，Tanizaki Junichirô）

关一（關一，Seki Hajime）

鹤原定吉（鶴原定吉，Tsuruhara Sadakichi）

横山源之助（横山源之助，Yokoyama Gennosuke）

黑田俊雄（黒田俊雄，Kuroda Toshio）

黑田了一（黒田了一，Kuroda Ryoichi）

后藤新平（後藤新平，Gotô Shimpei）

华山谦（華山謙，Hanayama Yuzuru）

吉野作造（吉野作造，Yoshino Sakuzô）

津谷典子（津谷典子，Tsuya Noriko）

金丸信（金丸信，Kanemaru Shin）

井上馨（井上馨，Inoue Kaoru）

井上友一（井上友一，Inoue Tomoichi）

堀田晓生（堀田暁生，Hotta Akio）

笠原敏郎（笠原敏郎，Kasahara Toshiro）

林良嗣（林良嗣，Hayashi Yoshitsugu）

林清隆（林清隆，Hayashi Kiyotaka）

美浓部亮吉（美濃部亮吉，Minobe Ryokichi）

木户孝允（木戸孝允，Kido Kôin）

楠本正隆（楠本正隆，Kusumoto Masataka）

内田祥三（内田祥三，Uchida Yoshikazu）

片冈安（片岡安，Kataoka Yasushi）

片山潜（片山潛，Katayama Sen）

平山洋介（平山洋介，Hirayama Yosuke）

桥本龙太郎（（橋本龍太郎，Hashimoto Ryūtarō）

秋田典子（秋田典子，Akita Noriko）

三木武夫（三木武夫，Miki Takeo）

三宅磐（三宅磐，Miyake Iwao）

桑田熊藏（桑田熊藏，Kuwata Kumazo）

涩泽荣一（渋沢栄一，Shibusawa Eiichi）

森村道美（森村道美，Morimura Michiyoshi）

森宏（森宏，Mori Hiroshi）

森鸥外（森鷗外，Mori Ôgai）

山村耕造（山村耕造，Yamamura Kozo）

山本权兵卫（山本権兵衛，Yamamoto Gonnohyôe）

山本正（山本正，Yamamoto Tadashi）

山口半六（山口半六，Yamaguchi Hanroku）

山口岳志（山口岳志，Yamaguchi Takashi）

山县有朋（山縣有朋，Yamagata Aritomo）

杉本良夫（杉本良夫，Sugimoto Yoshio）

胜又济（勝又済，Katsumata Wataru）

石川干子（石川幹子，Ishikawa Mikiko）

石川荣耀（石川栄耀，Ishikawa Hideaki）

石田赖房（石田頼房，Ishida Yorifusa）

石塚裕道（石塚裕道，Ishizuka Hiromichi）

矢崎武夫（矢崎武夫，Yazaki Takeo）

水野炼太郎（水野錬太郎，Mizuno Rentarô）

松方正义（松方正義，Matsukata Masayoshi）

松田道之（松田道之，Matsuda Michiyuki）

速水融（速水融，Hayami Akira）

藤谷藤隆（藤谷藤隆）Fujitani Takashi

藤井さやか（藤井さやか，Sayaka）

藤森照信（藤森照信，Fujimori Terunobu）

田岛则行（田島則行，Tajima Noriyuki）

田口卯吉（田口卯吉，Taguchi Ukichi）

田中杰（田中傑，Tanaka Masaru）

田中角荣（田中角栄，Tanaka Kakuei）

土井崇司（土井崇司，Doi Takashi）

尾岛俊雄（尾島俊雄，Ojima Toshio）

卫藤征士郎（衛藤徴士郎，Etô Seishirô）

五百旗头真（五百旗頭真，Iokibe Makoto）

武基雄（武基雄，Take Motô）

西山康雄（西山康雄，Nishiyama Yasuo）

细川护熙（細川護熙，Hosokawa Morihiro）

下河边淳（下河辺淳，Shimokobe Atsushi）

小宫隆太郎（小宮隆太郎）Komiya Ryutaro

小泉秀树（小泉秀樹，Koizumi Hideki）

小玉彻（小玉徹，Kodama Toru）

协田修（脇田修，Wakita Osamu）

幸田露伴（幸田露伴，Koda Rohan）

岩仓具视（岩倉具視，Iwakura Tomomi）

野口悠纪雄（野口悠紀雄，Noguchi Yukio）

伊藤博文（伊藤博文，Itô Hirobumi）

原敬（原敬，Hara Kei/Hara Takashi）

越泽明（越澤明，Akira Koshizawa）

早川和男（早川和男，Hayakawa Kazuo）

阵内秀信（陣内秀信，Jinnai Hidenobu）

中滨东一郎（中濱東一郎，Nakahama Toichiro）

竹内谦（竹内謙，Takeuchi Ken）

佐野利器（佐野利器，Sano Toshikata）

地名

八王子（八王子，Hachioji）

北泽（北沢，Kitazawa）

本所（本所，Honjo）

本町（本町，Hon-chô）

本州（本州，Honshu）

北海道（北海道，Hokkaido）

北九州（北九州，Kitakyushu）

蚕丝试验场迹地（蚕糸試験場跡地，Sanshi Shikenjô Atochi）

仓敷（倉敷，Kurashiki）

长州（長州，Chôshû）

长崎（長崎，Nagasaki）

成城学园（成城学園，Seijo gakuen）

池袋（池袋，Ikebukuro）

赤坂（赤坂，Akasaka）

赤坂离宫（赤坂離宮）Akasaka Temporary Palace

冲绳（沖縄，Okinawa）

春日部（春日部，Kasukabe）

茨城（茨城，Ibaraki）

大阪（大阪，Osaka）

大船（大船，Ôfuna）

大分（大分，Ôita）

大宫（大宮，Omiya）

大泉学园（大泉学園，Oizumi gakuen）

大通公园（大通公園）Odori Park

代代木（代々木，Yoyogi）

代官山（代官山，Daikanyama）

淡路（淡路，Awaji）

道顿堀（道頓堀，Dôtonbori）

稻毛区（稲毛区，Inage-ku）

淀川（淀川，Yodogawa）

东京（東京，Tokyo）

东京外环高速公路（東京外環自動車道）Tokyo Gaikan Expressway/Tokyo Outer Orbital Expressway

都城（都城，Miyakonojo）

多摩（多摩，Tama）

多摩川台（多摩川台，Tamagawadai）

多摩田园都市（多摩田園都市，Tama Den'en Toshi）Tama Garden City

番町（番町，Banchô）

饭田町（飯田町，Iidamachi）

丰予（豊予，Hôyo）

富山（富山，Toyama）

冈山（冈山，Okayama）

高蔵寺（高蔵寺，Kozoji）

宫城（宮城，Miyagi）

关西国际机场（関西国際空港）Kansai International Airport

广岛（広島，Hiroshima）

函馆（函館，Hakodate）

鹤冈八幡宫（鶴岡八幡宮，Tsurugaoka Hachimangu）

横滨（横浜，Yokohama）

厚木街道（厚木街道，Atsugikaidô）

护国寺（護国寺，Gokokuji）

甲州街道（甲州街道，Kôshukaidô）

江东区（江東区，Koto ward）

江户（江戸，Edo）

今井町（今井町，Imaichô）

金泽（金沢，Kanazawa）

津久井町（津久井町，Tsukuicho）

京都（京都，Kyoto）

九州（九州，kyûshû）

驹泽（駒沢，Komazawa）

镰仓（鎌倉，Kamakura）

两国广小路（両国広小路，Ryôgoku Hirokôji）

陆奥（陸奥，Mutsu）

明治神宫（明治神宮）Meiji Shrine

木更津（木更津，Kisarazu）

奈良（奈良，Nara）

难波（難波，Namba）

品川（品川，Shinagawa）

浦和（浦和，Urawa）

埼玉（埼玉，Saitam）

千里（千里，Senri）

千里山（千里山，Senriyama）

千叶联合工厂（千葉コンビナート，Chiba Konbinato）

前桥（前橋，Maebashi）

浅草（浅草，Asakusa）

青山（青山，Aoyama）

日本桥（日本橋，Nihonbashi）

萨摩（薩摩，Satsuma）

三岛（三島，Mishima）

三和（三和，Sanwa）

杉并区（杉並区，Suginami ward）

山手线（山手線，Yamanote line）

山阳新干线（山陽新幹線，Sanyo Shinkansen）

上尾（上尾，Age）

善光寺（善光寺，Zenkoji）

苫小牧（苫小牧，Tomakomai）

上野（上野，Ueno）

上野山下（上野山下，Ueno Yamashita）

水岛（水島，Mizushima）

涩谷（渋谷，Shibuya）

神户（神戸，Kobe）

神田（神田，Kanda）

神田三崎町（神田三崎町，Kanda Misakicho）

深川（深川，Fukagawa）

深泽（深沢，Fukazawa）

首都高速道路（首都高速道路）Tokyo Metropolitan Expressway

水俣（水俣，Minamata）

穗高（穗高，Hotaka）

四国（四国，shikoku）

四日市（四日市，Yokkaichi）

四条（四条，Shijô）

松本（松本，Matsumoto）

太子堂（太子堂，Taishido）

藤泽（藤沢，Fujisawa）

田园调布（田園調布，Den'en Chofu）

土佐（土佐，Tosa）

丸之内（丸の内，Marunouchi）

吴（呉，Kure）

武藏野（武藏野，Musashino）

洗足（洗足，Senzoku）

霞关（霞が関，Kasumigaseki）

仙台（仙台，Sendai）

新宿（新宿，Shinjuku）

新泻（新潟，Niigata）

小川原（小川原，Ogawara）

伊势湾（伊勢湾，Ise Bay）

银座砖城（銀座煉瓦街，Ginza Renga Gai）Ginza Brick Town

有乐町（有楽町，Yurakuchô）

与野（与野，Yono）

御茶水（御茶ノ水，Ochanomizu）

玉川学园（玉川学園，Tamagawa gakuen）

猿江町（猿江町，Sarue chô）

沼津（沼津，Numazu）

真野（真野，Mano）

芝（芝，Shiba）

中岛町（中島町，Nakajima district）

中国高速公路（中国自動車道，Chugoku Expressway）

中山道（中山道，Nakasendô）

筑波（筑波，Tsukuba）

佐伯（佐伯，Saeki）

组织机构名

阪急（阪急 / 阪急電鉄株式会社）Hankyu/ Hankyu Corporation

阪神（阪神 / 阪神電気鉄道株式会社）Hanshin/ Hanshin Electric Railway Co.，Ltd.

北海道东北开发公库（北海道東北開発公庫，Hokkaido–Tohoku Development Finance Public Corporation）

本州四国连络桥公团（本州四国連絡橋公団）Honshu–Shikoku Bridge Authority

不动产协会（不動産協会）Real Estate Association

产业计划会议（産業計画会議）Industrial Planning Conference

大阪市都市工学情报中心（大阪市都市工学情報センター）Osaka City Foundation for Urban Technology

大阪市立大学（大阪市立大学）Osaka City University

大阪市史编纂所（大阪市史編纂所）Osaka City Historical Archive

大阪市区改正方案取调委员会（大阪市区改正方案取調委員会）Osaka Urban Improvement Committee

大阪住宅经营公司（大阪住宅経営株式会社，Osaka Jutaku Keiei Kabushikigaisha）The Osaka Housing Management Corporation

大林组公司（株式会社大林組）Obayashi Corporation

大藏省（大蔵省）Ministry of Finance

第二经团联（第二経団連，second Keidanren）

地方自治厅（地方自治庁）Local Autonomy Agency

电力中央研究所（電力中央研究所）Electric Power Central Research Institute

京阪铁道有限公司（京阪電気鉄道株式会社）Keihan Railway Company Ltd.

帝都复兴院（帝都復興院，Teitô Fukkô–in）The Imperial Capital Reconstruction Board

地区自治会（地区自治会）District Jichikai

东急（東急）Tokyû Corporation

东急电铁（東急電鉄）Tokyu Railways

东京复兴调查协会（復興調査協会，Fukkô Chôsa Kyôkai）Tokyo Reconstruction Survey Commission

东京绿色空间规划委员会（東京緑地計画協議会，Tokyo Ryokuchi Keikaku Kyôgikai）Tokyo Green Space Planning Council

东京市区改正委员会（東京市区改正委員会）Tokyo City/Urban Improvement Committee

东京铁道公司（東京鉄道会社，Tokyo Tetsudô Kaisha）Tokyo Railway Company

都市计划地方审议会（都市計画地方審議会，Toshi Keikaku Chihô Shingikai）regional planning committee

都市计划调查会（都市計画調査会，Toshi Keikaku Chôsakai）City Planning Research Committee

都市计划委员会（都市計画委員会，Toshi Keikaku Iinkai）City Planning Commission

都市开发协会（都市開発協会）Urban Development Association

都市研究会（都市研究会，Toshi Kenkyu Kai）Urban Study Group

复兴局（復興局，Fukkôkyoku）Reconstruction Bureau

公安委员会（公安委員会）Public Safety Commission

公明党（公明党，Komeito）

宫内省（宮内省）Imperial Household Ministry

贵族院（貴族院）House of Peers

国土厅（国土庁）National Land Agency/NLA

厚生省（厚生省）Ministry of Health and Welfare

环境厅（環境庁）Environmental Agency

建设省（建設省）Ministry of Construction

今井町城镇景观保存会（今井町町並み保存会，Imaichô Machinami Hozonkai）Imaichô Townscape Protection Group

今井町城镇景观保存住民审议会（今井町町並み保存住民審議会，Imaichô Machinami Hozon Jûmin Shingikai）Imaichô Townscape Protection Citizens' Consultative Committee

今井町青年会（今井町青年会，Imaichô Seinenkai）Imaichô Youth Group

近畿建设协会（近畿建設協会）Kinki Region Development Agency

近畿日本铁道（近畿日本鉄道）Kinki Nihon/ Kintetsu Railway Co., Ltd.

经团联 / 经济团体联合会（経団連，Keidanren）Federation of Economic Organisations

劳动省（労働省）Ministry of Labor

联合国军最高司令官总司令部（連合国軍最高司令官総司令部）General Headquarters of Allied Powers/GHQ

镰仓市城市总体规划策定委员会（鎌倉市都市マスタープラン策定委員会）Kamakura City Master Plan Drafting Committee

镰仓市景观审议会（鎌倉市景観審議会）Kamakura Landscape Protection Society

民政党（民政党，Minseitô）Good Governance Party

内务省（内務省）Home Ministry

内务省地方局（内務省地方局）Local Affairs Bureau of the Home Ministry

内务省都市计划科（内務省都市計画課）City Planning Section of the Home Ministry

内务省社会局（内務省社会局）Social Affairs Bureau of the Home Ministry

内务省土木局道路科（内務省土木局道路課）Roads Section of the Home Ministry

内务省卫生局（内務省衛生局）Hygiene Bureau of the Home Ministry

农林水产省（農林水産省）Ministry of Agriculture，Forests and Fishing/MAFF

区划整理对策全国联络会议（区画整理対策全国連絡会議，Kukaku Seiri Taisaku Zenkoku Renraku Kaigi）All-Japan Land Readjustment Opposition League/The National Land Readjustment Countermeasures League

全国水平社（全国水平社）National Federation of Levellers

全国土地和建筑中介业协会联合会（全国宅地建物取引業協会連合会）National Federation of Land and Building Agents

日本道路公团（日本道路公団）Japan Highway Public Corporation/JHPC

日本电信电话（日本電信電話）Nippon Telegraph and Telephone Corporation/ NTT

日本费边社（日本フェビアン協会）Japan Fabian Society

日本国有铁道（日本国有鉄道）Japan National Railways/JNR

日本国有铁道清算事业团（日本国有鉄道清算事業団）Japanese National Railways Settlement Corporation/JNR Settlement Corporation

日本经济团体联合会（日本経済団体連合会）Japan Business Federation

日本民主党（日本民主党）Democratic Party of Japan/DPJ

日本商工会议所（日本商工会議所）Japan Chamber of Commerce and Industry

日本社会党（日本社会党）Japan Socialist Party/JSP

日本项目产业协议会（日本プロジェクト産業協議会）Japan Project Industry Council/JAPIC

日本协同党（日本協同党）Japan Cooperative Party/JCP

日本住宅公团（日本住宅公団）Japan Housing Corporation/JHC

日本住宅和都市整备公团（住宅・都市整備公団）Japan Housing and Urban Development Corporation/JHUDC

日本住宅综合中心（日本住宅総合センター）Housing Research & Advancement Foundation of Japan（The Japan General Housing Centre）

社会民主党（社会民主党，Shakai Minshutô）Social Democratic Party

社会政策学会（社会政策学会，Shakai Seisaku Gakkai）Social Policy Association

社区营造检讨会议（まちづくり検討会議，machizukuri kentô kaigi）

社区营造协议会（まちづくり協議会，Machizukuri Kyôgikai）Machizukuri Council

社区营造住民协议会（まちづくり住民協議会）Machizukuri Residents' Council

市区改正委员会（市区改正委员会，Shiku Kaisei Iinkai）Urban Improvement Committee

首都高速道路公司（首都高速道路株式会社）The Metropolitan Expressway Corporation

首都建设委员会（首都建設委員会）National Capital Construction Committee

首都圈整备委员会（首都圈整備委員会）National Capital Region Development Committee

枢密院（枢密院）Privy Council

田园都市公司（田園都市株式会社）Den'en Toshi Company

铁道院（鉄道院）the Railway Agency

通商产业省（通商産業省）Ministry of International Trade and Industry/MITI

同润会（同潤会，Dôjunkai）Mutual Prosperity Association

土地区划整理发起人会（土地区画整理発起人会，Tochi Kukaku Seiri Hokininkai）LR Organising Committee

外务省（外務省）Foreign Ministry

宪政会（憲政会，Kenseikai）Constitutional Politics Association

新进党（新進黨）New Frontier Party/NFP

运输省（運輸省）Ministry of Transportation

宅地审议会（宅地審議会）Consulting Committee on Urban Land

战灾复兴院（戦災復興院，Sensai Fukkô In）War Damage Reconstruction Board

政友会（（立憲）政友会，（Rikken）Seiyûkai）Association of Friends of Constitutional Government

中部建设协会（中部建設協会）Chubu Region Development Agency

自民党/自由民主党（自民党/自由民主党）Liberal Democratic Party

自治会（自治会，jichikai）neighbourhood organisation

自治省（自治省，Jichisho）Ministry of Home Affairs

总理办公室（総理府）Prime Minister's Office

出版社 / 出版物

都市公论（都市公論，Toshi Kôron）*Urban Review*

都市研究（都市の研究，Toshi no Kenkyû）*Urban Studies*

现代都市研究（現代都市の研究，Gendai Toshi no Kenkyû）*Contemporary City Research*

帝都复兴事业图表（帝都復興事業図表，Teitô Fukkô Jigyô Zuhyô）Imperial Capital Reconstruction Project Maps Book

东京论（東京論）*Theses on Tokyo*

东京经济杂志（東京經濟雜誌，Tokyo keizai zasshi）*Tokyo Journal of Economics*

分间江户大绘图（分間江戶大絵図，Bunken Edo Ôezu）

建筑与社会（建築と社会）*Architecture and Society Journal*

伦敦人民的生活与劳动（ロンドンの民衆の生活と労働）Life and Labour of the People in London

每日新闻（每日新聞，Mainichi Shimbun）

日本广告人报（ジャパン・アドバタイザー）*The Japan Advertiser*

日本开化小史（日本開化小史，Nihon Kaika Shôshi）*Short History of the Enlightenment of Japan*

日本列岛改造论（日本列島改造論）Building a New Japan

田园都市（田園都市）*Garden City*

现代建筑（現代建築，Gendai Kenchiku）*Modern Architecture*

须原屋茂兵卫（須原屋茂兵衛，Subaraya Mohei）

生之欲（生きる，Ikiru）

自治体研究社（自治体研究社，Jichitai Kenkyusha）Local Government Research Institute

法律、条例、方案和制度

保安条例（保安条例）Peace Regulations

参勤交代制度（参勤交代 / 参觀交代，sankin kōtai）the system of alternate residence

城镇景观环境改善项目（町並み環境整備事業，Machinami Kankyô Seibi Jigyô）Townscape Environmental Improvement Project

大阪第一次都市计划（第一都市計画，Dai Ichiji Toshi Keikaku）Osaka's First Urban Plan

大日本帝国宪法（大日本帝国憲法）The Imperial Japanese Constitution

大型建筑通知地区（大規模建築届出地区，Daikibo Kenchiku Todokede Chiku）Large-scale Building Notification Area

道路位置指定制度（道路位置指定制度，Dôro Ichi Shitei Seido）the Road Location Designation System

第一种住居专用地域（第一種住居専用地域）Category I Exclusive Residential zone

第二种住居专用地域（第二種住居専用地域）Category II Exclusive Residential zone

地方自治法（地方自治法）Local Autonomy Law

地区计划（地区計画）District Planning

地区社区营造规划（地区まちづくり計画）District Machizukuri Plan

地区社区营造协议会（地区まちづくり協議会）District Machizukuri Council

地区社区营造事业要纲（地区まちづくり事業要綱，Chiku Machizukuri Jigyo Yôkô）District Machizukuri Working Manual

地区整备规划（地区整備計画）District Improvement Plan

地域地区制度（地域地区制度）land use zoning system

地域森林规划（地域森林計画）regional Forest Plan

地租改正法（地租改正法）Land Tax Act

帝都复兴事业（帝都復興事業，Teitô Fukkô Jigyô）Imperial Capital Reconstruction Project

东京市区改正条例（東京市区改正条例）Tokyo City Improvement Ordinance/ TCIO

东京市区改正设计案（東京市区改正設計案）City Replanning Statement

东京中央市区划定之问题（東京中央市区劃定之問題，Tokyo Chuo Shiku Kakutei no Mondai）Tokyo Central District Demarcation Issues

都道府县自然环境保全地域（都道府県自然環境保全地域）Prefectural Nature Conservation Areas

都市计划道路（都市計画道路，Toshi Keikaku Dôro）city planning road

都市计划法（都市計画法）City Planning Law

都市计划基本方针（都市計画基本方針，Toshi Keikaku Kihon Hôshin）fundamental city planning policy

都市计划决定（都市計画決定，Toshi Keikaku Kettei）city planning designation

都市计划区域（都市計画区域）City Planning Area/CPA

都市计划设施（都市計画施設，toshi keikaku shisetsu）city planning facilities

都市再开发法（都市再開発法，Toshi Saikaihatsu Hô）Urban Redevelopment Law

防火地区（防火地区，Bôkachiku）Fire Prevention Areas

防空空地（防空空地帯）Air Defence Open Space

防灾城市更新地区（防災都市づくり地区，Bôsai Toshi Zukuri Chiku）Disaster Prevention Urban Renewal Areas

风致地区（風致地区，Fûchichiku）Scenic Areas

古都保存法（古都保存法 / 古都における歴史的風土の保存に関する特別措置法）Ancient Capitals Law

官厅集中计划（官庁集中計画，Kanchô shûchû keikaku）Project for Concentrating Government Offices in Hibiya

国定公园（国定公園）Quasi-National Parks

国立公园（国立公園）National Parks

国土利用计划（国土利用計画）National Land Use Planning/NLUP

国土利用计划法（国土利用計画法）National Land Use Planning Law/NLUPL

耕地整理法（耕地整理法，Kôchi Seiri Hô）Agricultural Land Consolidation Law

工业地域（工業地域）Industrial Districts

工业整备特别地域（工業整備特別地域）Special Areas for Industrial Consolidation

工业专用地域（工業専用地域）Exclusive Industrial Districts

海域公园（海域公園）Marine Districts

划线制度（線引き制度）Senbiki System

机关委任事务（機関委任事務，kikan inin jimu）agency delegated functions

集落居住区（集落居住ゾーン）Village Residential Zone

既得权（既得権，kitokuken）existing rights

建筑基准法（建築基準法）Building Standard Law

建筑线制度（建築線制度）building-line system

教育敕语（教育勅語）Imperial Rescript on Education

近邻商业地域（近隣商業地域）Neighbourhood Commercial Districts

近郊整备地带（近郊整備地帯）Suburban Development Area

经济企划厅（経済企画庁）Economic Planning Agency/EPA

景观保护标准（景観保全基準）Landscape Protection Standard

景观保护地区（景観保全地区）Landscape Protection Areas

景观保护规划（景観保全計画）Landscape Protection Plan

景观形成地区（景観形成地区，Keikan keisei chiku）Landscape Preservation District

开发事业基准条例（開発事業基準条例）development standards ordinances

开发指导要纲（開発指導要綱，kaihatsu shidôyôkô）development manual

美观地区（美観地区，Bikanchiku）Beautiful City Areas

农业保护区（農業保全ゾーン）Agriculture Protection Zone

农业观光区（農業観光ゾーン）Agriculture Tourism Zone

农业振兴地域（農業振興地域）Agricultural Promotion Area

农业整备计划 / 农业振兴地域整备计划（農業振興地域整備計画）Agricultural Improvement Plans

农用地（農用地）Agricultural Use Land

农振法（農振法）Agricultural Promotion Areas Law

埼玉县都市基本计划策定调查（埼玉県都市基本計画策定調査，Saitama ken Toshi Kihon Keikaku Sakutei Chôsa）Saitama Basic City Planning Policy Review

情报公开法（情報公開法 / 行政機関の保有する情報の公開に関する法律）Act on Access to Information Held by Administrative Organs

全国综合开发计划（全国総合開発計画）Comprehensive National Development Plan/CNDP

人口集中地区（人口集中地区）Densely Inhabited District/DID

日美结构问题协议（日米構造問題協議）Structural Impediment Initiative/SII

日照条例（日当り条例，Hiatari Jôrei）sunlight protection ordinance

三全综 / 第三次全国综合开发计划（三全総 / 第三次全国総合開発計画，Sanzenso）the third Comprehensive National Development Plan/ the third CNDP

森林地域（森林地域）Forest Area

森林法（森林法）Forest Law

森林计划区（森林計画区）Forest Planning Area

奢侈禁止令（奢侈禁止令）sumptuary law

社区营造提案书（まちづくり提案書）Machizukuri Proposal

社区营造推进地域（まちづくり推進地域）Machizukuri Promotion Areas

申出制度（申出制度，môshide seido）suggestion system

市街地建筑物法（市街地建築物法）Urban Buildings Law

市街化区域（市街化区域）Urbanisation Promotion Area/UPA

市街化调整区域（市街化調整区域）Urbanisation Control Area/UCA

所得倍增计划（所得倍増計画）Income Doubling Plan

商业地域（商業地域）Commercial Districts

生产绿地（生産緑地，Seisan Ryokuchi）Productive Green Land

首都建设法（首都建設法，Shuto Kensetsu Hô）National Capital Construction Law

首都圈基本计划（首都圏基本計画）National Capital Region Development Plan/NCRDP

首都圈整备法（首都圏整備法，Shutoken Seibi Hô）National Capital Region Development Law

首都圈整备计划（首都圏整備計画）Capital Region Improvement Plan

谈合（談合，dangô）

特别地域（特別地域）Special Districts

特别保护地区（特別保護地区）Special Conservation Districts

特别都市计划法（特別都市計画法）Ad Hoc Town Planning Act

田园风景保护区（田園風景保全ゾーン）Rural Landscape Protection Zone

铁道敷设法（鉄道敷設法）Railway Construction Law

土地基本法（土地基本法）Basic Act for Land/Basic Land Law

土地利用调整基本计划（土地利用調整基本計画，Tochi Riyô Chôsei Kihon Keikaku）Land Use General Management Plan

土地利用综合计划（土地利用総合計画）General Land Use Plan

土地区划整理制度（土地区画整理制度）Land Readjustment System

文化财保护法（文化財保護法）The Cultural Properties Protection Law

文化财保护委员会（文化財保護委員会）Cultural Properties Protection Commission

文化厅（文化庁，Bunkachô）Agency for Cultural Affairs

问题指摘地区（問題指摘地区，Mondai Shiteki Chiku）Designated Problem Areas

戊申诏书（戊申詔書）Boshin Imperial Rescript

先行买取型土地区划整理（先買い区画整理，Sakigai Kukaku Seiri）pre-emption–cum–Land Readjustment

新东京规划（ネオ・トウキョウ・プラン）Neo-Tokyo Plan

新经济计划（新経済計画，Shin Keizai Keikaku）The New Long-Run Economic Plan

新全综/第二次全国综合开发计划（新全総/第二次全国総合開発計画，Shinzenso）the second Comprehensive National Development Plan/ the second CNDP

新住宅市街地开发法（新住宅市街地開発法）New Residential Area Development Act

行政手续法（行政手続法）Government Procedure Law

1反开发（1反開発，ittan kaihatsu）one tan development

元和令（元和令）Genna Edict

原生自然环境保全地域（原生自然環境保全地域）Wilderness Areas

预定划线计划开发方式（予定線引き計画開発方式，Yotei Senbiki Keikaku Kaihatsu Hôshiki）Pre-arranged Senbiki Planned Development Method

再开发地区计划（再開発地区計画，Saikaihatsu Chiku Keikaku）District Plan for Redevelopment

暂定逆划线方式（暫定逆線引き方式，Zantei Gyaku Senbiki Hôshiki）Temporary Reverse Senbiki Method

战争破坏区复兴计划基本方针（戦災地復興計画基本方針，Sensaichi Fukkô keikaku Kihon Hôshin）Basic Policy for War-damaged Areas Reconstruction

宅地造成事业法（宅地造成事業法，Takuchi Zôsei Jigyô Hô）Subdivision Project Control Law

治安警察法（治安警察法）Peace Police Law

重要传统建筑群保存地区（重要伝統的建造物群保存地区）Important Preservation Districts for Groups of Historic Buildings

住居地域（住居地域）Residential areas

准工业地域（準工業地域）Light Industrial Districts

自然保全地域（自然保全地域）Nature Conservation Area

自然公园地域（自然公園地域）Nature Park Area

自然公园法（自然公園法）Nature Park Law

自然环境保全地域（自然環境保全地域）Natural Environment Protection Areas

自然环境保全法（自然環境保全法）Nature Conservation Law

综合大阪都市计划（総合大阪都市計画，Sôgô Osaka Toshi Keikaku）The Osaka Comprehensive Plan

总体规划制度（マスタープラン制度，Masutaa Puran seido）Master Plan system

其他

安政（安政，Ansei）

白木屋（白木屋，Shirokiya）

北海道拓殖银行（北海道拓殖銀行）Hokkaido Takushoku Bank

表地（表地，omotechi）

表店借（表店借，omotetanagari）

仓库（蔵，kura）family storehouse of a rich merchant or landlord

财阀（財閥，zaibatsu）major family-controlled corporate groups

财投（財投，Zaito）Fiscal Investment and Loan Programme/FILP

长屋（長屋，nagaya）

超过收用（超過収用，chôka shûyô）excess condemnation

成田机场问题（成田空港問題）Narita Airport debacle

城堡看守（城代，jôdai）castle warden

城下町（城下町，じょうかまち，Jôkamachi）castle town

承租人（借家人，shakuyanin；店借り，tanagari）tenant

敕令（勅令，imperial edict）

冲击（ショック，shokku）shock

出库（出庫，shukko）personnel "loans"

大大阪（Dai Osaka）a Greater Osaka

大都市连绵带（メガロポリス）megalopolis

大粪（汚穢，owai）

大名（大名，daimyo）

大正政变（大正政変）Taishô Political Crisis

代理人（大家/大屋，ôya）agent

地方分权时代（地方分権の時代，chihôbunken no jidai）era of local rights

地方改良运动（地方改良運動，Chihô Kairyô Undô）Local Improvement Movement

地借（地借，jikari）tenant

地主（地主，jinushi）landowner

店子（店子，tanako）tenant

定居圈（定住圏，Teijûken）settlement zone

东方曼彻斯特（東洋のマンチェスター，Tôyô no Manchesutaa）Manchester of the Orient

东京单轨电车（東京モノレール）Tokyo Monorail

东京都政府（東京都庁）Tokyo Metropolitan Government/TMG

东京一极性集中（東京一極集中）unipolar concentration in Tokyo

度假区公寓（リゾートマンション）resort condominium

度假区开发热潮（リゾート開発ブーム）resort development boom

繁华街（盛り場，sakariba）popular entertainment district

方面委员（方面委員，hômen iin）district commissioner

房东代理人（守宮，yamori）landlord's agent

房主（家持ち，iemochi）householder

反（反 / 段，tan）

非人（非人，ひにん，hinin）

福祉元年（福祉元年，fukushi gannen）First Year of the Welfare State

富国强兵（富国強兵，fukoku kyôhei）enrich the country，strengthen the army

港北新城（港北ニュータウン）Kohoku new Town

港口镇（港，みなと，minato）port town

高等警察（高等警察）Higher Police

公告板（回覧板，kairanban）circulated notice board

故乡营造（故郷づくり，furusatozukuri）

关原决战（関ヶ原の戦い）The Battle of Sekigahara

官报（官報，Kanpô）official gazette

官尊民卑（官尊民卑，kanson minpi）respect for authority and disdain for the people

广场协议（プラザ合意）Plaza Accord

广岛和平纪念都市（広島平和記念都市）The Hiroshima Peace Memorial City

国体（国体，kokutai）national polity

黑船来航（黒船来航）Arrival of the Black Ships

换地（換地）land replotting

秽多（穢多，えた，eta）

贿赂（裏金，uragane）bribe

集镇（市場町，いちばまち，ichibamachi）market town

垃圾战争（ゴミ戦争，gomi sensô）garbage war

既成市街地区（既成市街地区，Kisei Shigai Chiku）Existing Urban Areas

既存宅地（既存宅地，kisontakuchi）existing building plot

间（間，Ken）

街区（近所 / 近隣）neighbourhood

近代（近代，kindai）modern

近世（近世，kinsei）early modern

警察室（交番，koban）local police office

军事城市（軍都，gunto）military cities

拉普塔（ラピュタ）Laputa

里地（裏地，urachi）

里店借（裏店借，uratanagari）

联合重建（共同建替え）cooperative reconstruction

蔓延（スプロール，supurôru）sprawl

门前町（門前町，monzen machi）area outside the temple gates

迷你开发（ミニ開発，minikaihatsu）mini-development

米暴动（米騒動）Rice Riots

民生委员（民生委員，minsei'iin）volunteer communitywelfare guidance officer

民主主义（民主主義，minshushugi）democracy/people-as-the-base-ism

明历（明暦，Meireki）

明治维新（明治維新）The Meiji Restoration

名主（名主，nanushi）neighbourhood chief

幕府（幕府，Bakufu）shogun's government

木制公寓（木賃，mokuchin）wooden apartment

木制公寓带（木材アパート地帯，mokuzai apato chitai）wooden apartment belt

内忧外患（内憂外患，naiyûgaikan）troubles at home，dangers from abroad

农民（本百姓，ほんびゃくしょう，honbyakusho）peasant

坪（坪，tsubo）

平民（町人，chônin）commoner

平民街区（町，chô）commoner neighbourhood

平民区（町地，machi-chi）commoner area

谱代大名（譜代大名，fudai daimyo）

旗本（旗本，hatamoto）Bakufu higher official

前田大名（前田大名，Maeda Daimio）

钱汤（銭湯，sentô）public bathhouse

劝告（勧告，kankoku）advice

商店会（商店会，shôtenkai）local shop owners' association

商店街（商店街，shôtengai）shopping district

上町（上町，うわまち）high city

社区营造（まちづくり，machizukuri）

拾粪人（汚穢屋，owaiya）

市民参加的社区营造（市民参加のまちづくり，shimin sanka no machizukuri）
citizen participation-based machizukuri

受益者负担金（受益者負担金，juekisha futankin）betterment levy

寺庙奉行（寺社奉行，jisha bugyô）temple magistrate

寺庙区（寺社地，jisha-chi）temple area/quarter

松屋（松屋，Matsuya）

宿驿（宿場町，しゅくばまち，shukubamachi）post town

特别高等警察（特別高等警察）Special Higher Police

天降（天下り，amakudari）descent from heaven

田园城市（田園都市）garden city

町（町，chô）

町奉行（町奉行，machi bugyô）city magistrate

町会（町会，chôkai）neighbourhood association

町年寄（町年寄，machidoshiyori）city elder

町内会（町内會，chônaikai）neighbourhood association

町人（町人，chônin）local people

条约改正（条約改正，jôyaku kaisei）revise the（unequal）treaties

通知（届出，todokede）notify

痛痛病（イタイイタイ，itai itai）it hurts it hurts

土地区划整理（土地区画整理）Land Readjustment/LR

土地区划整理项目（土地区画整理事業）Land Readjustment Project

土地增值税（土地増価税，tochi zôkazei）tax on increases in land values

土建国家（土建国家，doken kokka）

团地（団地，danchi）construction state

外样大名（外様大名，tozama daimyo）

文明开化（文明開化，bummei kaika）civilisation and enlightenment

屋顶屋檐（庇，hisashi）roof eave

五人组（五人組，goningumi）five family group

武士区（武家地，buke-chi）samurai area

下町（下町，したまち，shitamachi）low city

新产业都市（新産業都市）New Industrial Cities

新道（新道，shinmichi）narrow street

新干线（新幹線）Bullet Train/Shinkansen

行政指导（行政指導，gyôsei shidô）administrative guidance

学园城市（学園都市，gakuen toshi）college town

一个街区的伦敦（一丁ロンドン，Iccho Rondon）One Block London

易燃房屋（焼け家，yakeya）a burnable house，or firetrap

元老（元老，Genrô）Elder Statesmen

宅地（屋敷，yashiki）

知事（知事）prefectural governor

咨询（協議，kyôgi）consult

自由民权运动（自由民権運動，jiyû-minken undô）Freedom and Citizens' Rights Movement

自治事务（自治事務，jichi jimu）local government function

宗教中心（門前町，もんぜんまち，monzenmachi）religious centre

总承包商（ゼネコン，Zenecon）general contractor

组屋敷（組屋敷，kumiyashiki）poor commoner's nagaya

佐川急便（佐川急便，Sagawa Kyûbin）

参考文献

Alden, J.D. (1984) "Metropolitan Planning in Japan", *Town Planning Review* 55(1): 55–74.

Allinson, G. (1975) *Japanese Urbanism*, Berkeley, CA: University of California Press.

—— (1979) *Suburban Tokyo: A Comparative Study in Politics and Social Change*. Berkeley, CA: University of California Press.

—— (1997) *Japan's Postwar History*, Ithaca, NY: Cornell University Press.

Amenomori, T. (1997) "Japan" in *Defining the Nonprofit Sector*, Salamon, L.M. and Anheier, H.K. (eds), Manchester: Manchester University Press.

Anchordoguy, M. (1992) "Land Policy: A Public Policy Failure" in *Land Issues in Japan: a policy failure?* Haley, J.O. and Yamamura, K. (eds), Seattle, WA: Society for Japanese Studies: 77–111.

Aoki, E. (1993) "Developing an Independent Transportation Policy (1910–1921)" in *Technological Innovation and the Development of Transportation in Japan*, H. Yamamoto (ed.), Tokyo: United Nations University Press, 72–83.

Apter, D.E. and Sawa, N. (1984) *Against the State*, Cambridge, MA: Harvard University Press.

Arisue, T. and Aoki, E. (1970) "The Development of Railway Network in the Tokyo Region from the Point of View of the Metropolitan Growth" in *Japanese Cities: A Geographical Approach*, Association of Japanese Geographers (eds), Tokyo: Association of Japanese Geographers, 191–200.

Barlow Report (1940) "Report of the Royal Commission on the Distribution of the Industrial Population", London: HMSO.

Barret, B. and Therivel, R. (1991) *Environmental Policy and Impact Assessment in Japan*, London: Routledge.

Barter, P. (1999) "An International Comparative Perspective on Urban Transport and Urban Form in Pacific Asia: The Challenge of Rapid Motorisation in Dense Cities", unpublished PhD Thesis, Murdoch University, Australia.

Beard, C. (1923) *The Administration and Politics of Tokyo: A Survey and Opinions*, New York: Macmillan.

Beasley, W.G. (1995) *The Rise of Modern Japan*, New York: St Martin's Press.

Ben-Ari, E. (1991) *Changing Japanese Suburbia: A Study of Two Present-Day Localities*, London, New York: Kegan Paul International.

Bestor, T.C. (1989) *Neighborhood Tokyo*, Stanford, CA: Stanford University Press.

Bird, I. (1880) *Unbeaten Tracks in Japan*, London: John Murray.

Breitling, P. (1980) "The Role of the Competition in the Genesis of Urban Planning: Germany and Austria in the Nineteenth Century" in *The Rise of Modern Urban Planning 1800–1914*, Sutcliffe, A. (ed.), London: Mansell, 31–54.

Broadbent, J. (1989) "Strategies and Structural Contradictions: Growth Coalition Politics in Japan", *American Sociological Review* 54(Oct): 707–21.

—— (1998) *Environmental Politics in Japan*, Cambridge: Cambridge University Press.

Calder, K.E. (1988) *Crisis and Compensation: Public Policy and Political Stability in Japan, 1949–1986*, Princeton, NJ: Princeton University Press.

Calthorpe, P. (1993) *The Next American Metropolis*, New York: Princeton Architectural Press.

Capital Region Comprehensive Planning Institute (1987) *Senbiki*, Tokyo: Capital Region Comprehensive Planning Institute.

Castells, M. and Hall, P. (1994) *Technopoles of the World: The Making of 21st Century Industrial Complexes*, London, New York: Routledge.

Cervero, R. (1989) *America's Suburban Centers: The Land Use-Transportation Link*, Boston, MA: Unwin Hyman.

—— (1995) "Changing Live-Work Spatial Relationships: Implications for Metropolitan Structure and Mobility" in *Cities in Competition: Productive and Sustainable Cities for the 21st Century*, Brotchie, J. et al. (eds), Melbourne: Longman, 330–47.

—— (1998) *The Transit Metropolis: A Global Inquiry*, Washington, DC: Island Press.

Champion, A. (ed.) (1989) *Counterurbanisation: The Changing Pace and Nature of Population Deconcentration*, London: Edward Arnold.

Cherry, G.E. (1988) *Cities and Plans*, London: Edward Arnold.

Cibla, D. (2000) *Decision-making processes in the light of new disaster prevention urban planning priorities: towards increasing public intervention in machi-zukuri projects?* 9th International Conference of the European Association for Japanese Studies (EAJS), Lahti, Finland.

Continental Construction Discussion Group (Tairiku Kenchiku Sodankai) (eds) (1940) "Discussion on Daido Plans", *Modern Architecture (Gendai Kenchiku)* 8: 38–49.

Craig, A.M. (1986) "The Central Government" in *Japan in Transition: From Tokugawa to Meiji*, Jansen, M.B. and Rozman, G. (eds), Princeton, NJ: Princeton University Press, 36–67.

Cullingworth, J.B. (1997) *Planning in the USA*, London: Routledge.

Cumings, B. (1987) "The Origins and Development of the Northeast Asian Political Economy: Industrial Sectors, Product Cycles, and Political Consequences" in *The Political Economy of the New Asian Industrialism*, Deyo, F.C. (ed.), Ithaca, NY: Cornell University Press, 44–83.

Cybriwsky, R. (1998) *Tokyo: The changing profile of an urban giant*, Chichester: John Wiley & Sons.

Davidoff, P. (1965) "Advocacy and Pluralism in Planning", *Journal of the American Institute of Planners* 21(4).

Dawson, A. (1985) "Land Use Policy and Control in Japan", *Land Use Policy, January 1985*: 56–60.

Doi, T. (1968) "Japan Megalopolis: Another Approach", *Ekistics* 26(156): 96–9.

Donnelly, M. (1984) "Conflict over Government Authority and Markets: Japan's Rice Economy" in *Conflict in Japan*, Krauss, E., Rohlen, T. and Steinhoff, P. (eds), Honolulu: University of Hawaii Press, 335–74.

Dore, R.P. (1958) *City Life in Japan – a Study of a Tokyo Ward*, London: Routledge and Kegan Paul.

—— (1959) *Land Reform in Japan*. London: Athlone Press.

—— (1968) "Urban Ward Associations in Japan – Introduction" in *Readings in Urban Sociology*, Pahl, R.E. (ed.), Oxford: Pergamon, 186–90.

Dower, J.W. (1999) *Embracing Defeat. Japan in the Wake of World War I*, New York: W.W. Norton/The New Press.

Downs, A. (1994) *New Visions for Metropolitan America*, Washington, DC: Brookings, Lincoln Institute of Land Policy.

Duus, P. (1968) *Party Rivalry and Political Change in Taisho Japan*, Cambridge, MA: Harvard University Press.

—— (1999) *Modern Japan*, Boston, MA: Houghton Mifflin Company.

Duus, P. and Scheiner, I. (1998) "Socialism, Liberalism, and Marxism, 1901–1931" in *Modern Japanese Thought*, Wakabayashi, B.T. (ed.), Cambridge: Cambridge University Press, 147–206.

Edgington, D.W. (1994) "Planning for Technology Development and Information Systems in Japanese Cities and Regions" in *Planning for Cities and Regions in Japan*, Shapira, P., Masser, I. and Edgington, D.W. (eds), Liverpool: Liverpool University Press, 126–54.

Eisenstadt, S.N. (1996) *Japanese Civilization: A Comparative View*, Chicago, IL: University of Chicago Press.

Ericson, S.J. (1996) *The Sound of the Whistle: Railroads and the State in Meiji Japan*, Cambridge MA: Council on East Asian Studies Harvard University.

Evans, N. (2001) *Community Planning in Japan: The Case of Mano, and its Experience in the Hanshin Earthquake*, PhD School of East Asian Studies, Sheffield: University of Sheffield.

Ewing, R. (1997) "Is Los Angeles Style Sprawl Desirable?" *Journal of the American Planning Association* 63(1): 107–26.

Falconeri, G.R. (1976) "The Impact of Rapid Urban Change on Neighborhood Solidarity: A Case Study of a Japanese Neighborhood" in *Social Change and Community Politics in Urban Japan*, White, J.W. and Munger, F. (eds), Chapel Hill, NC: Institute for Research in Social Science, University of North Carolina at Chapel Hill, 31–60.

Fishman, R. (1987) *Bourgeois Utopias: The Rise and Fall of Suburbia*, New York: Basic Books.

Francks, P. (1984) *Technology and Agricultural Development in Pre-War Japan*, New Haven, CT: Yale University Press.

—— (1992) *Japanese Economic Development*, London: Routledge.

Fraser, A. (1986) "Local Administration: The Example of Awa-Tokushima" in *Japan in Transition: From Tokugawa to Meiji*, Jansen, M.B. and Rozman, G. (eds), Princeton, NJ: Princeton University Press.

Friedmann, J. (1987) *Planning in the Public Domain*, Princeton, NJ: Princeton University Press.

Friedmann, J. and Wolff, G. (1982) "World City Formation: An Agenda for Research and Action", *International Journal of Urban and Regional Research*, 6(3): 309–44.

Fujimori, T. (1982) *Meiji No Tokyo Keikaku (Tokyo Planning in the Meiji Period)*, Tokyo: Iwanami Shoten.

Fujioka, K. (1980) "The Changing Face of Japanese Jokamachi (Castle Towns) since the Meiji Period" in *Geography of Japan*, Association of Japanese Geographers (eds), Tokyo: Teikoku Shoin.

Fujita, K. (1992) "A World City and Flexible Specialization: Restructuring of the Tokyo Metropolis", *International Journal of Urban and Regional Research* 15: 269–84.

Fujita, K. and Hill, R.C. (1997) "Together and Equal: Place Stratification in Osaka" in *The Japanese City*, Karan, P.P. and Stapleton, K. (eds), Lexington, KY: The University Press of Kentucky, 106–33.

Fujitani, T. (1998) *Splendid Monarchy: Power and Pageantry in Modern Japan*, Berkeley, CA: University of California Press.

Fukuoka, S. (1997) "The Structure of Urban Land Administration during the Bubble Economy: Control Systems and their Operations", *Comprehensive Urban Studies (Sōgō Toshi Kenkyuu)*, 62: 165–79.

Fukutake, T. (1967) *Japanese Rural Society*, Ithaca, NY: Cornell University Press.

Garon, S. (1987) *The State and Labor in Modern Japan*, Berkeley, CA: University of California Press.

—— (1997) *Molding Japanese Minds: The State in Everyday Life*, Princeton, NJ: Princeton University Press.

Garreau, J. (1991) *Edge City: Life on the New Frontier*, New York: Doubleday.

Glickman, N. (1979) *The Growth and Management of the Japanese Urban System*, New York: Academic Press.

Gluck, C. (1987) *Japan's Modern Myths: Ideology in the Late Meiji Period*, Princeton, NJ: Princeton University Press.

Golany, G., Hanaki, K. and Koide, O. (eds) (1998) *Japanese Urban Environment*, Oxford: Elsevier Science.

Goodman, R. and Peng, I. (1996) "East Asian Welfare States" in *Welfare States in Transition*, Esping-Andersen, G. (ed.), London: Sage, 192–224.

Gordon, A. (1991) *Labor and Imperial Democracy in Prewar Japan*, Berkeley, CA: University of California Press.

Gorsky, M. (1998) "Mutual Aid and Civil Society: Friendly Societies in Nineteenth-Century Bristol", *Urban History* (25): 302–22.

Gottmann, J. (1961) *Megalopolis: The Urbanized Northeastern Seaboard of the United States*, Cambridge, MA: MIT Press.

—— (1976) "Megalopolitan Systems around the World", *Ekistics* 243(Feb): 109–13.

—— (1980) "Planning and Metamorphosis in Japan: A Note", *Town Planning Review* 51(2): 171–6.

Griffis, W.E. (1883) *The Mikado's Empire*, New York: Harper and Brothers.

Haley, J.O. and Yamamura, K. (eds) (1992). *Land Issues in Japan: A Policy Failure?* Seattle, WA: Society for Japanese Studies.

Hall, J.A. (ed.) (1995) *Civil Society: Theory, History, Comparison* Cambridge: Polity Press.

Hall, J.W. (1968) "The Castle Town and Japan's Modern Urbanization" in *Studies in the Institutional History of Early Modern Japan*, Hall, J.W. and Jansen, M.B. (eds), Princeton, NJ: Princeton University Press, 169–88.

Hall, P. (1988) *Cities of Tomorrow*, Oxford: Blackwell.

Hall, P. and Ward, C. (1998) *Sociable Cities: The Legacy of Ebenezer Howard*, Chichester: John Wiley & Sons.

Hama, H. (1976) "Geographical Studies of Population" in *Geography in Japan*, Kiuchi, S. (ed.), Tokyo: University of Tokyo Press.

Hanayama, Y. (1986) *Land Markets and Land Policy in a Metropolitan Area: A Case Study of Tokyo*, Boston, MA: Oelgeschlager, Gunn and Hain.

Hanes, J.E. (1993) "From Megalopolis to Megaroporisu", *Journal of Urban History* 19(2): 56–94.

—— (2002) *The City as Subject: Seki Hajime and the Reinvention of Modern Osaka*, Berkeley, CA: University of California Press.

Hanley, S. (1986) "The Material Culture: Stability in Transition" in *Japan in Transition: From Tokugawa to Meiji*, Jansen, M.B. and Rozman, G. (eds), Princeton, NJ: Princeton University Press, 447–69.

—— (1997) *Everyday Things in Premodern Japan: The Hidden Legacy of Material Culture*, Berkeley, CA: University of California Press.

Harada, K. (1993) "Railroads" in *Technological Innovation and the Development of Transportation in Japan*, Yamamoto, H. (ed.), Tokyo: United Nations University Press, 15–21, 49–60.

Harootunian, H.D. (1974) "Introduction: A Sense of an Ending and the Problem of Taisho" in *Japan in Crisis: Essays in Taisho Democracy*, Silberman, B.S. and Harootunian, H.D. (eds), Princeton, NJ: Princeton University Press, 3–28.

Harris, C.D. (1982) "The Urban and Industrial Transformation of Japan", *Geographical Review* 72: 50–89.

Hastings, S.A. (1995) *Neighborhood and Nation in Tokyo, 1905–1937*, Pittsburgh, PA: University of Pittsburgh Press.

Hatano, Y., Koizumi, H., Okata, J. (2000) "A Study of the Inheritance on the Structure of Space and Land Ownership in Gokenin Residents' Sites in Tokyo (Edo Kumiyashiki Atochi ni Okeru Kūkan Kōzō oyobi Tochi Shoyū Keitai no Keishōsei ni Kansuru Kenkyū)", *Collected Papers of the Japanese City Planning Association (Nihon Toshi Keikaku Gikkai Ronbun Shu)* 35: 91–96.

Hatano, J. (1994) "Edo's Water Supply" in *Edo and Paris: Urban Life and the State in the Early Modern Era*, McClain, J.L., Merriman, J.M. and Ugawa, K. (eds), Ithaca, NY: Cornell University Press, 234–50.

Hatano, N., Wakayama, T. and Ihara, M. (1984) "Some Problems of the Urban Sprawl by Named "Kizon Takuchi" in Urbanisation Control Area" *Collected Papers of the Japanese City Planning Association (Nihon Toshi Keikaku Gakkai Ronbun Shu)* 19: 121–6.

Hatta, T. and Ohkawara, T. (1994) "Housing and the Journey to Work in the Tokyo Metropolitan Area" in *Housing Markets in the United States and Japan*, Noguchi, Y. and Poterba, J.M. (eds), Chicago, IL: University of Chicago Press, 87–132.

Hatta, T. and Tabuchi, T. (1995) "Unipolar Concentration in Tokyo: Causes and Measures", *Japanese Economic Studies* 23(3): 74–104.

Hayakawa, K. and Hirayama, Y. (1991) "The Impact of the Minkatsu Policy on Japanese Housing and Land Use", *Environment and Planning D: Society and Space* 9: 151–64.

Hayami, A. (1986) "Population Changes" in *Japan in Transition: From Tokugawa to Meiji*, Jansen, M.B. and Rozman, G. (eds), Princeton, NJ: Princeton University Press, 280–317.

Hayami, Y. (1988) *Japanese Agriculture under Seige*, New York: St Martin's Press.

Hayashi, K. (1982) "Land Readjustment in Nagoya" in *Land Readjustment, a Different Approach to Financing Urbanization*, Doebele, W. (ed.), Lexington, MA: Lexington Books, 107–26.

Hayashi, R. (1994) "Provisioning Edo in the Early Eighteenth Century: The Pricing Policies of the Shogunate and the Crisis of 1733" in *Edo and Paris: Urban Life and the State in the Early Modern Era*, McClain, J.L., Merriman, J.M. and Ugawa, K. (eds), Ithaca, NY: Cornell University Press, 211–33.

Healy, P. (1996) "The Communicative Turn in Planning Theory and its Implications for Spatial Strategy Formation", *Environment and Planning B: Planning and Design* 23, 217–34

Hebbert, M. (1989) "Rural Land Use Planning in Japan" in *Rural Land Use Planning in Developed Nations*, Cloke, P.J. (ed.), London: Unwin Hyman, 130–51.

—— (1994) "Sen-Biki Amidst Desakota: Urban Sprawl and Urban Planning in Japan" in *Planning for Cities and Regions in Japan*, Shapira, P., Masser, I. and Edgington, D.W. (eds), Liverpool: Liverpool University Press, 70–91.

Hebbert, M. and Nakai, N. (1988a) "Deregulation of Japanese Planning", *Town Planning Review* 59(4): 383–95.

—— (1988b) *How Tokyo Grows*, London: STICERD.

Hein, C. (2001) "Planning Visions" in *Power, Place, and Memory: Japanese Cities in Historical Perspective*, Fieve, N. and Waley, P. (eds), London: Curzon.

Hohn, U. (1997) "Townscape Preservation in Japanese Urban Planning", *Town Planning Review* 68(2): 213–55.

—— (2000) *Stadtplanung in Japan. Geschichte – Recht – Praxis – Theorie*, Dortmund: Dortmunder Vertrieb fur Bau- und Planungsliteratur.

Honjo, M. (1978) "Trends in Development Planning in Japan" in *Growth Pole Strategy and Regional Development Policy: Asian Experience and Alternative Approaches*, Lo, F. and Salih, K. (eds), Oxford: Pergamon Press and UNCRD, 3–23.

—— (1984) "Key Issues of Urban Development and Land Management Policies in Asian Developing Countries" in *Urban Development Policies and Land Management: Japan and Asia*, Honjo, M. and Inoue, T. (eds), Nagoya: City of Nagoya, 15–35.

Hori, T. (1990) "Early City Planning" in *Yokohama Past and Present*, Kato, Y. (ed.), Yokohama: Yokohama City University, 98–9.

Hoshino, K. (1946) "Tokyo Reconstruction Area Plans (Tokyo Fukko Chiiki Keikaku ni Tsuite)", *New Architecture (Shinkenchiku)* 21(6): 3–7.

Hoshino, Y. (1992) "Japan's Post-Second World War Environmental Problems" in *Industrial Pollution in Japan*, Ui, J. (ed.), Tokyo: United Nations University Press, 64–76.

Hotaka Town (1999) "Resident Participatory Machizukuri: Outline of the Hotaka Town Machizukuri Ordinance (Shiminsanka No Machizukuri: Hotaka Machi Machizukuri Jōrei No Gaiyō)", Hotaka, Nagano Prefecture: Hotaka Machi Project Finance Department (Hotaka machi Kikaku Zaiseika).

Hough, M. (1995) *Cities and Natural Process*, London: Routledge.

Howard, E. ([1902] 1985) *Garden Cities of Tomorrow*, Rhosgoch: Attic Books.

Huddle, N., Reich, M. and Stiskin, N. (1975) *Island of Dreams*, New York: Autumn Press.

Hunter, J.E. (1989) *The Emergence of Modern Japan: An Introductory History since 1853*, London: Longman.

Iijima, N. (1992) "Social Structures of Pollution Victims" in *Industrial Pollution in Japan*, Ui, J. (ed.), Tokyo: United Nations University Press, 154–72.

Ikeda, T. (1983) "Some Facts of the Building Line System in Local Cities (Tokyo Igai Ni Okeru

Shitei Kenchikusen Unyō No Jissai)", *Comprehensive Urban Studies (Sōgō Toshi Kenkyū)* 18: 141–63.

Ikeda, Y. (1986) *The History of Japanese Social Welfare (Nihon Shakai Fukushi Shi)*, Kyoto: Horitsu Bunka Sha.

Iokibe, M. (1999) "Japan's Civil Society: An Historical Overview" in *Deciding the Public Good: Governance and Civil Society in Japan*, Yamamoto, T. (ed.), Tokyo: Japan Center for International Exchange, 51–96.

Ishi, H. (1991) "Land Tax Reform in Japan", *Hitotsubashi Journal of Economics* (32): 1–20.

Ishida, Y. (1979) "The Building Line System as a Method of Controlling Sprawl", *Comprehensive Urban Studies (Sōgō Toshi Kenkyū)* 6: 33–42.

—— (1982) "The Historical Background and Evaluation of the 1968 City Planning Law (1968 Nen Toshi Keikaku Hō No Rekishiteki Haikei to Hyōka)", *City Planning Review (Toshi Keikaku)* 119: 9–15.

—— (1986) "A Short History of Japanese Land Readjustment 1870–1980 (Nihon Ni Okeru Tochi Kukaku Seiri Seidoshi Gaisetsu 1870–1980)", *Comprehensive Urban Studies (Sōgō Toshi Kenkyū)* 28: 45–88.

—— (1987) *The Last 100 Years of Japanese Urban Planning (Nihon Kindai Toshikeikaku No Hyakunen)*, Tokyo: Jichitai Kenkyusha.

—— (1988) "Ōgai Mori and Tokyo's Building Ordinance" in *Tokyo: Urban Growth and Planning 1868–1988*, Ishizuka, H. and Ishida, Y. (eds), Tokyo: Iwanami Shoten, 83–6.

—— (1990) "Kōkyō Tōshi to Kaihatsu Rieki No Kangen", *Toshi Mondai* 81(11): 41–50.

—— (1991a) "Achievements and Problems of Japanese Urban Planning: Ever Recurring Dual Structures", *Comprehensive Urban Studies (Sōgō Toshi Kenkyū)* 43: 5–18.

—— (1991b) "Ōgai Mori's Essays on Urban Improvement: The Case of Shiku-Kaisei Ron-Ryaku (Mori Ōgai No Shiku Kaisei Ron: Shikukaisei Ronryaku O Chūshin Ni)", *Comprehensive Urban Studies (Sōgō Toshi Kenkyū)* 43: 21–35.

—— (1992) "Toward Growth Management Policy for Tokyo: Uni-Polarization Phenomena in Tokyo and Growth Management", *Comprehensive Urban Studies (Sōgō Toshi Kenkyū)* 45: 203–33.

—— (1994) "Agricultural Land Use in the Urbanised Area of Tokyo: History of Urban Agriculture in Tokyo", Paper presented at the 6th International Planning History Society, Hong Kong, 1994.

—— (1997) "Ōgai Mori's Essays on Urban Planning: Focussing on the Chapters of 'City' and 'Housing' in His Textbook of Hygiene (Mori Ōgai No Toshi Keikaku Ron: Eisei Shinpen No Toshi, Kaoku No Shō Ni Tsuite)", *Comprehensive Urban Studies (Sōgō Toshi Kenkyū)* 63: 101–26.

—— (1999) *Mori Ōgai's Urban Writings and His Period (Mori Ougai No Toshi Ron to Sono Jidai)*, Tokyo: Nihon Keizai Hyōronsha.

—— (2000) "Local Initiatives and Decentralisation of Planning Power in Japan", Paper presented at the European Association of Japanese Studies, 23–26 August, Lahti, Finland.

Ishida, Y. and Ikeda, T. (1979) "The Building Line System as a Method of Controlling Urban Sprawl #1 (Kenchikusen Seido Ni Kansuru Kenkyū – Sono 1)", *Comprehensive Urban Studies (Sōgō Toshi Kenkyū)* 6: 33–64.

—— (1981) "Some Facts Preceding the Legislation of the Building Line System in Japan (Kenchikusenseido Ni Kansuru Kenkyū, Sono 3: Meiji Shonen No Hisashichi Seigen Ni Tsuite)", *Comprehensive Urban Studies (Sōgō Toshi Kenkyū)* 12: 167–88.

Ishikawa, M. (2001) *Cities and Green Space: Moving Towards the Creation of a New Urban Environment (Toshi to Midorichi: Atarashii Toshi Kankyō No Sōzō Ni Mukete)*, Tokyo: Iwanami Shōten.

Ishikawa, Y. and Fielding, A.Y. (1998) "Explaining the Recent Migration Trends of the Tokyo Metropolitan Area", *Environment and Planning A* 30: 1797–814.

Ishizuka, H. (1988) "Amusement Quarters, Public Squares and Road Regulations of Tokyo in the Meiji Era" in *Tokyo: Urban Growth and Planning 1868–1988*, Ishizuka, H. and Ishida, Y. (eds), Tokyo: Iwanami Shōten, 71–5.

Ishizuka, H. and Ishida, Y. (1988a) "Chronology on Urban Planning in Tokyo 1868 – 1988" in

Tokyo: Urban Growth and Planning 1868–1988, Ishizuka, H. and Ishida, Y. (eds), Tokyo: Iwanami Shōten, 37–68.

—— (1988b) "Tokyo, the Metropolis of Japan and Its Urban Development" in *Tokyo: Urban Growth and Planning 1868–1988*, Ishizuka, H. and Ishida, Y. (eds), Tokyo: Center for Urban Studies, 3–35.

—— (1988c) *Tokyo: Urban Growth and Planning 1868–1988* Tokyo: Center for Urban Studies.

Iwata, K. (1994) "Overcongestion and Revisions in Urban Planning", *Japanese Economic Studies* 22(2): 39–64.

Jackson, K.T. (1985) *Crabgrass Frontier: The Suburbanization of the United States*, New York: Oxford University Press.

Jacobs, J. (1961) *The Death and Life of Great American Cities*, New York: Vintage, Random House.

Janetta, A.B. (1987) *Epidemics and Mortality in Early Modern Japan*, Princeton, NJ: Princeton University Press.

Jansen, M.B. and Rozman, G. (1986a) *Japan in Transition: From Tokugawa to Meiji*, Princeton, NJ: Princeton University Press.

—— (1986b) "Overview" in *Japan in Transition: From Tokugawa to Meiji*, Jansen, M.B. and Rozman, G. (eds), Princeton, NJ: Princeton University Press.

Japan General Housing Centre (1984). "Survey of Changes to Pre-war Housing Policy (Senzen no Jutakuseisaku no Hensen ni Kansuru Chosa)", *Nihon Jutaku Sogo Centaa*, 5.

Japan Ministry of Construction (1991) *City Planning in Japan*, Tokyo: Japan Ministry of Construction and Japan International Cooperation Agency.

—— (1975) *City Planning Yearbook (Toshi Keikaku Nenpo)*, Tokyo: Japan Ministry of Construction, City Planning Association.

—— (1992) *Construction White Paper*, Tokyo: Ministry of Construction.

—— (1996) *Urban Land Use Planning System in Japan*, Tokyo: Institute for Future Urban Development.

—— (ed.) (1957–1963) *The History of War Reconstruction Projects: 10 Volumes (Sensai Fukkō-Shi: 10 Kan)*, Tokyo: Toshi Keikaku Kyōkai (City Planning Association of Japan).

Japan Ministry of Construction City Bureau (1996) *Urban Land Use Planning System in Japan*, Tokyo: Japan Ministry of Construction (MoC) City Bureau.

Japan Ministry of Health and Welfare (Kōseishō) (2000) "White Paper on Health and Welfare (Kōsei Hakusho)", Tokyo: Japan Ministry of Health and Welfare (Kōseishō).

Japan National Land Agency (1987) *The Fourth Comprehensive National Development Plan*, Tokyo: National Land Agency (Kokudocho).

Japan Population Census (1995) *Analytical Series No.3, Population for Densely Inhabited Districts*, Tokyo: Japan Prime Minister's Office.

Jinnai, H. (1990) "The Spatial Structure of Edo" in *Tokugawa Japan: Social and Economic Antecedents of Modern Japan*, Nakane, C. and Oishi, S. (eds), Tokyo: University of Tokyo Press, 124–46.

—— (1994) "Tokyo, a Model for the 21st Century?" Paper presented to the European Association of Japanese Studies Conference, August 1994.

—— (2000) "Destruction and Revival of Waterfront Space in Tokyo" in *Destruction and Rebirth of Urban Environment*, Fukui, N. and Jinnai, H. (eds), Tokyo: Sagami Shobo Publishing, 39–49.

Jinno, N. (1999) "Public Works Projects and Japan's Public Finances", *Social Science Japan*, 17: 6–9.

Johnson, C. (1982) *Miti and the Japanese Miracle, the Growth of Industrial Policy, 1925–1975*, Stanford, CA: Stanford University Press.

—— (1995) *Japan: Who Governs? The Rise of the Developmental State*, New York: W.W. Norton.

Kamakura City Planning Department (Kamakurashi Toshibu Toshikeikakuka) (1998). *Kamakura City Master Plan Digest Book (Kamakura Shi Toshi Masutaa Puran Daijesuto Han)*. Kamakura, Kamakura City Government.

Kase, K. (1999) "Economic Aspects of Public Works Projects in Japan", *Social Science Japan*, 17: 16–19.

Katagi, A., Fujiya, Y. and Kadono, Y. (2000) *Suburban Housing Areas in Modern Japan (Kindai Nihon No Kogai Jutakuchi)*, Tokyo: Kajima Shuppansha.

Katayama, S. ([1903] 1949) *Urban Socialism, My Socialism*, Tokyo: Jitsugyō no Nihon-sha.

Kato, H. (1988) "A Historical Review of the Problems Associated with Narrow Streets in Residential Districts", Paper presented at the The Twentieth Century Planning Experience, 8th International Planning History Society Conference, Sydney, Australia, 1988.

—— (1997) "A Study on the Changes of Land Management by the Daimyo from Meiji Era to after the Second World War – the Case of the Abe Family (Meijiki Kara Showasengoki No Daitochishoyusha Ni Yoru Tochikeiei No Hensen – Kyudaimyo Abeka No Baai)", *Papers of the City Planning Association of Japan* 32: 49–54.

Kato, S. (1974) "Taisho Democracy as the Pre-Stage for Japanese Militarism" in *Japan in Crisis: Essays in Taisho Democracy*, Silberman, B.S. and Harootunian, H.D. (eds), Princeton, NJ: Princeton University Press, 217–36.

Kato, T. (1994) "Governing Edo" in *Edo and Paris: Urban Life and the State in the Early Modern Era*, McClain, J.L., Merriman, J.M. and Ugawa, K. (eds), Ithaca, NY: Cornell University Press, 41–67.

Katsumata, W. (1993) "Possibilities of Environmental Improvement Considering the Conditions of the Inhabitants in Small-Scale Residential Developments in the Suburbs of Tokyo Metropolitan Area (Shutoken Kogai Minikaihatsu Jutakuchi Ni Okeru Kyoju Jissai to Jukankyo Seibi No Hoko)", *Collected Papers of the Japanese City Planning Association (Nihon Toshi Keikaku Gakkai Ronbun Shu)* 28: 823–28.

—— (1995) "The Characteristics of the Macro-Location of Small-Scale Residential Developments in the Suburbs and Orientation of Environmental Improvement in the Areas (Kōgai Minikaihatsu Jūtakuchi No Makuro Ricchi Tokusei to Chiku Kankyō Seibi No Hōkō)", *Collected Papers of the Japanese City Planning Association (Nihon Toshi Keikaku Gakkai Ronbun Shu)* 30: 139–44.

Kawashima, N. (2001) "The Emerging Voluntary Sector in Japan: Issues and Prospects", *International Working Paper Series, Centre for Civil Society, London School of Economics*, Paper #7.

Keane, J. (1998) *Civil Society: Old Images, New Visions*, Cambridge: Polity Press.

Kelly, W.W. (1994) "Incendiary Actions: Fires and Firefighting in the Shogun's Capital and the People's City" in *Edo and Paris: Urban Life and the State in the Early Modern Era*, McClain, J.L., Merriman, J.M. and Ugawa, K. (eds), Ithaca, NY: Cornell University Press, 310–31.

Kerr, A. (1996) *Lost Japan*, Melbourne: Lonely Planet.

Kidder, R. (1997) "Disasters Chronic and Acute: Issues in the Study of Environmental Pollution in Urban Japan" in *The Japanese City*, Karan, P.P. and Stapleton, K. (eds), Lexington, KY: The University Press of Kentucky, 156–75.

Kirwan, R.M. (1987) "Fiscal Policy and the Price of Land and Housing in Japan", *Urban Studies* 24: 345–60.

Kishii, T. (1993) "On the History of Kukaku Seiri (Tochi Kukaku Seiri Jigyo no Hensen ni Kansuru Kosatsu)", *City Planning Review (Toshi Keikaku)* 42(1): 10–16.

Kobayashi, S. (ed.) (1999) *Machizukuri Ordinances in the Era of Local Rights (Chihō Bunken Jidai No Machizukuri Jōrei)*, Tokyo: Gakugei Shuppansha.

Koda, R. ([1898] 1954) "Ikkoku No Shuto" in *Rohan Zenshū*, Tokyo: Iwanami Shoten, 3–168.

Kodama, T. (1993) "The Experimentation of the Garden City in Japan", *Kikan Keizai Kenkyu* 16(1): 33–46.

Kodama, Y. (2000) "Machizukuri: Japanese Community Participatory Planning", unpublished Master of Urban Planning Dissertation, University of Washington.

Koide, K. (1997) "Arrangements and Issues of Machizukuri: Bulletin from Imaicho (Machizukuri E No Torikumi to Kadai)", *Zōkei: Community and Urban Design* 8: 114–19.

—— (1999) "Machizukuri Ordinances for Landscape Preservation (Keikankei Machizukuri Jorei)" in *Local Community Building Ordinances in the Era of Local Rights (Chihō Bunken Jidai No Machizukuri Jorei)*, Kobayashi, S. (ed.), Kyoto: Gakugei Shuppansha, 73–110.

Komiya, R. (1990) *The Japanese Economy: Trade, Industry and Government*, Tokyo: University of Tokyo Press.

Kornhauser, D. (1982) *Japan: Geographical Background to Urban-Industrial Development*, London: Longman.

Koschmann, J.V. (1978) *Authority and the Individual in Japan: Citizen Protest in Historical Perspective*, Tokyo: University of Tokyo Press.

Koshizawa, A. (1991) *City Planning of Tokyo*, Tokyo: Iwanami Shōten.

Krauss, E.S., Rohlen, T.P. and Steinhoff, P.G. (eds) (1984) *Conflict in Japan*, Honolulu: University of Hawaii Press.

Krauss, E.S. and Simcock, B. (1980) "Citizens' Movements: The Growth and Impact of Environmental Protest in Japan" in *Political Opposition and Local Politics in Japan*, Steiner, K., Kraus, E. and Flanagan, S. (eds), Princeton, NJ: Princeton University Press, 187–227.

Kudamatsu, Y. (1988) "Tokyo Olympics and Capital Improvement" in *Centenary of Modern City Planning and Its Perspective*, City Planning Institute of Japan (ed.), Tokyo: The City Planning Institute of Japan, 40–41.

Kunstler, J.H. (1993) *The Geography of Nowhere: The Rise and Decline of America's Man-Made Landscape*, New York: Simon and Schuster.

Kuroda, T. (1990) "Urbanisation and Population Distribution Policies in Japan", *Regional Development Dialogue* 11(1): 112–29.

Kurokawa, T., Taniguchi, M., Hashimoto, H. and Ishida, H. (1995) "Cost of Infrastructure Improvement on Sprawl Area: Costsaving Effect by Early Action (Supuroru Shigaichi No Seibi Cosuto No Kansuru Ikkosatsu)", *Collected Papers of the Japanese City Planning Association (Nihon Toshi Keikaku Gakkai Ronbun Shu)* 30: 121–6.

Kurosawa, T., Teraoku, J., Youn, T. and Nakagawa, Y. (1996) "The Influence of the National Capital Region Development Plan in Saitama Prefecture (Saitama Ken Ni Okeru Shutoken Seibi Keikaku No Eikyo Ni Kansuru Kenkyu)", *Collected Papers of the Japanese City Planning Association (Nihon Toshi Keikaku Gakkai Ronbun Shu)* 31: 1–6.

Latz, G. (1989) *Agricultural Development in Japan*, Chicago, IL: University of Chicago Press.

Leupp, G.P. (1992) *Servants, Shophands, and Laborers in the Cities of Tokugawa Japan*, Princeton, NJ: Princeton University Press.

Lewis, J. (1980) "Civic Protest in Mishima: Citizens' Movements and the Politics of the Environment in Contemporary Japan" in *Political Opposition and Local Politics in Japan*, Steiner, K., Krauss, E. and Flanagan, S. (eds), Princeton, NJ: Princeton University Press, 274–314.

Local Rights Promotion Committee (Chihō Bunken Suishin Iinkai) (1997) "First Report on the Social Structure to Promote Decentralisation (Daiichikankoku: Bunken Suishinkata Shakai No Sōzō)", Tokyo: Government of Japan (Gyōsei) 226.

Logan, J.R. and Molotch, H.L. (1987) *Urban Fortunes: The Political Economy of Place*, Berkeley, CA: University of California Press.

MacDougall, T.E. (1980) "Political Opposition and Big City Elections in Japan, 1947–1975" in *Political Opposition and Local Politics in Japan*, Steiner, K., Krauss, E. and Flanagan, S. (eds), Princeton, NJ: Princeton University Press, 55–94.

Machimura, T. (1992) "The Urban Restructuring Process in Tokyo in the 1980s: Transforming Tokyo into a World City", *International Journal of Urban and Regional Research* 16: 114–28.

—— (1994) *The Structural Change of a Global City*, Tokyo: University of Tokyo.

Maejima, Y. (1989) *The History of Tokyo Parks (Tokyo Koen Shiwa)*, Tokyo: Tokyo Metropolitan Parks Association (Tokyo-to Koen Kyōkai), New York: John Wiley & Sons.

Mandlebaum, S. (1965) *Boss Tweed's New York*, New York: John Wiley & Sons.

Marris, P. (1982) *Community Planning and Conceptions of Change*, London: Routledge and Kegan Paul.

Masser, I. (1990) "Technology and Regional Development Policy: A Review of Japan's Technology Programme", *Regional Studies* 24(1): 41–53.

Matsubara, H. (1982) "A Study of Large-Scale Residential Development by Private Railway

Enterprises: The Case of Tama Den-En Toshi Tokyu Tama Den-En Toshi Ni Okeru Jutakuchi Keisei", *Geographical Review of Japan Chirigaku Hyoron* 55(3): 165–83.

Matsumoto, A. (1999) "The New Relationships of Machizukuri Ordinances and Development Manuals (Machizukuri Jōrei to Shidō Yōkō No Aratana Kankei)" in *Local Community Building Ordinances in the Era of Local Rights (Chihō Bunken Jidai No Machizukuri Jorei)*, Kobayashi, S. (ed.), Kyoto: Gakugei Shuppansha, 35–43.

Matsuzawa, T. (2000) "City Planning and Traffic Network", *Osaka and Its Technology* 36–7: 68–77.

McClain, J. (1982) *Kanazawa: A Seventeenth-Century Japanese Castle Town*, New Haven, CT: Yale University Press.

—— (1994) "Edobashi: Power, Space, and Popular Culture in Edo" in *Edo and Paris: Urban Life and the State in the Early Modern Era*, McClain, J.L., Merriman, J.M. and Ugawa, K. (eds), Ithaca, NY: Cornell University Press, 105–31.

—— (1999) "Space, Power, Wealth, and Status in Seventeenth-Century Osaka" in *Osaka: The Merchant's Capital of Early Modern Japan*, McClain, J.L. and Wakita, O. (eds), Ithaca, NY: Cornell University Press, 44–79.

McClain, J.L., Merriman, J.M. and Ugawa, K. (1994) *Edo and Paris: Urban Life and the State in the Early Modern Era*, Ithaca, NY: Cornell University Press.

McClain, J.L. and Wakita, O. (eds) (1999) *Osaka: The Merchant's Capital of Early Modern Japan*, Ithaca, NY: Cornell University Press.

McCormack, G. (1996) *The Emptiness of Japanese Affluence*, Armonk, NY: M.E. Sharpe.

McGill, P. (1998) "Paving Japan – the Construction Boondoggle", *Japan Quarterly* 45(4): 39–48.

McKean, M. (1981) *Environmental Protest and Citizen Politics in Japan*, Berkeley, CA: University of California Press.

—— (1993) "State Strength and Public Interest" in *Political Dynamics in Contemporary Japan*, Allinson, G. and Sone, Y. (eds), Ithaca, NY: Cornell University Press, 72–104.

Mera, K. (1989) "An Economic Policy Hypothesis of Metropolitan Growth Cycles", *Review of Urban and Regional Development Studies* 1: 37–46.

Mikuni, M. (1999) "The Real State and Problems of the Changes in Land Use in the Urbanisation Control Area: A Case Study in Inage-Ward, Chiba-City", *Journal of Architecture Planning and Environmental Engineering*, 34(524): 185–90.

Mimura, H., Kanki, K. and Kobayashi, F. (1998) "Urban Conservation and Landscape Management: The Kyoto Case" in *Japanese Urban Environment*, Golany, G., Hanaki, K. and Koide, O. (eds), Oxford: Elsevier Science, 39–56.

Minichiello, S. (1998) "Introduction" in *Japan's Competing Modernities*, Minichiello, S. (ed.), Honolulu: University of Hawaii Press, 1–21.

Mitani, T. (1988) "The Establishment of Party Cabinets, 1892–1932" in *The Cambridge History of Japan*, Duus, P. (ed.), Cambridge: Cambridge University Press, 55–96.

Miwa, M. (2000) "A Concise Biography of Yamaguchi Hanroku (Yamaguchi Hanroku No Ryakureki)" in *The Heart of City Building (Toshi Zukuri No Kokoro)*, Miwa, M. (ed.), Osaka: Miwa Masahisa and the Osaka City Planning History Research Group, 16–19.

Miyakawa, T. and Wada, N. (1987) "Functions of Corporate Headquarters: Concentration in Tokyo", *Japanese Economic Studies* 15(4): 3–37.

Miyakawa, Y. (1980) "The Location of Modern Industry in Japan" in *Geography of Japan*, Association of Japanese Geographers (eds), Tokyo: Teikoku Shoin, 265–97.

—— (1990) "Japan: Towards a World Megalopolis and Metamorphosis of International Relations", *Ekistics* 340–341: 48–75.

Miyake, I. (1908) *Urban Studies (Toshi No Kenkyū)*, Tokyo: Jitsugyō no Nihon-sha.

Miyamoto, K. (1993) "Japan's World Cities: Osaka and Tokyo Compared" in *Japanese Cities in the World Economy*, Fujita, K. and Hill, R.C. (eds), Philadelphia, PA: Temple University Press, 53–82.

Miyao, T. (1987) "Japan's Urban Policy", *Japanese Economic Studies* 15(4): 52–66.

—— (1991) "Japan's Urban Economy and Land Policy", *Annals of the American Academy of Political and Social Science* 513(Jan): 130–38.

Mori, H. (1998) "Land Conversion at the Urban Fringe: A Comparative Study of Japan, Britain and the Netherlands", *Urban Studies* 35(9): 1541–58.

Morimura, M. (1994) "Change in the Japanese Urban Planning Priorities and the Response of Urban Planners 1960–90" in *Contemporary Studies in Urban Environmental Management in Japan*, University of Tokyo Department of Urban Engineering (ed.), Tokyo: Kajima Institute, 8–24.

—— (1998) *Master Plan and District Improvement (Masutā Puran to Chiku Kankyō Seibi)*, Kyoto: Gakugei Shuppansha.

Morio, K., Sakamoto, I. and Saito, C. (1993) "Evaluation of Actual 'Kison Takuchi' System in Saitama Prefecture", *Collected Papers of the Japanese City Planning Association Nihon Toshi Keikaku Gakkai Ronbun Shu* 28: 253–58.

Moriya, K. (1990) "Urban Networks and Information Networks" in *Tokugawa Japan: Social and Economic Antecedents of Modern Japan*, Nakane, C. and Oishi, S. (eds), Tokyo: University of Tokyo Press, 97–123.

Morse, E.S. ([1886] 1961) *Japanese Homes and Their Surroundings*, New York: Dover.

Mosk, C. (2001) *Japanese Industrial History: Technology, Urbanization, and Economic Growth*, Armonk, NY: M.E. Sharpe.

Mumford, L. (1940) *The Culture of Cities* London: Secker and Warburg.

Muramatsu, M. and Krauss, E. (1987) "The Conservative Policy Line and the Development of Patterned Pluralism" in *The Political Economy of Japan: Vol. I, the Domestic Transformation*, Yamamura, K. and Yasukichi, Y. (eds), Stanford, CA: Stanford University Press, 516–54.

Murao, T. (1991) "Reforming Transportation in the Megalopolis: Focus on Japanese Cities", *Wheel Extended*, December: 10–17.

Murata, K. (1980) "The Formation of Industrial Areas" in *Geography of Japan*, Association of Japanese Geographers (eds), Tokyo: Teikoku Shoin, 246–64.

Murata, K. and Ota, I. (eds) (1980) *An Industrial Geography of Japan*, London: Bell and Hyman.

Murata, M. (1999) "Osaka as a Centre of Regional Governance" in *Osaka: The Merchant's Capital of Early Modern Japan*, McClain, J.L. and Wakita, O. (eds), Ithaca, NY: Cornell University Press, 241–60.

Nagamine, H. (1986) "The Land Readjustment Techniques of Japan", *Habitat International* 10(1,2): 51–58.

Nagashima, C. (1968) "Japan Megalopolis: Part 2, Analysis", *Ekistics* 26(152): 83–95.

—— (1981) "The Tokaido Megalopolis", *Ekistics* 289(July/Aug): 280–300.

Nagoya City Planning Bureau (1992) *Planning for Nagoya*, Nagoya: City of Nagoya.

Naitoh, A. (1966) *Edo to Edo-Jo*, Tokyo: Kajima Shuppankai.

Najita, T. (1974) "Some Reflections on Idealism in the Political Thought of Yoshino Sakuzō" in *Japan in Crisis: Essays in Taisho Democracy*, Silberman, B.S. and Harootunian, H.D. (eds), Princeton, NJ: Princeton University Press, 29–66.

Nakahama, T. (1889) "Housing (Kaoku)", *Eisei Shinshi (New Hygiene)* 8: 7–15.

Nakai, N. (1998) "Community Agreements: Its Theory and Practices (Machizukuri Kyōtei: Sono Riron to Jissai)", *Comprehensive Urban Studies (Sōgō Toshi Kenkyū)* 66: 69–83.

Nakamura, H. (1968) "Urban Ward Associations in Japan" in *Readings in Urban Sociology*, Pahl, R.E. (ed.), Oxford: Pergamon, 186–208.

Nakamura, M. (1997) "District Planning Forms the Foundation of Machizukuri (Chikukeikaku Wa Machizukuri No Kiban O Tsukuru)", *Zōkei: Community and Urban Design* 8: 28–37.

Nakamura, P. (1986) "A Legislative History of Land Readjustment" in *Land Readjustment: The Japanese System*, Minerbi, L., Nakamura, P., Nitz, K. and Yanai, J. (eds), Boston, MA: Oelgeschlager, Gunn and Hain, 17–32.

Nakane, C. (1970) *Japanese Society*, Berkeley, CA: University of California Press.

Narai, T., Doi, K., Mizuguchi, T. and Gojo, A. (1991) "A Study on the Flexible Operation of the

City Plans of Upa and Uca in Saitama Prefecture (Kuikikubu Seido No Unyo Ni Okeru Saitama Hoshiki No Jisseki to Koka)", *Collected Papers of the Japanese City Planning Association Nihon Toshi Keikaku Gakkai Ronbun Shu* 26: 697–702.

Newman, O. (1973) *Defensible Space: Crime Prevention through Urban Design*, New York: Macmillan.

Nish, I. (ed.) (1998) *The Iwakura Mission in America and Europe: A New Assessment*, Richmond: Japan Library.

Nishiyama, M. (1997) *Edo Culture: Daily Life and Diversions in Urban Japan, 1600–1868*, Honolulu: University of Hawaii Press.

Nishiyama, Y. (1986) "Western Influence on Urban Planning Administration in Japan: Focus on Land Management" in *Urban Development Policies and Programmes, Focus on Land Management*, Nagamine, H. (ed.), Nagoya: United Nations Centre for Regional Development, 315–55.

Noguchi, K. (1988) "Construction of Ginza Brick Street and Conditions of Landowners and House Owners" in *Tokyo: Urban Growth and Planning 1868–1988*, Ishizuka, H. and Ishida, Y. (eds), Tokyo: Center for Urban Studies, 76–82.

Noguchi, Y. (1990) "Land Problem in Japan", *Hitotsubashi Journal of Economics* 31: 73–86.

—— (1992a) *The Economics of the Bubble (Babaru No Keizaigaku)*, Tokyo: Nihon Keizaishimbunsha.

—— (1992b) "Land Problems and Policies in Japan: Structural Aspects" in *Land Issues in Japan: A Policy Failure?* Haley, J.O. and Yamamura, K. (eds), Seattle, WA: Society for Japanese Studies, 11–32.

—— (1994) "Land Prices and House Prices in Japan" in *Housing Markets in the United States and Japan*, Noguchi, Y. and Poterba, J.M. (eds), Chicago, IL: University of Chicago Press, 11–28.

Nonaka, K. (1995) "The Establishment of Modern City Planning in Provincial Castle Towns Prior to World War Two (Kinsei Jōkamachi O Kiban to Suru Chihō Toshi Ni Okeru Dai Ni Seikai Daisensō Mae No Toshi Keikaku)", unpublished PhD Thesis, Waseda University.

Obayashi, M. (1993) "Kanagawa: Japan's Brain Center" in *Japanese Cities in the World Economy*, Fujita, K. and Hill, R.C. (eds), Philadelphia, PA: Temple University Press, 120–40.

Obitsu, H. and Nagase, I. (1998) "Japan's Urban Environment: The Potential of Technology in Future City Concepts" in *Japanese Urban Environment*, Golany, G., Hanaki, K. and Koide, O. (eds), Oxford: Elsevier Science, 324–36.

OECD (1986) *Urban Policies in Japan*, Paris: Organization for Economic Cooperation and Development.

Oishi, S. (1990) "The Bakuhan System" in *Tokugawa Japan: Social and Economic Antecedents of Modern Japan*, Nakane, C. and Oishi, S. (eds), Tokyo: University of Tokyo Press, 11–36.

Oizumi, E. (1994) "Property Finance in Japan: Expansion and Collapse of the Bubble Economy", *Environment and Planning A* 26(2): 199–213.

—— (2002) "Housing Provision and Marketization in 1980s and 1990s Japan: A New Stage of Affordability Problem?" in *Seeking Shelter on the Pacific Rim: Financial Globalization, Social Change and the Housing Market*, Dymski, G. and Isenberg, D. (eds), New York: M.E. Sharpe.

Ojima, T. (1998) "Tokyo's Infrastructure, Present and Future" in *Japanese Urban Environment*, Golany, G., Hanaki, K. and Koide, O. (eds), Oxford: Elsevier Science, 197–218.

Oka, Y. (1982) "Generational Conflict after the Russo-Japanese War" in *Conflict in Modern Japanese History: The Neglected Tradition*, Najita, T. and Koschmann, V.J. (eds), Princeton, NJ: Princeton University Press, 197–225.

Okamoto, S. (2000) "Destruction and Reconstruction of Ginza Town" in *Destruction and Rebirth of Urban Environment*, Fukui, N. and Jinnai, H. (eds), Tokyo: Sagami Shobo.

Okata, J. (1980) "The Establishment of the 1919 City Planning Law, Paradigm Change in Japanese City Planning (Kyū Hō Seitei, Jisshikatei Ni Okeru Tochi Ryō Keikakuteki Hassō No Busetsu)", *Collected Papers of the Japanese City Planning Association (Nihon Toshi Keikaku Gakkai Ronbun Shu)* 15: 13–18.

—— (1986) "Paradigm Change in the Japanese Urban Planning Profession: The Formation of the Japanese Housing Policy and Its Implication to the Planning (Kyū Hō Seisakuki No

Okeru Jūtaku Seisaku to Toshi Keikaku No Kankei Ni Kansuru Ikkōsaku: Nihonteki Toshi Keikaku Paradaimu No Keisei Ni Kansuru Kenkyū)", *Collected Papers of the Japanese City Planning Association (Nihon Toshi Keikaku Gakkai Ronbun Shu)* 21: 103–8.

—— (1994) "The Genealogy of Japanese Negotiative Type Community Planning (Nihon No Kyōgikei Machizukuri No Keifu)" in *Negotiative Type Community Planning: Public, Private Enterprise, and Citizen Partnership and Negotiation (Kyōgikei Machizukuri: Kokyō, Minkan Kigyō, Shimin No Pātonāshippu to Negoshieeshon)*, Kobayashi, S. (ed.), Kyoto: Gakugei Shuppansha, 200–11.

—— (1999) "Land Use Control Type Machizukuri Ordinances (Tochi Ryō Chosei Kei Machizukuri Jōrei)" in *Local Community Building Ordinances in the Era of Local Rights (Chihō Bunken Jidai No Machizukuri Jorei)*, Kobayashi, S. (ed.), Kyoto: Gakugei Shuppansha, 111–49.

Okayama, T. (2000) "A Study on the Attributes and Historical Place of the 'Osaka Comprehensive Plan' in 1928 (Showa 3 Nen No 'Sōgō Osaka Toshi Keikaku' No Keikaku Zokusei to Rekishiteki Ishizuke Ni Kansuru Kenkyū)", *Collected Papers of the Japanese City Planning Association (Nihon Toshi Keikaku Gakkai Ronbun Shu)* 35: 73–78.

Okimoto, D. (1989) *Between Miti and the Market: Japanese Industrial Policy for High Technology*, Stanford, CA: Stanford University Press.

Okita, S. (1965) "Regional Policy in Japan" in *The State and Economic Enterprise in Japan*, Hall, J. (ed.), Princeton, NJ: Princeton University Press, 619–31.

Onishi, T. (1994) "A Capacity Approach for Sustainable Urban Development: An Empirical Study", *Regional Studies* 28 1: 39–51.

Osaka City Association (Osaka Toshi Kyōkai) (ed.) (1992) *Building Osaka: Yesterday, Today, Tomorrow (Osaka Machizukuri: Kinō, Kyō, Asu)*, Osaka: Osaka City Planning Department (Osaka Shi Keikakukyoku).

Osaka Municipal Government (2000) *Osaka and Its Technology*, Planning and Coordination Bureau, No. 36–7.

Otake, H. (1993) "The Rise and Retreat of a Neoliberal Reform: Controversies over Land Use Policy" in *Political Dynamics in Contemporary Japan*, Allinson, G. and Sone, Y. (eds), Ithaca, NY: Cornell University Press, 242–63.

Peattie, M.R. (1988) "The Japanese Colonial Empire, 1895–1945" in *The Cambridge History of Japan: The Twentieth Century*, Duus, P. (ed.), Cambridge: Cambridge University Press, 217–70.

Pempel, T.J. (1998) *Regime Shift: Comparative Dynamics of the Japanese Political Economy*, Ithaca, NY: Cornell University Press.

Porter, D. (ed.) (1986) *Growth Management: Keeping on Target?* Washington, DC: Urban Land Institute and Lincoln Institute of Land Policy.

Power, A. (1997) *Estates on the Edge: The Social Consequences of Mass Housing in Northern Europe*, New York: St Martin's Press.

Pyle, K.B. (1973) "The Technology of Japanese Nationalism: The Local Improvement Movement, 1900–1918", *Journal of Asian Studies* 33(1): 51–65.

—— (1974) "Advantage of Followership: German Economics and Japanese Bureaucrats, 1890–1925", *Journal of Japanese Studies* 1(1): 127–64.

—— (1998) "Meiji Conservativism" in *Modern Japanese Thought*, Wakabayashi, B.T. (ed.), Cambridge: Cambridge University Press, 98–146.

Regional Plan of New York and its Environs (1927–31) *Regional Survey of New York and Its Environs*, New York: The Regional Plan.

Reich, M.R. (1983a) "Environmental Policy and Japanese Society: Part I. Successes and Failures", *International Journal of Environmental Studies* 20: 191–98.

—— (1983b) "Environmental Policy and Japanese Society: Part II. Lessons About Japan and About Policy", *International Journal of Environmental Studies* 20: 199–207.

Rimmer, P. (1986) "Japan's World Cities: Tokyo, Osaka, Nagoya or Tokaido Megalopolis", *Development and Change* 17: 121–58.

Robertson, J. (1991) *Native and Newcomer: Making and Remaking a Japanese City*, Berkeley, CA: University of California Press.

Rodgers, D.T. (1998) *Atlantic Crossings: Social Politics in a Progressive Age*, Cambridge, MA: The Belknap Press of Harvard University Press.

Rozman, G. (1973) *Urban Networks in Ch'ing China and Tokugawa Japan*, Princeton, NJ: Princeton University Press.

—— (1986) "Castle Towns in Transition" in *Japan in Transition: From Tokugawa to Meiji*, Jansen, M.B. and Rozman, G. (eds), Princeton, NJ: Princeton University Press, 318–46.

Ruoff, K.J. (1993) "Mr Tomino Goes to City Hall. Grass-Roots Democracy in Zushi City, Japan", *Bulletin of Concerned Asian Scholars* 25(3): 22–32.

Saarinen, E. (1943) *The City: Its Growth, Its Decay, Its Future*, Boston, MA: MIT Press.

Saitama ken (1992) *Saitama Prefecture City Planning Basic Survey (Saitama Ken Toshi Keikaku Kisochōsa)*, Urawa, Japan: Saitama Prefecture Housing and Urban Affairs Department, City Planning Office (Saitama Ken Jutaku Toshi Bu Toshi Keikaku Ka).

—— (1994) *Urban Development Designated Promotion Areas Survey Report (Shigaichi Seibi Sokushin Shiteki Chiku Chōsho)*, Saitama Prefecture Government (Urawa: Saitama Ken).

Sakano, M. (1995) *Welfare Machizukuri and Welfare Education (Fukushi No Machizukuri to Fukushi Kyoiku)*, Tokyo: Bunka Shobō Hakubunsha.

Sakudo, Y. (1990) "The Management Practices of Family Business" in *Tokugawa Japan: Social and Economic Antecedents of Modern Japan*, Nakane, C. and Oishi, S. (eds), Tokyo: University of Tokyo Press.

Salamon, L.M. and Anheier, H.K. (eds) (1997) *Defining the Non-Profit Sector: A Cross-National Analysis*, Manchester: Manchester University Press.

Samuels, R.J. (1983) *The Politics of Regional Policy in Japan: Localities Incorporated?* Princeton, NJ: Princeton University Press.

Sanoff, H. (2000) *Community Participation Methods in Design and Planning*, New York: John Wiley & Sons.

Sapporo Education Committee (Sapporo Kyoiku Iinkai) (1978) *Sapporo Historical Maps (Sapporo Rekishi Chizu)*, Sapporo, Japan: Sapporo City.

Sassa, A. (1995) "Fault Lines in Our Emergency Management System", *Japan Echo* 22(2): 20–27.

Sassen, S. (1991) *The Global City: New York, London, Tokyo*, Princeton, NJ: Princeton University Press.

Sato, T. (1990) "Tokugawa Villages and Agriculture" in *Tokugawa Japan: Social and Economic Antecedents of Modern Japan*, Nakane, C. and Oishi, S. (eds), Tokyo: University of Tokyo Press, 37–80.

Saunders, P. (1986) "Reflections of the Dual State Thesis: The Argument, Its Origins and Its Critics" in *Urban Political Theory and the Management of Fiscal Stress*, Goldsmith, M. and Villadsen, S. (eds), Aldershot: Gower.

Schebath, A. (2000) "Fiscal Stress of Japanese Local Public Sector: Risk of Bankruptcy or Momentary Faint?" Paper presented at the European Association of Japanese Studies, 23–26 August, Lahti, Finland 2000.

Seidensticker, E. (1990) *Tokyo Rising: The City since the Great Earthquake*, Cambridge, MA: Harvard University Press.

—— (1991) *Low City, High City. Tokyo from Edo to the Earthquake: How the Shogun's Ancient Capital Became a Great Modern City 1867–1923*, Cambridge, MA: Harvard University Press.

Seko, M. (1994a) "Housing Finance in Japan" in *Housing Markets in the United States and Japan*, Noguchi, Y. and Poterba, J.M. (eds), Chicago, IL: University of Chicago Press, 49–64.

—— (1994b) "Housing in a Wealth Based Economy", *Japanese Economic Studies* 22(2): 65–92.

Setagaya Ward Branch Office Machizukuri Section (Setagaya ku Setagaya Sōgō Shisho Machizukuri Ka) (1993) "Taishidō Area Machizukuri Council's Ten Years of Activity (Taishidō Chiku Machizukuri Kyōgikai 10 Nen No Katsudō)", Setagaya Ward, Tokyo:

Setagaya Ward Branch Office Machizukuri Section (Setagaya ku Setagaya Sōgō Shisho Machizukuri Ka).

Shelton, B. (1999) *Learning from the Japanese City: West Meets East in Urban Design*, London: E.&F.N. Spon.

Shida, A. (1990) "Urban Problems and City Planning in Japan", *USJP Occasional Paper 90–09* Cambridge, MA: Harvard University, US Program on Japan Relations.

Shindo, M. (1984) "Relations between National and Local Government" in *Public Administration in Japan*, Tsuji, K. (ed.), Tokyo: University of Tokyo Press, 109–20.

Sies, M.C. (1997) "Paradise Retained: An Analysis of Persistence in Planned, Exclusive Suburbs, 1880–1980", *Planning Perspectives* 12(2): 165–91.

Silberman, B.S. (1982) "The Bureaucratic State in Japan: The Problem of Authority and Legitimacy" in *Conflict in Modern Japanese History: The Neglected Tradition*, Najita, T. and Koschmann, V.J. (eds), Princeton, NJ: Princeton University Press, 226–57.

Silberman, B.S. and Harootunian, H.D., (eds) (1974) *Japan in Crisis: Essays in Taisho Democracy*, Princeton, NJ: Princeton University Press.

Smith, H.D. (1978) "Tokyo as an Idea: An Exploration of Japanese Urban Thought until 1945", *Journal of Japanese Studies* 4(1): 66.

—— (1979) "Tokyo and London: Comparative Conceptions of the City" in *Japan: A Comparative View*, Craig, A.M. (ed.), Princeton, NJ: Princeton University Press, 49–99.

Sorensen, A. (1998) "Land Readjustment, Urban Planning and Urban Sprawl in the Tokyo Metropolitan Area", unpublished PhD Thesis, London School of Economics.

—— (1999) "Land Readjustment, Urban Planning and Urban Sprawl in the Tokyo Metropolitan Area", *Urban Studies* 36(13): 2333–60.

—— (2000a) "Conflict, Consensus or Consent: Implications of Japanese Land Readjustment Practice for Developing Countries", *Habitat International* 24(1): 51–73.

—— (2000b) "Land Readjustment and Metropolitan Growth: An Examination of Land Development and Urban Sprawl in the Tokyo Metropolitan Area", *Progress in Planning* 53(4): 1–113.

—— (2001a) "Subcentres and Satellite Cities: Tokyo's 20th Century Experience of Planned Polycentrism", *International Journal of Planning Studies* 6(1): 9–32.

—— (2001b) "Building Suburbs in Japan: Continuous Unplanned Change on the Urban Fringe", *Town Planning Review*. 72(3): 247–73.

—— (2001c) "Urban Planning and Civil Society in Japan: The Role of the 'Taisho Democracy' Period (1905–1931) Home Ministry in Japanese Urban Planning Development", *Planning Perspectives* 16(4): 383–406.

Span, E.K. (1988) "The Greatest Grid: The New York Plan of 1811" in *Two Centuries of American Planning*, Schaffer, D. (ed.), Baltimore, MD: Johns Hopkins University Press, 11–39.

Steiner, K. (1965) *Local Government in Japan*, Stanford, CA: Stanford University Press.

—— (1980) "Toward a Framework for the Study of Local Opposition" in *Political Opposition and Local Politics in Japan*, Steiner, K., Kraus, E. and Flanagan, S. (eds), Princeton, NJ: Princeton University Press, 3–34.

Stöhr, W.B. and Pönighaus, R. (1992) "Towards a Data-Based Evaluation of the Japanese Technopolis Policy: The Effect of New Technological and Organizational Infrastructure on Urban and Regional Development", *Regional Studies* 26(7): 605–18.

Sugimoto, T. (2000) "Atomic Bombing and Restoration of Hiroshima" in *Destruction and Rebirth of Urban Environment*, Fukui, N. and Jinnai, H. (eds), Tokyo: Sagami Shobo Publishing, 17–37.

Sugimoto, Y. (1986) "The Manipulative Bases of 'Consensus' in Japan" in *Democracy in Contemporary Japan*, McCormack, G. and Sugimoto, Y. (eds), Armonk, NY: M.E. Sharpe, 65–75.

Sukehiro, H. (1998) "Japan's Turn to the West" in *Modern Japanese Thought*, Wakabayashi, B.T. (ed.), Cambridge: Cambridge University Press, 30–97.

Sutcliffe, A. (1981) *Towards the Planned City: Germany, Britain, the United States and France, 1780–1914*, Oxford: Basil Blackwell.

Tachibanaki, T. (1992) "Higher Land Prices as a Cause of Increasing Inequality: Changes in Wealth Distribution and Socio-Economic Effects" in *Land Issues in Japan: A Policy Failure?* Haley, J.O. and Yamamura, K. (eds), Seattle, WA: Society for Japanese Studies, 175–94.

—— (1994) "Housing and Saving in Japan" in *Housing Markets in the United States and Japan*, Noguchi, Y. and Poterba, J.M. (eds), Chicago, IL: University of Chicago Press, 161–90.

Taira, K. (1993) "Dialectics of Economic Growth, National Power, and Distributive Struggles" in *Postwar Japan as History*, Gordon, A. (ed.), Berkeley, CA: University of California Press, 167–86.

Tajima, N. (1995) *Tokyo: A Guide to Recent Architecture*, Cologne: Konemann Verlagsgesellschaft.

Takamizawa, K., Obase, R. and Ikeda, T. (1980) "Problems Related to Narrow Roads in Urban Areas (Kiseishigaichi No Kyōai Dōro Mondai)", *Comprehensive Urban Studies (Sōgō Toshi Kenkyū)* 10: 91–117.

Takamizawa, M. (1999) "District Machizukuri Type Machizukuri Ordinances (Chiku Machizukuri Kei Machizukuri Jōrei)" in *Local Community Building Ordinances in the Era of Local Rights (Chihō Bunken Jidai No Machizukuri Jorei)*, Kobayashi, S. (ed.), Kyoto: Gakugei Shuppansha, 166–75.

Tanaka, K. (1972) *Building a New Japan; a Plan for Remodeling the Japanese Archipelago*, Tokyo: Simul Press.

Tanizaki, J. ([1946] 1993) *The Makioka Sisters*, New York: Alfred A. Knopf.

Tarn, J.N. (1980) "Housing Reform and the Emergence of Town Planning in Britain before 1914" in *The Rise of Modern Urban Planning 1800–1914*, Sutcliffe, A. (ed.), London: Mansell, 71–97.

Taut, B. ([1937] 1958) *Houses and People of Japan*, Tokyo: Sanseido.

Terauchi, M. (2000) "The Senriyama Housing Estate and the Osaka Housing Management Corporation (Senriyama Jutakuchi to Osaka Jutaku Keiei Kabushikigaisha)" in *Suburban Housing Areas in Modern Japan (Kindai Nihon No Kogai Jutakuchi)*, Katagi, A., Fujiya, Y. and Kadono, Y. (eds), Tokyo: Kajima Shuppansha, 347–66.

Teruoka, S. (1989) "Land Reform and Postwar Japanese Capitalism" in *Japanese Capitalism since 1945*, Morris-Suzuki, T. and Seiyama, T. (eds), New York: M.E. Sharpe, 74–104.

Thomas, R. (1969) *London's New Towns – a Study of Self-Contained and Balanced Communities*, London: Political and Economic Planning.

Tokyo Metropolitan Government (1989) *One Hundred Years of Tokyo City Planning (Tokyo no Toshi Keikaku Hyaku Nen)*, Tokyo: Tokyo Metropolitan Government.

Tokyo Municipal Office (1930) *Tokyo: Capital of Japan Reconstruction Work*, Tokyo: Tokyo Municipal Office.

Tokyo Prefectural Education Department, Social Bureau (1928) *Concentrated Areas of Substandard Housing (Shuudanteki Furyou Juutaku Chiku)*, Tokyo: Tokyo Fu.

Tokyo Prefecture (1930) *Imperial Capital Reconstruction Project Maps Book (Teito Fukko Jigyo Zuhyo)*, Tokyo: Tokyo Prefecture

Tokyo Reconstruction Investigation Commission (Fukkō Chōsa Kyōkai), (ed.) (1930) *History of the Reconstruction of the Imperial Capital (Teito Fukkō Shi)*, Tokyo: Reconstruction Investigation Commission (Fukkō Chōsa Kyōkai).

Tokyo Reconstruction Survey Commission (Fukkou Chousa Kyoukai), (ed.) (1930). *History of the Reconstruction of the Imperial Capital (Teito Fukkou Shi)*, Tokyo: Reconstruction Survey Commission (Fukko Chosa Kyokai).

Tsuru, S. (1993) *Japan's Capitalism, Creative Defeat and Beyond*, Cambridge: Cambridge University Press.

Tsuya, N. and Kuroda, T. (1989) "Japan: The Slowing of Urbanization and Metropolitan Concentration" in *Counterurbanization*, Champion, A.G. (ed.), London: Edward Arnold, 207–29.

Tucker, D.V. (1999) "Building 'Our Manchukuo': Japanese City Planning, Architecture, and Nation-Building in Occupied Northeast China, 1931–1945", unpublished PhD Thesis, University of Iowa.

Uchida, I. and Nakade, B. (1997) "Study on the Actual Situation and the Primary Factor of Urbanisation Condition in Prefectural Cities and Their Surroundings", *Collected Papers of the Japanese City Planning Association (Nihon Toshi Keikaku Gakkai Ronbun Shu)* 32: 415–20.

Uchiumi, M. (1999) "The Relationship between Development Manuals and Machizukuri Ordinances (Shidō Yōkō to Machizukuri Jōrei No Jittai)" in *Local Community Building Ordinances in the Era of Local Rights (Chihō Bunken Jidai No Machizukuri Jorei)*, Kobayashi, S. (ed.), Kyoto: Gakugei Shuppansha, 22–34.

Ui, J. (1992a) "Minamata Disease" in *Industrial Pollution in Japan*, Ui, J. (ed.), Tokyo: United Nations University Press, 103–32.

—— (ed.) (1992b) *Industrial Pollution in Japan*, Tokyo: United Nations University Press.

Umesao, T., Smith, H.D., Moriya, T. and Ogawa, R. (eds) (1986) *Japanese Civilization in the Modern World: Volume 2. Cities and Urbanization* Osaka: National Museum of Ethnology.

Unwin, R. ([1909] 1994) *Town Planning in Practice: An Introduction to the Art of Designing Cities and Suburbs*, New York: Princeton Architectural Press.

Upham, F.K. (1987) *Law and Social Change in Postwar Japan*, Cambridge, MA: Harvard University Press.

Vlastos, S. (1989) "Opposition Movements in Early Meiji, 1868–1885" in *The Cambridge History of Japan: Volume 5. The Nineteenth Century*, Jansen, M.B. (ed.), Cambridge: Cambridge University Press, 367–426.

Vogel, E.F. (1979) *Japan as Number One: Lessons for America*, New York: Harper.

Vosse, W. (1999) "The Emergence of a Civil Society in Japan", *Japanstudien: Jahrbuch des Deutschen Instituts fur Japanstudien der Philippp Franz von Siebold Stiftung* 11: 31–53.

Wada, O. (1998) "Development Control in the Loose Regulation Area – the Amendment to Urban Planning Law in 1992", *Collected Papers of the Japanese City Planning Association (Nihon Toshi Keikaku Gakkai Ronbun Shu)* 33(87): 518.

—— (1999) "Guidance and Consultation of Small-scale Development Outside the City Planning Area (Toshikeikaku Kuikigai Ni Okeru Doshotori, Shokibō Kaihatsu Ni Taisuru Shidō, Kyōgi)" in *Local Community Building Ordinances in the Era of Local Rights (Chihō Bunken Jidai No Machizukuri Jorei)*, Kobayashi, S. (ed.), Kyoto: Gakugei Shuppansha, 150–53.

Wakita, O. (1999) "The Distinguishing Characteristics of Osaka's Early Modern Urbanism" in *Osaka: The Merchant's Capital of Early Modern Japan*, McClain, J.L. and Wakita, O. (eds), Ithaca, NY: Cornell University Press, 261–72.

Waley, P. (1991) *Tokyo: City of Stories*, New York: Weatherhill.

Walthall, A. (1991) *Peasant Uprisings in Japan*, Chicago, IL: University of Chicago Press.

Warner, S.B.J. ([1962] 1978) *Streetcar Suburbs, the Process of Growth in Boston (1870–1900)*, Cambridge, MA: Harvard University Press.

Waswo, A. (1977) *Japanese Landlords, the Decline of a Rural Elite*, Berkeley, CA: University of California Press.

—— (1988) "The Transformation of Rural Society, 1900–1950" in *Cambridge History of Japan Volume 6. The 20th Century*, Duus, P. (ed.), Cambridge: Cambridge University Press, 541–605.

Watanabe, S. (1980) "Garden City, Japanese Style: The Case of Den-En Toshi Company Ltd. 1918–1928" in *Shaping an Urban World*, Cherry, G.E. (ed.), London: Mansell, 129–44.

—— (1984) "Metropolitanism as a Way of Life: The Case of Tokyo, 1868–1930" in *Metropolis 1890–1940*, Sutcliffe, A. (ed.), London: Mansell, 403–29.

—— (1985) *An Introduction to Comparative City Planning (Hikaku Toshi Keikaku Josetsu)*, Tokyo: Sanseido.

—— (1993) *The Birth of "Urban Planning" – Japan's Modern Urban Planning in International Comparison ('Toshi Keikaku' No Tanjō: Kokusai Hikaku Kara Mita Nihon Kindai Toshi Keikaku)*, Tokyo: Kashiwashobo.

—— (1999) *Citizen Participation Based Machizukuri: From the Point of View of Making Master Plans*

(Shimin Sanka No Machizukuri: Masutā Puran Zukuri No Genjō Kara), Tokyo: Gakugei Shuppansha.

Watanabe, Y. (1992) "The New Phase of Japan's Land, Housing, and Pollution Problems", *Japanese Economic Studies* 20(4): 30–68.

Weber, M. (1958) *The City*, Toronto: The Free Press, Collier-Macmillan.

Wegener, M. (1994) "Tokyo's Land Market and Its Impact on Housing and Urban Life" in *Planning for Cities and Regions in Japan*, Shapira, P., Masser, I. and Edgington, D.W. (eds), Liverpool: Liverpool University Press, 92–112.

Westney, D.E. (1987) *Imitation and Innovation: The Transfer of Western Organisational Patterns to Meiji Japan*, Cambridge, MA: Harvard University Press.

White, J.W. (1976) "Social Change and Community Involvement in Metropolitan Japan" in *Social Change and Community Politics in Urban Japan*, White, J.W. and Munger, F. (eds), Chapel Hill, NC: Institute for Research in Social Science, University of North Carolina at Chapel Hill, 101–29.

Wilson, W.H. (1988) "The Seattle Park System and the Ideal of the City Beautiful" in *Two Centuries of American Planning*, Schaffer, D. (ed.), Baltimore, MD: The Johns Hopkins University Press, 113–37.

Wood, C. (1992) *The Bubble Economy*, New York: The Atlantic Monthly Press.

Woodall, B. (1996) *Japan under Construction: Corruption, Politics and Public Works*, Berkeley, CA: University of California Press.

Yamaguchi, T. (1984) "The Japanese National Settlement System" in *Urbanization and Settlement Systems*, Bourne, L. and Sinclair, R. (eds), Oxford: Oxford University Press, 261–82.

Yamamoto, H. (ed.) (1993) *Technological Innovation and the Development of Transportation in Japan*, Tokyo: United Nations University Press.

Yamamoto, T. (1999a) "Emergence of Japan's Civil Society and Its Future Challenges" in *Deciding the Public Good: Governance and Civil Society in Japan*, Yamamoto, T. (ed.), Tokyo: Japan Centre for International Exchange, 97–124.

—— (ed.) (1999b) *Deciding the Public Good: Governance and Civil Society in Japan*, Tokyo: Japan Center for International Exchange.

Yamamura, K. (1974) "The Japanese Economy, 1911–1930: Concentration, Conflicts, and Crises" in *Japan in Crisis: Essays in Taisho Democracy*, Silberman, B.S. and Harootunian, H.D. (eds), Princeton, NJ: Princeton University Press, 299–328.

—— (1986) "The Meiji Land Tax Reform and Its Effects" in *Japan in Transition: From Tokugawa to Meiji*, Jansen, M.B. and Rozman, G. (eds), Princeton, NJ: Princeton University Press, 382–99.

—— (1992) "LDP Dominance and High Land Price in Japan: A Study in Positive Political Economy" in *Land Issues in Japan: A Policy Failure?* Haley, J.O. and Yamamura, K. (eds), Seattle, WA: Society for Japanese Studies, 33–76.

Yasutani, S. (2001) *Municipal Land Use Adjustment-Type Machizukuri Ordinance in "Loose Regulated Areas": From Akasaka to Hotaka*, Tokyo: University of Tokyo, 18.

Yazaki, T. (1968) *Social Change and the City in Japan*, Tokyo: Japan Publications.

Yokoyama, G. (1899) *Japan's Lower Strata of Society (Nihon No Kasō Shakai)*: Reprinted in 1972 in *Yokoyama Gennosuke zenshū. Volume 1, Meiji Bunken*. An English translation can be found in Eiji Yutani "'Nihon no Kasō Shakai' of Gennosuke Yokoyama, Translated and with an Introduction", unpublished PhD Thesis, University of California, Berkeley, 1985.

Yoon, H. (1997) "The Origin and Decline of a Japanese Temple Town: Saidaiji Monzenmachi", *Urban Geography* 18(5): 434–50.

Yoshida, R. and Naito, Y. (2001) "Inefficient Public Works Projects Creaking under Debt Burden", *Japan Times*, February 2, 2001, 1,3.

Yoshida, S. (1999) "Rethinking the Public Interest in Japan: Civil Society in the Making" in *Deciding the Public Good: Governance and Civil Society in Japan*, Yamamoto, T. (ed.), Tokyo: Japan Center for International Exchange, 13–49.